建设工程材料及施工试验知识问答

（第三版）

白建红　马洪晔　主编

中国建筑工业出版社

图书在版编目（CIP）数据

建设工程材料及施工试验知识问答/白建红，马洪晔主
编. —3 版.—北京：中国建筑工业出版社，2013.2
ISBN 978-7-112-15105-9

Ⅰ.①建… Ⅱ.①白… ②马… Ⅲ.①建筑材料-试验-问题解
答②建筑工程-工程施工-试验-问题解答　Ⅳ.①TU502-44
②TU712-44

中国版本图书馆 CIP 数据核字（2013）第 026732 号

　　本书以问答形式简明扼要地阐述了建筑工程质量检测、试验标准和方
法，旨在提高检测人员的素质，确保检测工作质量。内容包括：基础知
识、建筑材料试验、建筑施工试验、配合比设计、装饰装修材料试验、节
能工程材料试验、室内空气质量检测、施工现场检测和市政工程材料试
验，共九章四十一节。所有问题均在目录上列出索引，以方便读者查找。
　　本书内容丰富、深入浅出，既有学习价值，又兼有工具书特点，可作
为建设行业工程质量检测机构试验人员培训使用。

责任编辑：咸大庆　封　毅
责任校对：肖　剑　刘　钰

建设工程材料及施工试验知识问答
（第三版）
白建红　马洪晔　主编

*

中国建筑工业出版社出版、发行（北京西郊百万庄）
各地新华书店、建筑书店经销
北京红光制版公司制版
北京云浩印刷有限责任公司印刷

*

开本：787×1092 毫米　1/16　印张：21½　字数：530 千字
2013 年 2 月第三版　　2014 年 11 月第十一次印刷
定价：**48.00 元**
ISBN 978-7-112-15105-9
（23182）

前　　言

　　检测试验工作是工程质量管理工作中的一个重要组成部分，也是确保工程质量和真实客观地评价工程质量的一个科学手段和依据。为了保证检测试验工作的科学性、公正性、准确性，必须加强对工程质量检测机构检测人员和施工企业试验室试验人员的培训，提高检测试验人员的业务素质。为此，北京市工程质量检测方面的有关专家和人员编写了本书，涉及了施工现场的建筑材料、构配件的进场复试试验和结构安全、重要使用功能等项目的抽样检测方面内容，并以问答形式简明扼要地阐述了现行的工程质量检测试验标准和方法。

　　本书主要内容包括：基础知识、建筑材料试验、建筑施工试验、配合比设计、装饰装修材料试验、节能工程材料试验、室内空气质量检测、施工现场检测和市政工程材料试验，共九章四十一节。

　　本书第一版于2008年3月出版，第二版于2010年12月出版，深受读者喜爱，多次重印。因近两年建筑材料及施工领域相关标准规范发生较大变化，为保证信息更新及时、准确，本书第三版按照最新标准规范进行了改写与全面修订。章节体例、内容分类上仍沿袭第一版的风格，所有问题均在目录上列出索引，以方便读者查找。

　　本书内容丰富、深入浅出，具有较强的可操作性。可供工程质量检测机构检测人员和施工企业试验室试验人员培训使用，也可供施工、监理企业以及预拌混凝土、混凝土预制构件生产企业的技术管理人员在质量管理工作中参考使用。

　　由于时间紧迫和水平有限，书中难免有不妥及错误之处，恳请专家和读者予以批评指正。

2013 年 1 月

本书编委会

编委会主任 高新京

编委会副主任 王 薇

编委会委员

冯燕红 胡耀林 艾毅然 马 克

主编

白建红 马洪晔

编写人员

陈家珑 杨秀云 刘英利 岳爱敏 王淑丽

姚大庆 司天森 刘继伟 张俊生

编写人员及编写内容

序号	内　容	章　节	编写人
1	基础知识； 水泥；砂；石；常用掺合料	第一章 第二章的第一、二、三、四节	陈家珑
2	砌墙砖及砌块；钢材； 钢筋接头（连接）；回（压实）填土； 回弹法检测混凝土抗压强度	第二章的第五、六节， 第三章的第一、二节 第八章的第一节	刘继伟
3	防水材料	第二章的第七节	杨秀云
4	节能工程材料试验 墙体节能工程现场检测	第六章， 第八章的第七节	王淑丽 张俊生
5	混凝土（砂浆）外加剂	第二章的第八节	刘英利 刘继伟
6	混凝土性能；砌筑砂浆； 配合比设计	第三章的第三、四节， 第四章	马洪晔
7	装饰装修材料试验； 钢筋保护层厚度； 结构锚固承载力现场检测； 外墙饰面砖粘结强度现场检测； 门窗性能现场检测	第五章， 第八章的第二、三、四、五节	姚大庆 张俊生
8	室内空气质量检测； 土壤中氡浓度或土壤氡析出率测定	第七章， 第八章的第六节	司天森
9	市政工程材料试验	第九章	岳爱敏

目　　录

14

第一章 基 础 知 识

1. 常用建材的基本性质有哪些？其代号和单位是什么？

答：常用建材的基本性质、代号和单位见表 1.0.1。

常用建材的基本性质、代号和单位　　　　　　　表 1.0.1

名　称	代号	公　式	常用单位	说　　明
密　度	ρ	$\rho = G/V$	kg/m³ g/cm³	G：材料干燥状态下的质量 V：材料在绝对密实状态下的体积
表观密度	ρ_0	$\rho_0 = G/V_0$	kg/m³ g/cm³	G：材料干燥状态下的质量 V_0：材料在密实状态下（包括封闭孔隙）的体积
堆积密度	ρ_L	$\rho_L = G/V$	kg/m³ g/cm³	G：材料干燥状态下的质量 V：粉状或粒状材料在堆积状态下的体积
强　度	f	$f = F/A$	$1Pa = 1N/m^2$ $1MPa = 10^6 Pa$	F：材料受力破坏时的荷载 A：受力面积
含水率	ω_{wc}	$\omega_{wc} = G_水/G$	%	$G_水$：材料中所含水的质量 G：材料干燥状态下的质量
饱和面干吸水率	ω_{wa}	$\omega_{wa} = (G_1 - G)/G$	%	G_1：材料饱和面干状态下的质量 G：材料干燥状态下的质量
导热系数	λ	—	W/(m²·K)	$1kcal/(m·h·℃) = 1.163W/(m^2·K)$

2. 什么是材料的耐久性？

答：材料的耐久性是指材料在使用中，抵抗自身和环境的长期破坏作用，保持其原有性能而不破坏、变质的能力。

3. 土木工程材料主要耐久性指标与破坏因素的关系是什么？

答：土木工程材料主要耐久性与破坏因素的关系见表 1.0.2。

土木工程材料主要耐久性与破坏因素的关系　　　　　表 1.0.2

名　称	破坏因素分类	破坏因素	评定指标
抗渗性	物理	压力水、静水	渗透系数、抗渗等级
抗冻性	物理、化学	水、冻融作用	抗冻等级、耐久系数
钢筋锈蚀	物理、化学	H_2O、O_2、氯离子、电流	电位锈蚀率
碱集料反应	物理、化学	R_2O、O_2、活性集料	膨胀率

4. 什么是随机取样？

答：随机取样就是指试验对象的任何一点被抽取的概率是相等的。为了保证取样的随机性和代表性,可以采用简单抽签办法也可以借助于随机数表来确定抽取点。当试验对象是较为均匀的总体时,可以分为时间段或数量段随机抽取试样,组合成混合样;当试验对象为非均匀总体时,可采用分层或分部随机取试样组合成混合样。

5. 什么是人工四分法缩分?

答:将混合试样拌合均匀后在平板上摊平成"圆饼"形,然后沿互相垂直的两条直径,把"圆饼"分成大致相等的四份,取其对角的两份重新拌匀,再摊成"圆饼"形。重复上述过程,直至把试样缩分到试验所需数量为止。

6. 什么是试验误差? 试验过程中可能产生哪几种误差?

答:由试验观测所得的数值(即试验数据)并不完全等于试验对象的真正数值(或称真值),它只是客观情况的近似结果,它与试验数据的差异称为试验误差。误差的产生原因可分为:系统误差、过失误差和偶然误差。

7. 混凝土立方体抗压强度标准差如何计算?

答:计算公式:
$$\delta_{fcu} = \sqrt{\frac{\sum_{i=1}^{N} f_{cu,i}^2 - N \cdot \mu_{fcu}^2}{N-1}}$$

式中　δ_{fcu}——混凝土立方体抗压强度标准差(N/mm²);

　　　$f_{cu,i}$——第 i 组混凝土试件的立方体抗压强度(N/mm²);

　　　N——一个验收批混凝土试件的组数;

　　　μ_{fcu}——N 组混凝土试件立方体抗压强度的平均值(N/mm²)。

8. 盘内混凝土强度的变异系数如何计算? 计算其值的意义如何?

答:(1)计算公式:$\delta_b = \dfrac{\sigma_b}{\mu_{fcu}} \times 100\%$

式中　δ_b——盘内混凝土的变异系数;

　　　σ_b——盘内混凝土的标准差(N/mm²);

　　　μ_{fcu}——统计周期内 N 组混凝土试件立方体抗压强度的平均值(N/mm²)。

(2)混凝土强度的试验误差,可以用同盘混凝土试件强度的变异系数来衡量。盘内变异系数对于不同强度等级的混凝土,其立方体抗压强度值基本稳定,可作为考查试验室及试验管理水平的综合指标。

9. 什么是数值修约的有效位数?

答:对没有小数位且以若干个零结尾的数值,从非零数字最左一位向右数得到的位数减去无效零(即仅为定位用的零)的个数;对其他十进位数,从非零数字最左一位向右数而得到的位数,就是有效位数。

例:6.2,0.62,0.062,均为二位有效位数;

0.0620 为三位有效位数;

10.00 为四位有效位数。

10. 数值修约进舍规则是什么?

答:数值修约的进舍规则为:

(1)拟舍弃数字的最左一位数字小于 5 时,则舍去,即保留的各位数字不变。

例:将 13.145 修约到一位小数,得 13.1。

（2）拟舍弃数字的最左一位数字为 5 或者大于 5，而其后跟有并非全部为 0 的数字时，则进一，即保留的末位数字加 1。

例：将 12.68 修约到个位数，得 13；将 10.502 修约到个位数，得 11。

（3）拟舍弃数字的最左一位数字为 5，而后面无数字或皆为 0 时，若所保留的末位数字为奇数（1，3，5，7）则进一，为偶数（2，4，6，8，0）则舍弃。

例：将 0.350 修约到一位小数，得 0.4；将 0.0325 修约成两位有效数字，得 0.032。

（4）负数修约时，先将它的绝对值按前三条规定进行修约，然后在修约值前面加上负号。

例：将 -36.5 修约成两位有效数字，得 -36；将 -235 修约到十数位，得 -24×10。

11. 什么是 0.5 单位修约？

答：0.5 单位修约指修约间隔为指定位数的 0.5 单位，是将拟修约数值乘以 2，按指定数位依进舍规则修约，所得数值再除以 2。

例：将下列数字修约到个位数的 0.5 单位。

拟修约数值（A）	乘 2（2A）	2A 修约值	A 修约值
60.25	120.50	120	60.0
60.38	120.76	121	60.5
-60.75	-121.50	-122	-61.0

12. 什么是法定计量单位？

答：我国计量法明确规定，国家实行法定计量单位制度。

计量法规定："国家采用国际单位制。国际单位制计量单位和国家选定的其他计量单位，为国家法定计量单位。"

13. 国际单位制的基本单位是什么？

答：国际单位制的基本单位见表 1.0.3。

国际单位制的基本单位　　　　　　　　　　　　　表 1.0.3

量 的 名 称	单 位 名 称	单 位 符 号	量 的 名 称	单 位 名 称	单 位 符 号
长 度	米	m	热力学温度	开［尔文］	K
质 量	千克（公斤）	kg	物质的量	摩［尔］	mol
时 间	秒	s	发光强度	坎［德拉］	cd
电 流	安［培］	A			

14. 常用的倍数单位如何表示？

答：常用的倍数单位见表 1.0.4。

用于构成十进制倍数和分数单位的词头　　　　　表 1.0.4

所表示的因素	词 头 名 称	词 头 符 号	所表示的因素	词 头 名 称	词 头 符 号
10^6	兆	M	10^{-1}	分	d
10^3	千	k	10^{-2}	厘	c
10^2	百	h	10^{-3}	毫	m
10^1	十	da	10^{-6}	微	μ

15. 国家选用的其他计量单位中时间如何表示?

答:国家选用的其他计量单位中时间表示见表1.0.5。

国家选定的非国际单位制时间单位 表 1.0.5

量 的 名 称	单 位 名 称	单 位 符 号	换算关系和说明
时　间	分	min	1min＝60s
	[小] 时	h	1h＝60min＝3600s
	天（日）	d	1d＝24h＝86400s

16. 《建筑工程检测试验技术管理规范》(JGJ 190—2010) 中的强制性条文是如何规定的?

答:《建筑工程检测试验技术管理规范》(JGJ 190—2010) 自 2010 年 7 月 1 日起实施。该规范中的 6 条强制性条文,必须严格执行。强制性条文的具体内容为:

(1) 施工单位及其取样、送检人员必须确保提供的检测试样具有真实性和代表性;

(2) 见证人员必须对见证取样和送检的过程进行见证,且必须确保见证取样和送检过程的真实性;

(3) 检测机构应确保检测数据和检测报告的真实性和准确性;

(4) 进场材料的检测试样,必须从施工现场随机抽取,严禁在现场外制取;

(5) 施工过程质量检测试样,除确定工艺参数可制作模拟试样外,必须从现场相应的施工部位制取;

(6) 对检测试验结果不合格的报告严禁抽撤、替换或修改。

第二章 建筑材料试验

第一节 水 泥

1. 目前北京市对需试验水泥的管理规定是什么？

答：有下列情况之一者，必须进行复试，并提供试验报告：①用于承重结构的水泥；②用于使用部位有强度等级要求的水泥；③水泥出厂超过 3 个月（快硬硅酸盐水泥为 1 个月）；④进口水泥；⑤标志不清或对水泥质量有怀疑的水泥。

2. 水泥的标志有何要求？

答：（1）袋装水泥应清楚标明：执行标准、水泥品种、代号、强度等级、生产者名称、生产许可证标志（QS）及编号、出厂编号、包装日期、净含量。包装袋两侧应根据水泥的品种采用不同的颜色印刷水泥名称和强度等级。硅酸盐和普通硅酸盐水泥采用红色；矿渣硅酸盐水泥采用绿色；火山灰质硅酸盐水泥、粉煤灰硅酸盐水泥和复合硅酸盐水泥用黑色或蓝色。

（2）散装水泥发运时应提交与袋装标志相同内容的卡片。

3. 常用水泥的品种有哪些？代号是什么？水泥组分有何不同？

答：常用水泥的品种、代号和水泥组分见表 2.1.1。

常用水泥的品种、代号和水泥组分（质量百分比，%）　　　　表 2.1.1

品　　种	代　号	组　　分				
		熟料＋石膏	粒化高炉矿渣	火山灰质混合材料	粉煤灰	石灰石
硅酸盐水泥	P·I	100	—	—	—	—
	P·II	≥95	≤5	—	—	—
		≥95	—	—	—	≤5
普通硅酸盐水泥	P·O	≥80 且＜95	>5 且≤20ª			
矿渣硅酸盐水泥	P·S·A	≥50 且＜80	>20 且≤50ᵇ	—	—	—
	P·S·B	≥30 且＜50	>50 且≤70ᵇ	—	—	—
火山灰质硅酸盐水泥	P·P	≥60 且＜80	—	>20 且≤40ᶜ	—	—
粉煤灰硅酸盐水泥	P·F	≥60 且＜80	—	—	>20 且≤40ᵈ	—
复合硅酸盐水泥	P·C	≥50 且＜80	>20 且≤50ᵉ			

注：a——本组分材料为符合《通用硅酸盐水泥》（GB 175—2007）中 5.2.3 的活性混合材料，其中允许用不超过水泥质量 8%且符合标准中第 5.2.4 的非活性混合材料或不超过水泥质量 5%符合标准中第 5.2.5 的窑灰代替。

b——本组分材料为符合《用于水泥中的粒化高炉矿渣》（GB/T 203—2008）或《用于水泥和混凝土中的粒化高炉矿渣粉》（GB/T 18046—2008）的活性混合材料，其中允许用不超过水泥质量 8%且符合标准中第 5.2.3 条的活性混合材料，或符合标准第 5.2.4 条的非活性混合材料，或符合标准中第 5.2.5 条的窑灰中的任一种材料代替。

c——本组分材料为符合《用于水泥中的火山灰质混合材料》（GB/T 2847—2005）的活性混合材料。

d——本组分材料为符合《用于水泥和混凝土中的粉煤灰》（GB/T 1596—2005）的活性混合材料。

e——本组分材料为由两种（含）以上符合《通用硅酸盐水泥》（GB 175—2007）中第 5.2.3 条的活性混合材料或/和符合《通用硅酸盐水泥》（GB 175—2007）标准中第 5.2.4 条的非活性混合材料组成，其中允许用不超过水泥质量 8%且符合《通用硅酸盐水泥》（GB 175—2007）标准中第 5.2.5 条的窑灰代替。掺矿渣时混合材料掺量不得与矿渣硅酸盐水泥重复。

4. 常用的水泥品种强度等级是怎样划分的？

答：硅酸盐水泥的强度等级分为 42.5，42.5R，52.5，52.5R，62.5，62.5R 六个等级；普通硅酸盐水泥的强度等级分为 42.5，42.5R，52.5，52.5R 四个等级；矿渣硅酸盐水泥、火山灰质硅酸盐水泥、粉煤灰硅酸盐水泥、复合硅酸盐水泥的强度等级分为 32.5，32.5R，42.5，42.5R，52.5，52.5R 六个等级。

5. 与水泥试验有关的标准有哪些？

答：（1）《通用硅酸盐水泥》（GB 175—2007）；

（2）《水泥化学分析方法》（GB/T 176—2008）；

（3）《水泥胶砂强度检验方法（ISO 法）》（GB/T 17671—1999）；

（4）《水泥标准稠度用水量、凝结时间、安全性检验方法》（GB/T 1346—2011）；

（5）《水泥细度检验方法（筛析法）》（GB/T 1345—2005）；

（6）《水泥胶砂流动度测定方法》（GB/T 2419—2005）；

（7）《水泥比表面积测定方法（勃氏法）》（GB/T 8074—2008）；

（8）《水泥取样方法》（GB 12573—2008）；

（9）《水泥压蒸安定性试验方法》（GB 750—1992）。

6. 常用水泥试验的取样方法、数量有何规定？

答：水泥试验的取样应按下述规定进行：

（1）散装水泥：对同一水泥厂生产的同期出厂的同品种、同强度等级的水泥，以一次进厂（场）的同一出厂编号的水泥为一批，但一批的总质量不得超过 500t。随机地从不少于 3 个车罐中各采取等量水泥，经混合搅拌均匀后，再从中称取不少于 12kg 水泥作为检验试样。取样采用"槽形管状取样器"（图 2.1.1），通过转动取样器内管控制开关，在适当位置插入水泥一定深度，关闭后小心抽出。将所取样品放入洁净、干燥、不易受污染的容器中。

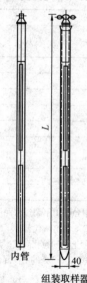

内管　　40
组装取样器

图 2.1.1　散装水泥取样管（槽形管状取样器）

$L=1000\sim2000\text{mm}$

（2）袋装水泥：对同一水泥厂生产的同期出厂的同品种、同强度等级的水泥，以一次进厂（场）的同一出厂编号的水泥为一批，但一批的总质量不得超过 200t。随机地从不少于 20 袋中各采取等量水泥，经混拌均匀后，再从中称取不少于 12kg 水泥作为检验试样。取样采用"取样管"（图 2.1.2），将取样管插入水泥适当深度，用大拇指按住气孔，小心抽出取样管，将所取样品放入洁净、干燥、不易受污染的容器中。

（3）已进厂（场）的每批水泥，视在厂（场）存放情况，应重新采集试样复验其强度和安定性。存放期超过 3 个月的水泥，使用前必须进行复验，并按复验结果使用。

（4）取样要有代表性，所取试样总质量不少于 12kg，拌合均匀后分成两等份，一份由试验室按标准进行试验，一份密封保存，以备复验用。

（5）建筑施工企业应分别按单位工程取样。

（6）构件厂、搅拌站应在水泥进厂（站）时取样，并根据贮存、使用情况定期复验。

7. 常用水泥必试项目有哪些，如何试验？

答：常用水泥的必试项目为：

（1）水泥胶砂强度；

（2）水泥安定性；

（3）水泥凝结时间。

常用水泥的试验方法：

（1）水泥胶砂强度：

① 材料：

a. 当试验水泥从取样至试验要保持 24h 以上时，应把它贮存在基本装满和气密的容器里，这个容器应不与水泥起反应。

b. 标准砂应符合《水泥胶砂强度检验方法》（GB/T 17671—1999）的质量要求。

c. 仲裁试验或重要试验时使用蒸馏水。其他试验可使用饮用水。

② 温、湿度：

a. 水泥试体成型试验温度为 20±2℃，相对湿度大于 50%。水泥试样、标准砂、拌合水及试模的温度与其室温相同。

b. 养护箱温度为 20±1℃，相对湿度大于 90%。养护水的温度为 20±1℃。

c. 温度、湿度记录每天不少于 2 次。

③ 试体成型：

a. 成型前将试模擦净，四周的模板与底座的接触面上应涂黄干油，紧密装配，防止漏浆，内壁均匀刷一薄层机油。

b. 水泥与标准砂的重量比为 1∶3；水灰比为 0.5。

c. 每成型三条试体需称量的材料及用量见表 2.1.2。

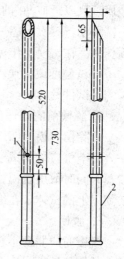

图 2.1.2　袋装水泥
取样器（取样管）
1—气孔；2—手柄
材质：黄铜，气孔和
壁厚尺寸自定

材 料 用 量 表　　　　表 2.1.2

材　料	用　量	材　料	用　量
水泥（g）	450±2	拌合水（g）	225±1
标准砂（g）	1350±2		

d. 胶砂搅拌时先将搅拌锅和搅拌叶用湿布湿润，然后把水加入锅里，再加入水泥，把锅放在固定架上，上升至固定位置。然后立即开动机器，低速搅拌 30s 后，在第二个 30s 开始的时候同时均匀地将砂子加入。当各级砂是分装时，从最粗粒级开始，依次将所需的每级砂量加完。把机器转至高速再拌 30s。

停拌 90s，在第 1 个 15s 内用胶皮刮具将叶片和锅壁上的胶砂刮入锅中间。在高速下继续搅拌 60s。各个搅拌阶段，时间误差应为 ±1s。

e. 胶砂制备后立即成型。将空试模和模套固定在振实台上，用一个适当勺子直接从搅拌锅里取出胶砂，分两层装入试模。装第一层时，每个槽里约放 300g 胶砂，用大播料器垂直架在模套顶部沿每个模槽来回一次将料层播平，接着振实 60 次。再装入第二层胶砂，用小播料器播平，再振实 60 次。移走模套，从振实台上将装满胶砂的试模取下，用金属直尺以近似 90°的角度架在试模模顶的一端沿试模长度方向以横向锯割动作慢慢向另一端移动,一次将超过试模部分的胶砂刮去,并用同一直尺以近乎水平的情况下将试体表面抹平。在试模上作标记或加字条标明试件编号和试件相对于振实台的位置。

f. 试验前或更换水泥品种时,搅拌锅、叶片和下料漏斗等须抹擦干净。

④试件的养护:

a. 脱模前的处理和养护

清除留在模子四周的胶砂,立即将做好标记的试模放入雾室或湿箱的水平架子上养护,湿空气应能与试模各边接触。养护时不应将试模放在其他试模上。一直养护到规定的脱模时间时取出脱模。脱模前,用防水墨汁或颜料笔对试体进行编号或作其他标记。2 个龄期以上的试体,在编号时应将同一试模中的三条试体分在 2 个以上龄期内。

b. 脱模

脱模时应非常小心。对于 24h 龄期的试件,应在破型试验前 20min 内脱模。对于 24h 以上龄期的试件,应在成型后 24±2h 之间脱模。

注:如经 24h 养护,会因脱模对强度造成损害时,可以延迟至规定养护时间以后脱模,但在试验报告中应予说明。已确定作为 24h 龄期试验(或其他不用水养护而直接做试验)的已脱模试体,应用湿布覆盖至做试验时为止。

c. 水中养护

将做好标记的试件立即水平或竖立放在 20±1℃水中养护,水平放置时平面应朝上。

试件放在不易腐烂的篦子上,并彼此间保持一定的距离,以便让水与试件的六个面接触。养护期间试件之间间隔或试件上表面的水深不得小于 5mm。

注:不宜用木篦子。

每个养护池只养护同一类型的水泥试件。

最初用自来水装满养护池(或容器),随后随时加水保持适当的恒定水位,不允许在养护期间全部换水。

除 24h 龄期或延迟至 48h 脱模的试体外,任何到龄期的试体应在试验(破型)前15min 从水中取出。擦去试体表面附着物,并用湿布覆盖至试验为止。

⑤强度试验:

a. 各龄期的试体必须在下列时间内进行强度试验:

龄　期	时　间
1d	1d±15min
3d	3d±45min
28d	28d±8h

试体从水中取出后,在强度试验前应用湿布覆盖。

b. 抗折强度试验:每龄期取出三条试体先做抗折强度试验。试验前须擦去试体表面的附着水分和砂粒,清除夹具上圆柱表面粘着的杂物,试体放入抗折夹具内,应使侧面与圆柱接触。采用杠杆式抗折试验机时,试体放入前,应使杠杆成平衡状态。试体放入后调整夹具,使杠杆在试体折断时尽可能地接近平衡位置。抗折试验加荷速度为 50±10N/s。

c. 抗折试验后的两个断块应立即进行抗压试验。抗压试验须用抗压夹具进行,试体受压面为 40mm×40mm。试验前应清除试体受压面与加压板间的砂粒和杂物。试验时以试体的侧面作为受压面，试体的底面靠紧夹具定位销，并使夹具对准压力机压板中心。压力机加荷速度应控制在 $2400\pm200\mathrm{N/s}$ 的范围内，在接近破坏时更应严格掌握。

（2）水泥安定性

①标准稠度用水量的测定：

a. 试验方法：标准稠度用水量测定分为标准法和代用法，标准法采用调整用水量法，代用法有调整用水量法和不变用水量法。

采用调整用水量方法时拌合水量按经验寻找用水量，采用不变用水量方法时拌合水量为 142.5mL。

b. 试验前的准备：

试验前必须做到以下几点：

a）维卡仪的金属棒能自由滑动；

b）采用标准法时，调整至试杆接触玻璃板时指针对准零点；

采用代用法时，调整至试锥接触锥模顶面时指针对准零点；

c）搅拌机运行正常。

c. 水泥净浆的拌制：

用水泥净浆搅拌机搅拌，搅拌锅和搅拌叶先用湿布湿润，将拌合水倒入搅拌锅内，然后在 5～10s 内小心将称好的 500g 水泥加入水中，防止水和水泥溅出；拌合时，先将锅放在搅拌机的锅座上，升至搅拌位置，启动搅拌机，低速搅拌 120s，停 15s，同时将叶片和锅壁上的水泥浆刮入锅中间，接着高速搅拌 120s 停机。

d. 标准稠度用水量的测定步骤：

a）标准法

拌合结束后，立即取适量水泥净浆一次性将其装入已置于玻璃板上的试模中，浆体超过试模上端，用宽约 25mm 的直边刀轻轻拍打超出试模部分的浆体 5 次以排除浆体中的孔隙，然后在试模上表面约 1/3 处，略倾斜于试模分别向外轻轻锯掉多余净浆，再从试模边沿轻抹顶部一次，使净浆表面光滑。在锯掉多余净浆和抹平的操作过程中，注意不要压实净浆；抹平后迅速将试模和底板移到维卡仪上，并将其中心定在试杆下，降低试杆直至与水泥净浆表面接触，拧紧螺丝 1～2s 后，突然放松，使试杆垂直自由地沉入水泥净浆中。在试杆停止沉入或释放试杆 30s 时记录试杆与底板之间的距离。整个操作应在搅拌后 1.5min 内完成，以试杆沉入净浆并距底板 $6\pm1\mathrm{mm}$ 的水泥净浆为标准稠度净浆。其拌合水量为该水泥的标准稠度用水量（P），按水泥质量的百分比计。

b）代用法

拌合结束后，立即将拌制好的水泥净浆装入锥模中，用宽约 25mm 的直边刀再浆体表面轻轻插捣 5 次，再轻振 5 次，刮去多余的净浆；抹平后迅速放到试锥下面固定的位置上，将试锥降至净浆的表面，拧紧螺丝 1～2s 后，突然放松，让试锥垂直自由地沉入水泥净浆中。到试锥停止沉入或释放试杆 30s 时记录试锥下沉深度。整个操作应在搅拌后 1.5min 内完成。

用不变水量方法测定时，以试锥下沉深度 $30\pm1\mathrm{mm}$ 时的净浆为标准稠度净浆。其拌合水量为该水泥的标准稠度用水量（P），按水泥质量的百分比计。

用不变水量方法测定时，根据测得的试锥下沉深度 S（mm）按下式（或仪器上对应标尺）计算得到标准稠度用水量 P （%）：

$$P = 33.4 - 0.185S$$

当试锥下沉深度小于 13mm 时，应改用调整水量测定。

②安定性测定：

a. 安定性的测定方法：分为标准法（雷氏法）和代用法（饼法）。饼法是观察水泥净浆试饼沸煮后的外形变化来检验水泥的体积安定性。雷氏法是测定水泥净浆在雷氏夹中沸煮后的膨胀值。

b. 测定前的准备工作：每个试样需成型两个试件，若采用雷氏法时，每个雷氏夹需配两个边长或直径约 80mm、厚度 4～5mm 的玻璃板，若采用饼法时每个样品需配备两个边长约 100mm 的玻璃板。凡与水泥净浆接触的玻璃板和雷氏夹内表面都要稍稍涂上一层油（矿物油比较合适）。

c. 雷氏夹试件的成型：将预先准备好的雷氏夹放在已稍擦油的玻璃板上，并立即将已制好的标准稠度净浆一次装满雷氏夹，装浆时一手扶持雷氏夹，另一只手用宽约 25mm 的直边刀在浆体表面轻轻插捣 3 次，然后抹平，盖上稍涂油的玻璃板，接着立即将试件移至湿气养护箱内养护 24±2h。

d. 试饼的成型方法：将制好的净浆取出一部分分成两等份，使之成球形，放在预先准备的玻璃板上，轻轻振动玻璃板并用湿布擦过的小刀，由边缘向中央抹动，做成直径 70～80mm、中心厚约 10mm、边缘渐薄、表面光滑的试饼，接着将试饼放入标准养护箱内养护 24±2h。

e. 沸煮：调整好沸煮箱内的水位，使其保证在整个沸煮过程中都没过试件，不许中途添补试验用水，同时又保证在 30±5min 内加热至沸腾。

当用饼法时先检查试饼是否完整（如已开裂翘曲要检查原因，确认无外因时，该试饼已属不合格，不必沸煮），在试饼无缺陷的情况下将试饼放在沸煮箱的水中篦板上，然后 30±5min 内加热至沸，并恒沸 180±5min。

当用雷氏法时，先测量试件指正尖端间的距离 (A)，精确到 0.5mm，接着将试件放入水中篦板上，指针朝上，试件之间互不交叉，然后在 30±5min 内加热至沸腾，并恒沸 180±5min。

（3）凝结时间的测定

①测定前准备工作：调整凝结时间测定仪的试针接触玻璃板时，指针对准零点。

②试件的制备：以标准稠度用水量按 GB/T 1346—2011 中的 7.2 条制成标准稠度净浆一次装满试模，数次刮平，立即放入标准养护箱中。记录水泥全部加入水中的时间作为凝结时间的起始时间。

③初凝时间的测定：试件在标准养护箱内养护至加水后 30min 时进行第一次测定。测定时，从标准养护箱中取出试模放到试针下，降低试针与水泥净浆表面接触。拧紧螺丝 1～2s 后，突然放松，使试针垂直自由地沉入水泥净浆中。观察试针停止沉入或释放试杆 30s 时指针的读数。临近初凝时，每隔 5min（或更短时间）测定一次，当试针沉至距底板 4±1mm 时，为水泥达到初凝状态；由水泥全部加入水中至初凝状态的时间为水泥的初凝时间，用"min"表示。

④终凝时间的测定：为了准确观察试针沉入的状况，在终凝针上安装了一个环形附件。在完成初凝时间测定后，立即将试模连同浆体以平移的方式从玻璃板上取下，翻转

180°，直径大端向上，小端向下放在玻璃板上，再放入标准养护箱中继续养护，临近终凝时时间每隔 15min 测定一次，试针沉入试体 0.5mm 时，即环形附件开始不能在试体上留下痕迹时，为水泥达到终凝状态；由水泥全部加入水中至终凝状态的时间为水泥的终凝时间，用"min"表示。

⑤测定时应注意：在最初测定的操作时应轻轻扶持金属柱，使其徐徐下降，以防试针撞弯，但结果以自由下落为准，在整个测试过程中试针沉入的位置至少要距试模内壁 10mm。临近初凝时，每隔 5min（或更短时间）测定一次，临近终凝时每隔 15min（或更短时间）测定一次，到达初凝时应立即重复测试一次，当两次结论相同时才能定为初凝状态。到达终凝时，需要在试体另外两个不同点测试，确认结论相同时才能确定到达终凝状态。每次测定不能让试针落入原孔，每次测试完毕须将试针擦干净并将试模放回标准养护箱内，整个测试过程要防止试模受振。

注：可以使用能得出与标准中规定方法相同结果的凝结时间自动测定仪，有矛盾时以标准方法为准。

（4）胶砂流动度的测定：

①胶砂的制备：一次试验应称取材料数量，水泥：300g；标准砂：750g；水按预定的水灰比进行计算，也可按《水泥胶砂强度检验方法（ISO 法）》（GB/T 17671—1999）规定称量水泥和标准砂。胶砂搅拌方法与水泥胶砂强度检验方法相同。

②在拌合胶砂的同时，用湿布抹擦跳桌台面、捣棒、截锥圆模和套模内壁，并把它们置于玻璃板中心，盖上湿布。（如跳桌在 24h 内未被使用，先空跳一个周期 25 次。）

③将拌好的水泥胶砂迅速地分两层装入模内，第一层装至圆锥模高的三分之二处，用小刀在相互垂直两方向各划 5 次，再用圆柱捣棒自边缘向中心均匀捣压 15 次；接着装第二层胶砂，装至高出圆锥模约 20mm，用小刀在相互垂直两个方向各划 5 次，再用圆柱捣棒自边缘向中心均匀捣压 10 次，捣压深度为第一层捣至胶砂高度二分之一，第二层捣至不超过已捣实的底层表面（装胶砂与捣实时用手将截锥圆模扶持不要移动）。

④捣实完毕，取下模套，将小刀倾斜，从中间向边缘分两次以近水平的角度抹去搞出截锥圆模胶砂。将截锥圆模垂直向上轻轻提起。立刻开动跳桌，以每秒钟一次的频率，在 25±1s 内完成 25 次跳动。

⑤跳动完毕，用卡尺测量水泥胶砂底部扩散的直径，取相互垂直的两直径的平均值为该用水量时的水泥胶砂流动度，用 mm 表示。

8. 常用水泥必试项目的试验如何计算？

答：水泥胶砂强度计算

抗折强度计算公式：
$$R_f = \frac{1.5F_f L}{b^3}$$

式中　R_f——抗折强度（N/mm²）；

　　　F_f——破坏荷载（N）；

　　　b——试件正方形截面边长（mm）；

　　　L——支撑圆柱中心距，为 100mm。

抗折强度计算应精确至 0.1N/mm²。

抗压强度计算公式：

$$R_c = \frac{F}{A}$$

式中　R_c——抗压强度（N/mm²）；

　　　F——破坏荷载（N）；

　　　A——受压面积，即 40mm×40mm。

抗压强度计算应精确至 0.1N/mm²。

9. 常用水泥必试项目的试验结果如何评定？

答：（1）水泥胶砂强度试验评定

抗折强度：试验结果为三个试体抗折强度值的平均值。当三个强度值中有超过平均值±10％时，应剔除后再平均作为抗折强度的试验结果。

抗压强度：以一组三个棱柱体上得到的六个抗压强度值的算术平均值为试验结果。

如六个测定值中有一个值超出六个平均值±10％时，就应剔除这个测定值，而以剩下五个的平均数为结果。如果五个测定值中再有超过它们平均值±10％的，则此组结果作废。

水泥强度的评定：以抗折、抗压强度均满足该组强度等级之强度要求方可评为符合该强度等级的要求，并应按委托强度等级评定。

不同品种不同强度等级的通用硅酸盐水泥，其不同龄期的强度应符合表 2.1.3 的规定。

通用硅酸盐水泥不同龄期的强度（单位：MPa）　　　　表 2.1.3

品　　种	强度等级	抗 压 强 度		抗 折 强 度	
		3d	28d	3d	28d
硅酸盐水泥	42.5	≥17.0	≥42.5	≥3.5	≥6.5
	42.5R	≥22.0		≥4.0	
	52.5	≥23.0	≥52.5	≥4.0	≥7.0
	52.5R	≥27.0		≥5.0	
	62.5	≥28.0	≥62.5	≥5.0	≥8.0
	62.5R	≥32.0		≥5.5	
普通硅酸盐水泥	42.5	≥17.0	≥42.5	≥3.5	≥6.5
	42.5R	≥22.0		≥4.0	
	52.5	≥23.0	≥52.5	≥4.0	≥7.0
	52.5R	≥27.0		≥5.0	
矿渣硅酸盐水泥 火山灰硅酸盐水泥 粉煤灰硅酸盐水泥 复合硅酸盐水泥	32.5	≥10.0	≥32.5	≥2.5	≥5.5
	32.5R	≥15.0		≥3.5	
	42.5	≥15.0	≥42.5	≥3.5	≥6.5
	42.5R	≥19.0		≥4.0	
	52.5	≥21.0	≥52.5	≥4.0	≥7.0
	52.5R	≥23.0		≥4.5	

（2）水泥安定性试验评定

沸煮结束，即放掉箱中的热水，打开箱盖，待箱体冷却至室温，取出试件进行判别。若为试饼，目测未发现裂缝，用直尺检查也没有弯曲的试饼为安定性合格，反之为不合格。当两个试饼判别有矛盾时，该水泥的安定性不合格。

若用雷氏夹，测量试件指针尖端的距离（C），精确至 0.5mm，当两个试件煮后增加距离（$C-A$）的平均值不大于 5.0mm 时，即认为该水泥安定性合格，当两个试件的

$(C-A)$ 值相差超过 4mm 时，应用同一样品立即重做一次试验。再如此，则认为该水泥安定性不合格。

(3) 水泥凝结时间试验评定

硅酸盐水泥初凝不小于 45min，终凝不大于 390min；普通硅酸盐水泥、矿渣硅酸盐水泥、火山灰质硅酸盐水泥、粉煤灰硅酸盐水泥和复合硅酸盐水泥初凝不小于 45min，终凝不大于 600min。

10. 水泥试验结果的判定规则是什么？

答：合格品。检验结果均符合不溶物、烧失量、三氧化硫、氧化镁、氯离子（具体指标见表 2.1.4）、凝结时间、安定性、强度标准要求的水泥。

不合格品。检验结果不符合合格品要求项目的任何一项技术要求的水泥。

常用水泥技术要求（以质量分数计，%） 表 2.1.4

品　种	代　号	不溶物	烧失量	三氧化硫	氧化镁	氯离子
硅酸盐水泥	P·I	≤0.75	≤3.0	≤3.5	≤5.0ᵃ	≤0.06ᶜ
	P·Ⅱ	≤1.50	≤3.5			
普通硅酸盐水泥	P·O	—	≤5.0			
矿渣硅酸盐水泥	P·S·A			≤4.0	≤6.0ᵇ	
	P·S·B				—	
火山灰质硅酸盐水泥	P·P			≤3.5	≤6.0ᵇ	
粉煤灰硅酸盐水泥	P·F					
复合硅酸盐水泥	P·C					

注：a——如果水泥压蒸试验合格，则水泥中氧化镁的含量允许放宽至 6.0%。

　　b——如果水泥中氧化镁的含量大于 6.0%时，需进行水泥压蒸安定性试验并合格。

　　c——当有更低要求时，该指标由买卖双方确定。

11. 常用水泥的适用范围及放射性要求是什么？

答：(1) 适用范围见表 2.1.5。

常用水泥的适用范围 表 2.1.5

水泥品种	适用范围	
	适用于	不适用于
硅酸盐水泥	1. 配制高强度混凝土； 2. 先张预应力制品、石棉制品； 3. 道路、低温下施工的工程	1. 大体积混凝土； 2. 地下工程
普通硅酸盐水泥	适应性较强，无特殊要求的工程都可以使用	
矿渣硅酸盐水泥	1. 地面、地下、水中各种混凝土工程； 2. 高温车间建筑	需要早强和受冻融循环干湿交替的工程
火山灰质硅酸盐水泥	1. 地下水工程、大体积混凝土工程； 2. 一般工业和民用建筑	需要早强和受冻融循环干湿交替的工程
粉煤灰硅酸盐水泥	1. 大体积混凝土和地下工程； 2. 一般工业和民用建筑	需要早强和受冻融循环干湿交替的工程
复合硅酸盐水泥	1. 大体积混凝土和地下工程； 2. 一般工业和民用建筑	需要早强和受冻融循环干湿交替的工程

（2）放射性要求见表 2.1.6。

放射性指标限量　　　　　表 **2.1.6**

测 定 项 目	限 量	测 定 项 目	限 量
内照射指数	≤1.0	外照射指数	≤1.0

第二节 砂

1. 有关砂试验的标准有哪些?

　　答：（1）《普通混凝土用砂、石质量及检验方法标准》（JGJ 52—2006）；

　　（2）《建设用砂》（GB/T 14684—2011）；

　　（3）《人工砂应用技术规程》（DBJ/T 01—65—2002）。

2. 砂试验的取样批次、方法和数量有哪些规定?

　　答：（1）使用单位应按砂的同产地同规格分批验收。采用大型工具（如火车、货船或汽车）运输的，应以 400m³ 或 600t 为一验收批；采用小型工具（如拖拉机等）运输的，应以 200m³ 或 300t 为一验收批。不足上述量者，应按一验收批进行验收。

　　当砂质量比较稳定、进料量又较大时，可以 1000t 为一验收批。

　　（2）每一验收批取样一组，对于每一单项检验项目，砂的每组样品取样数量应满足表 2.2.1 的规定。当需要做多项检验时，可在确保样品经一项试验后不致影响其他试验结果的前提下，用同组样品进行多项不同的试验。

砂每项试验所需砂的最少取样数量　　　　　表 **2.2.1**

检验项目	最少取样数量（g）	检验项目	最少取样数量（g）
筛分析	4400	有机物含量	2000
表观密度	2600	云母含量	600
吸水率	4000	轻物质含量	3200
紧密密度和堆积密度	5000	硫化物及硫酸盐含量	50
含水率	1000	氯离子含量	2000
含泥量	4400	贝壳含量	10000
泥块含量	20000	碱活性	20000
石粉含量	1600	—	—
人工砂压碎值指标	分成公称粒级 5.00～2.50mm；2.50～1.25mm；1.25mm～630μm；630～315μm；315～160μm 每个粒级各需 1000g		
坚固性	分成公称粒级 5.00～2.50mm；2.50～1.25mm；1.25mm～630μm；630～315μm；315～160μm 每个粒级各需 100g		

　　注：引自《普通混凝土用砂、石质量及检验方法标准》（JGJ 52—2006）。

3. 砂的分类和定义是什么?

　　答：（1）天然砂

自然生成的，经人工开采和筛分的粒径小于 4.75mm 的岩石颗粒，包括河砂、湖砂、山砂、淡化海砂，但不包括软质岩、风化岩石的颗粒。

（2）机制砂

经除土处理，由机械破碎、筛分制成的，粒径小于 4.75mm 的岩石、矿山尾矿或工业废渣颗粒，但不包括软质、风化的颗粒，俗称人工砂。

（3）混合砂

由机制砂和天然砂混合制成的砂。

4. 含泥量和石粉含量的定义是什么？

答：含泥量：天然砂中粒径小于 $75\mu m$ 的颗粒含量。

石粉含量：人工砂中粒径小于 $75\mu m$ 的颗粒含量。

5. 砂必试项目有哪些？如何试验？

答：（1）必试项目

①天然砂：筛分析；含泥量；泥块含量。

②人工砂：筛分析；石粉含量（含亚甲蓝试验）；泥块含量；压碎指标。

（2）试验方法

①筛分析

a. 按人工四分法缩分试样：将所取每组样品置于平板上，在潮湿状态下拌合均匀，并堆成厚度约为 20mm 的"圆饼"，然后沿互相垂直的两条直径把"圆饼"分成大致相等的四份，取其对角的两份重新拌匀，再堆成"圆饼"。重复上述过程，直至缩分后的材料量略多于进行试验所需的量为止。

b. 用于筛分析的试样，颗粒的公称粒径不应大于 10.0mm。试验前应先将来样通过公称直径为 10.0mm 的方孔筛，并算出筛余。然后称取每份不少于 550g 的试样两份，分别倒入两个浅盘中，在 $105\pm5℃$ 的温度下烘干至恒重，冷却至室温备用。

注：所谓恒重是指相邻两次称量间隔不小于 3h 的情况下，前后两次称量之差小于该项试验要求的称量精度（下同）。

c. 准确称取烘干试样 500g，置于按筛孔大小（大孔在上、小孔在下）顺序排列的套筛的最上一只筛（即公称直径为 5.00mm 方孔筛）上，将套筛装入摇筛机内固紧，筛分时间为 10min 左右。然后取出套筛，再按筛孔大小顺序，在清洁的浅盘上逐个进行手筛，直至每分钟的筛出量不超过试样总质量的 0.1‰时为止，通过的颗粒并入下一个筛，并和下一个筛中试样一起过筛，按这样的顺序进行，直到每个筛全部筛完为止。

d. 仲裁时，试样在各号筛上的筛余质量均不得超过下式的量：

$$m_r = \frac{A\sqrt{d}}{300}$$

生产控制时，不得超过下式的量：

$$m_r = \frac{A\sqrt{d}}{200}$$

式中　m_r——某一个筛上的剩留质量（g）；

　　　d——筛孔边长（mm）；

　　　A——筛的面积（mm²）。

否则应将该筛余试样分成两份或数份，再进行筛分，并以其筛余量之和作为该筛的筛余量。

e. 称取各筛筛余试样质量（精确至1g），所有各筛的分计筛余量和底盘中剩余量的总和与筛分前的试样总质量相比，其差不得超过1%（以质量分数计）。

②含泥量试验（石粉含量试验）

标准方法（淘洗法）：

a. 试样制备应符合下列规定：将样品在潮湿状态下用四分法缩分至约1100g，置于温度为105±5℃的烘箱中烘干至恒重，冷却至室温后，立即称取各为400g（m_0）的试样两份备用。

b. 含泥量试验应按以下步骤进行：

a) 取烘干的试样一份置于容器中，并注入饮用水，使水面高出砂面约150mm，充分拌匀后，浸泡2h，然后用手在水中淘洗试样，使尘屑、淤泥和黏土与砂粒分离，并使之悬浮或溶于水中。缓缓地将浑浊液倒入公称直径为1.25mm、80μm的方孔套筛（1.25mm筛放置上面）上，滤去小于80μm的颗粒。试验前筛子的两面应先用水润湿，在整个试验过程中应注意避免砂粒丢失。

b) 再次加水于筒中，重复上述过程，直至筒内的水清澈为止。

c) 用水冲洗剩留的筛上的细粒，并将80μm筛放在水中（使水面略高出筛中砂粒的上表面）来回摇动，以充分洗除小于80μm的颗粒。然后将两只筛上剩留的颗粒和筒中已经洗净的试样一并装入浅盘，置于温度为105±5℃的烘箱中烘干至恒重。取出来冷却至室温后，称试样的质量（m_1）。

虹吸管方法：

a. 试样制备应按标准方法的规定采用。

b. 含泥量试验应按下列步骤进行：

a) 称取烘干试样500g（m_0），置于容器中，并注入饮用水，使水面高出砂面约150mm，浸泡2h，然后，浸泡过程中每隔一段时间搅拌一次，使尘屑、淤泥和黏土与砂分离。

b) 用搅拌棒搅拌约1min（单方向旋转），以适当宽度和高度的闸板闸水，使水停止旋转。经20~25s后取出闸板，然后，从上到下用虹吸管细心地将浑浊液吸出，虹吸管吸口的最低位置应距离砂面不小于30mm。

c) 再倒入清水，重复上述过程，直到吸出的水与清水的颜色基本一致为止。

d) 最后将容器中的清水吸出，把洗净的试样倒入浅盘并在105±5℃的烘箱中烘干至恒重取出，冷却到室温后称砂质量（m_1）。

③泥块含量试验

a. 试样制备应符合下列规定：

将样品在潮湿状态下用四分法缩分至约3000g，置于温度为105±5℃的烘箱中烘干至恒重，取出，冷却到室温后，用公称直径为1.25mm的筛筛分，取筛上的砂400g分为两份备用。

b. 泥块含量试验应按下列步骤进行：

a) 称取试样200g（m_1），置于容器中，并注入饮用水，使水面高出砂面约150mm，充分搅拌均匀后，浸泡 24h，然后用手在水中碾碎泥块，再把试样放在公称直径 $630\mu m$ 筛上，用水淘洗，直至水清澈为止。

b) 保留下来的试样应小心地从筛里取出，装入浅盘后，置于温度为 $105\pm5℃$ 的烘箱中烘干至恒重，取出冷却后称其质量 (m_2)。

④亚甲蓝试验

a. 试剂和材料

a) 亚甲蓝：$(C_{16}H_{18}CIN_33HO)$ 含量≥90%（以质量分数计）。

b) 亚甲蓝溶液：

将亚甲蓝粉末在 $105\pm5℃$ 下烘干至恒重（若烘干温度超过 105℃，亚甲蓝粉末会变质），称取烘干亚甲蓝粉末 10g 精确至 0.01g 倒入盛有约 600mL 蒸馏水（水温加热至35～40℃）的烧杯中，用玻璃棒持续搅拌 40min，直至亚甲蓝粉末完全溶解，冷却至20℃。将溶液倒入 1L 容量瓶中，用蒸馏水淋洗烧杯等，使所有亚甲蓝溶液全部移入容量瓶，容量瓶和溶液的温度应保持在 $20\pm1℃$，加蒸馏水至容量瓶 1L 刻度，振荡容量瓶以保持亚甲蓝粉末完全溶解。将容量瓶溶液移入深色储藏瓶中，标明制备日期、有效期（亚甲蓝溶液保质期应不超过 28 天）并置于阴暗处保存。

c) 定量滤纸：快速。

b. 试验步骤：

a) 将试样缩分至约 400g，放在 $105\pm5℃$ 的烘箱中烘干至恒量，待冷却至室温后，筛除公称粒径大于 2.50mm 的颗粒备用（b—1）。

b) 称取试样 200g，精确至 0.1g。将试样倒入盛有 $500\pm5mL$ 蒸馏水的烧杯中，用叶轮搅拌机以 $600\pm60rpm$ 转速搅拌 5min，使之成悬浮液，然后持续以 $400\pm40rpm$ 转速搅拌，直至试验结束（b—2）。

c) 悬浮液中加入 5mL 亚甲蓝溶液，以 $400\pm40rpm$ 转速搅拌至少 1min 后，用玻璃棒沾取一滴悬浮液（所取悬浮液应使沉淀物直径在 8～12mm 内），滴于滤纸（置于空烧杯或其他合适的支撑物上，以使滤纸表面不与任何固体或液体接触）上。若沉淀物周围未出现色晕，再加入 5mL 亚甲蓝溶液，继续搅拌 1min，再用玻璃棒蘸取 滴悬浮液，滴于滤纸上，若沉淀物周围仍未出现色晕，重复上述步骤，直至沉淀物周围出现 1mm 的稳定浅蓝色色晕。此时，应继续搅拌，不加亚甲蓝溶液，每 1min 进行一次沾染试验。若色晕在 4min 内消失，再加入 5mL 亚甲蓝溶液；若色晕在第 5min 消失，再加入 2mL 亚甲蓝溶液。两种情况下，均应继续进行搅拌合沾染试验，直至色晕可持续 5min。

d) 记录色晕持续 5min 时所加入的亚甲蓝溶液总体积，精确至 1mL。

c. 亚甲蓝的快速试验

a) 按（b—1）制样。

b) 按（b—2）搅拌。

c) 一次性向烧杯中加入 30mL 亚甲蓝溶液，在 $400\pm40rpm$ 转速搅拌 8min，然后用玻璃棒蘸取一滴悬浮液，滴于滤纸上，观察沉淀物周围是否出现明显色晕。

⑤压碎指标试验：

a. 将缩分后的样品于 $105\pm5℃$ 的烘箱中下烘干至恒量，待冷却至室温后，筛分成 4.75～2.36mm、2.36～1.18mm、1.18mm～$600\mu m$、600～$300\mu m$ 四个粒级，每级试样

质量不少于 1000g。

b. 称取单粒级试样 330g，精确至 1g。试样倒入已经组装好的受压钢模内，使试样距底盘面的高度约为 50mm。整平钢模内试样的表面，将加压块放入圆筒内，转动一周使之与试样均匀接触。

c. 将装好的试样受压钢模置于压力机的支承板上，对准压板中心后，开动机器，以每秒钟 500N 的速度加荷。加荷至 25kN 时稳荷 5s 后，以同样速度卸荷。

d. 取下受压模，移去加压块，倒出压过的试样，然后用该粒级的下限筛（如砂样公称粒级为 5.00～2.50mm，则其下限筛为公称直径 2.50mm 的方孔筛）进行筛分，称出试样的筛余量和通过量，均精确至 1g。

6. 砂必试项目试验结果如何计算？

答：（1）筛分析试验结果计算：

①计算分计筛余百分率（各筛上的筛余量除以试样总量的百分率），精确至 0.1%。

②计算累计筛余百分率（各该筛上的分计筛余百分率与大于该筛的各筛上的分计筛余百分率之总和），精确至 1%。

③根据各筛上的累计筛余百分率评定该试样的颗粒级配分布情况。

④按下式计算砂的细度模数 μ_f（精确至 0.01）：

$$\mu_f = \frac{(\beta_2 + \beta_3 + \beta_4 + \beta_5 + \beta_6) - 5\beta_1}{100 - \beta_1}$$

式中　β_1、β_2、β_3、β_4、β_5、β_6——分别为公称直径 5.0mm、2.50mm、1.25mm、$630\mu m$、$315\mu m$、$160\mu m$ 各方孔筛上的累计筛余百分率。

（2）含泥量计算：

含泥量 w_c 应按下式计算（精确至 0.1%）：

$$w_c = \frac{m_0 - m_1}{m_0} \times 100(\%)$$

式中　m_0——试验前的烘干试样质量（g）；

m_1——试验后的烘干试样质量（g）。

（3）泥块含量计算

泥块含量 $w_{c,1}$ 应按下式计算（精确至 0.1%）：

$$w_{c,1} = \frac{m_0 - m_1}{m_0} \times 100(\%)$$

式中　m_0——试验前的烘干试样质量（g）；

m_1——试验后的烘干试样质量（g）。

（4）亚甲蓝 MB 值结果计算

亚甲蓝 MB 值按下式计算，精确至 0.1。

$$MB = \frac{V}{G} \times 10$$

式中　MB——亚甲蓝值（g/kg），表示每千克 0～2.50mm 公称粒级试样所消耗的亚甲蓝克数；

G——试样质量（g）；

V——所加入的亚甲蓝溶液的总量（mL）。

注：公式中的系数 10 用于将每千克试样消耗的亚甲蓝溶液体积换算成亚甲蓝总量。

（5）压碎指标结果计算

第 i 单粒级砂样的压碎指标按下式计算，精确至 1%。

$$Y_1 = \frac{G_2}{G_1 + G_2} \times 100(\%)$$

式中　Y_1——第 i 单粒级压碎值指标（g）；

　　　G_1——试样的筛余量（g）；

　　　G_2——通过量（g）。

第 i 单粒级压碎值指标取三次试验结果的算术平均值，精确至 1%。

7. 砂必试项目的试验结果如何评定？

答：（1）筛分析试验评定：

①筛分析试验应采用两个试样平行试验。细度模数以两次试验结果的算术平均值为测定值（精确至 0.1）。如两次试验所得细度模数之差大于 0.2 时，应重新取样进行试验。

②砂按公称直径 630μm 筛孔的累计筛余量（以质量百分率计，下同），分成三个级配区（见表 2.2.2）。砂的颗粒级配应处于表中的任何一个区内。

砂颗粒级配区　　　　　　　　　　　　　　　表 2.2.2

砂的分类	天然砂			机制砂		
级配区	1 区	2 区	3 区	1 区	2 区	3 区
方筛孔	累计筛余/%					
4.75mm	10～0	10～0	10～0	10～0	10～0	10～0
2.36mm	35～5	25～0	15～0	35～5	25～0	15～0
1.18mm	65～35	50～10	25～0	65～35	50～10	25～0
600μm	85～71	70～41	40～16	85～71	70～41	40～16
300μm	95～80	92～70	85～55	95～80	92～70	85～55
150μm	100～90	100～90	100～90	97～85	94～80	94～75

注：引自《建设用砂》（GB/T 14684—2011）。

砂的实际颗粒级配与表中所列的累计筛余百分率相比，除公称粒径 5.00mm 和 630μm 外，允许稍有超出分界线，但其总质量百分率不应大于 5%。

（2）含泥量试验评定：

①以两次试验结果的算术平均值为测定值，两次结果的差值大于 0.5% 时，应重新取样进行试验。

②天然砂中含泥量按表 2.2.3～表 2.2.4 评定。

天然砂中含泥量　　　　　　　　　　　　　表 2.2.3

混凝土强度等级	≥C60	C55～C30	≤C25
含泥量（按质量计,%）	≤2.0	≤3.0	≤5.0

注：1. 有抗冻、抗渗或其他特殊要求的小于或等于 C25 混凝土用砂，含泥量应不大于 3.0%。
　　2. 引自《普通混凝土用砂、石质量及检验方法标准》（JGJ 52—2006）。

天然砂中含泥量　　　　　　　　　　　　　　表 2.2.4

类　别	Ⅰ	Ⅱ	Ⅲ
含泥量（按质量计，%）	≤1.0	≤3.0	≤5.0

注：引自《建设用砂》(GB/T 14684—2011)。

③ 机制砂或混合砂 MB 值≤1.4 或快速法试验合格时，石粉含量符合表 2.2.5 的规定；机制砂或混合砂 MB 值>1.4 或快速法试验不合格时，石粉含量应符合表 2.2.6 的规定。

石粉含量（MB 值≤1.4 或快速法试验合格）　　　表 2.2.5

类　别	Ⅰ	Ⅱ	Ⅲ
MB 值	≤0.5	≤1.0	≤1.4 或合格
石粉含量（按质量计）/%ᵃ		≤10.0	

注：此指标根据使用地区和用途，经试验验证，可由供需双方协商确定。

石粉含量（MB 值>1.4 或快速法试验不合格）　　　表 2.2.6

类　别	Ⅰ	Ⅱ	Ⅲ
石粉含量（按质量计）/%	≤1.0	≤3.0	≤5.0

（3）泥块含量试验评定：

① 以两次试验结果的算术平均值为测定值。

② 砂中泥块量应符合按表 2.2.7～表 2.2.8 规定。

砂中泥块含量　　　　　　　　　　　　　表 2.2.7

混凝土强度等级	≥C60	C55～C30	≤C25
泥块含量（按质量计，%）	≤0.5	≤1.0	≤2.0

注：引自《普通混凝土用砂、石质量及检验方法标准》(JGJ 52—2006)。

对于有抗冻、抗渗或其他特殊要求的小于或等于 C25 混凝土用砂，其泥块含量不应大于 1.0%。

砂中泥块含量　　　　　　　　　　　　　表 2.2.8

类　别	Ⅰ	Ⅱ	Ⅲ
泥块含量（按质量计）/%	0	≤1.0	≤2.0

注：引自《建设用砂》(GB/T 14684—2011)。

（4）亚甲蓝快速试验结果评定：

观察沉淀物周围是否出现明显色晕，出现明显色晕的为合格，否则为不合格。

（5）机制砂压碎指标试验结果评定：

取最大单粒级压碎值指标。机制砂压碎指标应符合表 2.2.9 的规定：

机制砂压碎指标限值　　　　　　　　　　　表 2.2.9

项　目 　　　　　　类　别	Ⅰ类	Ⅱ类	Ⅲ类
单粒级最大压碎指标（%）	≤20	≤25	≤30

8. 砂细度模数是如何划分的？

答：粗砂：$\mu_f = 3.7 \sim 3.1$；

中砂：$\mu_f = 3.0 \sim 2.3$；

细砂：$\mu_f = 2.2 \sim 1.6$；

特细砂：$\mu_f = 1.5 \sim 0.7$。

9. 普通混凝土用砂标准中强制性条文有哪些？

答：（1）对于长期处于潮湿环境的重要混凝土结构所用的砂、石，应进行碱活性检验。

（2）砂中氯离子含量应符合下列规定：

① 对于钢筋混凝土用砂，其氯离子含量不得大于 0.06%（以干砂的质量百分率计）；

②对于预应力混凝土的砂，其氯离子含量不得大于 0.02%（以干砂的质量百分率计）。

10. 普通混凝土用砂其他质量要求有哪些？

答：（1）采用建筑用砂前，应当慎重选择用砂的供应单位和砂源。（建标 [2004] 143号），不得收购无砂石采矿许可证和营业执照的单位的盗采砂石料（京建材 [2004] 758号）。

（2）供货单位应提供产品合格证及质量检验报告。

（3）施工单位和监理单位必须严格执行建筑用砂的进场联合验收制度和用前有见证取样检验制度。施工单位不得使用未经验收、检验或验收、检验不合格的建筑用砂。

（4）当砂中含有云母、轻物质、有机物、硫化物及硫酸盐等有害物质，其含量应符合表 2.2.10～表 2.2.11 的规定。

砂中的有害物质含量　　　　　　　　　　　　　　　　　表 2.2.10

项 目	质 量 指 标
云母含量（按质量计，%）	≤2.0
轻物质含量（按质量计，%）	≤1.0
硫化物及硫酸盐含量（折算成 SO_3 按质量计，%）	≤1.0
有机物含量（用比色法试验）	颜色不应深于标准色，如深于标准色时，应按水泥胶砂强度试验方法进行强度对比试验，抗压强度比不应低于 0.95

注：引自《普通混凝土用砂、石质量及检验方法标准》（JGJ 52—2006）。

砂中的有害物质含量　　　　　　　　　　　　　　　　　表 2.2.11

类别	Ⅰ	Ⅱ	Ⅲ
云母（按质量计，%）	≤1.0	≤2.0	
轻物质（按质量计，%）	≤1.0		
有机物	合格		
硫化物及硫酸盐（按 SO_3 质量计，%）	≤0.5		

续表

类别	I	II	III
氯化物（以氯离子质量计，%）	≤0.01	≤0.02	≤0.06
贝壳（按质量计，%①）	≤3.0	≤5.0	≤8.0

① 该指标仅适用于海砂，其他砂种不作要求。

注：引自《建设用砂》（GB/T 14684—2011）。

对于有抗冻、抗渗要求的混凝土用砂，其云母含量不应大于 1.0%。

当砂中含有颗粒状的硫化物或硫酸盐杂质时，应进行专门检验，确认能满足混凝土耐久性要求后，方可采用。

（5）对于长期处于潮湿环境的重要混凝土结构用砂，应采用砂浆棒（快速法）或砂浆长度法进行骨料的碱活性检验。经上述检验判断为有潜在危害时，应控制混凝土中的碱含量不超过 3kg/m³，或采用能抑制碱—骨料反应的有效措施。

（6）坚固性

天然砂采用硫酸钠溶液法检验，砂样经 5 次循环后其质量损失应符合表 2.2.12～表 2.2.13 的规定。

砂的坚固性指标　　　　　　　　　　　　　　　　表 2.2.12

混凝土所处的环境条件及其性能要求	5 次循环后的重量损失（%）
在严寒及寒冷地区室外使用并经常处于潮湿或干湿交替状态下的混凝土； 对于有抗疲劳、耐磨、抗冲击要求的混凝土； 有腐蚀介质作用或经常处于水位变化区的地下结构混凝土	≤8
其他条件下使用的混凝土	≤10

注：引自《普通混凝土用砂、石质量及检验方法标准》（JGJ 52—2006）。

砂的坚固性指标　　　　　　　　　　　　　　　　表 2.2.13

类　别	I	II	III
质量损失（%）	≤8		≤10

注：引自《建设用砂》（GB/T 14684—2011）。

（7）砂的放射性指标限量应符合表 2.2.14 的规定。

放射性指标限量　　　　　　　　　　　　　　　　表 2.2.14

测定项目	限　量	测定项目	限　量
内照射指数	≤1.0	外照射指数	≤1.0

第三节　石

1. 与碎（卵）石试验有关的标准有哪些？

答：（1）《普通混凝土用砂、石质量及检验方法标准》（JGJ 52—2006）；

（2）《建设用卵石、碎石》（GB/T 14685—2011）。

2. 碎（卵）石试验的取样方法和数量有哪些规定？

答：（1）使用单位应按石的同产地、同规格分批验收。采用大型工具（如火车、货船或汽车）运输的，应以 400m³ 或 600t 为一验收批；采用小型工具（如拖拉机等）运输的，应以 200m³ 或 300t 为一验收批。不足上述量者，应按一验收批进行验收。

当石质量比较稳定、进料量又较大时，可以 1000t 为一验收批。

（2）每一验收批取样一组，对于每一单项检验项目，石的每组样品取样数量应满足表2.3.1 的规定。当需要做多项检验时，可在确保样品经一项试验后不致影响其他试验结果的前提下，用同组样品进行多项不同的试验。

每一单项检验项目所需碎石或卵石的最小取样质量（kg）　　　表 2.3.1

试验项目	最大公称粒径（mm）							
	10.0	16.0	20.0	25.0	31.5	40.0	63.0	80.0
筛分析	8	15	16	20	25	32	50	64
表观密度	8	8	8	8	12	16	24	24
含水率	2	2	2	2	3	3	4	6
吸水率	8	8	16	16	16	24	24	32
堆积密度、紧密	40	40	40	40	80	80	120	120
含泥量	8	8	24	24	40	40	80	80
泥块含量	8	8	24	24	40	40	80	80
针、片状含量	1.2	4	8	12	20	40	—	—
硫化物、硫酸盐	1.0							

注：有机物含量、坚固性、压碎值指标及碱—骨料反应检验，应按试验要求的粒级及质量取样。

（3）取样方法：

①在料堆上取样时，取样部位均匀分布，取样时先将取样部位表层铲除，然后由各部位抽取大致相等的石子 16 份组成一组试样。

②从皮带运输机上取样时，应在皮带运输机机尾的出料处，用接料器定时抽取 8 份石子，组成一组试样。

③从火车、汽车、货船上取样时，应从不同部位和深度抽取大致相等的石 16 份组成一组样品。

④建筑施工企业应按单位工程分别取样。

（4）构件厂、搅拌站应在进厂（场）时取样，并根据贮存、使用情况定期复验。

3. 碎（卵）石必试项目有哪些？如何试验？

答：（1）必试项目：

①筛分析；

②含泥量；

③泥块含量；

④针状和片状颗粒的总含量；

⑤压碎值指标。

对于混凝土强度等级大于（或等于）C50 的混凝土用碎（卵）石应在使用前先做压碎

值指标检验；对于混凝土强度等级小于 C50 的混凝土用碎（卵）石每年进行两次压碎值指标检验。

（2）试验方法

①筛分析：

a. 试样制备应符合下列规定：

试验前，用四分法将样品缩分至略多于表 2.3.2 所规定的试样所需量，烘干或风干后备用。

筛分析所需试样的最小质量 表 2.3.2

最大公称粒径（mm）	10.0	16.0	20.0	25.0	31.5	40.0
试样质量不小于（kg）	2.0	3.2	4.0	5.0	6.3	8.0

注：引自《普通混凝土用砂、石质量及检验方法标准》（JGJ 52—2006）。

b. 筛分析试验应按下列步骤进行：

a）按表 2.3.2 的规定称取试样；

b）将试样按孔大小顺序过筛，当每号筛上筛余层的厚度大于试样的最大公称粒径时，应将该号筛上的筛余分成两份，再次进行筛分，直至各筛每分钟的通过量不超过试样总质量的 0.1%；

注：当筛余颗粒的公称粒径大于 20.0mm 时，在筛分过程中允许用手指拨动颗粒。

c）称取各筛筛余试样质量，精确至试样总质量的 0.1%。在筛上的所有分计筛余量和筛底剩余量的总和与筛分前的试样总量相比，其差值不得超过 1%。

②含泥量试验：

a. 试样制备应符合下列规定：

试验前，将样品用四分法缩分至表 2.3.3～表 2.3.4 所规定的量（注意防止细粉丢失），并置于温度为 105 ± 5℃ 的烘箱中烘干至恒重，冷却至室温后分成两份备用。

b. 含泥量试验应按下列步骤进行：

a）称取烘干的试样一份（m_0）装入容器中摊平，并注入饮用水，使水面高出砂面约 150mm，用手在水中淘洗试样，使尘屑、淤泥和黏土与较粗的颗粒分离，并使之悬浮或溶于水中。缓缓地将浑浊液倒入公称直径为 1.25mm 及 80μm 的套筛上（1.25mm 的筛放置上面），滤去小于 80μm 的颗粒。试验前筛子的两面应先用水润湿，在整个试验过程中应注意避免大于 80μm 的颗粒丢失。

含泥量试验所需试样的最少重量 表 2.3.3

最大公称粒径（mm）	10.0	16.0	20.0	25.0	31.5	40.0
试样质量不少于（kg）	2.0	2.0	6.0	6.0	10.0	10.0

注：引自《普通混凝土用砂、石质量及检验方法标准》（JGJ 52—2006）。

含泥量试验所需试样的最少重量 表 2.3.4

最大粒径（mm）	9.5	16.0	19.0	26.5	31.5	37.5	63.0	75.0
最少试样质量（kg）	2.0	2.0	6.0	6.0	10.0	10.0	20.0	20.0

注：引自《建设用卵石、碎石》（GB/T 14685—2011）。

b）再次加水于容器中，重复上述过程，直至筒内的水清澈为止。

c）用水冲洗剩留的筛上的细粒，并将 $80\mu m$ 的筛放在水中（使水面略高出筛内颗粒）来回摇动，以充分洗除小于公称粒径 $80\mu m$ 的颗粒。然后将两只筛上剩留的颗粒和筒中已经洗净的试样一并装入浅盘，置于温度为 105 ± 5℃ 的烘箱中烘干至恒重，取出冷却至室温后称取试样的质量（m_1）。

③泥块含量试验：

a. 试样制备应符合下列规定：

试验前，将样品用四分法缩分至表 2.3.5～表 2.3.6 所示的量，缩分时应注意防止所含黏土块压碎。缩分后的试样在 105 ± 5℃ 的烘箱中烘干至恒重，冷却到室温后，分为两份备用。

泥块含量试验所需试样的最少质量 表 2.3.5

最大公称粒径（mm）	10.0	16.0	20.0	25.0	31.5	40.0
试样质量不少于（kg）	2.0	2.0	6.0	6.0	10.0	10.0

注：引自《普通混凝土用砂、石质量及检验方法标准》（JGJ 52—2006）。

泥块含量试验所需试样的最少质量 表 2.3.6

最大粒径（mm）	9.5	16.0	19.0	26.5	31.5	37.5	63.0	75.0
最少试样质量（kg）	4.0	4.0	12.0	12.0	20.0	20.0	40.0	40.0

注：引自《建设用卵石、碎石》（GB/T 14685—2011）。

b. 泥块含量试验应按下列步骤进行。

a）筛去公称粒径为 5mm 以下颗粒，称其质量（m_1）。

b）将试样置于容器中摊平，并注入饮用水，使水面高出试样表面，24h 后把水放出，用手碾碎泥块，然后把试样放在公称直径为 2.50mm 的方孔筛上，用水摇动淘洗，直至水清澈为止。

c）将筛上的试样小心地从筛里取出，装入浅盘后，置于温度为 105 ± 5℃ 的烘箱中烘干至恒重，取出冷却至室温后称其质量（m_2）。

④针状和片状颗粒的总含量：

a. 试样制备应符合下列规定：

试验前，将样品在室温内风干至表面干燥，并用四分法缩分至表 2.3.7～表 2.3.8 所规定的数量，称其质量（m_0），然后筛分成表 2.3.9 所规定的粒级备用。

针、片状试验所需试样的最少质量 表 2.3.7

最大公称粒径（mm）	10.0	16.0	20.0	25.0	31.5	≥40.0
试样质量不少于（kg）	0.3	1	2	3	5	10

注：引自《普通混凝土用砂、石质量及检验方法标准》（JGJ 52—2006）。

针、片状试验所需试样的最少质量 表 2.3.8

最大粒径（mm）	9.5	16.0	19.0	26.5	31.5	37.5	63.0	75.0
最少试样质量（kg）	0.3	1.0	2.0	3.0	5.0	10.0	10.0	10.0

注：引自《建设用卵石、碎石》（GB/T 14685—2011）。

b. 针、片状含量试验应按下列步骤进行：

a) 按表2.3.9所规定的粒级用规准仪逐粒对试样进行鉴定，凡颗粒长度大于针状规准仪上相应间距者，为针状颗粒；厚度小于片状规准仪上相应孔宽度，为片状颗粒。

针、片状试验的粒级划分及其相应的规准仪宽或间距　　　表 2.3.9

最大公称粒径（mm）	5～10	10～16	16～20	20～15	25～31.5	31.5～40
片状规准仪上对应的孔宽（mm）	2.8	5.1	7.0	9.1	11.6	13.8
针状规准仪上对应的间距（mm）	17.1	30.6	42.0	54.6	69.6	82.8

b) 公称粒径大于40mm的碎石或卵石可用卡尺鉴定其针、片状颗粒，卡尺卡口的设定宽度应符合表2.3.10～表2.3.11的规定。

公称粒径大于 40mm 粒级颗粒卡尺卡口的设定宽度　　　表 2.3.10

公称粒级（mm）	40.0～63.0	63.0～80.0
片状颗粒的卡口宽度（mm）	18.1	27.6
针状颗粒的卡口宽度（mm）	108.6	165.6

注：引自《普通混凝土用砂、石质量及检验方法标准》(JGJ 52—2006)。

粒径大于 37.5mm 粒级颗粒卡尺卡口设定宽度　　　表 2.3.11

石子粒级	37.5—53.0	53.0—63.0	63.0—75.0	75.0—90
检验片状颗粒的卡尺卡口设定宽度（mm）	18.1	23.2	27.6	33.0
检验针状颗粒的卡尺卡口设定宽度（mm）	108.6	139.2	165.6	198.0

注：引自《建设用卵石、碎石》(GB/T 14685—2011)。

c) 称量由各粒级挑出的针状和片状颗粒的总质量（m_1）。

⑤压碎值指标试验：

a. 试样制备应符合下列规定：

标准试样一律应采用公称粒径为10～20mm的颗粒，并在气干状态下进行试验。

注：对多种岩石组成的卵石，如其公称粒径大于20mm颗粒的岩石矿物成分与公称粒径10～20mm颗粒有显著差异时，对大于公称粒径为20mm的颗粒经人工破碎后筛取10～20mm标准粒级另外进行压碎值指标试验。

试验前，先将试样筛去公称粒径10mm以下、及20mm以上的颗粒，再用针、片状规准仪剔除其针状和片状颗粒，然后称取每份3kg的试样3份备用。

b. 压碎值指标试验应按下列步骤进行。

a) 置圆筒于底盘上，取试样一份，分两层装入筒中。每装完一层试样后，在底盘下面垫放一直径为10mm的圆钢筋，将筒按住，左右交替颠击地面25下。第二层颠实后，试样表面距盘底的高度应控制在100mm左右。

b) 整平筒内试样表面，把加压头装好（注意应使加压头保持平正），放到试验机上以1kN/s的速度均匀地加荷到200kN，稳定5s，然后卸荷，取出测定筒。倒出筒中的试样并称其质量（m_0），用公称直径为2.50mm的方孔筛筛除被压的细粒，称量剩留在筛上的试样质量（m_1）。

4. 碎（卵）石必试项目试验结果如何计算？

答：（1）筛分析试验结果计算

筛分析试验结果应按下列步骤计算：

①由各筛上的筛余量除以试样总质量计算得出该号筛的分计筛余百分率（精确至 0.1%）；

②每号筛计算得出分计筛余百分率与大于该筛的各筛上的分计筛余百分率相加，计算得出其累计筛余百分率（精确至 1%）。

（2）含泥量计算

含泥量 w_c 试验结果应按下式计算（精确至 0.1%）：

$$w_c = \frac{m_0 - m_1}{m_0} \times 100(\%)$$

式中　m_0——试验前的烘干试样质量（g）；

　　　m_1——试验后的烘干试样质量（g）。

（3）泥块含量计算

泥块含量 $w_{c,1}$ 试验结果应按下式计算（精确至 0.1%）：

$$w_{c,1} = \frac{m_1 - m_2}{m_1} \times 100(\%)$$

式中　m_1——试验前的烘干试样质量（g）；

　　　m_2——试验后的烘干试样质量（g）。

（4）针状和片状颗粒的总含量试验计算

针、片状颗粒含量应按下式计算（精确至 1%）：

$$w_p = \frac{m_1}{m_0} \times 100(\%)$$

式中　m_1——试样中所含针、片状颗粒的总质量（g）；

　　　m_0——试样总质量（g）。

（5）压碎值指标结果计算

$$\delta_a = \frac{m_0 - m_1}{m_0} \times 100(\%)$$

式中　m_0——试样的质量（g）；

　　　m_1——压碎试验后筛余的试样质量（g）。

5. 碎（卵）石必试项目的试验结果如何评定？

答：（1）筛分析试验评定：

根据各筛的累计筛余百分率按表 2.3.12 的标准，评定该试样的颗粒级配。

（2）含泥量试验评定：

以两次试验结果的算术平均值为测定值，如两次结果的差值大于 0.2% 时，应重新取样进行试验。

（3）泥块含量试验评定：

以两次试验结果的算术平均值为测定值，如两次结果的差值大于 0.2% 时，应重新取样进行试验。

（4）针、片状颗粒总含量的计算值即为评定值。

（5）压碎值指标试验评定：

以三次试验结果的算术平均值作为压碎指标测定值。

6. 普通混凝土用碎石或卵石的质量要求有哪些？

答：（1）供货单位应提供产品合格证及质量检验报告。

（2）碎石或卵石的颗粒级配，应符合表 2.3.12 的要求。混凝土用石应采用连续粒级。

单粒级宜用于组合成满足要求的连续粒级；也可与连续粒级混合使用，以改善其级配或配成较大粒度的连续粒级。

当卵石的颗粒级配不符合表 2.3.12 要求时，应采取措施并经试验证实能确保工程质量后，方允许使用。

碎石或卵石的颗粒级配范围　　　　　　　　　表 2.3.12

公称粒级（mm）		累计筛余（%）											
		方孔筛（mm）											
		2.36	4.75	9.50	16.0	19.0	26.5	31.5	37.5	53.0	63.0	75.0	90
连续粒级	5~16	95~100	85~100	30~60	0~10	0							
	5~20	95~100	90~100	40~80	—	0~10	0						
	5~25	95~100	90~100	—	30~70	—	0~5	0					
	5~31.5	95~100	90~100	70~90	—	15~45	—	0~5	0				
	5~40	—	95~100	70~90	—	30~65	—	0~5	0				
单粒粒级	5~10	95~100	80~100	0~15	0								
	10~16		95~100	80~100	0~15								
	10~20		95~100	85~100		0~15							
	16~25			95~100	55~70	25~40	0~10						
	16~31.5		95~100		85~100			0~10	0				
	20~40			95~100		80~100			0~10	0			
	40~80					95~100			70~100		30~60	0~10	0

注：引自《建设用卵石、碎石》（GB/T 14685—2011）。

（3）碎石或卵石中针、片状颗粒含量应符合表 2.3.13～表 2.3.14 的规定。

碎石或卵石中针、片状颗粒含量　　　　　　　表 2.3.13

混凝土强度等级	≥C60	C55~C30	≤C25
针、片状颗粒含量（按质量计,%）	≤8	≤15	≤25

注：引自《普通混凝土用砂、石质量及检验方法标准》（JGJ 52—2006）。

碎石或卵石中针、片状颗粒含量　　　　　　　表 2.3.14

类　别	Ⅰ	Ⅱ	Ⅲ
针、片状颗粒总含量（按质量计,%）	≤5	≤10	≤15

注：引自《建设用卵石、碎石》（GB/T 14685—2011）。

（4）碎石或卵石中含泥量应符合表 2.3.15～表 2.3.16 的规定。

碎石或卵石中的含泥量 表 2.3.15

混凝土强度等级	≥C60	C55～C30	≤C25
含泥量（按质量计,%）	≤0.5	≤1.0	≤2.0

注：引自《普通混凝土用砂、石质量及检验方法标准》（JGJ 52—2006）。

碎石或卵石中的含泥量 表 2.3.16

类　别	Ⅰ	Ⅱ	Ⅲ
含泥量（按质量计,%）	≤0.5	≤1.0	≤1.5

注：引自《建设用卵石、碎石》（GB/T 14685—2011）。

对于有抗冻、抗渗或其他特殊要求的混凝土，其所用碎石或卵石中含泥量不应大于 1.0%。当碎石或卵石的含泥是非黏土质的石粉时，其含泥量可由表 2.3.15～表 2.3.16 的 0.5%、1.0%、2.0%，分别提高到 1.0%、1.5%、3.0%。

（5）碎石或卵石中泥块含量应符合表 2.3.17～表 2.3.18 的规定。

碎石或卵石中的泥块含量 表 2.3.17

混凝土强度等级	≥C60	C55～C30	≤C25
泥块含量（按质量计,%）	≤0.2	≤0.5	≤0.7

注：引自《普通混凝土用砂、石质量及检验方法标准》（JGJ 52—2006）。

对于有抗冻、抗渗或其他特殊要求的强度等级小于 C30 的混凝土，其所用碎石或卵石中泥块含量不应大于 0.5%。

碎石或卵石中的泥块含量 表 2.3.18

类　别	Ⅰ	Ⅱ	Ⅲ
泥块含量（按质量计,%）	0	≤0.2	≤0.5

注：引自《建设用卵石、碎石》（GB/T 14685—2011）。

（6）碎石的强度可用岩石的抗压强度和压碎值指标表示。岩石的抗压强度应比所配制的混凝土强度至少高 20%。当混凝土强度等级大于或等于 C60 时，应进行岩石抗压强度检验。岩石强度首先应由生产单位提供，工程中可采用压碎值指标进行质量控制。碎石的压碎值指标宜符合表 2.3.19～表 2.3.20 的规定。

碎石的压碎值指标 表 2.3.19

岩石品种	混凝土强度等级	碎石压碎值指标（%）
沉积岩	C60～C40	≤10
	≤C35	≤16
变质岩或深成的火成岩	C60～C40	≤12
	≤C35	≤20
喷出的火成岩	C60～C40	≤13
	≤C35	≤30

注：1. 沉积岩包括石灰岩、砂岩等；变质岩包括片麻岩、石英岩等；深成的火成岩包括花岗岩、正长岩、闪长岩和橄榄岩等；喷出的火成岩包括玄武岩和辉绿岩等。

2. 引自《普通混凝土用砂、石质量及检验方法标准》（JGJ 52—2006）。

碎石的压碎值指标　　　　　　　　　表 2.3.20

类　别	Ⅰ	Ⅱ	Ⅲ
碎石压碎指标/%	≤10	≤20	≤30

注：引自《建设用卵石、碎石》(GB/T 14685—2011)。

(7) 卵石的强度可用压碎值指标表示。其压碎值指标宜符合表 2.3.21～表 2.3.22 的规定。

卵石的压碎值指标　　　　　　　　　表 2.3.21

混凝土强度等级	C60～C40	≤C35
压碎值指标（%）	≤12	≤16

注：引自《普通混凝土用砂、石质量及检验方法标准》(JGJ 52—2006)。

卵石的压碎值指标　　　　　　　　　表 2.3.22

类　别	Ⅰ	Ⅱ	Ⅲ
卵石压碎指标（%）	≤12	≤14	≤16

注：引自《建设用卵石、碎石》(GB/T 14685—2011)。

(8) 碎石和卵石的坚固性用硫酸钠溶液法检验，试样经 5 次循环后，其质量损失应符合表 2.3.23～表 2.3.24 的规定。

碎石或卵石的坚固性指标　　　　　　　　　表 2.3.23

混凝土所处的环境条件及其性能要求	5 次循环后的质量损失（%）
在严寒及寒冷地区室外使用，并经常处于潮湿或干湿交替状态下的混凝土；有腐蚀性介质作用或经常处于水位变化区的地下结构或有抗疲劳、耐磨、抗冲击等要求的混凝土	≤8
在其他条件下使用的混凝土	≤12

注：引自《普通混凝土用砂、石质量及检验方法标准》(JGJ 52—2006)。

碎石或卵石的坚固性指标　　　　　　　　　表 2.3.24

类　别	Ⅰ	Ⅱ	Ⅲ
质量损失（%）	≤5	≤8	≤12

注：引自《建设用卵石、碎石》(GB/T 14685—2011)。

(9) 碎石或卵石中的硫化物和硫酸盐含量，以及卵石中有机物等有害物质含量，应符合表 2.3.25～表 2.3.26 的规定。

碎石或卵石中的有害物质含量　　　　　　　　　表 2.3.25

项　目	质　量　要　求
硫化物及硫酸盐含量（折算成 SO_3，按质量计，%）	≤1.0
卵石中有机质含量（用比色法试验）	颜色应不深于标准色。当颜色深于标准色时，应配制成混凝土进行强度对比试验，抗压强度比应不低于 0.95

注：引自《普通混凝土用砂、石质量及检验方法标准》(JGJ 52—2006)。

碎石或卵石中的有害物质含量　　　　　　表 2.3.26

类　　别	Ⅰ	Ⅱ	Ⅲ
有机物	合格	合格	合格
硫化物及硫酸盐 （按 SO₃ 质量计，%）	≤0.5	≤1.0	≤1.0

注：引自《建设用卵石、碎石》（GB/T 14685—2011）。

当碎石或卵石中含有颗粒状硫酸盐或硫化物杂质时，应进行专门检验，确认能满足混凝土耐久性要求后，方可采用。

（10）对于长期处于潮湿环境的重要结构混凝土，其所使用的碎石或卵石应进行碱活性检验。

进行碱活性检验时，首先应采用岩相法检验碱活性骨料的品种、类型和数量。当检验出骨料中含有活性二氧化硅时，应采用快速砂浆棒法和砂浆长度法进行碱活性检验；当检验出骨料中含有活性碳酸盐时，应采用岩石柱法进行碱活性检验。

经上述检验，当判定骨料存在潜在碱—碳酸盐反应危害时，不宜作混凝土骨料；否则，应通过专门的混凝土试验，作出最后评定。

当判定骨料存在潜在碱—硅反应危害时，应控制混凝土中的碱含量不超过 $3.0 kg/m^3$，或采用能抑制碱—骨料反应的有效措施。

（11）放射性指标限量应符合表 2.3.27 的规定。

放射性指标限量　　　　　　表 2.3.27

测　定　项　目	限　　　量	测　定　项　目	限　　　量
内照射指数	≤1.0	外照射指数	≤1.0

第四节　常用掺合料

一、粉　煤　灰

1. 与粉煤灰试验有关的标准规范、规定有哪些？

答：（1）《用于水泥和混凝土中的粉煤灰》（GB/T 1596—2005）；

（2）《水泥化学分析》（GB/T 176—2008）；

（3）《水泥胶砂强度检验方法》（GB/T 17671—1999）；

（4）《水泥胶砂流动度试验方法》（GB/T 2419—2005）；

（5）《混凝土中掺用粉煤灰的技术规程》（DBJ 01—10—93）；

（6）《粉煤灰混凝土应用技术规程》（GBJ 146—90）；

（7）《粉煤灰混凝土应用技术规范》（GBJ 146—90）；

（8）《混凝土矿物掺合料应用技术规程》（DBJ/T 01—64—2002）；

（9）《水泥取样方法》（GB 12573—2008）；

（10）强度检验用水泥标准样品（GS B14—1510）。

2. 粉煤灰试样的取样方法和数量有哪些规定？

答：每一编号为一取样单位，当散装粉煤灰运输工具的容量超过该厂规定出场编号吨数时，允许该编号的数量超过取样规定吨数。

取样方法按 GB 12573 进行。取样应有代表性，可连续取，也可从十个以上不同部位取等量样品，总质量至少 3kg。

拌制混凝土和砂浆用粉煤灰，必要时，买方可对粉煤灰的技术要求进行随机抽样检验。

3. 粉煤灰必试项目有哪些？如何试验？

答：(1) 必试项目

①细度；

②烧失量；

③需水量比。

(2) 试验方法

①细度

a. 将测试用粉煤灰样品置于温度为 105～110℃烘干箱内烘至恒重，取出放在干燥器中冷却至室温。

b. 称取试样 10g，精确至 0.01g。倒入 45μm 方孔筛筛网上，将筛子置于筛座上，盖上筛盖。

c. 接通电源，将定时开关开到 3min，开始筛分析。

d. 开始工作后，观察负压表，使负压稳定在 4000～6000Pa，若负压小于 4000Pa 时，则应停机，清理吸尘器中的积灰后再进行筛析。

e. 在筛析过程中，可用轻质木棒或橡胶棒轻轻敲打筛盖，以防吸附。

f. 3min 后筛析自动停止，停机后观察筛余物，如出现颗粒成球、粘筛或有颗粒沉积在筛框边缘，用毛刷将颗粒轻轻刷开，将定时开关固定在手动位置，再筛析 1～3min 直至筛分彻底为止。将筛网内的筛余物收集并称量，准确至 0.01g。

②烧失量

称取约 1g 试样，精确至 0.0001g，放入已灼烧恒重的瓷坩埚中，将盖斜置于坩埚上，放在高温炉内从低温开始逐渐升高温度，在 950±25℃的温度下灼烧 15～20min，取出坩埚，置于干燥器中冷却至室温。称量，如此反复灼烧，直至恒重。

③需水量比

a. 样品

试验样品：75g 粉煤灰，175g 硅酸盐水泥和 750g 标准砂（符合 GB/T 17671—1999 规定的 0.5～1.0mm 的中级砂）。

对比样品：250g 水泥（符合 GSB 14—1510 标准），750g 标准砂（符合 GB/T 17671—1999 规定的 0.5～1.0mm 的中级砂），125mL 水。

b. 试验步骤

试验胶砂按 GB/T 17671—1999 标准规定进行搅拌，搅拌后的试验胶砂按 GB/T 2419—2005 标准要求测定流动度，记录此时的加水量 L_1，当流动度小于 130mm 或大于 140mm 时，重新调整加水量，直至流动度达到 130～140mm 为止。

4. 粉煤灰必试项目试验结果如何计算？

答：（1）粉煤灰细度

$$F = (G_1/G) \times 100$$

式中　F——45μm 方孔筛筛余（%）；

　　　G_1——筛余物的质量（g）；

　　　G——称取试样的质量（g）。

（2）粉煤灰烧失量试验结果计算

$$X = \frac{G - G_1}{G}$$

式中　X——烧失量（%）；

　　　G——灼烧前试样质量（g）；

　　　G_1——灼烧后试样质量（g）。

（3）粉煤灰需水量比试验结果计算

$$X_1 = (L_1/125) \times 100$$

式中　X_1——需水量比（%）；

　　　L_1——试验胶砂流动度达到 130～140mm 时的加水量（mL）；

　　　125——对比胶砂的加水量（mL）。

计算至 1%。

5. 粉煤灰必试项目试验结果如何评定？

答：（1）拌制混凝土和砂浆用粉煤灰，试验结果符合表 2.4.1 技术要求时为该等级产品。若其中任何一项不符合要求，允许在同一编号中重新加倍取样进行全部项目的复检，以复检结果判定，复检不合格可降级处理。凡低于表 2.4.1 最低级别要求的为不合格品。

拌制混凝土和砂浆用粉煤灰技术要求　　　表 2.4.1

指　　标	粉煤灰级别		
	Ⅰ	Ⅱ	Ⅲ
细度(0.045mm 方孔筛筛余)，不大于(%)	12.0	25.0	45.0
烧失量，不大于(%)	5.0	8.0	15.0
需水量比，不大于(%)	95	105	115
三氧化硫，不大于(%)	3.0	3.0	3.0
含水量，不大于(%)	1	1	1
游离氧化钙，不大于(%) F类	1.0		
游离氧化钙，不大于(%) C类	4.0		
安定性雷氏夹沸煮后增加距离不大于(mm) C类	5.0		

（2）水泥活性混合材料用粉煤灰，出厂检验结果符合表 2.4.2 技术要求时，判为出厂检验合格。若其中任何一项不符合要求，允许在同一编号中重新加倍取样进行全部项目的复检，以复检结果判定。型式检验结果符合表 2.4.2 技术要求时，判为型式检验合格。若其中任何一项不符合要求，允许在同一编号中重新加倍取样进行全部项目的复检，以复检

结果判定。只有当活性指数小于 70.0％时，该粉煤灰可作为水泥生产中的非活性混合材料。

水泥活性混合材料用粉煤灰技术要求　　　　　　　表 2.4.2

项　目		技 术 要 求
烧失量，不大于（％）		8.0
含水量，不大于（％）		1.0
三氧化硫，不大于（％）		3.5
游离氧化钙，不大于（％）	F 类	1.0
	C 类	4.0
安定性 雷氏夹沸煮后增加距离不大于（mm）	C 类	5.0
强度活性指数，不小于（％）		70.0

二、粒化高炉矿渣粉

1. 与矿渣粉试验有关的标准、规范？

答：(1)《用于水泥和混凝土中的粒化高炉矿渣粉》(GB/T 18046—2008)；

(2)《水泥化学分析》(GB/T 176—2008)；

(3)《水泥胶砂流动度测定方法》(GB/T 2419—2005)；

(4)《水泥胶砂强度检验方法》(GB/T 17671—1999)；

(5)《混凝土矿物掺合料应用技术规程》(DBJ/T 01—64—2002)；

(6)《水泥取样方法》(GB 12573—2008)。

2. 粒化高炉矿渣粉试样的取样方法和数量有哪些规定？

答：取样按《水泥取样方法》(GB 12573—2008)规定进行，取样应有代表性，可以连续取样，也可以在 20 个以上部位取等量样品总质量至少 20kg。试样应混合均匀，按四分法缩取出比试样所需量大一倍的试样（称平均样）。

3. 粒化高炉矿渣粉必试项目有哪些？如何试验？

答：(1) 必试项目

①比表面积；

②活性指数；

③流动度比。

(2) 试验方法

①矿渣粉比表面积的测定

a. 试样准备

将 110±5℃下烘干并在干燥器中冷却到室温的标准试样，倒入 100mL 的密闭瓶内，用力摇动 2min，将结块成团的试样振碎，使试样松散。静置 2min 后，打开瓶盖，轻轻搅拌，使在松散过程中落到表面的细粉，分布到整个试样中。

矿渣粉试样，应先通过 0.9mm 方孔筛，再在 110±5℃下烘干，并在干燥器中冷却至室温。

b. 确定试样量

　　校正试验用的标准试样量和被测定矿渣粉的质量，应达到在制备的试料层中PⅠ、PⅡ型水泥的空隙率为 0.500±0.005，其他水泥或粉料的空隙率为 0.530±0.005 计算式为：

$$W = \rho V(1-\varepsilon)$$

式中　W——需要的试样量（g）；

　　　　ρ——试样密度（g/cm^3）；

　　　　V——见本节附录一测定的试料层体积（cm^3）；

　　　　ε——试料层空隙率。

　　注：空隙率是指试料层中孔的容积与试料层总的容积之比，一般矿渣粉采用 0.500±0.005。如有些粉料按上式算出的试样量在圆筒的有效体积中容纳不下或经捣实后未能充满圆筒的有效体积，则允许适当地改变空隙率。

　　c. 试料层设备

　　将穿孔板放入透气圆筒的突缘上，用一根直径比圆筒略小的细棒把一片滤纸送到穿孔板上，边缘压紧。称取由上式确定的矿渣粉质量，精确到 0.001g，倒入圆筒。轻敲圆筒的边，使矿渣粉层表面平坦。再放入一片滤纸，用捣器均匀捣实试料直至捣器的支持环紧紧接触圆筒顶边并旋转 2 周，慢慢取出捣器。

　　注：穿孔板上的滤纸，应是与圆筒内径相同、边缘光滑的圆片。穿孔板上滤纸片如比圆筒内径小时，会有部分试样粘于圆筒内壁高出圆板上部；当滤纸直径大于圆筒内径时会引起滤纸片皱起使结果不准。每次测定需用新的滤纸片。

　　d. 透气试验

　　把装有试料层的透气圆筒连接到压力计上，要保证紧密连接不致漏气，并不振动所制备的试料层。

　　注：为避免漏气，可先在圆筒下锥面层涂一层薄层活塞油脂，然后把它插入压力计顶端锥形磨口处，旋转 2 周。

　　打开微型电磁泵慢慢从压力计一臂中抽出空气，直到压力计内液面上升到扩大部下端时关闭阀门。当压力计内液体的凹月面下降到第一个刻线开始计时，当液体的凹月面下降到第二条刻线时停止计时，记录液面从第一条刻度线到第二条刻度线所需的时间。以秒记录，并记下试验时的温度（℃）。

　　②粒化高炉矿渣粉活性指数的测定

　　a. 砂浆配比如表 2.4.3 所示。

砂　浆　配　比　　　　　　　　　　　　　表 2.4.3

砂浆种类	水泥(g)	矿渣粉(g)	中国 ISO 标准砂(g)	水(mL)
对比砂浆	450	—	1350	225
试验砂浆	225	225	1350	225

　　注：水泥符合 GB 175 规定的 42.5 强度等级硅酸盐水泥,当有争议时应用符合 GB 175 规定的 PI 型 42.5(R)强度等级硅酸盐水泥进行。

　　b. 砂浆搅拌：按 GB/T 17671 进行。

　　c. 抗压强度试验：按 GB/T 17671 分别测定试验样品和对比样品 7d、28d 抗压强度

R_7、R_{28} 和 R_{07}、R_{028}。

③粒化高炉矿渣粉流动度比的测定

a. 如跳桌在 24h 内未被使用，先空跳一个周期 25 次。

b. 按检测矿渣粉活性指数的砂浆配比，搅拌制作对比砂浆和试验砂浆。在制备胶砂的同时，用潮湿棉布擦拭跳桌台面、试管内壁、捣棒以及与胶砂接触的用具，将试模放在跳桌面中央并用潮湿棉布覆盖。

c. 将拌好的胶砂分两层迅速装入试模，第一层装至截锥圆模高度约三分之二处，用小刀在相互垂直两个方向各划 5 次，用捣棒由边缘至中心均匀捣压 15 次；随后，装第二层胶砂，装至高出截锥圆模约 20mm，用小刀在相互垂直两个方向各划 5 次，再用捣棒由边缘至中心均匀捣压 10 次。捣压后胶砂应略高于试模。捣压深度，第一层捣至胶砂高度的二分之一，第二层捣实不超过已捣实底层表面。装胶砂和捣压时，用手扶稳试模，不要使其移动。

d. 捣压完毕，取下模套，将小刀倾斜，从中间向边缘分两次以近似水平的角度抹去高出截锥圆模的胶砂，并擦去落在桌面上的胶砂。将截锥圆模垂直向上提起。立刻开动跳桌，以每秒钟一次的频率，在 25s±1s 内完成 25 次跳动。

e. 流动度试验，从胶砂加水开始到测量扩散直径结束，应在 6min 内完成。

f. 跳动完毕，用卡尺测量胶砂地面互相垂直的两个方向直径，计算平均值，分别测定试验样品和对比样品的流动度 L、L_0，取整数，单位为 mm。

4. 粒化高炉矿渣粉必试项目试验结果如何计算?

答：（1）矿渣粉活性指数

$$A_7 = \frac{R_7}{R_{07}} \times 100 \quad A_{28} = \frac{R_{28}}{R_{028}} \times 100$$

式中　A_7——7d 活性指数（%）；

A_{28}——28d 活性指数（%）；

R_{07}——对比样品 7d 抗压强度（MPa）；

R_{028}——对比样品 28d 抗压强度（MPa）；

R_7——试验样品 7d 抗压强度（MPa）；

R_{28}——试验样品 28d 抗压强度（MPa）。

（2）矿渣粉的流动度比

$$F = \frac{L}{L_0} \times 100$$

式中　F——流动度比（%）；

L——对比样品流动度（mm）；

L_0——试验样品流动度（mm）。

（3）矿渣粉比表面及计算

①当被测物料的密度、试料层中空隙率与标准试样相同，试验时温差不大于 3℃时，可按下式计算。

$$S = \frac{S_s \sqrt{T}}{\sqrt{T_s}}$$

如试验时温差大于 3℃时，则按下式计算。

$$S = \frac{S_s \sqrt{T} \sqrt{\eta_s}}{\sqrt{T_s} \sqrt{\eta}}$$

式中　S——被测试样的比表面积（cm^2/g）；

S_s——标准试样的比表面积（cm^2/g）；

T——被测试样试验时，压力计中液面降落测得的时间（s）；

T_s——标准试样试验时，压力计中液面降落测得的时间（s）；

η——被测试样试验温度下的空气黏度（Pa·s）；

η_s——标准试样试验温度下的空气黏度（Pa·s）。

②当被测试样的试料层中空隙率与标准试样试料层中空隙率不同，试验时温差不大于 3℃时，可按下式计算：

$$S = \frac{S_s \sqrt{T}(1-\varepsilon_s) \sqrt{\varepsilon^3}}{\sqrt{T_s}(1-\varepsilon) \sqrt{\varepsilon_s^3}}$$

如试验时温差大于 3℃时，则按下式计算：

$$S = \frac{S_s \sqrt{T}(1-\varepsilon_s) \sqrt{\varepsilon^3} \sqrt{\eta_s}}{\sqrt{T_s}(1-\varepsilon) \sqrt{\varepsilon_s^3} \sqrt{\eta}}$$

式中　ε——被测试样试料层中的空隙率；

ε_s——标准试样试料层中的空隙率。

③当被测试样的密度和空隙率均与标准试样不同，试验时温差不大于 3℃时，可按下式计算

$$S = \frac{S_s \sqrt{T}(1-\varepsilon_s) \sqrt{\varepsilon^3} \rho_s}{\sqrt{T_s}(1-\varepsilon) \sqrt{\varepsilon_s^3} \rho}$$

如试验时温度差大于 3℃时，则按下式计算

$$S = \frac{S_s \sqrt{T}(1-\varepsilon_s) \sqrt{\varepsilon^3} \rho_s \sqrt{\eta_s}}{\sqrt{T_s}(1-\varepsilon) \sqrt{\varepsilon_s^3} \rho \sqrt{\eta}}$$

式中　ρ——被测试样的密度（g/cm^3）；

ρ_s——标准试样的密度（g/cm^3）。

④矿渣粉比表面积应由二次透气试验结果的平均值确定。如二次试验结果相差 2% 以上时，应重新试验。计算应精确至 $10cm^2/g$，$10cm^2/g$ 以下的数值按四舍五入计。

⑤以 cm^2/g 为单位算得的比表面积换算为 m^2/kg 单位时，需乘以系数 0.1。

5. 矿渣粉必试项目试验结果如何评定？

答：符合表 2.4.4 要求的为合格品。若其中任何一项不符合要求，应重新加倍取样，对不合格的项目进行复验，评定时以复验结果为准。凡不符合表中要求的矿渣粉为不合格品。

矿渣粉应符合的技术指标 表 2.4.4

项 目		级 别		
		S105	S95	S75
密度（g/cm³）	不小于	2.8		
比表面积（m²/kg）	不小于	500	400	300
活性指数（%）	7d	95	75	55
	28d	105	95	75
流动度比（%）	不小于	95		
含水量（质量分数,%）	不大于	1.0		
三氧化硫（质量分数,%）	不大于	4.0		
氯离子（质量分数,%）	不大于	0.06		
烧失量（质量分数,%）	不大于	3.0		
玻璃体含量（质量分数,%）	不小于	85		
放射性		合格		

附录一：试料层体积的测定

1. 用水银排代法：将两片滤纸沿圆筒壁放入透气圆筒内，用一直径比透气圆筒略小的细长棒往下按，直到滤纸平整放在金属的穿孔板上。然后装满水银，用一小块薄玻璃板轻压水银表面，使水银面与圆筒口平齐，并须保证在玻璃板和水银表面之间没有气泡或空洞存在。从圆筒中倒出水银，称量，精确至 0.05g。重复几次测定，到数值基本不变为止（注①）。然后从圆筒中取出一片滤纸，试用约 3.3g 的矿渣粉，按照注一要求压实矿渣粉层（注②）。再用圆筒上部空间注入矿渣粉，同上述方法除去气泡、压平、倒出矿渣粉称量，重复几次，直到矿渣粉称量值相差小于 50mg 为止。

注①：材料层制备。将穿孔板放入透气圆筒的突缘上，用一根直径比圆筒略小的细棒把一片滤纸送到穿孔板上，边缘压紧。称取按附录二确定的矿渣粉量，精确到 0.001g，倒入圆筒。轻敲圆筒的边，使矿渣粉层表面平坦。再放入一片滤纸，用捣器均匀捣实试料直至捣器的支持环紧紧接触圆筒顶边并旋转二周，慢慢取出捣器。

其中，穿孔板上的滤纸，应是与圆筒内径相同、边缘光滑的圆片。穿孔板上滤纸片如比圆筒内径小时，会有部分试样粘于圆筒内壁高出圆板上部；当滤纸直径大于圆筒内径时会引起滤纸片皱起使结果不准。每次测定需用新的滤纸片。

注②：应制备坚实的矿渣粉层。如太松或矿渣粉不能压到要求体积时，应调整矿渣粉的试用量。

2. 圆筒内试料层体积 V 按下式计算，精确至 0.005cm³。

$$V = (P_1 - P_2)/\rho_0$$

式中 V——试料层体积（cm³）；

P_1——未装矿渣粉时，充满圆筒的矿渣粉质量（g）；

P_2——装矿渣粉后，充满圆筒的矿渣粉质量（g）；

ρ_0——试验温度下水银的密度（g/cm³）。（见表 2.4.5）

3. 试料层体积的测定，至少应进行两次。每次应单独压实，取两次数值相差不超过 0.005cm³ 的平均值，并记录测定过程中圆筒附近的温度。每隔一季度至半年应重新校正试料层体积。

附录二：

校正试验用的标准试样量和被测定矿渣粉的质量，应达到在制备的试料层中空隙率为 0.500±0.005，计算式为：

$$W = \rho V (1 - \varepsilon)$$

式中 W——需要的试样量（g）；

ρ——试样密度（g/cm³）；

V——见附录一测定的试料层体积（cm³）；

ε——试料层空隙率。（见表 2.4.6）

空隙率是指试料层中孔的容积与试料层总的容积之比，一般矿渣粉采用 0.500±0.005。如有些粉料按上式算出的试样量在圆筒的有效体积中容纳不下或经捣实后未能充满圆筒的有效体积，则允许适当地改变空隙率。

在不同温度下水银密度、空气黏度 η 和 $\sqrt{\eta}$　　表 2.4.5

室温 (℃)	水银密度 (g/cm³)	空气黏度 η (Pa·s)	$\sqrt{\eta}$	室温 (℃)	水银密度 (g/cm³)	空气黏度 η (Pa·s)	$\sqrt{\eta}$
8	13.58	0.0001749	0.01322	22	13.54	0.0001818	0.01348
10	13.57	0.0001759	0.01326	24	13.54	0.0001828	0.01352
12	13.57	0.0001768	0.01330	26	13.53	0.0001837	0.01355
14	13.56	0.0001778	0.01333	28	13.53	0.0001847	0.01359
16	13.56	0.0001788	0.01337	30	13.52	0.0001857	0.01363
18	13.55	0.0001798	0.01341	32	13.52	0.0001867	0.01366
20	13.55	0.0001808	0.01345	34	13.51	0.0001876	0.01370

矿渣粉层空隙率 ε 和 $\sqrt{\varepsilon^3}$　　表 2.4.6

矿渣粉层空隙率 ε	$\sqrt{\varepsilon^3}$	矿渣粉层空隙率 ε	$\sqrt{\varepsilon^3}$
0.495	0.348	0.515	0.369
0.496	0.349	0.520	0.374
0.497	0.350	0.525	0.380
0.498	0.351	0.530	0.386
0.499	0.352	0.535	0.391
0.500	0.354	0.540	0.397
0.501	0.355	0.545	0.402
0.502	0.356	0.550	0.408
0.503	0.357	0.555	0.413
0.504	0.358	0.560	0.419
0.505	0.359	0.565	0.425
0.506	0.360	0.570	0.430
0.507	0.361	0.575	0.436
0.508	0.362	0.580	0.442
0.509	0.363	0.590	0.453
0.510	0.364	0.600	0.465

<h2 style="text-align:center">第五节　砌墙砖及砌块</h2>

1. 与砌墙砖及砌块有关的标准、规范、规程、规定有哪些?

答：(1)《砌体结构工程施工质量验收规范》(GB 50203—2011);

(2)《砌墙砖检验规则》(JC 466—92)(1996);

(3)《砌墙砖试验方法》(GB/T 2542—2003);

(4)《混凝土小型空心砌块试验方法》(GB/T 4111—1997);

(5)《烧结普通砖》(GB 5101—2003);

(6)《烧结多孔砖和多孔砌块》(GB 13544—2011);

(7)《烧结空心砖和空心砌块》(GB 13545—2003);

(8)《粉煤灰砖》(JC 239—2001);

(9)《粉煤灰砌块》(JC 238—1991)(1996);

(10)《蒸压灰砂砖》(GB 11945—1999);

(11)《蒸压灰砂多孔砖》(JC/T 637—2009);

(12)《普通混凝土小型空心砌块》(GB 8239—1997);

(13)《轻集料混凝土小型空心砌块》(GB/T 15229—2011);

(14)《蒸压加气混凝土砌块》(GB/T 11968—2006);

(15)《蒸压加气混凝土性能试验方法》(GB/T 11969—2008)。

2. 砌墙砖和砌块的必试项目、组批原则及取样规定有哪些?

答：砌墙砖和砌块必试项目及取样规定见表 2.5.1。

砌墙砖和砌块的必试项目、组批原则及取样规定　　　　　　　　表 2.5.1

序号	材料名称及相关标准规范代号	试验项目	组批原则及取样规定
1	烧结普通砖 (GB/T 5101—2003)	必试：抗压强度 其他：抗风化、泛霜、石灰爆裂、抗冻	(1) 每 15 万块为一验收批，不足 15 万块也按一批计; (2) 每一验收批随机抽取试样一组(10 块)
2	烧结多孔砖和多孔砌块 (GB 13544—2011)	必试：抗压强度 其他：冻融、泛霜、石灰爆裂、吸水率	(1) 每 3.5 万~15 万块为一验收批，不足 3.5 万块也按一批计; (2) 每一验收批随机抽取试样一组(10 块)
3	烧结空心砖和空心砌块 (GB 13545—2003)	必试：抗压强度（大条面） 其他：密度、冻融泛霜、石灰爆裂、吸水率	(1) 每 3.5~15 万块为一验收批，不足 3.5 万块也按一批计; (2) 每批从尺寸偏差和外观质量检验合格的砖，中，随机抽取抗压强度试验试样一组 5 块
4	粉煤灰砖 (JC 239—2001)	必试：抗压强度、抗折强度 其他：干燥收缩、抗冻	(1) 每 10 万块为一验收批，不足 10 万块也按一批计; (2) 每一验收批随机抽取试样一组(20 块)

续表

序号	材料名称及 相关标准规范代号	试验项目	组批原则及取样规定
5	粉煤灰砌块 (JC 238—1991)(1996)	必试：抗压强度 其他：密度、碳化、抗冻、干缩	(1) 每 200m³ 为一验收批，不足 200m³ 也按一批计； (2) 每批从尺寸偏差和外观质量检验合格的砌块中，随机抽取试样一组（3块），将其切割成边长为 200mm 的立方体试件进行试验
6	蒸压灰砂砖 (GB 11945—1999)	必试：抗压强度、抗折强度 其他：密度、抗冻	(1) 10 万块为一验收批，不足 10 万块也按一批计； (2) 每一验收批随机抽取试样一组（10块）
7	蒸压灰砂多孔砖 (JC/T 637—2009)	必试：抗压强度 其他：抗冻性	(1) 每 10 万块砖为一验收批，不足 10 万块也按一批计； (2) 分别取 10 块整砖进行抗压强度试验和抗冻性试验
8	普通混凝土小型空心砌块 (GB 8239—1997)	必试：抗压强度 其他：密度等级、含水率、吸水率、干燥收缩率、软化系数、抗冻性	(1) 每 1 万块为一验收批，不足 1 万块也按一批计。 (2) 每批从尺寸偏差和外观质量检验合格的砖中，随机抽取抗压强度试验试样一组（5块）
9	轻集料混凝土小型空心砌块 (GB/T 15229—2011)	必试：强度等级 其他：含水率、吸水率、干燥收缩率、软化系数、抗冻性	(1) 同种轻集料和水泥按同一工艺制成的相同强度等级和密度等级的 300m³ 砌块为一验收批。 (2) 每批从尺寸偏差和外观质量检验合格的砖中，随机抽取抗压强度试验试样一组（5块）和密度试验试样一组（3块）
10	蒸压加气混凝土砌块 (GB/T 11968—2006)	必试：立方体抗压强度 干体积密度 其他：干燥收缩、抗冻性、导热性	(1) 同品种、同规格、同等级的砌块，以 1 万块为一批，不足 1 万块也为一批； (2) 从尺寸偏差与外观检验合格的砌块中，随机抽取砌块，制作 3 组（9块）试件进行立方体抗压强度试验，制作 3 组（9块）试件做干体积密度检验

3. 砌墙砖及砌块必试项目的试验方法和评定有何规定？

答：(1) 烧结普通砖抗压强度试验

抗压强度试验按《砌墙砖试验方法》(GB/T 2542—2003) 进行。其中砖样数量为 10 块。试验机的示值相对误差不大于±1%，其下加压板应为球铰支座，预期最大破坏荷载应在量程的 20%～80%。

①试件制备

将试样切断或锯成两个半截砖，断开的半截砖长不得小于 100mm，如果不足 100mm，应另取备用试样补足。

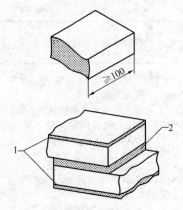

图 2.5.1　水泥净浆层
厚度示意图
1—净浆层厚 3mm;
2—净浆层厚 5mm

在试样制备平台上，将已断开的半截砖放入室温的净水中浸 10～20min 后取出，并以断口相反方向叠放，两者中间抹以厚度不超过 5mm 的用 32.5 强度等级普通硅酸盐水泥调制成稠度适宜的水泥净浆粘结。上下两面用厚度不超过 3mm 的同种水泥浆抹平。制成的试件上下两面须相互平行，并垂直于侧面。

制成的抹面试件，应置于不低于 10℃的不通风室内养护 3d，再进行试验（图 2.5.1）。

②试验步骤：

a. 测量每个试件连接面或受压面的长、宽尺寸各两个，分别取其平均值，精确至 1mm。

b. 将试件平放在加压板的中央，垂直于受压面加荷，应均匀平稳，不得发生冲击或振动。加荷速度以（5±0.5）kN/s 为宜，直至试件破坏为止，记录最大破坏荷载 P。

③结果计算与评定：

a. 计算

每块试样的抗压强度 f_i，按下式计算，精确至 0.01MPa。

$$f_i = \frac{P}{LB}$$

式中　f_i——抗压强度（MPa）；

　　P——最大破坏荷载（N）；

　　L——受压面（连接面）的长度（mm）；

　　B——受压面（连接面）的宽度（mm）。

试验后分别计算出强度变异系数 δ、标准差 s。

$$\delta = \frac{s}{\overline{f}}$$

$$s = \sqrt{\frac{1}{9} \sum_{i=1}^{10} (f_i - \overline{f})^2}$$

式中　δ——砖强度变异系数，精确至 0.01；

　　s——10 块试样的抗压强度标准差，精确至 0.01MPa；

　　$\overline{f}$——10 块试样的抗压强度平均值，精确 0.01 MPa；

　　f_i——单块式样抗压强度测定值，精确 0.01 MPa。

b. 结果计算与评定

a）平均值—标准值方法评定：

变异系数 $\delta \leqslant 0.21$ 时，按表 2.5.2 中抗压强度平均值（$\overline{f}$）、强度标准值（f_k）指标评定砖的强度等级。

样本量 $n=10$ 时的强度标准值按下式计算。

$$f_k = \overline{f} - 1.8s$$

式中 f_k——强度标准值，精确至 0.1MPa。

b）平均值—最小值方法评定：

变异系数 $\delta > 0.21$ 时，按表 2.5.2 中抗压强度平均值（$\bar{f}$）、单块最小抗压强度值（f_{min}）评定砖的强度等级，单块最小抗压强度值精确至 0.1MPa。

强度等级的试验结果应符合表 2.5.2 的规定。

烧结普通砖及烧结多孔砖强度等级

表 2.5.2

强度等级	抗压强度平均值 $\bar{f} \geqslant$ （MPa）	变异数 $\delta \leqslant 0.21$ 强度标准值 $f_k \geqslant$ （MPa）	变异系数 $\delta > 0.21$ 单块最小抗压强度值 $f_{min} \geqslant$ （MPa）
MU30	30.0	22.0	25.0
MU25	25.0	18.0	22.0
MU20	20.0	14.0	16.0
MU15	15.0	10.0	12.0
MU10	10.0	6.5	7.5

（2）烧结多孔砖和多孔砌块抗压强度试验

①强度以大面（有孔面）抗压强度结果表示。

②试件制作采用坐浆法操作。即将玻璃板置于试件制备平台上，其上铺一张湿的垫纸，纸上铺一层厚度不超过 5mm 的用 32.5 强度等级的普通硅酸盐水泥制成稠度适宜的水泥净浆，再将在水中浸泡 10～20min 的试样在钢丝网架上滴水 3～5min 后平稳地将受压面坐放在水泥浆上，在另一受压面上稍加压力，使整个水泥层与砖受压面相互粘结，砖的侧面应垂直于玻璃板。待水泥浆适当凝固后，连同玻璃板翻放在另一铺纸放浆的玻璃上，再进行坐浆，用水平尺校正好玻璃板的水平。

制成的抹面试件应置于不低于 10℃的不通风室内养护 3d，再进行试验。

③试验步骤

a. 测量每个试件受压面的长、宽尺寸各两个，分别取其平均值，精确至 1mm。

b. 将试件平放在加压板的中央，垂直于受压面加荷，应均匀平稳，不得发生冲击或振动。加荷速度以 4kN/s 为宜，直至试件破坏为止，记录最大破坏荷载 P。

④结果计算每块试样的抗压强度 f_i 按下式计算，精确至 0.01MPa。

$$f_i = \frac{P}{LB}$$

式中 f_i——抗压强度（MPa）；

P——最大破坏荷载（N）；

L——受压面的长度（mm）；

B——受压面的宽度（mm）。

试验后计算出强度标准差 s。

$$s = \sqrt{\frac{1}{9}\sum_{i=1}^{10}(f_i - \bar{f})^2}$$

式中 s——10 块试样的抗压强度标准差，精确至 0.01MPa；

$\bar{f}$——10 块试样的抗压强度平均值，精确至 0.1MPa；

f_i——单块试样抗压强度测定值，精确 0.01MPa。

⑤结果评定

平均值—标准值方法评定

按表 2.5.3 中抗压强度平均值（$\bar{f}$）、强度标准值（f_k）指标评定砖和砌块的强度等级。

样本量 $n=10$ 时的强度标准按下式计算。

$$f_k = \bar{f} - 1.8s$$

式中 f_k——强度标准值，精确至 0.1MPa。

强度等级的试验结果应符合表 2.5.3 的规定。

烧结多孔砖和多孔砌块强度等级　　　　　　表 2.5.3

强度等级	抗压强度平均值 $\bar{f} \geqslant$ (MPa)	强度标准值 $f_k \geqslant$ (MPa)
MU30	30.0	22.0
MU25	25.0	18.0
MU20	20.0	14.0
MU15	15.0	10.0
MU10	10.0	6.5

（3）粉煤灰砖的强度试验

①粉煤灰砖强度等级试验包括两个强度指标：抗压强度和抗折强度。

抗压强度试验、抗折强度试验应按《砌墙砖试验方法》（GB/T 2542）的规定进行；试验机的示值相对误差不大于 ±1%，其下加压板应为球铰支座，预期最大破坏荷载应在量程的 20%～80%。

抗折试验的加荷形式为三点加荷，其上压辊和下支辊的曲率半径 15mm，下支辊应有一个铰接固定。

②抗折强度试验步骤

按规定测量试样的宽度和高度尺寸各 2 个，分别取其算术平均值，精确至 1mm。宽度应在砖的两个大面的中间处分别测量两个尺寸，高度应在两个条面的中间处分别测量两个尺寸。当被测处有缺损或凸出时，可在其旁边测量，但应选择不利的一侧。

调整抗折夹具下支辊的跨距为砖规格长度减去 40mm。

试样放在温度为 20±5℃的水中浸泡 24h 后取出，用湿布拭去其表面水分。

将试样大面平放在支辊上，试样两端面与下支辊的距离应相同，当试样有裂缝时或凹陷时，应使有裂缝或凹陷的大面朝下，以 50～150N/s 的速度均匀加荷，直至试样断裂，记录最大破坏荷载 P。

③结果计算

每块试样的抗折强度 R_C 按下式计算，精确至 0.01MPa。

$$R_C = \frac{3PL}{2BH^2}$$

式中 R_C——抗折强度（MPa）；

P——最大破坏荷载（N）；

L——跨距（mm）；

B——试样宽度（mm）；

H——试样高度（mm）。

试验结果以 10 块试样抗折强度的算术平均值和单块最小值表示，精确至 0.01MPa。

④抗压强度试验步骤

材料试验机示值相对误差不大于±1‰，量程的选择应使试样的最大破坏荷载落在满载的 20‰～80‰之间。

另取一组试样，切断或锯成两个半截砖，将两块半截砖断口相反叠放，叠合部分不得小于 100mm，如果不足 100mm 时，应另取备用砖样补足。见图 2.5.2。

将砖样平放在材料试验机加压板的中央，垂直于受压面加荷，应均匀平稳，不得发生冲击或振动。加荷速度以 4kN/s 的速度为宜，直至试件破坏为止，记录最大破坏荷载 P。

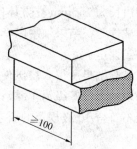

图 2.5.2　两半砖相叠示意图

结果计算

抗压强度 R_P 按下式计算并精确至 0.01MPa。

$$R_P = \frac{P}{LB}$$

式中　P——破坏荷载（N）；

L——砖样叠合部分长度（mm）；

B——砖样宽度（mm）。

试验结果以 10 块试样抗压强度的算术平均值和单块最小值表示，精确至 0.1MPa。

⑤评定

强度等级应符合表 2.5.4 的规定，优等品砖的强度等级应不低于 MU15。

粉煤灰砖强度指标　　　　　　　　　　表 2.5.4

强度等级	抗压强度（MPa）		抗折强度（MPa）	
	10 块平均值≥	单块值≥	10 块平均值≥	单块值≥
MU30	30.0	24.0	6.2	5.0
MU25	25.0	20.0	5.0	4.0
MU20	20.0	16.0	4.0	3.2
MU15	15.0	12.0	3.3	2.6
MU10	10.0	8.0	2.5	2.0

（4）粉煤灰砌块的抗压强度试验

①试验机的精度（示值的相对误差）应小于 2‰，其量程应能使试件的预期破坏荷载值不小于全量程的 20‰，也不大于全量程的 80‰。

②试验步骤

抗压试验时，将试件置于压力机加压板的中央，承压面应与成型时的顶面垂直，以每秒 0.2～0.3MPa 的加荷速度加荷至试件破坏。

③结果计算

每块试件的抗压强度（R）按下式计算，并精确至 0.1MPa。

$$R = \frac{P}{F}$$

式中 P——破坏荷载（N）；

F——承压面积（mm^2）。

抗压强度取 3 个试件的算术平均值。以边长为 200mm 的立方体试件为标准试件，当采用边长为 150mm 立方体试件时，结果须乘以 0.95 折算系数；采用边长为 100mm 时立方体试件时，结果须乘以 0.90 折算系数。

④评定

试验结果所得 3 块试件的立方体抗压强度符合表 2.5.5 中 13 级规定的要求时，判该批砌块的强度等级为 13 级；如果符合 10 级规定的要求，判该批砌块的强度等级为 10 级；如果不符合 10 级规定的要求，则判该砌块不合格。

粉煤灰砌块强度等级　　　　　　　　　　　　　　　　表 2.5.5

项　目	指　标	
	10 级	13 级
抗压强度（MPa）	3 块试件平均值不小于 10.0；单块最小值 8.0	3 块试件平均值不小于 13.0；单块最小值 10.5

（5）蒸压灰砂砖

①蒸压灰砂砖抗折强度试验

材料试验机的示值相对误差不大于±1%，量程的选择应使试样的最大破坏荷载落在满载的 20%～80%。

试样 5 块，表面要求平整。将砖样放在温度为 20±5℃的水中浸泡 24h 后取出，用湿布拭去表面水分。

试验步骤和结果计算同粉煤灰砖的抗折强度试验，其中加荷速度以 50～150N/s 均匀加荷。

结果的评定按 5 个砖样试验值的算术平均值和单块最小值来评定（见表 2.5.6），精确至 0.01MPa。

②蒸压灰砂砖抗压强度试验

材料试验机示值相对误差不大于±1%，量程的选择应使试样的最大破坏荷载落在满载的 20%～80%。

试样切断或锯成两个半截砖，将两块半截砖断口相反叠放，叠合部分不得小于 100mm，如果不足 100mm 时，应另取备用砖样补足。

将砖样平放在材料试验机加压板的中央，垂直于受压面加荷，应均匀平稳，不得发生冲击或振动。加荷速度以 4kN/s 的速度为宜，直至试件破坏为止，记录最大破坏荷载 P。

结果计算

每块试样的抗压强度 R_P 按下式计算并精确至 0.01MPa。

$$R_P = \frac{P}{LB}$$

式中 P——破坏荷载（N）；

L——砖样叠合部分长度（mm）；

B——砖样宽度（mm）。

③结果评定

抗压强度和抗折强度的级别由试验结果的平均值和最小值按表 2.5.6 判定，精确至 0.1MPa。

蒸压灰砂砖力学性能

表 2.5.6

强度级别	抗压强度（MPa）		抗折强度（MPa）	
	平均值不小于	单块值不小于	平均值不小于	单块值不小于
MU25	25.0	20.0	5.0	4.0
MU20	20.0	16.0	4.0	3.2
MU15	15.0	12.0	3.3	2.6
MU10	10.0	8.0	2.5	2.0

注：优等品质的强度级别不得小于 MU15。

（6）蒸压灰砂多孔砖（抗压强度试验）

①仪器设备

试验机的示值相对误差不超过±1%，其下压板应为球铰支座，预期最大破坏荷载应在量程的 20%～80%。

②试样数量和要求

a. 取 10 块整砖以单块整砖沿竖孔方向加压；

b. 试样处理：试件制作采用坐浆法操作。即将玻璃板置于试件制备平台上，其上铺一张湿的垫纸，纸上铺一层厚度不超过 5mm 的用 32.5 强度等级的普通硅酸盐水泥制成稠度适宜的水泥净浆，再将试样在水中浸泡 10～20min，在钢丝网架上滴水 3～5min 后平稳地将受压面坐放在水泥浆上，在另一受压面上稍加压力，使整个水泥层与砖受压面相互粘结，砖的侧面应垂直于玻璃板。待水泥浆适当凝固后，连同玻璃板翻放在另一铺纸放浆的玻璃上，再进行坐浆，用水平尺校正好玻璃板的水平。

制成的抹面试件应置于不低于 10℃的不通风室内养护 3d，再进行试验。

③试验步骤

a. 测量每个试件受压面的长、宽尺寸各两个，分别取其平均值，精确至 1mm。

b. 将试件平放在加压板的中央，垂直于受压面加荷，应均匀平稳，不得发生冲击或振动。加荷速度以 4kN/s 为宜，直至试件破坏为止，记录最大破坏荷载 P。

④结果计算与评定

结果计算：每块试样的抗压强度（R_P）按下式计算（精确至 0.01MPa）：

$$R_P = \frac{P}{L \cdot B}$$

式中 R_P——抗压强度（MPa）；

P——破坏荷载（N）；

L——受压面长度（mm）；

B——受压面宽度（mm）。

⑤结果评定：以 10 个试件抗压强度的算术平均值和单块最小值表示，精确至 0.1MPa。抗压强度应符合表 2.5.7 的规定。

蒸压灰砂多孔砖强度等级 表 2.5.7

强度等级	抗压强度（MPa）	
	平均值≥	单块最小值≥
MU30	30.0	24.0
MU25	25.0	20.0
MU20	20.0	16.0
MU15	15.0	12.0

(7) 普通混凝土小型空心砌块（抗压强度试验）

①设备

材料试验机：示值误差应不大于 2%，其量程选择应能使试件的预期破坏荷载落在满量程的 20%～80%。

钢板：厚度不小于 10mm，平面尺寸应大于 440mm×240mm。钢板的一面需平整，精度要求在长度方向范围内的平面度不大于 0.1mm。

玻璃平板：厚度不小于 6mm，平面尺寸与钢板的要求同。

水平尺。

②试件

试件数量为 5 个砌块。

处理试件的坐浆面和铺浆面，使之成为互相平行的平面。将钢板置于稳固的底座上，平整面向上，用水平尺调至水平。在钢板上先薄薄地涂一层机油，或铺一层湿纸，然后铺一层以 1 份重量的 32.5 强度等级以上的普通硅酸盐水泥和 2 份细砂，加入适量的水调成的砂浆，将试件的坐浆面湿润后平稳地压入砂浆层内，使砂浆层尽可能均匀，厚度为 3～5mm。将多余的砂浆沿试件棱边刮掉。静置 24h 以后，再按上述方法处理试件的铺浆面。为使两面能彼此平行，在处理铺浆面时应将水平尺置于现已向上的坐浆面上调至水平。在温度 10℃以上不通风的室内养护 3d 后作抗压强度试验。

为缩短时间，也可在坐浆面砂浆层处理后，不经静置立即在向上的铺浆面上铺一层砂浆、压上事先涂油的玻璃平板，边压边观察砂浆层，将气泡全部排除，并用水平尺调至水平，直至砂浆层平而均匀，厚度达 3～5mm。

③试验步骤

按标准方法测量每个试件的长度和宽度（长度在条面的中间，宽度在顶面的中间测量，每项在对应两面各测一次，精确至 1mm），分别求出各个方向的平均值，精确至 1mm。

将试件置于试验机承压板上，使试件的轴线与试验机压板的压力中心重合，以 10～30kN/s 的速度加荷直至试件破坏，记录最大破坏荷载 P。

若试验机压板不足以覆盖试件受压面时，可在试件的上、下承压面加辅助钢压板。辅助钢压板的表面光洁度应与试验机原压板相同，其厚度至少为原压板边至辅助钢压板最远角距离的三分之一。

④结果计算与评定

每个试件的抗压强度按下式计算，精确至 0.1MPa。

$$R = \frac{P}{LB}$$

式中　R——试件的抗压强度（MPa）；

　　　P——破坏荷载（N）；

　　　L——受压面的长度（mm）；

　　　B——受压面的宽度（mm）。

试验结果以五个试件抗压强度的算术平均值和单块最小值表示，精确至 0.1MPa。

强度等级应符合表 2.5.8 的规定。

普通混凝土小型空心砌块强度等级　　　　　　　表 2.5.8

强度等级	砌块抗压强度（MPa）	
	平均值不小于	单块最小值不小于
MU3.5	3.5	2.8
MU5.0	5.0	4.0
MU7.5	7.5	6.0
MU10.0	10.0	8.0
MU15.0	15.0	12.0
MU20.0	20.0	16.0

（8）轻集料混凝土小型空心砌块

①抗压强度试验，按 GB/T 4111—1997 有关规定进行（同普通混凝土小型空心砌块）。

②密度等级试验

a. 设备

磅秤：最大称量 50kg，感量 0.05kg。

电热鼓风干燥箱。

b. 试件数量：3 个砌块。

c. 试验步骤

按标准方法测量（同抗压强度的测量方法）试件的长度、高度、分别求出各个方向的平均值，计算每个试件的体积 v，精确至 0.001m³。

将试件放入电热鼓风干燥箱内，在 105±5℃ 温度下至少干燥 24h，然后每间隔 2h 称量一次，直至两次称量之差不超过后一次称量的 0.2% 为止。

待试件在电热鼓风干燥箱内冷却至与室温之差不超过 20℃ 后取出，立即称其绝干质量 m，精确至 0.05kg。

将试件浸入室温 15～25℃ 的水中，水面应高出试件 20mm 以上，24h 后将其分别移到水桶中，称出试件的悬浸质量 m_1，精确至 0.05kg。

d. 结果计算与评定

每个试件的块体密度按下式计算，精确至 10kg/m³。

$$\gamma = \frac{m}{v}$$

式中　γ——试件的块体密度（kg/m³）；

　　　m——试件的绝干质量（kg）；

　　　v——试件的体积（m³）。

密度以 3 个试件块体密度的算术平均值表示，精确至 10kg/m³。

密度等级应符合表 2.5.9 的规定。

轻集料混凝土小型空心砌块密度等级　　　　　　　　表 2.5.9

密度等级（kg/m³）	干表观密度范围（kg/m³）
700	≥610，≤700
800	≥710，≤800
900	≥810，≤900
1000	≥910，≤1000
1100	≥1010，≤1100
1200	≥1110，≤1200
1300	≥1210，≤1300
1400	≥1310，≤1400

强度等级应符合表 2.5.10 的规定；同一强度等级砌块的抗压强度和密度等级范围应同时满足表 2.5.10 的要求。

轻集料混凝土小型空心砌块强度等级　　　　　　　表 2.5.10

强度等级	抗压强度（MPa）		密度等级范围（kg/m³）
	平均值	最小值	
MU2.5	≥2.5	2.0	≤800
MU3.5	≥3.5	2.8	≤1000
MU5.0	≥5.0	4.0	≤1200
MU7.5	≥7.5	6.0	≤1200a ≤1300b
MU10.0	≥10.0	8.0	≤1200a ≤1400b

注：当砌块的抗压强度同时满足 2 个强度等级或 2 个以上强度等级要求时，应以满足要求的最高强度等级为准。

a——除自燃煤矸石掺量不小于砌块质量 35% 以外的其他砌块；

b——自燃煤矸石掺量不小于砌块质量 35% 的砌块。

（9）蒸压加气混凝土砌块抗压强度试验

①抗压强度试验

a. 仪器设备

材料试验机：精度（示值的相对误差）不应低于 ±2%，其量程的选择应能使试件的预期最大破坏荷载处在量程的 20%～80% 范围内。

托盘天平或磅秤：称量 2000g，感量 1g。

电热鼓风干燥箱：最高温度 200℃。

钢板直尺：规格为 300mm，分度值为 0.5mm。

b. 试件

试件制备

按 GB/T 11969 有关规定进行，采用机锯或刀锯，锯切时不得将试件弄湿，试件表面必须平整，不得有裂缝或明显缺陷，尺寸允许偏差为±2mm，试件应逐块编号，标明锯取部位和发气方向。试件为 100mm×100mm×100mm 立方体试件一组 3 块，进行抗压强度试验。

c. 试件含水状态

试件在质量含水率为 8%～12% 下进行试验。可将试件浸水 6h，从水中取出，用干布抹去表面水分，在 60±5℃下烘至所要求的含水率。

d. 试验步骤

检查试件外观

测量试件的尺寸，精确至 1mm，并计算出试件的受压面积（A_1）。

将试件放在材料试验机的下压板的中心位置，试件的受压方向应垂直于制品的发气方向。

开动试验机，当上压板与试件接近时，调整球座，使接触均衡。

以 2.0±0.5kN/s 的速度连续而均匀地加荷，直至试件破坏，记录破坏荷载（P_1）。

e. 计算结果与评定

$$f_{cc} = \frac{P_1}{A_1}$$

式中　f_{cc}——试件的抗压强度（MPa）；

　　　P_1——破坏荷载（N）；

　　　A_1——试件受压面积（mm²）；

抗压强度的计算精确至 0.1MPa。

②干体积密度

a. 仪器设备

托盘天平或磅秤：称量 2000g，感量 1g。

电热鼓风干燥箱：最高温度 200℃。

钢板直尺：规格为 300mm，分度值为 0.5mm。

b. 试件

试件制备

按 GB/T 11969 有关规定进行，最终达到 100mm×100mm×100mm 立方体试件一组 3 块，逐块量取长、宽、高三个方向的轴线尺寸，精确至 1mm，计算试件的体积；并称取试件质量 M，精确至 1g。

将试件放入电热鼓风干燥箱内，再 60±5℃下保温 24h，然后在 80±5℃下保温 24h，再在 105±5℃下烘至恒质（M_0）。恒质指在烘干过程中间隔 4h，前后两次质量差不超过试件质量的 0.5%。

c. 计算结果与评定

$$r_0 = \frac{M_0}{V} \times 10^6$$

式中 r_0——干体积密度（kg/m^3）;

M_0——试件烘干后质量（g）;

V——试件体积（mm^3）。

体积密度的计算精确至 1kg/m^3。

③结果评定

以 3 组干密度试件的测定结果平均值判定砌块的干密度级别,符合表 2.5.12 规定时则判定该批砌块合格。

以 3 组抗压强度试件测定结果按表 2.5.11 判定其强度级别。当强度和干密度级别关系符合表 2.5.13 规定,同时,3 组试件中各个单组抗压强度平均值全部大于表 2.5.13 规定的此强度级别的最小值时,判定该批砌块符合相应等级;若有 1 组以上此强度级别的最小值时,判定该批砌块不符合相应等级。

砌块的立方体抗压强度   表 2.5.11

强度级别	立方体抗压强度（MPa）	
	平均值不小于	单组最小值不小于
A1.0	1.0	0.8
A2.0	2.0	1.6
A2.5	2.5	2.0
A3.5	3.5	2.8
A5.0	5.0	4.0
A7.5	7.5	6.0
A10.0	10.0	8.0

砌块的干密度   表 2.5.12

干密度级别		B03	B04	B05	B06	B07	B08
干密度	优等品（A）≤	300	400	500	600	700	800
(kg/mm^3)	合格品（B）≤	325	425	525	625	725	825

砌块的强度级别   表 2.5.13

干密度级别		B03	B04	B05	B06	B07	B08
强度级别	优等品（A）≤	A1.0	A2.0	A3.5	A5.0	A7.5	A10.0
	合格品（B）≤			A2.5	A3.5	A5.0	A7.5

第六节 钢 材

1. 与钢材物理试验有关的标准、规范、规程、规定有哪些?

答:（1）《混凝土结构工程施工质量验收规范》（GB 50204—2002 2011 版）;

（2）《钢筋混凝土用钢 第 1 部分：热轧光圆钢筋》（GB 1499.1—2008）;

（3）《钢筋混凝土用钢 第 2 部分：热轧带肋钢筋》（GB 1499.2—2007）;

（4）《钢筋混凝土用余热处理钢筋》（GB 13014—91）；

（5）《碳素结构钢》（GB/T 700—2006）；

（6）《冷轧带肋钢筋》（GB 13788—2008）；

（7）《冷轧扭钢筋》（JG 190—2006）；

（8）《预应力混凝土用钢丝》（GB/T 5223—2002）；

（9）《中强度预应力混凝土用钢丝》（YB/T 156—1999）；

（10）《预应力混凝土用钢棒》（GB/T 5223.3—2005）；

（11）《预应力混凝土用钢绞线》（GB/T 5224—2003）；

（12）《预应力混凝土用低合金钢丝》（YB/T 038—1993）；

（13）《一般用途低碳钢丝》（YB/T 5294—2006）；

（14）《钢及钢产品交货一般技术条件》（GB/T 17505—1998）；

（15）《钢及钢产品力学性能试验取样位置及试样制备》（GB/T 2975—1998）；

（16）《金属材料　拉伸试验　第 1 部分：室温试验方法》（GB/T 228.1—2010）

（17）《金属材料　弯曲试验方法》（GB/T 232—2010）；

（18）《金属材料　线材　反复弯曲试验方法》（GB/T 238—2002）；

（19）《钢筋平面反向弯曲试验方法》（YB/T 5126—2003）；

（20）《型钢验收、包装、标志及质量证明书的一般规定》（GB/T 2101—2008）；

（21）《钢丝验收、包装、标志及质量证明书的一般规定》（GB/T 2103—2008）；

（22）《热轧盘条尺寸、外形、重量及允许偏差》（GB/T 14981—2004）。

2. 钢材试验的必试项目、组批规则及取样数量有哪些规定？

答：常用钢材的必试项目、组批规则及取样数量见表 2.6.1。

常用钢材必试项目、组批规则及取样数量表 表 2.6.1

序号	材料名称及相关标准规范代号	试 验 项 目	组批规则及取样规定
1	碳素结构钢 （GB/T 700—2006）	必试：拉伸试验（上屈服点、抗拉强度、伸长率） 弯曲试验 其他：断面收缩率、硬度、冲击、化学成分	同一牌号、同一炉罐、同一等级、同一品种、同一交货状态，每 60t 为一验收批，不足 60t 也按一批计。每一验收取一组试件（拉伸、弯曲各 1 个）
2	钢筋混凝土用热轧带肋钢筋 （GB 1499.2—2007） （GB/T 2975—1998） （GB/T 2101—2008）	必试：拉伸试验〔下屈服点、抗拉强度、伸长率、最大力总伸长率（牌号带 E 的钢筋）〕。 弯曲试验、重量偏差 其他：反向弯曲 化学成分	（1）每批由同一牌号，同一炉罐、同一规格的钢筋组成，每批重量通常不大于 60t。 （2）每一验收批，在任选的两根钢筋上切取试件（拉伸 2 个、弯曲 2 个）。 （3）超过 60t 的部分，每增加 40t（或不足 40t 的余数），增加一个拉伸试验试件和一个弯曲试验试件。 （4）测量钢筋重量偏差时，试样应从不同钢筋上截取，数量不少于 5 个
3	钢筋混凝土用热轧光圆钢筋 （GB 1499.1—2008） （GB/T 2975—1998） （GB/T 2101—2008）		
4	钢筋混凝土用余热处理钢筋 （GB 13014—1991） （GB/T 2975—1998） （GB/T 2101—2008）		

续表

序号	材料名称及相关标准规范代号	试 验 项 目	组批规则及取样规定
5	冷轧带肋钢筋 (GB 13788—2008) (GB/T 2975—1998) (GB/T 2101—2008)	必试：拉伸试验（规定塑性延伸强度、伸长率）、弯曲试验、重量偏差 其他：松弛率、化学成分	同一牌号、同一外型、同一规格、同一生产工艺、同一交货状态每 60t 为一验收批。每一验收批取拉伸试件 1 个（逐盘），弯曲试件 2 个（每批），重量偏差试件 1 个（逐盘）松弛试件 1 个（定期）。在每（任）盘中的任意一端截去 50mm 后切取
6	冷轧扭钢筋 (JG 190—2006) (GB/T 2975—1998) (GB/T 2101—2008)	必试：拉伸试验（抗拉强度伸长率）、弯曲试验、重量、节距、厚度 其他：—	同一牌号、同一规格尺寸、同一台轧机、同一台每批 10t 为一验收批，不足 10t 也按一批计。每批取弯曲试件 1 个，拉伸试件 2 个，重量、节距、厚度各 3 个
7	预应力混凝土用钢丝 (GB/T 2103—2008) (GB/T 5223—2002)	必试：抗拉强度 　　　伸长率 　　　弯曲试验 其他：屈服强度 　　　松弛率（每季度抽验）	(1) 同一牌号、同一规格、同一加工状态的钢丝组成，每批重量不大于 60t。 　(2) 钢丝的检验应按（GB/T 2103）的规定执行。在每盘钢丝的两端进行抗拉强度、弯曲和伸长率的试验。屈服强度和松弛率试验每季度抽验一次。每次不少于 3 根
8	中强度预应力混凝土用钢丝 (YB/T 156—1999) (GB/T 2103—2008) (GB/T 10120—1996)	必试：抗拉强度 　　　伸长率反复弯曲 其他：规定塑性伸长应力 　　　（$\sigma_{0.2}$） 　　　松弛率（每季度）	(1) 钢丝应成批验收，每批由同一牌号、同一规格、同一强度等级、同一生产工艺制度的钢丝组成。每批重量不大于 60t。 　(2) 每盘钢丝的两端取样进行抗拉强度、伸长率、反复弯曲的检验。 　(3) 规定非比例伸长应力（$\sigma_{0.2}$）和松弛率试验，每季度抽检一次，每次不少于 3 根
9	预应力混凝土用钢棒 (GB/T 5223.3—2005)	必试：抗拉强度、断后伸长率、伸直性 其他：规定塑性延伸强度、应力松弛性能	(1) 钢棒应成批验收，每批由同一牌号、同一规格、同一加工状态的钢棒组成，每批重量不大于 60t。 　(2) 从任一盘钢棒任意一端截取 1 根试样进行抗拉强度、断后伸长率试验；每根钢棒不同盘中截取 3 根试样进行弯曲试验；每 5 盘取 1 根伸直性试验试样；规定非比例延伸强度试样为每批 3 根；应力松弛为每条生产线每月不少于 1 根。 　(3) 对于直条钢棒，以切断盘条的盘数为取样依据
10	预应力混凝土用钢绞线 (GB/T 5224—2003)	必试：整根钢绞线最大力，规定塑性延伸力，最大力总伸长率 其他：弹性模量、松弛率	预应力用钢绞线应成批验收，每批由同一牌号、同一规格、同一生产工艺捻制的钢绞线组成，每批质量不大于 60t。从每批钢绞线中任取 3 盘，从每盘所选的钢绞线端部正常部位截取一根进行力学性能试验。如每批少于 3 盘，则应逐盘进行上述检验

续表

序号	材料名称及 相关标准规范代号	试 验 项 目	组批规则及取样规定
11	预应力混凝土用低合金钢丝 （YB/T 038—1993）	必试： 拔丝用盘条：抗拉强度、伸长率、冷弯 钢丝：抗拉强度、伸长率反复弯曲、应力松弛 其他：—	（1）拔丝用盘条：见本表低碳热扎圆盘条。 （2）钢丝： ①每批钢丝应由同一牌号、同一形状、同一尺寸、同二交货状态的钢丝组成。 ②从每批中抽查 5%，但不少于 5 盘进行形状、尺寸和表面检查。 ③从上述检查合格的钢丝中抽取 5%，优质钢抽取 10%，不少于 3 盘，拉伸试验每盘一个（任意端）不少于 5 盘，反复弯曲试验每盘一个（任意端去掉 500mm 后取样）
12	一般用途低碳钢丝 （YB/T 5294—2006） （GB/T 2103—2008）	必试：抗拉强度、180 度弯曲试验次数、伸长率（标距 100mm） 其他：—	（1）每批钢丝应由同一尺寸、同一级别、同一交货状态的钢丝组成。 （2）从每批中抽查 5%，但不少于 5 盘进行形状、尺寸和表面检查。 （3）从上述检查合格的钢丝中抽取 5%，优质钢抽取 10%，不少于 3 盘，拉伸试验、反复弯曲试验每盘各一个（任意端）

3. 常用钢材拉伸和弯曲试验的取样有何规定？

答：钢材试验的取样要求有：

①一般要求

a. 拉伸试样：

试样的形状与尺寸取决于要被试验的金属产品的形状与尺寸。

通常从产品、压制坯或铸件切取样坯经机加工制成试样。但具有恒定横截面的产品（型材、棒材、线材）和铸造试样可以不经机加工而进行试验。试样横截面可以为圆形、矩形、多边形、环形等。

对于厚度为 0.1～3mm 的薄板和薄带，宜采用 20mm 宽的拉伸试样，对于宽度小于 20mm 的产品，试样宽度可以相同于产品宽度；对于厚度大于或等于 3mm 的板材，矩形截面试样宽厚比不宜超过 8:1。

b. 弯曲试样：

应在钢产品表面切取弯曲样坯，试样的尺寸应按照相关标准的要求，如未具体规定，应按照以下要求：

a）试样宽度：

当产品宽度不大于 20mm 时，试样宽度为产品宽度。当产品宽度大于 20mm，厚度小于 3mm 时试样宽度为 20±5mm，厚度不小于 3mm 时试样宽度为 20～50mm。

b）试样厚度：

对于板材、带材和型材，试样厚度应为原产品厚度；如果产品厚度大于 25mm，试样厚度可以机加工减薄至不小于 25mm，并保留一侧原表面（弯曲试验时，试样保留的原表面应位于受拉变形一侧）。当机加工和试验机能力允许时，应制备全截面或全厚度弯曲试样。

　　直径或内切圆直径不大于 30mm 的产品，其试样横截面应为原产品的横截面。对于直径或多边形横截面内切圆直径超过 30mm 但不大于 50mm 的产品，可以将其机加工成横截面内切圆直径不小于 25mm 的试样。直径或多边形横截面内切圆直径大于 50mm 的产品，应将其机加工成横截面内切圆直径不小于 25mm 的试样，试试验时，试样未经机加工的原表面应位于受拉变形一侧

　　注：对于碳素结构钢，弯曲试样的宽度为 2 倍的试样厚度。

　　c. 试样长度应根据试样厚度（或直径）、相关标准要求和所使用的试验设备确定。

　　d. 碳素结构钢钢板和钢带拉伸和弯曲试样的纵向轴线应垂直于轧制方向；型钢、钢棒和受宽度限制的窄钢带拉伸和弯曲试样的纵向轴线应平行于轧制方向。

　　e. 试样表面不得有划伤和损伤，边缘应进行机加工去除由于剪切或火焰切割或类似的操作而影响了材料性能的部分，确保平直、光滑，不得有影响结果的横向毛刺、伤痕或刻痕。

　　f. 当要求取一个以上试样时，可在规定位置相邻处取样。

②型钢

　　a. 按图 2.6.1 在型钢腿部切取拉伸和弯曲样坯。如型钢尺寸不能满足要求，可将取样位置向中部位移。

　　注：1. 对于腿部有斜度的型钢，可在腰部 1/4 处取样［见图 2.6.1 (b) 和 (d)］，经协商也可以从腿部取样进行机加工。

　　2. 对于腿部长度不相等的角钢，可从任一腿部取样。

　　b. 对于腿部厚度不大于 50mm 的型钢，当机加工和试验机能力允许时，应按图 2.6.2 (a) 切取拉伸样坯；当切取圆形横截面拉伸样坯时，按图 2.6.2 (b) 规定。对于腿部厚度大于 50mm 的型钢，当切取圆形横截面样坯时，按图 2.6.2 (c) 规定。

③条钢

　　a. 按图 2.6.3 在圆钢上选取拉伸样坯位置，当机加工和试验机能力允许时，按图 2.6.3 (a) 取样。

　　b. 按图 2.6.4 在六角钢上选取拉伸样坯位置，当机加工和试验机能力允许时，按图 2.6.4 (a) 取样。

　　c. 按图 2.6.5 在矩形截面条钢上切取拉伸样坯，当机加工和试验机能

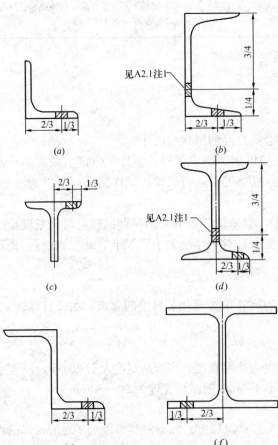

图 2.6.1　在型钢腿部宽度方向切取样坯的位置

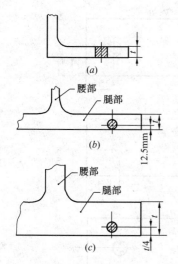

图 2.6.2 在型钢腿部宽度
方向切取样坯的位置

$(a)t \leqslant 50mm; (b)t \leqslant 50mm;$

$(c)t > 50mm$

力允许时，按图 2.6.5（a）取样。

④钢板

a. 应在钢板宽度 1/4 处切取拉伸和弯曲样坯，如图 2.6.6 所示。

b. 对于纵轧钢板，当产品标准没有规定取样方向时，应在钢板宽度 1/4 处切取横向样坯，如钢板宽度不足，样坯中心可以内移。

c. 应按图 2.6.6 在钢板厚度方向切取拉伸样坯。当机加工和试验机能力允许时，应按图 2.6.6（a）取样。

⑤钢管

a. 应按图 2.6.7 切取拉伸样坯，当机加工和试验机能力允许时，应按图 2.6.7（a）取样。对于图 2.6.7（c），如钢管尺寸不能满足要求，可将取样位置向中部位移。

b. 对于焊管，当取横向试样检验焊接性能时，焊缝应在试样中部。

c. 应按图 2.6.8 在方形钢管上切取拉伸或弯曲样坯。当机加工和试验机能力允许时，按图 2.6.8（a）取样。

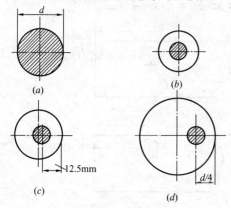

图 2.6.3 在圆钢上切取拉伸样坯的位置

（a）全横截面试样；（b）$d \leqslant 25mm$；

（c）$d > 25mm$；（d）$d > 50mm$

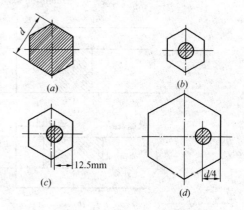

图 2.6.4 在六角钢上切取拉伸样坯的位置

（a）全横截面试样；（b）$d \leqslant 25mm$；

（c）$d > 25mm$；（d）$d > 50mm$

4. 与钢材试验有关的定义有哪些？

答：（1）标距：测量伸长用的试样圆柱或棱柱部分的长度。

（2）原始标距（L_0）：室温下施力前的试样标距。

（3）断后标距（L_u）：在室温下将断后的两部分试样紧密地对接在一起，保证两部分的轴线位于同一条直线上，测量试样断裂后的标距。

（4）平行长度（L_c）：试样平行缩减部分的长度或两夹头之间的试样长度（未经加工试样）。

（5）伸长：试验期间任一时刻原始标距（L_0）的增量。

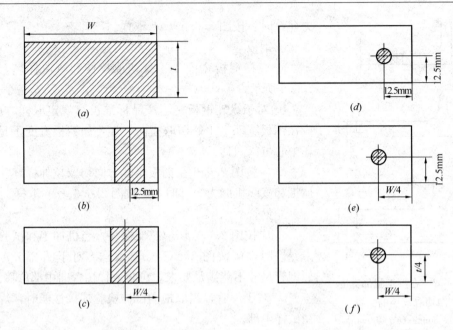

图 2.6.5　在矩形截面条钢上切取拉伸样坯的位置

(a) 全横截面试样；(b) W≤50mm；(c) W>50mm；(d) W≤50mm 和 t≤50mm；

(e) W>50mm 和 t≤50mm；(f) W>50mm 和 t>50mm

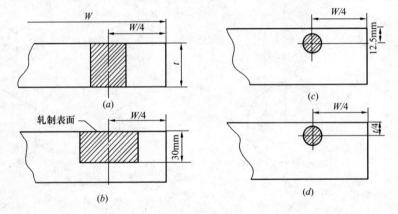

图 2.6.6　在钢板上切取拉伸样坯的位置

(a) 全厚度试样；(b) t>30mm；(c) 25mm<t<50mm；(d) t≥50mm

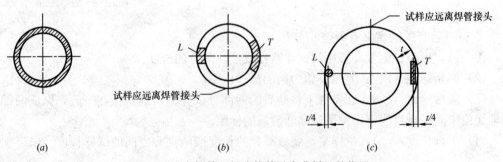

图 2.6.7　在钢管上切取拉伸及弯曲样坯的位置

(a) 全横截面试样；(b) 矩形横截面试样；(c) 圆形横截面试样

（6）伸长率：原始标距的伸长与原始标距 L_0 之比的百分率。

（7）断后伸长率（A）：断后标距的残余伸长（$L_u - L_0$）与原始标距（L_0）之比的百分率。

（8）抗拉强度（R_m）：相应最大力（F_m）对应的应力。

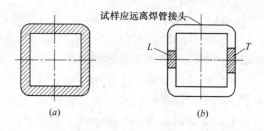

图 2.6.8　在方形钢管上切取
拉伸及弯曲样坯的位置

（a）全横截面试样；（b）矩形横截面试样

（9）屈服强度：当金属材料呈现屈服现象时，在试验期间达到塑性变形发生而力不增加的应力点，应区分上屈服和下屈服强度。

（10）上屈服强度 R_{eH}：试样发生屈服而力首次下降前的最大应力。

（11）下屈服强度 R_{eL}：在屈服期间，不计初始瞬时效应时的最小应力。

（12）规定塑性延伸强度（R_P）：非比例延伸率等于规定的引伸计标距百分率时的应力。使用的符号应附以下脚注说明所规定的百分率，例如 $R_{P0.2}$，表示规定非比例延伸率为 0.2%时的应力。

（13）应力：受力物体截面上内力的集度，即单位面积上的内力称为应力。

（14）应力速率：单位时间应力的增加量。

（15）应变：物体内任一点因各种作用引起的相对变形，常以百分数（%）表示。

（16）应变速率：单位时间应变的增加量。

（17）最大力总伸长率：最大力时原始标距的总伸长量与原始标距之比的百分率。

5. 如何确定钢材拉伸试验的原始标距，断后伸长率如何计算和表示？

答：（1）原始标距与试样原始横截面积有 $L_0 = k\sqrt{s_0}$ 关系者称为比例试样。国际上使用的比例系数 k 的值为 5.65。原始标距应不小于 15mm。当试样横截面积太小，以致采用比例系数 k 为 5.65 的值不能符合这一最小标距要求时，可取较高的值（优先采用 11.3 的值）或采用非比例试样。非比例试样其原始标距（L_0）与其原始横截面积（s_0）无关。对于比例试样，记值之差小于 $10\%L_0$，可将原始标距的计算值修约至最接近 5mm 的倍数。原始标距的标记应准确到 ±1%。

（2）断后伸长率（A）是断后标距的残余伸长（$L_u - L_0$）与原始标距（L_0）之比的百分率。对于比例试样，若原始标距不为 $5.65\sqrt{s_0}$（s_0 为平行长度的原始横截面积），符号 A 应以下脚注说明所使用的比例系数，例如，$A_{11.3}$ 表示原始标距（L_0）为 $11.3\sqrt{s_0}$ 的断后伸长率。对于非比例试样，符号 A 应以下脚注说明所使用的原始标距，以 mm 表示，例如，A_{80mm} 表示原始标距（L_0）为 80mm 的断后伸长率。

6. 钢材必试项目的试验方法有何规定？

答：（1）试验环境要求

试验一般在 10～35℃ 的室温范围内进行。对温度要求严格的试验，试验温度应为 23±5℃。

（2）拉伸试验

①试验设备

试验机应按照 GB/T 16825 进行检验，并应为 1 级或优于 1 级准确度。

引伸计的准确度级别应符合 GB/12160 的要求。测定上屈服强度、下屈服强度、屈服点延伸率、规定非比例延伸强度、规定总延伸强度、规定残余延伸强度，以及规定残余延伸强度的验证试验，应使用不劣于 1 级准确度的引伸计；测定其他具有较大延伸率的性能，例如抗拉强度、最大力总延伸率和最大力非比例延伸率、断裂总伸长率，以及断后伸长率，应使用不劣于 2 级准确度的引伸计。

②计算强度用的横截面积的确定

a. 采用公称横截面积

钢筋、钢棒、钢丝、钢绞线，以产品标志和质量证明书上的规格尺寸为依据，按相应的标准中规定的公称横截面积为计算强度用的横截面积。

常用钢筋的公称截面积见表 2.6.2。

b. 测定原始横截面积（S_0）

试样原始横截面积的测定方法和准确度应符合 GB/T 228—2002 的有关章节规定的要求。应根据测量的试样原始尺寸计算原始横截面积，并至少保留 4 位有效数字。

a）厚度＞0.1mm 且＜3mm 薄板和薄带

原始横截面积的测定应准确到±2%，当误差的主要部分是由于试样厚度的测量所引起的，宽度的测量误差不应超过±0.2%。应在试样标距的两端及中间三处测量宽度和厚度，取用三处测得的最小横截面积。按照下式计算：

$$S_0 = ab \tag{1}$$

b）厚度≥3mm 的板材和扁材，以及直径或厚度≥4mm 的线材、棒材和型材应根据测量的原始试样尺寸计算原始横截面积，测量每个尺寸应准确到±0.5%。

对于圆形横截面试样，应在标距的两端及中间三处两个相互垂直的方向测量直径，取其算术平均值，取用三处测得的最小横截面积，按照下式计算：

$$S_0 = \frac{1}{4}\pi d^2 \tag{2}$$

钢筋的公称横截面面积　　　　　　　　　　　　　　　　表 2.6.2

公称直径（mm）	公称横截面积（mm²）	公称直径（mm）	公称横截面积（mm²）
6	28.27	22	380.1
8	50.27	25	490.9
10	78.54	28	615.8
12	113.1	32	804.2
14	153.9	36	1018
16	201.1	40	1257
18	254.5	50	1964
20	314.2		

对于矩形横截面试样，应在标距的两端及中间三处测量宽度和厚度，取用三处测得的最小横截面积。按照式（1）计算。

对于恒定横截面试样，可以根据测量的试样长度、试样质量和材料密度确定其原始横截面积。试样长度的测量应准确到±0.5%，试样质量的测定应准确到±0.5%，密度应至少取 3 位有效数字。原始横截面积按下式计算：

$$S_0 = \frac{m}{\rho L_t} \times 1000 \tag{3}$$

c. 直径或厚度<4mm 的线材、棒材和型材

原始横截面积的测定应准确到±1%。应在试样标距的两端及中间三处测量，取用三处测得的最小横截面积：

对于圆形横截面的产品，应在两个相互垂直方向测量试样的直径，取其算术平均值计算横截面积，按照式（2）计算。

对于矩形和方形横截面的产品，测量试样的宽度和厚度，按照式（1）计算。

可以根据测量的试样长度、试样质量和材料密度确定其原始横截面积，按照式（3）计算。

③原始标距（L_0）的标记

应用小标记、细画线或细墨线标记原始标距，但不得用引起过早断裂的缺口作标记。

如平行长度（L_c）比原始标距长许多，例如不经机加工的试样，可以标记一系列套叠的原始标距。常用钢材的标距长度见表 2.6.3（a 为公称直径）。

标 距 长 度（L_0） 表 2.6.3

序号	材 料 名 称		L_0
1	钢筋混凝土用热轧光圆、热轧带肋、余热处理钢筋		$5.65 \sqrt{S_0} \approx 5a$
2	冷轧扭钢筋		$11.3 \sqrt{S_0} \approx 10a$
3	冷轧带肋钢筋		$11.3 \sqrt{S_0} \approx 10a$ 或 100mm
4	预应力混凝土用热处理钢筋		$11.3 \sqrt{S_0} \approx 10a$
5	预应力混凝土用钢丝		100mm
6	预应力混凝土用钢绞线	1×7	不小于 500mm
		1×2、1×3	不小于 400mm
7	中强度预应力混凝土用钢丝		100mm（断裂伸长率）
8	一般用途低碳钢丝		100mm
9	预应力混凝土用低合金钢丝		不小于 60a

④上屈服强度（R_{eH}）和下屈服强度（R_{eL}）的测定

a. 图解方法：试验时记录力—延伸曲线或力—位移曲线。从曲线图读取力首次下降前的最大力和不计初始瞬时效应时屈服阶段中的最小力或屈服平台的恒定力。将其分别除以试样原始横截面积（S_0）得到上屈服强度和下屈服强度。仲裁试验采用图解方法。

b. 指针方法：试验时，读取测力度盘指针首次回转前指示的最大力和不计初始瞬时效应时屈服阶段中指示的最小力或首次停止转动指示的恒定力。将其分别除以试样原始横截面积（S_0）得到上屈服强度和下屈服强度。

c. 可以使用自动装置（例如微处理机等）或自动测试系统测定上屈服强度和下屈服强度，可以不绘制拉伸曲线图。

d. 测定屈服强度和规定强度的试验速率。

a) 上屈服强度 (R_{eH})：

在弹性范围和直至上屈服强度，试验机夹头的分离速率应尽可能保持恒定并在表 2.6.4 规定的应力速率的范围内。

应 力 速 率   表 2.6.4

材料弹性模量 E (MPa)	应力速率/(MPa·s^{-1})	
	最 小	最 大
<150000	2	20
≥150000	6	60

b) 下屈服强度 (R_{eL})：

若仅测定下屈服强度，在试样平行长度的屈服期间应变速率应在 0.00025~0.0025/s 之间。平行长度内的应变速率应尽可能保持恒定。如不能直接调节这一应变速率，应通过调节屈服即将开始前的应力速率来调整，在屈服完成之前不再调节试验机的控制。

任何情况下，弹性范围内的应力速率不得超过表 2.6.4 规定的最大速率。

屈服强度按下式计算：

$$R_e = \frac{F_e}{S_0}$$

式中 R_e ——屈服强度（N/mm^2）；

       F_e ——屈服力（N）；

       S_0 ——原始横截面积（mm^2）。

c) 规定塑性延伸强度 (R_p)

在弹性范围应力速率应在表 2.6.4 规定的范围内。

在塑性范围和直至规定强度，应变速率不应超过 0.0025/s。

⑤抗拉强度 (R_m) 的测定

a. 采用图解方法、指针方法或自动装置测定抗拉强度

读取试验过程中的最大力。最大力除以试样原始横截面积（S_0）得到抗拉强度。

b. 测定抗拉强度 (R_m) 的试验速率

测定屈服强度或规定塑性延伸强度后，试验速率可以增加为不应超过 0.008/s 的应变速率。

如果仅需要测定材料的抗拉强度，在整个试验过程中可以选取不超过 0.008/s 的单一应变速率。

抗拉强度按下式计算：

$$R_m = \frac{F_m}{S_0}$$

式中 R_m ——抗拉强度（N/mm^2）；

       F_m ——最大力（N）；

       S_0 ——原始横截面积（mm^2）。

⑥断后伸长率 (A) 的测定

为了测定断后伸长率，应将试样断裂的部分仔细地配接在一起使其轴线处于同一直线

上，并采取特别措施确保试样断裂部分适当接触后测量试样断后标距。这对小横截面试样和低伸长率试样尤为重要。

应使用分辨力足够的量具或测量装置测定断后标距（L_u），准确到±0.25mm。

原则上只有断裂处与最接近的标距标记的距离不小于原始标距的三分之一情况方为有效。但断后伸长率大于或等于规定值，不管断裂位置处于何处测量均为有效。

断后伸长率按下式计算：

$$A = \frac{L_u - L_0}{L_0} \times 100$$

式中　A——断后伸长率（%）；

　　　L_0——原始标距长度（mm）；

　　　L_u——断后的标距长度（mm）。

⑦最大力总伸长率（A_{gt}）的测定

a. 试样夹具之间的最小自由长度应符合表2.6.5的要求。

试样夹具之间的最小自由长度　　　　表 **2.6.5**

钢筋公称直径（mm）	试样夹具之间的最小自由长度（mm）
$d \leqslant 25$	350
$25 < d \leqslant 32$	400
$32 < d \leqslant 50$	500

b. 在试样自由长度内，均匀划分为10mm或5mm的等间距标记。

c. 按GB/T 228规定进行拉伸试验，直至试样断裂。在试样拉伸断裂后，选择Y和V两个标记，这两个标记之间的距离在拉伸试验之前至少应为100mm，两个标记都应当位于夹具离断裂点最远的一侧。两个标记离开夹具的距离都应不小于20mm或钢筋公称直径d（取二者之较大者）；两个标记与断裂点之间的距离都应不小于50mm或$2d$（取二者之较大者）。见图2.6.9。

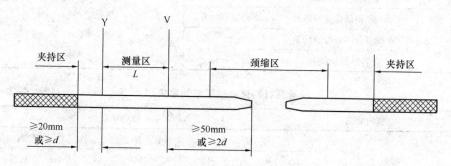

图2.6.9　断裂后试件的测量

在最大力作用下，试样总伸长率A_{gt}（%）可按下式计算：

$$A_{gt} = \left(\frac{L - L_0}{L_0} + \frac{R_m^0}{E}\right) \times 100$$

式中　L——所选两个标记断裂后的距离（mm）；

　　　L_0——试验前同样标记间的距离（mm）；

R_m^0——抗拉强度实测值（MPa）;

E——弹性模量，其值可取为 2×10^5 （MPa）。

注：最大力总延伸率的也可在用引伸计得到的力-延伸曲线图上测定，计算公式为：

$$A_{gt} = \frac{\Delta L_m}{L_e} \times 100$$

式中 L_e——所选两个标记断裂后的距离，单位为 mm;

ΔL_m——最大力下的延伸，单位为 mm（若最大力时曲线呈一平台，取平台中点对应的延伸。

⑧性能测定结果数值的修约

试验测定的性能结果数值应按照相关产品标准的要求进行修约，常用钢材的修约执行标准见表 2.6.6，修约要求见表 2.6.7。

常用钢材试验结果修约执行标准　　　　　　　　表 2.6.6

材 料 名 称	修约执行标准
碳素结构钢	GB/T 228.1—2010
合金结构钢	
钢筋混凝土用余热处理钢筋	
冷轧扭钢筋	
不锈钢冷轧钢板和钢带	
优质碳素结构钢	
预应力混凝土用钢绞线	
低压流体输送用焊接钢管	
一般用途低碳钢丝	
热轧带肋钢筋	YB/T 081—1996
热轧光圆钢筋	
钢筋焊接网	
低合金高强度结构钢	
冷轧带肋钢筋	

金属材料试验结果修约要求　　　　　　　　表 2.6.7

GB/T 228.1—2010 修约要求	YB/T 081 修约要求		
	性 能	范 围	修约间隔
强度性能修约至 1MPa; 其他延伸率和断后伸长率修约至 0.5%	R_e, R_m	≤200MPa	1MPa
		>200~1000MPa	5MPa
		>1000 MPa	10MPa
	A	≤10%	0.5%
		>10%	1%
	A_{gt}	—	0.1%

注：R_e 屈服强度、R_m 抗拉强度、A 断后伸长率、A_{gt} 最大力总伸长率。

⑨试验结果处理

试验出现下列情况之一其试验结果无效，应重做同样数量试样的试验：

a. 试样断在标距外或断在机械刻画的标距标记上，而且断后伸长率小于规定最小值；

b. 试验期间设备发生故障，影响了试验结果。

试验后试样出现两个或两个以上的缩颈以及显示出肉眼可见的冶金缺陷（例如分层、气泡、夹渣、缩孔等）应在试验记录和报告中注明。

（3）弯曲试验：（详见 GB/T 232—2010）

①试验设备

a. 支辊式弯曲装置

支辊长度和弯曲压头的宽度应大于试样宽度或直径，弯曲压头直径 D 应在相关产品标准中规定。支辊和弯曲压头应具有足够的硬度。

除非另有规定，支辊间距离应按照下式确定：

$$L = (D + 3a) \pm 0.5a$$

式中　D——弯曲压头直径；

　　　a——钢材厚度或直径。

此距离在试验期间应保持不变。

b. V 形模具式弯曲装置

模具的 V 形槽其角度为（$180° - a$）。弯曲角度 a 应在相关产品标准中规定。弯曲压头的圆角半径为 $D/2$。

模具的支承棱边应倒圆，倒圆半径应为 1～10 倍试样厚度。模具和弯曲压头宽度应大于试样宽度或直径并应具有足够的硬度。

c. 虎钳式弯曲装置

装置由虎钳配备足够硬度的弯曲压头组成。可以配置加力杠杆。弯心直径应按照相关产品标准要求，弯曲压头宽度应大于试样宽度或直径。

②试验过程

按照相关产品标准规定，采用下列方法之一完成试验：

a. 试样在给定的条件和力作用下弯曲至规定的弯曲角度。

试样弯曲至规定弯曲角度的试验，应将试样放于两支辊或 V 形模具上，试样轴线应与弯曲压头轴线垂直，弯曲压头在两支座之间的中点处对试样连续施加力使其弯曲，直至达到规定的弯曲角度。也可采用试样一端规定，绕弯曲压头进行弯曲，直至达到规定的弯曲角度。

弯曲试验时，应当缓慢地施加弯曲力，以使材料能够自由地进行塑性变形。当出现争议时，试验速率应为 1 ± 0.2mm/s。

如不能直接达到规定的弯曲角度，应将试样置于两平行压板之间，连续施加力压其两端使进一步弯曲，直至达到规定的弯曲角度。

b. 试样在力作用下弯曲至两臂相距规定距离且相互平行。

试样弯曲至两臂相互平行的试验，首先对试样进行初步弯曲，然后将试样置于两平行压板之间连续施加力压其两端使进一步弯曲，直至两臂平行。试验时可以加或不加垫块。除非产品标准中另有规定，垫块厚度等于规定的弯曲压头直径；采用翻板式弯曲装置的方法时，在力作用下不改变力的方向，弯曲直至达到 180°。

c. 试样在力作用下弯曲至两臂直接接触。

试样弯曲至两臂直接接触的试验，应首先将试样进行初步弯曲，然后将其置于两平行压板之间，连续施加力压其两端使进一步弯曲，直至两臂直接接触。

③常用钢材弯曲压头（弯心）直径（D）、弯曲角度（a）均应符合相应产品标准中的规定（见表 2.6.8、表 2.6.9）。

常用钢筋弯曲压头直径、弯曲角度　　　　　　表 2.6.8

钢筋种类	牌　号	公称直径 a （mm）	弯心直径 D （mm）	弯曲角度 （a）
钢筋混凝土用 热轧带肋钢筋	HRB335 HRBF335	6～25	3a	180°
		28～40	4a	
		>40～50	5a	
	HRB400 HRBF400	6～25	4a	
		28～40	5a	
		>40～50	6a	
	HRB500 HRBF500	6～25	6a	
		28～40	7a	
		>40～50	8a	
余热处理钢筋	RRB400	8～25	3a	90°
		28～40	4a	
热轧光圆钢筋	HPB235 HPB300	6～22	a	180°
冷轧带肋钢筋	CRB550、650、800、970	4～12	3a	180°

碳素结构钢弯曲压头直径、弯曲角度　　　　　　表 2.6.9

牌　号	试样方向	冷弯试验 $B=2a$　180°	
		钢筋厚度（直径），mm	
		≤60	>60～100
		弯心直径	
Q195	纵	0	—
	横	0.5a	
Q215	纵	0.5a	1.5a
	横	a	2a
Q235	纵	a	2a
	横	1.5a	2.5a
Q275	纵	1.5a	2.5a
	横	2a	3a

注：1. B 为试样宽度，a 为钢材厚度（直径）。

　　2. 钢材厚度（或直径）大于 100mm 时，弯曲试验由双方协商确定。

（4）钢筋重量偏差试验

①钢筋实际重量与理论重量的偏差（%）按下式计算：

$$重量偏差 = \frac{试样实际总重量 - (试样总长度 \times 理论重量)}{试样总长度 \times 理论重量} \times 100$$

②热轧带肋和热轧光圆钢筋的重量偏差试验

测量钢筋重量偏差时，试样应从不同根钢筋上截取，数量不少于 5 支，每支试样长度不小于 500mm。长度应逐支测量，应精确到 1mm。测量试样总重量时，应精确到不大于总重量的 1%。

热轧带肋钢筋实际重量与理论重量的偏差应符合表 2.6.10 的规定。

<table>
<tr><td colspan="2">热轧带肋钢筋实际重量与理论重量的偏差要求</td><td>表 2.6.10</td></tr>
</table>

公称直径（mm）	实际重量与理论重量的偏差（%）
6～12	±7
14～20	±5
22～50	±4

热轧光圆直条钢筋实际重量与理论重量的偏差应符合表 2.6.11 的规定。

<table>
<tr><td colspan="2">热轧光圆直条钢筋实际重量与理论重量的偏差要求</td><td>表 2.6.11</td></tr>
</table>

公称直径（mm）	实际重量与理论重量的偏差（%）
6～12	±7
14～22	±5

按盘卷交货的钢筋，每根盘条重量应不小于 500kg，每盘重量应不小于 1000kg。

③调直后钢筋的重量偏差试验

检验调直后钢筋的重量偏差时，每批取 3 个试件，试件切口应平滑且与长度方向垂直，且长度不应小于 500mm；长度和重量的测量精度分别不应低于 1mm 和 1g。

盘卷钢筋和直条钢筋调直后的重量负偏差应符合表 2.6.12 的规定。

盘卷钢筋和直条钢筋调直后的技术指标　　　　表 2.6.12

钢筋牌号	断后伸长率 A（%）	重量负偏差（%）		
		直径 6mm～12mm	直径 14mm～20mm	直径 22mm～50mm
HPB235、HPB300	≥21	≤10	—	—
HRB335、HRBF335	≥16			
HRB400、HRBF400	≥15	≤8	≤6	≤5
RRB400	≥13			
HRB500、HRBF500	≥14			

注：对直径 28～40mm 的带肋钢筋，断后伸长率 A 可降低 1%；直径大于 40mm 各牌号钢筋的断后伸长率 A 可降低 2%。

钢筋宜采用无延伸功能的机械设备调直。采用无延伸功能的机械设备调直的钢筋，可不重量负偏差的检验。

对钢筋调直机械设备是否有延伸功能的判定，可由施工单位检查并经监理（建设）单位确认，当不能判定或对判定结果有争议时，应按本条要求进行检验。对场外委托加工或专业化加工厂生产的成型钢筋，相关人员应到加工设备所在地进行检查。

④冷轧带肋钢筋的重量偏差试验

测量钢筋重量偏差时，应每盘（按原料盘）取样1个，试样长度应不小于500mm。长度测量精确到1mm，重量测定应精确到1g。钢筋实测重量与理论重量的偏差不得超过±4%。

7. 调直后钢筋的力学性能试验有何要求？

答：(1) 钢筋调直后应进行力学性能的检验，其强度应符合相关标准的规定。采用无延伸功能的机械设备调直的钢筋，可不进行力学性能的检验。

(2) 同一厂家、同一牌号、同一规格调直钢筋，重量不大于30t为1批，每批见证取2个试件。

(3) 试件须经时效处理后按照GB 228.1进行力学性能检验。时效处理可采用人工时效方法，即将试件在100℃沸水中煮60min，然后在空气中冷却至室温。

8. 钢材物理试验结果如何评定？

答：(1) 依据钢材相应的产品标准中规定的技术要求，按委托来样提供的钢材牌号进行评定（表 2.6.13～表 2.6.17）。

(2) 试验项目中如有某一项试验结果不符合标准要求，则从同一批中再任取双倍数量的试样进行不合格项目的复验。复验结果（包括该项试验所要求的任一指标），即使有一个指标不合格，则该批视为不合格。

(3) 试验结果无效；由于取样、制样、试验不当而获得的试验结果，应视为无效。

热轧带肋钢筋技术条件（GB 1499.2—2007）　　　　　表 2.6.13

牌　号	公称直径 (mm)	力　学　性　能				工　艺　性　能	
		R_{eL} (MPa)	R_m (MPa)	A (%)	A_{gt} (%)	弯心直径 d	弯曲角度 α
		不小于				受弯部位表面不得产生裂纹	
HRB335 HRBF335	6～25 28～40 >40～50	335	455	17	7.5	3a 4a 5a	180°
HRB400 HRBF400	6～25 28～40 >40～50	400	540	16	7.5	4a 5a 6a	180°
HRB500 HRBF500	6～25 28～40 >40～50	500	630	15	7.5	6a 7a 8a	180°

注：直径28～40mm各牌号钢筋的断后伸长率A可降低1%；直径大于40mm各牌号钢筋的断后伸长率A可降低2%。

热轧光圆钢筋技术条件（GB 1499.1—2008）　　　　　表 2.6.14

牌　号	公称直径 (mm)	力　学　性　能				工　艺　性　能	
		R_{eL} (MPa)	R_m (MPa)	A (%)	A_{gt} (%)	弯心直径 d	弯曲角度 (α)
		不小于				受弯部位表面不得产生裂纹	
HPB235 HPB300	6～22	235 300	370 420	25.0	10.0	a	180°

余热处理钢筋技术条件 (GB 13014—91)　　　　　　　　　表 2.6.15

牌　号	公称直径 mm	力 学 性 能			工 艺 性 能	
		R_e (σ_s) (MPa)	R_m (σ_b) (MPa)	A_5 (δ_5) (%)	弯心直径 d	弯曲角度 α
		不小于			受弯部位表面不得产生裂纹	
RRB400	8～25 28～40	440	600	14	3a 4a	90°

冷轧带肋钢筋技术条件 (GB 13788—2008)　　　　　　表 2.6.16

牌　号	力 学 性 能				工 艺 性 能		
	规定非比例延伸强度 $R_{p0.2}$ (MPa) 不小于	抗拉强度 R_m (MPa) 不小于	$A_{11.3}$ %	A_{100} %	反复弯曲次数	弯心直径	弯曲角度 α
			伸长率不小于		受弯部位表面不得产生裂纹		
CRB550	500	550	8.0	—	—	3a	180°
CRB650	585	650	—	4.0	3		
CRB800	720	800	—	4.0	3		
CRB970	875	970	—	4.0	3		

注：表中 a 为钢筋公称直径；钢筋公称直径为 4mm、5mm、6mm 时，反复弯曲试验的弯曲半径分别为 10mm、15mm 和 15mm。

碳素结构钢技术条件 (GB 700—2006)　　　　　　　　表 2.6.17

牌号	等级	拉 伸 试 验												冷弯试验
		屈服强度 R_{eH} (MPa)						抗拉强度 R_m (MPa)	伸长率 A (%)					$B=2a$
		钢材厚度（直径）(mm)							钢材厚度（直径）(mm)					
		≤16	16 ～40	40 ～60	60 ～100	100 ～150	150 ～200		≤40	40 ～60	60 ～100	100 ～150	150 ～200	
		不小于							不小于					
Q195	—	195	185	—	—	—	—	315～430	33	—	—	—	—	
Q215	B	215	205	195	185	175	165	335～450	31	30	29	27	26	
Q235	A B C D	235	225	215	215	195	185	370～500	26	25	24	22	21	180°受弯部位表面不得产生裂纹
Q275	A B C D	275	265	255	245	225	215	410～540	22	21	20	18	17	

注：1. 厚度大于 100mm 的钢材，抗拉强度下限允许降低 20 MPa，宽带钢（包括剪切钢板）抗拉强度上限不作交货条件。

　　2. B 为试样宽度，a 为试样厚度（或直径）。

　　3. 钢材厚度（或直径）大于 100mm 时，弯曲试验由双方协商确定。

9. 混凝土结构工程中对所用热轧带肋钢筋原材的主要要求有哪些?

答:钢筋进场时,应按现行国家标准《钢筋混凝土用钢 第 2 部分:热轧带肋钢筋》(GB 1499.2—2007) 等规定抽取试件作力学性能和重量偏差检验,其质量必须符合有关标准的规定。对有抗震设防要求的结构,其纵向受力钢筋的性能应满足设计要求;当设计无具体要求时,对按一、二、三级抗震等级设计的框架和斜撑构件(含梯段)中的纵向受力钢筋应采用 HRB335E、HRB400E、HRB500E、HRBF335E、HRBF400E 或 HRBF500E 钢筋,其强度和最大力下总伸长率的实测值应符合下列规定:

①钢筋的抗拉强度实测值与屈服强度实测值的比值不应小于 1.25;

②钢筋的屈服强度实测值与屈服强度标准值的比值不应大于 1.30;

③钢筋的最大力下总伸长率不应小于 9%。

第七节 防 水 材 料

1. 与防水材料相关的标准、规范有哪些?

答:(1)《屋面工程质量验收规范》(GB 50207—2002);

(2)《地下防水工程质量验收规范》(GB 50208—2011);

(3)《弹性体改性沥青防水卷材》(GB 18242—2008);

(4)《塑性体改性沥青防水卷材》(GB 18243—2008);

(5)《聚合物改性沥青复合胎防水卷材质量检验评定标准》(DBJ01—53—2001);

(6)《改性沥青聚乙烯胎防水卷材》(GB 18967—2009);

(7)《自粘橡胶沥青防水卷材》(GB/T 23441—2009);

(8)《预铺、湿铺防水卷材》(GB/T 23457—2009);

(9)《自粘聚合物改性沥青聚酯胎防水卷材》(JC/T 898—2002);

(10)《沥青复合胎柔性防水卷材》(JC/T 690—2008);

(11)《玻纤胎沥青瓦》(GB/T 20474—2006);

(12)《油毡瓦》[JC/T 503—1992 (1996)];

(13)《高分子防水材料 第 1 部分:片材》(GB 18173.1—2006);

(14)《聚氯乙烯防水卷材》(GB 12952—2003);

(15)《氯化聚乙烯防水卷材》(GB 12953—2003);

(16)《聚氨酯防水涂料》(GB/T 19250—2003);

(17)《聚合物水泥防水涂料》(GB/T 23445—2009);

(18)《聚合物乳液建筑防水涂料》(JC/T 864—2008);

(19)《水乳型沥青防水涂料》(JC/T 408—2005);

(20)《溶剂型橡胶沥青防水涂料》(JC/T 852—1999);

(21)《无机防水堵漏材料》(GB/T 23440—2009);

(22)《水泥基渗透结晶型防水材料》(GB 18445—2001);

(23)《高分子防水材料 第 2 部分:止水带》(GB 18173.2—2000);

(24)《高分子防水材料 第 3 部分:遇水膨胀橡胶》(GB/T 18173.3—2002);

（25）《建筑防水卷材试验方法》（GB/T 328.1～27—2007）；

（26）《建筑防水涂料试验方法》（GB/T 16777—2008）；

（27）《硫化橡胶或热塑性橡胶拉伸应力应变性能的测定》（GB/T 528—2009）；

（28）《硫化橡胶或热塑性橡胶撕裂强度的测定（裤形、直角形和新月形试样）》（GB/T 529—2008）；

（29）《建筑密封材料试验方法》（GB/T 13477.1～20—2002）。

2. 防水材料是如何分类的？

答：防水材料可分为防水卷材、防水涂料、防水密封材料和刚性防水堵漏材料4大类。常用品种见表2.7.1。

建筑防水材料分类表　　　　　　　　表 2.7.1

柔性防水材料	防水卷材	合成高分子卷材	橡胶型 硫化型	三元乙丙-丁基橡胶卷材
				三元乙丙橡胶卷材
				丁基橡胶卷材
				氯化聚乙烯橡胶共混卷材
				氯磺化聚乙烯卷材
			非硫化型	氯化聚乙烯卷材
				三元乙丙-丁基橡胶卷材
			增强型	氯化聚乙烯 LYX-603 卷材
			再生型	硫化型橡胶卷材
				三元丁橡胶卷材
			自粘型	自粘型高分子卷材
			橡塑类	氯化聚乙烯橡塑共混卷材
				三元乙丙-聚乙烯共混卷材
			树脂型	聚氯乙烯卷材
				低密度聚乙烯卷材
				高密度聚乙烯卷材
				EVA 卷材
		聚合物改性沥青卷材	弹性体改性	丁苯橡胶改性沥青卷材
				SBS 橡胶改性沥青卷材
				再生胶粉改性沥青卷材
			塑性体改性	APP（APAO）改性沥青卷材
				PVC 改性焦油沥青卷材
			自粘型卷材	自粘型改性沥青卷材
		沥青卷材	普通沥青	纸胎油毡
			氧化沥青	氧化沥青油毡
		金属卷材		PSS 铅合金防水卷材

续表

柔性防水材料	防水涂料	合成高分子涂料	橡胶型	双组分(反应型)	彩色聚氨酯涂料(PU)
					石油沥青聚氨酯涂料
					焦油沥青聚氨酯涂料(851)
				单组分(挥发型)	氯磺化聚乙烯涂料
					硅橡胶涂料
			树脂型(挥发型)		丙烯酸涂料
					EVA涂料
			有机无机复合型		聚合物水泥基涂料
		聚合物改性沥青涂料	溶剂型		SBS改性沥青涂料
					丁基橡胶改性沥青涂料
					再生橡胶改性沥青涂料
					PVC改性焦油沥青涂料
			水乳型		水乳型氯丁胶改性沥青涂料
					水乳型再生橡胶改性沥青涂料
					石灰乳化沥青防水涂料
		沥青基涂料	水乳型		膨润土乳化沥青防水涂料
					石棉乳化沥青防水涂料
	密封材料	合成高分子密封材料	不定型	橡胶型	硅酮密封胶
					有机硅密封胶
					聚硫密封胶
					氯磺化聚乙烯密封胶
					丁基密封胶
				树脂型	水性丙烯酸密封胶
					聚氨酯密封胶
			定型	橡胶类	橡胶止水带
					遇水膨胀橡胶止水带
				树脂类	塑料止水带
				金属类	金属止水带
		高聚物改性沥青密封材料	石油沥青类		丁基橡胶改性沥青密封胶
					SBS改性沥青密封胶
					再生橡胶改性沥青密封胶
			焦油沥青类		塑料油膏
					聚氯乙烯胶泥(PVC胶泥)
刚性防水材料	防水混凝土				普通防水混凝土(富裕砂浆混凝土)
					补偿收缩防水混凝土(掺U型膨胀剂)
					减水剂防水混凝土
					密实、纤维混凝土(掺纤维或密实剂)

续表

刚性防水材料	防水砂浆	金属皂液防水砂浆
		氯盐类防水砂浆
		硫酸盐类防水砂浆（三乙醇胺）
		聚合物防水砂浆（掺丙烯酸、氯丁胶、丁苯胶或 EVA 乳液）
		纤维水泥砂浆（掺纤维）
	刚性防水涂层	确保时，水不漏
	水泥基渗透结晶型	M1500、抗渗微晶、赛柏斯
	表面憎水剂	有机硅憎水剂
瓦片防水材料	黏土瓦片	黏土筒瓦
		黏土平瓦、波形瓦
		琉璃瓦
	有机瓦片	沥青瓦
	波形瓦片	水泥石棉波形瓦
		玻璃钢波形瓦
	金属瓦片	金属波形瓦
		压型金属复合板
	水泥瓦片	水泥平瓦
		英红瓦

3. 防水卷材的抽样数量及抽样方法有何规定？

答：防水卷材的抽样数量及抽样方法应符合表 2.7.2 的规定。

防水卷材的抽样数量及抽样方法　　　　　　　表 2.7.2

序号	卷材名称及相关标准代号	抽 样 数 量	抽 样 方 法
1	弹性体改性沥青防水卷材（GB 18242—2008）	同一类型、同一规格卷材 10000m² 为一批，不足 10000m² 亦可作为一批。	①在每批产品中随机抽取 5 卷进行单位面积质量、面积、厚度与外观检查。在单位面积质量、面积、厚度及外观合格的卷材中随机抽取 1 卷进行材料性能试验。
2	塑性体改性沥青防水卷材（GB 18243—2008）		②将试样卷材切除距外层卷头 2500mm 后，顺纵向切取 1000mm 的试样进行材料性能检测
3	三元乙丙防水卷材（GB 18173.1—2006）	同品种、同规格的 5000m² 片材为一批。	①在每批产品中随机抽取 3 卷进行规格尺寸和外观质量检验。 ②在规格尺寸和外观质量检验合格的样品中随机抽取足够的试样，进行物理性能试验
4	聚氯乙烯防水卷材（PVC 卷材）（GB 12952—2003）	以同类同型的 10000m² 卷材为一批，不满 10000m² 也可作为一批。	①在每批产品中随机抽取 3 卷进行尺寸偏差和外观检查。 ②在尺寸偏差和外观检查合格的样品中任取一卷，在距外层端部 500mm 处裁取 1.5m 进行物理性能检验

4. 弹性体改性沥青防水卷材（SBS 卷材）如何分类？

答：弹性体改性沥青防水卷材有以下几种分类方法：

（1）按胎基分为聚酯毡（PY）、玻纤毡（G）、玻纤增强聚酯毡（PYG）。

（2）按上表面隔离材料分为聚乙烯膜（PE）、细砂（S）与矿物粒料（M）。按下表面隔离材料分为细砂（S）、聚乙烯膜（PE）。

（3）按材料性能分为Ⅰ型和Ⅱ型。

5. 弹性体改性沥青防水卷材（SBS 卷材）的单位面积质量、面积、厚度及外观有何技术要求？如何进行试验？

答：（1）技术要求

①单位面积质量、面积及厚度的技术要求应符合表 2.7.3 的规定。

弹性体改性沥青卷材单位面积质量、面积及厚度技术要求　　　表 2.7.3

规格（公称厚度）（mm）		3			4			5		
上表面材料		PE	S	M	PE	S	M	PE	S	M
下表面材料		PE	PE、S		PE	PE、S		PE	PE、S	
面积 （m²/卷）	公称面积	10、15			10、7.5			7.5		
	偏　差	±0.10			±0.10			±0.10		
单位面积质量（kg/m²）		3.3	3.5	4.0	4.3	4.5	5.0	5.3	5.5	6.0
厚度（mm）	平均值，≥	3.0			4.0			5.0		
	最小单值	2.7			3.7			4.7		

②外观

a. 成卷卷材应卷紧卷齐，端面里进外出不得超过 10mm。

b. 成卷卷材在 4～50℃任一产品温度下展开，在距卷芯 1000mm 长度外不应有 10mm 以上的裂纹或粘结。

c. 胎基应浸透，不应有未被浸渍处。

d. 卷材表面应平整，不允许有孔洞、缺边和裂口、疙瘩，矿物粒料粒度应均匀一致并紧密地粘附于卷材表面。

e. 每卷卷材接头不应超过 1 个，较短的一段不应小于 1000mm，接头应剪切整齐，并加长 150mm。

（2）试验方法

①标准试验条件

标准试验条件 23±2℃。

②面积

通常情况常温下进行测量。有争议时，试验在 23±2℃条件进行，并在该温度放置不小于 20h。

抽取成卷卷材放在平面上，小心地展开卷材，使其与平面完全接触，5min 后，测量长度、宽度。长度测量在整卷卷材宽度方向的 1/3 处测量，记录结果，精确到 10mm。宽度测量在距卷材两端头各 1±0.01m 处测量，记录结果，精确到 1mm。以长度和宽度平均值相乘得到卷材的面积。

③厚度

通常情况常温下进行测量。有争议时，试验在 23±2℃条件进行，并在该温度放置不小于 20h。

用厚度计（10mm 直径接触面，施加在卷材表面的压力为 20kPa，精确度为 0.01mm）测量，保持时间 5s。从试样上沿卷材整个宽度方向裁取至少 100mm 宽的一条试件，在宽度方向均匀分布 10 点测量厚度，记录测量值。记录 10 点厚度的平均值，修约到 0.01mm。

对于细砂面防水卷材，去除测量处表面的砂粒再测量卷材厚度；对于矿物粒料防水卷材，在卷材留边处，距边缘 60mm 处，去除砂粒后在长度 1m 范围内测量卷材的厚度。

④单位面积质量

称量每卷卷材卷重，根据测量得到的面积，计算单位面积质量。

⑤外观

通常情况常温下进行测量。有争议时，试验在 23±2℃条件进行，并在该温度放置不小于 20h。

抽取成卷卷材放在平面上，小心地展开卷材，用肉眼检查整卷卷材上、下表面有无气泡、裂纹、孔洞、裸露斑、疙瘩或其他任何能观察到的缺陷存在。

6. 弹性体改性沥青防水卷材（SBS 卷材）必试项目有哪些？如何进行试验？

答：（1）必试项目

拉力、延伸率、不透水性、低温柔性和耐热性，但当用于地下防水工程时，耐热性可不检测。

（2）试验方法

将取样卷材切除距外层卷头 2500mm 后，取 1m 长的卷材，按表 2.7.4 规定的形状和数量均匀分布裁取试件。

试件形状和数量 表 2.7.4

试验项目	试件形状（纵向×横向）(mm)	数量，个
耐热性	125×100	纵向 3
低温柔性	150×25	纵向 10
不透水性	150×150	3
拉力及延伸率	(250～320)×50	纵、横向各 5

①耐热性

a. 仪器设备

鼓风烘箱（在试验范围内最大温度波动 2℃，当门打开 30s 后，恢复温度到工作温度的时间不超过 5min）和热电偶（连接到外面的电子温度计，在规定的范围内能测量到 ±1℃）。

b. 试件制备

沿试样宽度方向均匀裁取（125±1）mm×（100±1）mm 的矩形试件 3 个，长边是卷材的纵向。试件应距卷材边缘 150mm 以上，试件从卷材的一边开始连续编号，卷材上表面和下表面应标记。

去除任何非持久保护层。在试件纵向的横断面一边，上表面和下表面的大约 15mm 一条的涂盖层去除直至胎体。在试件的中间区域的涂盖层也从上表面和下表面的两个接近处去除，直至胎体。标记装置放在试件两边插入插销定位于中心位置，在试件表面整个宽度方向沿着直边用记号笔垂直画一条线（宽度约 0.5mm），操作时试件平放。

试件试验前至少放置在 23±2℃的平面上 2h，相互之间不要接触或粘住。

c. 试验步骤

烘箱预热到规定试验温度，温度通过与试件中心同一位置的热电偶控制。用悬挂装置夹住试件露出的胎体处，不要夹到涂盖层。将夹好的三个试件垂直悬挂在烘箱的相同高度，间隔至少 30mm，开关烘箱门放入试件的试件不超过 30s，放入试件后加热试件为 120±2min。取出试件和悬挂装置后，在 23±2℃自由悬挂冷却至少 2h。然后除去悬挂装置，在试件两面画第二个标记，用光学测量装置在每个试件的两面测量两个标记底部间最大距离 ΔL，精确到 0.1mm。

d. 结果计算及表示

计算三个试件上、下表面滑动值的平均值，精确到 0.1mm。滑动平均值不超过 2.0mm 为合格。

②低温柔性

a. 仪器设备

试验装置应符合《建筑防水卷材试验方法　第 14 部分：沥青防水卷材　低温柔性》(GB/T 328.14—2007) 的规定。

b. 试件制备

沿试样宽度方向均匀裁取（150±1）mm×（25±1）mm 的矩形试件 10 个，长边是卷材的纵向。试件应距卷材边缘 150mm 以上，试件应从卷材的一边开始作连续的记号，同时标记卷材的上表面和下表面。

试件试验前应在 23±2℃的平板上放置至少 4h，相互之间不要接触或粘住。

c. 试验步骤

开始试验前，根据卷材厚度选择弯曲轴的直径。3mm 厚度卷材弯曲直径 30mm；4mm、5mm 厚度卷材弯曲直径 50mm。两个圆筒间的距离应按试件厚度调节，即弯曲直径＋2mm＋两倍试件厚度。然后将装置放入冷冻液中。

两组各 5 个试件，一组是上表面试验，一组是下表面试验。试件试验面朝上，放于支撑装置上，且在圆筒的上端，保证冷冻液完全浸没试件。试件放入冷冻液达到规定温度后，保持在该温度 1h±5min。然后设置弯曲轴以 360±40mm/min 速度顶着试件向上移动，试件同时绕轴弯曲。轴移动的终点在圆筒上面 30±1mm 处。

在完成弯曲过程 10s 内，在适宜的光源下用肉眼检查试件有无裂纹，必要时，借助于辅助光学装置帮助。假若有一条或更多的裂纹从涂盖层深入到胎体层，或完全贯穿无增强卷材，即存在裂缝。

d. 试验结果评定

一个试验面 5 个试件在规定温度至少 4 个无裂纹为通过。

③不透水性

a. 仪器设备

试验装置应符合《建筑防水卷材试验方法 第 10 部分：沥青防水卷材 不透水性》（GB/T 328.10—2007）方法 B 的规定。

b. 试件制备

在卷材宽度方向均匀裁取 150mm×150mm 的正方形试件 3 个，最外一个距卷材边缘 100mm。试件的纵向与卷材的纵向平行并标记。去除表面的任何保护膜。

试验前试件在 23±5℃放置至少 6h。

c. 试验步骤

试验在 23±5℃进行，产生争议时，在 23±2℃相对湿度 50％±5％进行。

将不透水性试验装置充水直到溢出，彻底排除水管中空气。试件的上表面朝下放置在透水盘上，盖上 7 孔圆盘。慢慢加压到规定的压力后，保持 30±2min。试验时观察试件的不透水性。

试件上表面为细砂、矿物粒料时，下表面迎水；下表面也为细砂时，试验前，将下表面的细砂沿密封圈一圈除去，然后涂一圈 60 号～100 号热沥青，涂平待冷却 1h 后检测不透水性。

d. 结果表示

三个试件在规定的试件不透水认为不透水性试验合格。

④拉力及延伸率

a. 仪器设备

拉力试验机有连续记录力和对应距离的装置，能够按 100±10mm/min 的速度均匀地移动夹具。

b. 试件制备

拉伸试验应制作纵、横向各 5 个试件。试件在试样上距边缘 100mm 以上的位置任意裁取，矩形试件宽为 50±0.5mm，长为（200mm＋2×夹持长度），长度方向为试验方向。表面的非持久层应去除。

试件在试验前 23±2℃和相对湿度 30％～70％的条件下至少放置于 20h。

c. 试验步骤

将试件紧紧地夹在拉伸试验机的夹具中，注意试件长度方向的中线与试验机夹具中心在一条线上。夹具间距离为 200±2mm，为防止试件从夹具中滑移应作标记。当用引伸计时，试验前应设置标距间距离为 180±2mm。

试验在 23±2℃进行，夹具移动的恒定速度为 100±10mm/min。连续记录拉力和对应的夹具（引伸计）间距离。对于 PYG 胎基的卷材需要记录两个峰值的拉力和对应的延伸率。

试验过程观察在试件中部是否出现沥青涂盖层与胎基分离或沥青涂盖层开裂现象。

d. 计算

a）拉力

分别计算纵向或横向 5 个试件拉力的算术平均值作为卷材纵向或横向拉力，修约至 5N/50mm。

b）延伸率

延伸率按下式计算：

$$E = 100(L_1 - L)/L$$

式中　E——最大峰（第二峰）延伸率（%）；

　　L_1——试件最大峰（第二峰）时夹具（或引伸计）之间的距离（mm）；

　　L——夹具（或引伸计）间起始距离（mm）。

分别计算纵向或横向 5 个试件延伸率的算术平均值作为卷材纵向或横向延伸率，修约到 1%。

7. 弹性体改性沥青防水卷材（SBS 卷材）如何进行评定？

答：按《弹性体改性沥青防水卷材》（GB 18242—2008）评定。

（1）物理性能应符合表 2.7.5 的规定。

弹性体改性沥青防水卷材材料性能　　　　　　　　表 2.7.5

序号	项　目		指　　标				
			I		II		
			PY	G	PY	G	PYG
1	耐热性	℃	90		105		
		≤mm	2				
		试验现象	无流淌、滴落				
2	低温柔性（℃）		−20		−25		
			无裂缝				
3	不透水性 30min		0.3MPa	0.2MPa	0.3MPa		
4	拉　力	最大峰拉力（N/50mm）≥	500	350	800	500	900
		次高峰拉力（N/50mm）≥	—	—	—	—	800
		试验现象	拉伸过程中，试件中部无沥青涂盖层开裂或与胎基分离现象				
5	延伸率	最大峰时伸长率（%）≥	30		40		
		第二峰时延伸率（%）≥	—		—		15

（2）单位面积质量、面积、厚度及外观在抽取的 5 卷样品中均应符合规定时，判定为合格。

若其中一项不符合规定，允许在该批产品中再随机抽取 5 卷样品，对不合格项进行复查。如全部达到标准规定时判为合格；否则，判该批产品不合格。

（3）各项试验结果均符合标准规定，则判为该批产品必试项目合格。若有一项指标不符合标准规定，允许在该批产品中再随机抽取 5 卷，从中任取 1 卷对不合格项进行单项复验。达到标准要求时，则判该批产品必试项目合格。

8. 塑性体改性沥青防水卷材（APP 卷材）在试验、评定时与弹性体改性沥青防水卷材（SBS 卷材）有何区别？

答：塑性体改性沥青防水卷材低温柔性不如弹性体改性沥青防水卷材，但耐热性优于弹性体改性沥青防水卷材。APP 卷材的种类、规格、必试项目、试验方法等均与 SBS 卷材相同，物理性能应符合表 2.7.6 的规定。按《塑性体改性沥青防水卷材》（GB 18243—2008）标准评定。

塑性体改性沥青防水卷材材料性能　　表 2.7.6

序号	项　目		指　标				
			Ⅰ		Ⅱ		
			PY	G	PY	G	PYG
1	耐热性	℃	110		130		
		≤mm	2				
		试验现象	无流淌、滴落				
2	低温柔性（℃）		−7		−15		
			无裂缝				
3	不透水性 30min		0.3MPa	0.2MPa	0.3MPa		
4	拉　力	最大峰拉力（N/50mm）≥	500	350	800	500	900
		次高峰拉力（N/50mm）≥	—	—	—	—	800
		试验现象	拉伸过程中，试件中部无沥青涂盖层开裂或与胎基分离现象				
5	延伸率	最大峰时延伸率（％）≥	25		40		
		第二峰时延伸率（％）≥	—				15

9. 聚合物改性沥青复合胎卷材如何分类及评定？

答：（1）分类

聚合物改性沥青复合胎卷材可以是 SBS 改性沥青涂层，也可以是 APP 改性沥青涂层。复合胎基分两类：

Ⅰ类　玻纤毡和玻纤网格布（GK）、棉混合纤维无纺布和玻纤网格布（NK）；

Ⅱ类　聚酯毡和玻纤网格布（PYK）。

聚合物改性沥青复合胎卷材对涂层的要求与 SBS 卷材、APP 卷材的国标Ⅰ型产品指标相同，只是因为胎基不同，故对拉力另外规定了指标，无延伸率指标。

聚合物改性沥青复合胎卷材对卷重、面积、厚度和外观的要求与 SBS 卷材和 APP 卷材相同，物理性能应符合表 2.7.7 和表 2.7.8 的规定。

SBS 改性沥青复合胎防水卷材技术要求　　表 2.7.7

序号	项　目		指　标	
			Ⅰ	Ⅱ
1	不透水性	压力，0.3MPa	不透水	
		保持时间，30min		
2	耐热度	90℃	无滑动、无流淌、无滴落	
3	拉力（N/50mm）	纵向	≥450	≥600
		横向	≥400	≥500
4	低温柔度	−18℃	无裂纹	

APP 改性沥青复合胎防水卷材技术要求　　　　　　　表 2.7.8

序号	项　目		指标	
			I	II
1	不透水性	压力，0.3MPa	不透水	
		保持时间，30min		
2	耐热度	110℃	无滑动、无流淌、无滴落	
3	拉力（N/50mm）	纵向	≥450	≥600
		横向	≥400	≥500
4	低温柔度	－5℃	无裂纹	

（2）评定

按北京市地方标准《聚合物改性沥青复合胎卷材质量检验评定标准》（DBJ 01—53—2001）评定。SBS 改性沥青复合胎防水卷材应符合表 2.7.7 的要求。APP 改性沥青复合胎防水卷材应符合表 2.7.8 的要求。若有一项指标不合格应另抽一卷做全项复试。

10. 高分子防水卷材是如何分类的?

答：在《高分子防水材料　第 1 部分：片材》（GB 18173.1—2006）中，将高分子防水片材分为均质片、复合片和点粘片，具体分类见表 2.7.9。

高分子防水片材的分类　　　　　　　表 2.7.9

分　类		代号	主 要 原 材 料
均质片	硫化橡胶类	JL1	三元乙丙橡胶
		JL2	橡胶（橡塑）共混
		JL3	氯丁橡胶、氯磺化聚乙烯、氯化聚乙烯等
		JL4	再生胶
	非硫化橡胶类	JF1	三元乙丙橡胶
		JF2	橡胶（橡塑）共混
		JF3	氯化聚乙烯
	树脂类	JS1	聚氯乙烯等
		JS2	乙烯乙酸乙烯、聚乙烯等
		JS3	乙烯乙酸乙烯改性沥青共混等
复合片	硫化橡胶类	FL	三元乙丙、丁基、氯丁橡胶、氯磺化聚乙烯等
	非硫化橡胶类	FF	氯化聚乙烯、三元乙丙、丁基、氯丁橡胶、氯磺化聚乙烯等
	树脂类	FS1	聚氯乙烯等
		FS2	聚乙烯、乙烯乙酸乙烯等
点粘片	树脂类	DS1	聚氯乙烯等
		DS2	乙烯乙酸乙烯、聚乙烯等
		DS3	乙烯乙酸乙烯改性沥青共混物等

11. 高分子防水片材的必试项目有哪些？如何进行试验和评定？

答：（1）必试项目

拉伸强度、扯断伸长率、不透水性、低温弯折。

（2）试验方法

将规格尺寸检测合格的卷材展平后，在 23 ± 2℃环境下静置 24h，裁取试验所需的足够长度试样，按表 2.7.10 规定的形状和数量裁取试件。

三元乙丙橡胶防水卷材试件的形状、尺寸　　　　　　表 2.7.10

试验项目	试件形状			试件数量
不透水性	140mm×140mm			3 个
拉伸性能	GB/T 528—1998 中 Ⅰ 型哑铃片	FS2 类片材	200mm×25mm	纵、横向各 5 个
低温弯折	120mm×50mm			纵、横向各 2 个

① 拉伸性能

a. 试验应在 23 ± 2℃条件下进行，将裁取的哑铃型试件，在其狭小平行部分划两条与试样中心等距的平行标线，两条标线间的距离为 25 ± 0.5mm。

b. 用厚度计测量试样标距内的厚度，测三点厚度，取中位值为试样厚度（t）。以裁刀工作部分刀刃间的距离作为试样宽度（W）。

c. 把试样置于夹持器的中心，试样不得歪扭。开动拉力试验机，夹持器的速度应按规定控制（橡胶类为 500 ± 50mm/min，树脂类为 250 ± 50mm/min），直至试样被扯断为止。记录试样被扯断时的负荷（F_b）和标线间的距离（L_b）。

复合片的拉伸试验应首先以 25 mm/min 的拉伸速度拉伸试样至加强层断裂后，再以橡胶类为 500 ± 50mm/min，树脂类为 250 ± 50mm/min 的速度继续拉伸至试样完全断裂。其中 FS2 型片材直接以 100 ± 10mm/min 的速度拉伸至试样完全断裂。

d. 计算

Ⅰ. 均质片的断裂拉伸强度按下式计算，精确至 0.1MPa。

$$TS_b = F_b/(W \cdot t)$$

式中　TS_b——均质片断裂拉伸强度（MPa）；

F_b——试样断裂时记录的力（N）；

W——哑铃试片狭小平行部分宽度（mm）；

t——试验长度部分的厚度（mm）。

均质片扯断伸长率按下式计算，精确至 1%。

$$E_b = 100(L_b - L_0)/L_0$$

式中　E_b——均质片扯断伸长率（%）；

L_b——试样断裂时的标距（mm）；

L_0——试样的初始标距（mm）。

Ⅱ. 复合片的断裂拉伸强度按下式计算，精确至 0.1N/cm。

$$TS_b = F_b/W$$

式中 TS_b——复合片断裂拉伸强度（N/cm）；

    F_b——复合片布断开时记录的力（N）；

    W——哑铃试片狭小平行部分宽度（cm）。

复合片扯断伸长率按下式计算，精确至1%。

$$E_b = 100(L_b - L_0)/L_0$$

式中 E_b——复合片扯断伸长率（%）；

    L_b——试样完全断裂时夹持器间的距离（mm）；

    L_0——试样初始夹持器间的距离（Ⅰ型试样50mm，Ⅱ型试样30mm）。

e. 评定

纵、横向各5个试件的中值均应达到断裂拉伸强度、扯断伸长率的规定值。

②不透水性

a. 试验

不透水性试验应采用十字形压板。试验时按透水仪的操作规程将试样装好，并一次性升压至0.3MPa，保持30min。

b. 评定

三个试样均无渗漏为合格。

③低温弯折

a. 试验

将弯折仪上下平板打开，将厚度相同的两块试件平放在底板上，重合的一边朝向转轴，且距离转轴20mm。将弯折仪和试件一起放入低温箱，在−40℃下放置1h。然后在−40℃将上平板1s内压下，到达所调间距位置，在此位置保持1s后将试件取出。待恢复到室温后观察弯折处是否断裂，并用放大镜观察试件弯折处受拉面有无裂纹。

b. 评定

用8倍放大镜观察试件表面，纵、横向两个试件均无裂纹为合格。

（3）判定

高分子防水片材的性能应符合表2.7.11和表2.7.12的规定。若有一项指标不符合要求，应另取双倍试样进行该项复试，复试结果如仍不合格，则该批产品为不合格。

均质片的物理性能　　　　　　　　　　　　　　　　　　　　　　　表 2.7.11

项　目	指　标									
	硫化橡胶类				非硫化橡胶类			树脂类		
	JL1	JL2	JL3	JL4	JF1	JF2	JF3	JS1	JS2	JS3
断裂拉伸强度（MPa）≥	7.5	6.0	6.0	2.2	4.0	3.0	5.0	10	16	14
扯断伸长率（%）≥	450	400	300	200	400	200	200	200	550	500
不透水性（30min）	0.3MPa 无渗漏		0.2MPa 无渗漏		0.3MPa 无渗漏	0.2MPa 无渗漏		0.3MPa 无渗漏		
低温弯折温度（℃）≤	−40	−30	−30	−20	−30	−20	−20	−20	−35	−35

复合片的物理性能　　　　　　　　表 2.7.12

项　目		指　标			
		硫化橡胶类 FL	非硫化橡胶类 FF	树脂类	
				FS1	FS2
断裂拉伸强度（N/cm）	≥	80	60	100	60
扯断伸长率（%）	≥	300	250	150	400
不透水性（30min）		0.3MPa，无渗漏			
低温弯折温度（℃）	≤	—35	—20	—30	—20

12. 聚氯乙烯防水卷材（PVC 卷材）如何分类？

答：《聚氯乙烯防水卷材》（GB 12952—2003）将产品按有无复合层分类，无复合层的为 N 类、用纤维单面复合的为 L 类、织物内增强的为 W 类。每类产品按物理性能分为Ⅰ型和Ⅱ型。

13. 聚氯乙烯防水卷材的必试项目有哪些？如何进行试验和评定？

答：（1）必试项目

拉伸强度、断裂伸长率、不透水性、低温弯折性。

（2）试验方法

试样应在 23±2℃ 环境下放置 24h 后进行物理性能试验。试件的尺寸与数量见表 2.7.13。

聚氯乙烯防水卷材试件的尺寸与数量　　　　表 2.7.13

项　目	尺寸（纵向×横向）(mm)	试件数量
拉伸性能	120×25	各 6 个
不透水性	150×150	3 个
低温弯折性	100×50	2 个

①N 类卷材拉伸性能

a. 试验

N 类卷材采用 GB/T 528—1998 的哑铃Ⅰ型试件（工作部分宽 6mm），拉伸速度 250±50mm/min，夹具间距约 75mm，标线间的距离为 25mm。用厚度计测量标线及中间三点的厚度，取中位值作为试样厚度。

把试件置于夹持器的中心夹紧，试样不得歪扭。开动拉力试验机，直至试件断裂为止。记录试件断裂时的最大拉力 P 和标线间的长度 L_1。

b. 结果计算

试件的拉伸强度按下式计算，精确到 0.1MPa。

$$TS = P/(B \times d)$$

式中　TS——拉伸强度（MPa）；

　　P——试件断裂时的最大拉力（N）；

　　B——试件宽度（mm）；

　　d——试件厚度（mm）。

　　试件的断裂伸长率按下式计算，精确到1%。

$$E = 100(L_1 - L_0)/L_0$$

式中　E——断裂伸长率（%）；

　　L_0——试件起始标线间距离25mm；

　　L_1——试件断裂时标线间的长度（mm）。

　　分别计算纵向或横向5个试件的算术平均值作为试验结果。

　　②L类、W类卷材拉伸性能

　　a. 试验

　　L类、W类卷材采用《塑料薄膜拉伸性能试验方法》（GB/T 13022—1991）中的哑铃Ⅰ型试件（工作部分宽10mm），拉伸速度250±50mm/min，夹具间距约50mm。

　　把试件置于夹持器的中心夹紧，试件不得歪扭。开动拉力试验机，直至试件断裂为止。记录试件断裂时的最大拉力P和夹具间的长度L_3。

　　b. 结果计算

　　试件的拉力按下式计算，精确到1N/cm。

$$T = P/B$$

式中　T——试件拉力（N/cm）；

　　P——试件断裂时的最大拉力（N）；

　　B——试件中间部位宽度（cm）。

　　试件的断裂伸长率按下式计算，精确到1%。

$$E = 100(L_3 - L_2)/L_2$$

式中　E——断裂伸长率（%）；

　　L_2——试件起始夹具间距离50mm；

　　L_3——试件断裂时夹具间距离（mm）。

　　分别计算纵向或横向5个试件的算术平均值作为试验结果。

　　③不透水性

　　透水盘的压盖板应采用金属开缝槽盘，升压至0.3MPa并保持2h。三个试件均无渗水现象为合格。

　　④低温弯折性

　　翻开弯折仪，将两块试件平放在下平板上，重合的一边朝向转轴，且距离转轴20mm。在设定温度下将弯折仪和试件一起放入低温箱，到达规定温度后，在此温度下放置1h。然后在标准规定的温度下将上平板1s内压下，到达所调间距位置，在此位置保持1s后将试件取出。待恢复到室温后观察弯折处是否断裂，或用6倍放大镜观察试件弯折处有无裂纹。

　　(3) 评定

　　按《聚氯乙烯防水卷材》（GB 12952—2003）评定，性能指标应符合表2.7.14和表2.7.15的规定。

聚氯乙烯防水卷材（N 类）技术要求　　　表 2.7.14

序　号	项　目		Ⅰ型	Ⅱ型
1	拉伸强度（MPa）	≥	8.0	12.0
2	断裂伸长率（%）	≥	200	250
3	低温弯折性		−20℃无裂纹	−25℃无裂纹
4	不透水性		不透水	

聚氯乙烯防水卷材（L 类及 W 类）技术要求　　　表 2.7.15

序　号	项　目		Ⅰ型	Ⅱ型
1	拉力（N/cm）	≥	100	160
2	断裂伸长率（%）	≥	150	200
3	低温弯折性		−20℃无裂纹	−25℃无裂纹
4	不透水性		不透水	

　　试验结果符合标准规定，判为该批产品必试项目合格。若仅有一项不符合标准规定，允许在该批产品中随机另取一卷进行单项复试，合格则判该批产品必试项目合格，否则判该批产品不合格。

14. 防水涂料的取样方法和抽样数量有何规定？

　　答：防水涂料的取样方法和抽样数量见表 2.7.16。

防水涂料的取样方法和抽样数量　　　表 2.7.16

序号	涂料名称（标准代号）	取样方法	抽样数量
1	聚氨酯防水涂料（GB/T 19250—2003）	搅拌均匀后，装入干燥的密闭容器中（甲、乙组分取样方法相同，分装不同的容器中）	（1）以同一类型、同一规格 15t 为一验收批，不足 15t 亦为一验收批（多组分产品按组分配套组批）； （2）每一验收批取样总重约为 3kg（多组分产品按配比取）
2	水乳型沥青防水涂料（JC/T 408—2005）	搅拌均匀后，装入干燥的密闭容器中	（1）以同一类型、同一规格 5t 为一批，不足 5t 亦作为一批； （2）在每批产品中抽 2kg 样品
3	聚合物乳液建筑防水涂料（JC/T 864—2008）	搅拌均匀后，装入干燥的密闭容器中	（1）以同一类型、同一规格 5t 为一批，不足 5t 亦作为一批； （2）在每批产品中抽 2kg 样品
4	聚合物水泥防水涂料（GB/T 23445—2009）	搅拌均匀后，分别装入干燥的密闭容器中	（1）以同一类型 10t 为一批，不足 10t 也作为一批； （2）两组分共取 5kg 样品

15. 聚氨酯防水涂料必试项目有哪些? 如何进行试验、计算和评定?

答: (1) 必试项目

拉伸强度、断裂伸长率、低温弯折性、不透水性和固体含量。

(2) 试验方法

①试样制备

在试样制备前,试验样品及所用试验器具在温度 23±2℃,相对湿度 60%±15%的标准试验条件下放置 24h。

在标准试验条件下称取所需的样品量,保证最终涂膜厚度 1.5±0.2mm。

将静置后的样品搅匀,不得加入稀释剂。若样品为双组分,则按要求的配比充分搅拌 5min,在不混入气泡的情况下倒入模框中。模框不得翘曲且表面平滑,为便于脱模,涂覆前可用脱模剂处理。样品按生产厂的要求一次或多次涂覆(最多三次,每次间隔不超过 24h),最后一次将表面刮平,在标准条件下养护 96h,然后脱模,涂膜翻过来继续在标准试验条件下养护 72h。

聚氨酯防水涂料试件的形状及数量见表 2.7.17。

聚氨酯防水涂料试件形状及数量　　　　　　　　表 2.7.17

项　　目	试　件　形　状	数量（个）
拉伸性能	符合 GB/T 528 规定的哑铃 I 型	5
不透水性	150mm×150mm	3
低温弯折性	100mm×25mm	3

②拉伸性能

a. 试验步骤

将试件在标准条件下至少放置 2h,然后用直尺在试件上划好 25.0±0.5mm 的平行标线,并用厚度计测出试件标线中间和两端三点的厚度,取其算术平均值作为试样厚度。将试件装在拉伸试验机夹具之间,以 500±50mm/min 的拉伸速度拉伸试件至断裂,记录试件断裂时的最大荷载,并量取此时试件标线间的距离,精确至 0.1mm,测试 5 个试件。若有试件断裂在标线外,其结果无效,应采用备用件补做。

b. 结果计算

拉伸强度按下式计算:

$$P = F/(b \cdot d)$$

式中　P——拉伸强度（MPa）;

　　　F——试件最大荷载（N）;

　　　b——试件工作部分宽度（mm）;

　　　d——试件实测厚度（mm）。

试验结果取 5 个试件的平均值,精确至 0.01MPa。

断裂伸长率按下式计算:

$$L = 100(L_1 - 25)/25$$

式中　L——试件断裂时的伸长率（%）;

　　　L_1——试件断裂时标线间的距离（mm）;

25——试件拉伸前标线间的距离（mm）。

试验结果取 5 个试件的平均值，精确至 1%。

③不透水性

将试件在标准条件下放置 1h，将试件涂层面迎水置于不透水仪的圆盘上，再在试件上加一块相同尺寸，孔径为 0.5±0.1mm 的铜丝网及圆孔透水盘，固定压紧，升压至 0.3MPa 并保持 30min。

三个试件表面均无渗水现象为合格。

④低温弯折性

将试件在标准条件下放置 2h 后弯曲 180°，使 25mm 宽的边缘平齐，用钉书机将边缘处固定，调整弯折仪的上下平板间的距离为试件厚度的 3 倍，然后将试件放在弯折仪的下平板上，重合的一边朝向转轴，且距离转轴约 25mm。将弯折仪和试件一起放入低温箱，在 −40℃下放置 2h。然后 −40℃将上平板 1s 内压下，到达所调间距位置，在此位置保持 1s 后将试件取出。用 8 倍放大镜观察试件弯折处有无裂纹或开裂现象。

三个试件均无裂纹或开裂为合格。

⑤固体含量

将样品搅匀后，取 6±1g 的样品倒入已干燥称量的直径 65±5mm 的培养皿（m_0）中刮平，立即称量（m_1），然后在标准试验条件下放置 24h，再放入到 120±2℃烘箱中，恒温 3h，取出放入干燥器中，在标准试验条件下冷却 2h，然后称量（m_2）。

固体含量按下式计算：

$$X = (m_2 - m_0)/(m_1 - m_0) \times 100$$

式中　X——固体含量（%）；

　　m_0——培养皿质量（g）；

　　m_1——干燥前试样和培养皿质量（g）；

　　m_2——干燥后试样和培养皿质量（g）。

试验结果取两次平行试验的算术平均值，精确到 1%。

（3）评定

聚氨酯防水涂料性能应按《聚氨酯防水涂料》(GB/T 19250—2003)评定，见表 2.7.18 和表 2.7.19。

单组分聚氨酯防水涂料物理力学性能　　　　表 2.7.18

序号	项　　目		I	II
1	拉伸强度（MPa）	≥	1.90	2.45
2	断裂伸长率（%）	≥	550	450
3	低温弯折性（℃）	≤	−40	
4	不透水性（0.3MPa，30min）		不透水	
5	固体含量（%）	≥	80	

多组分聚氨酯防水涂料物理力学性能　　　　表 2.7.19

序号	项　　目		I	II
1	拉伸强度（MPa）	≥	1.90	2.45
2	断裂伸长率（%）	≥	450	450

续表

序号	项 目		Ⅰ	Ⅱ
3	低温弯折性（℃）	≤		−35
4	不透水性（0.3MPa，30min）			不透水
5	固体含量（%）	≥		92

试验结果若仅有一项指标不符合标准规定，允许在该批产品中再抽同样数量的样品，对不合格项进行单项复试。达到标准规定时，则判该批产品必试项目合格。

16. 水乳型沥青防水涂料必试项目有哪些？如何进行试验、计算和评定？

答：（1）必试项目

固体含量、耐热度、不透水性、低温柔度和断裂伸长率。

（2）试验方法

①试样制备

在试样制备前，试验样品及所用试验器具在温度 23±2℃，相对湿度 60%±15% 的标准试验条件下放置 24h。

在标准试验条件下称取所需的样品量，保证最终涂膜厚度 1.5±0.2mm。

将样品在不混入气泡的情况下倒入模框中。模框不得翘曲且表面平滑，为便于脱模，涂覆前可用脱模剂处理或采用易脱模的模板（如光滑的聚乙烯、聚丙烯、聚四氟乙烯、硅油纸等）。样品分 3～5 次涂覆（每次间隔 8～24h），最后一次将表面刮平，在标准条件下养护 120h 后脱模，避免涂膜变形、开裂（宜在低温箱中进行），涂膜翻个面，底面朝上，在 40±2℃ 的电热鼓风干燥箱中养护 48h，再在标准试验条件下养护 4h。

水乳型沥青防水涂料试件的形状及数量见表 2.7.20。

水乳型沥青防水涂料试件形状及数量 表 2.7.20

项 目	试 件 形 状	数量（个）
断裂伸长率	符合 GB/T 528 规定的哑铃Ⅰ型	6
不透水性	150mm×150mm	3
耐热度	100mm×50mm	3
低温柔度	100mm×25mm	3

②耐热度

将样品搅匀后，取表面已用溶剂清洁干净的铝板，将样品分 3～5 次涂覆（每次间隔 8～24h），涂覆面积为 100mm×50mm，总厚度 1.5±0.2mm，最后一次将表面刮平，在标准试验条件下养护 120h，然后在 40±2℃ 的电热鼓风干燥箱中养护 48h。取出试件，将铝板垂直悬挂在已调到规定温度的电热鼓风干燥箱内，试件与干燥箱壁间的距离不小于 50mm，试件的中心宜与温度计的探头在同一水平位置，达到规定温度后放置 5h 取出，观察表面现象。

三个试件均无流淌、滑动、滴落现象为合格。

③不透水性

将试件在标准条件下放置 1h，将试件涂层面迎水置于不透水仪的圆盘上，在试件和铜丝网（孔径为 0.5±0.1mm）间加一张滤纸，固定压紧，升压至 0.10MPa 并保持 30min。

三个试件表面均无渗水现象为合格。

④低温柔度

直径 30mm 的弯板或圆棒，按 GB 18242—2008 进行试验。

三个试件表面均无裂纹、断裂为合格。

⑤断裂伸长率

将试件在标准条件下至少放置 2h，在试件上划好两条间距 25mm 的平行标线，将试件夹在拉伸试验机夹具间，夹具间距约 70mm，以 500 ± 50mm/min 的拉伸速度的拉伸试件至断裂，记录试件断裂时标线间的距离，精确至 1mm，测试 5 个试件。若有试件断裂在标线外，取备用件补做。

断裂伸长率按下式计算：

$$L = 100(L_1 - 25)/25$$

式中　L——试件断裂时的伸长率（%）；

　　L_1——试件断裂时标线间的距离（mm）；

　　25——试件拉伸前标线间的距离（mm）。

试验结果取 5 个试件的平均值，精确至 1%。

若有个别试件断裂伸长率达到 1000% 时不断裂，以 1000% 计算；若所有试件都达到 1000% 时不断裂，试验结果报告为大于 1000%。

⑥固体含量

将样品搅匀后，取 3 ± 0.5g 的试样，倒入已干燥称量的、底部衬有定性滤纸的直径 65 ± 5mm 的培养皿（m_0）中刮平，立即称量（m_1），然后放入已恒温到 105 ± 2℃烘箱中，恒温 3h，取出放入干燥器中，在标准试验条件下冷却 2h，然后称量（m_2）。

固体含量按下式计算：

$$X = (m_2 - m_0)/(m_1 - m_0) \times 100$$

式中　X——固体含量（%）；

　　m_0——培养皿的质量（g）；

　　m_1——干燥前试样和培养皿的质量（g）；

　　m_2——干燥后试样和培养皿的质量（g）。

试验结果取两次平行试验的算术平均值，精确到 1%。

（3）评定

水乳型沥青防水涂料按《水乳型沥青防水涂料》（JC/T 408—2005）评定，见表 2.7.21 要求。

水乳型沥青防水涂料物理力学性能　　　　　　表 2.7.21

项　　目		L	H
固体含量（%）	≥	45	
耐热度（℃）		80 ± 2	110 ± 2
		无流淌、滑动、滴落	
不透水性		0.10MPa，30min 无渗水	
低温柔度①（标准条件）（℃）		−15	0
断裂伸长率（标准条件）（%）	≥	600	

① 供需双方可以商定温度更低的低温柔度指标。

以上项目检测结果均达到标准规定时，则判该批产品必试项目合格。

若仅有一项指标不符合标准规定，允许在该批产品中再抽同样数量的样品，对不合格项进行单项复验。达到标准规定时，则判该批产品必试项目合格，否则判为不合格。

17. 聚合物水泥防水涂料是如何分类的？

答：聚合物水泥防水涂料（简称 JS 防水涂料）是丙烯酸酯等聚合物乳液和水泥为主要原料，加入其他外加剂制得的双组分水性建筑防水涂料。产品分为Ⅰ型和Ⅱ型。

Ⅰ型产品以聚合物为主，主要用于非长期浸水环境下的建筑防水工程。

Ⅱ型产品以水泥为主，适用于长期浸水环境下的建筑防水工程。

18. 聚合物水泥防水涂料必试项目有哪些？如何进行试验、计算和评定？

答：（1）Ⅰ型聚合物水泥防水涂料必试项目有：固体含量、拉伸强度、断裂伸长率、低温柔性和不透水性。

Ⅱ型和Ⅲ型聚合物水泥防水涂料必试项目有：固体含量、拉伸强度、断裂伸长率、不透水性和抗渗性。

说明：除非有特殊要求，否则，拉伸强度和断裂伸长率试验时，试件均系无处理状态。

（2）试验方法

① 试样制备

试验前，样品及所用器具应在温度 23±2℃、相对湿度（50±10)％的标准试验条件下至少放置 24h。

将在标准试验条件下放置后的样品按生产厂指定的比例分别称取适量液体和固体组分，混合后机械搅拌 5min，静置 1～3min，以减少气泡，然后倒入模具中涂覆。为方便脱模，模具表面可用脱模剂进行处理。试样制备时分二次或三次涂覆，后道涂覆应在前道涂层实干后进行，两道间隔时间为 12～24h，使试样厚度达到 1.5±0.2mm。将最后一道涂覆试样的表面刮平后，于标准条件下静置 96h，然后脱模。将脱模后的试样反面向上在 40±2℃干燥箱中处理 48h，取出后置于干燥器中冷却至室温。用切片机将试样冲切成试件，拉伸试验所需试件数量和形状见表 2.7.22。

拉伸试验试件形状及数量　　　　表 2.7.22

试 验 项 目		试件形状	试件数量（个）
拉伸强度和 断裂伸长率	无处理	GB/T 528—1998 中规定 的Ⅰ型哑铃形试件	6
	加热处理		
	紫外线处理		
	碱处理	120mm×25mm	
	浸水处理		

注：每组试件试验五个，一个备用。

② 无处理拉伸性能

a. 试验步骤

用直尺在试件上划好间距 25.0mm 的平行标线，用厚度计测出试件标线中间和两端三点的厚度，取其算术平均值作为试样厚度。调整拉伸试验机夹具间距约 70mm，将试件夹在试验机上，保持试件长度方向的中线与试验机夹具中心在一条线上，按 200mm/min 的拉伸速度进行拉伸至断裂，记录试件断裂时的最大荷载（P），断裂时标线间距离（L_1），精确到 0.1mm，测试五个试件，若有试件断裂在标线外，应舍弃用备用件补测。

b. 结果计算

a）拉伸强度按下式计算：

$$T_L = P/(B \times D)$$

式中 T_L——拉伸强度（MPa）；

P——最大拉力（N）；

B——试件中间部分宽度（mm）；

D——试件厚度（mm）。

试验结果取 5 个试件的平均值，精确至 0.1MPa。拉伸强度的平均值达到表 2.7.22 规定指标时，则判该项目合格。

b）断裂伸长率按下式计算：

$$E = 100(L_1 - 25)/25$$

式中 E——断裂伸长率，%；

L_1——试件断裂时标线间的距离（mm）；

25——试件起始标线间距离（mm）。

试验结果取 5 个试件的平均值，精确至 1%。断裂伸长率的平均值达到表 2.7.22 规定指标时，则判该项目合格。

③ 不透水性

将按规定做好的涂膜裁取成三个约 150mm×150mm 试件，在标准试验条件下放置 2h，试验在 23±5℃进行，将装置中充水直到满出，彻底排出装置中空气。

将试件放置在透水盘上，再在试件上加一相同尺寸的金属网，盖上 7 孔圆盘，慢慢夹紧直到试件夹紧在盘上，用布或压缩空气干燥试件的非迎水面，慢慢加压到规定的压力。

达到规定压力后，保持压力 30±2min。试验时观察试件的透水情况（水压突然下降或试件的非迎水面有水）。

不透水性试验每个试件在规定时间均无透水现象时，则判该项目合格。

④ 低温柔性

将涂膜按表 2.7.22 要求裁取 100mm×25mm 试件三块进行试验，将试件和弯板或圆棒放入已调节到规定温度的低温冰柜的冷冻液中，温度计探头应与试件在同一水平位置，在规定温度下保持 1h，然后在冷冻液中将试件绕圆棒或弯板在 3s 内弯曲 180°，弯曲三个试件（无上、下表面区分），立即取出试件用肉眼观察试件表面有无裂纹、断裂。

用按规定制备的涂膜试样，养护后切取 100mm×25mm 的试件三块。将试件和直径 10mm 的圆棒一起放入低温箱中，在 -10℃下保持 2h 后打开低温箱，迅速捏住试件的两端（涂层面朝上），在 3~4s 时间内绕圆棒弯曲 180 度，取出试件并立即观察其表面有无裂纹、断裂现象。

低温柔性试验每个试件均无裂纹或断裂时，则判该项目合格。

⑤固体含量

将样品(对于固体含量试验不能添加稀释剂)搅匀后,取 6±1g 的样品倒入已干燥称量的培养皿(m_0)中并铺平底部,立即称量(m_1),再放入到加热到 105±2℃的烘箱中,恒温 3h,取出放入干燥器中,在标准试验条件下冷却 2h,然后称量(m_2)。

固体含量按下式计算:

$$X = (m_2 - m_0)/(m_1 - m_0) \times 100$$

式中　X——固体含量(质量分数,%);

　　　m_0——培养皿质量(g);

　　　m_1——干燥前试样和培养皿质量(g);

　　　m_2——干燥后试样和培养皿质量(g)。

试验结果取两次平行试验的平均值,结果计算精确到 1%。固体含量的平均值达到表 2.7.22 规定指标时,则判该项目合格。

⑥ 抗渗性

a. 试件制备

a)砂浆试件的制备

按照 GB/T 2419—2005 第 4 章的规定确定砂浆的配比和用量,并以砂浆试件在 0.3～0.4MPa 压力下透水为准,确定水灰比。制备的砂浆试件,脱模后放入 20±2℃的水中养护 7d。取出待表面干燥后,用密封材料密封装入渗透仪中进行砂浆试件的抗渗试验。水压从 0.2MPa 开始,恒压 2h 后增至 0.3 MPa,以后每隔 1h 增加 0.1MPa,直至试件全部透水。每组选取三个在 0.3～0.4MPa 压力下透水的试件。

b)涂膜抗渗试件的制备

从渗透仪上取下已透水的砂浆试件,擦干试件上口表面水渍,并清除试件上口和下口表面密封材料的污染。将待测涂料样品按生产厂指定的比例分别称取适量液体和固体组分,混合后机械搅拌 5min。在三个试件的上口表面(背水面)均匀涂抹混合好的试样,第一道 0.5～0.6mm 厚。待涂膜表面干燥后再涂第二道,使涂膜总厚度为 1.0～1.2mm。待第二道涂膜表干后,将制备好的抗渗试件放入水泥标准养护箱(室)中放置 168h,养护条件为:温度 20±1℃,相对湿度不小于 90%。

b. 试验步骤

将抗渗试件从养护箱中取出,在标准条件下放置 2h,待表面干燥后装入渗透仪,按砂浆试件制备的加压程序进行涂膜抗渗试件的抗渗试验。当三个抗渗试件中有两个试件上表面出现透水现象时,即可停止该组试验,记录当时水压(MPa)。当抗渗试件加压至 1.5 MPa、恒压 1h 还未透,应停止试验。

c. 评定

涂膜抗渗性试验结果应报告三个试件中二个未出现透水时的最大水压力(MPa)。

(3)评定

聚合物水泥防水涂料按《聚合物水泥防水涂料》(GB/T 23445－2009)评定,技术要求见表 2.7.23。

所检必试项目的结果均符合标准要求时,判该批产品所检项目合格;若有 2 项或 2 项以上指标不符合标准时,判该批产品不合格;若有一项指标不符合标准时,允许在同批产品中加倍抽样进行单项复验,若该项仍不符合标准,则判该批产品不合格。

聚合物水泥防水涂料物理力学性能　　　　　表 2.7.23

序号	试验项目	技术指标		
		Ⅰ型	Ⅱ型	Ⅲ型
1	固体含量（%）≥	70	70	70
2	拉伸强度（无处理）（MPa）≥	1.2	1.8	1.8
3	断裂伸长率（无处理）（%）≥	200	80	30
4	低温柔性（ϕ10mm 棒）	−10℃无裂纹	—	—
5	不透水性（0.3MPa，30min）	不透水	不透水	不透水
6	抗渗性（砂浆背水面）（MPa）≥	—	0.6	0.8

19. 止水带如何分类、组批、取样？

答：（1）分类

止水带按其用途分为以下三类：

B 类－适用于变形缝用止水带；

S 类－适用于施工缝用止水带；

J 类－适用于有特殊耐老化要求的接缝用止水带。

注：具有钢边的止水带，用 G 补充表示。

（2）组批、取样

以每月同标记的止水带产量为一批，逐一进行规格尺寸和外观质量检查。在规格尺寸和外观质量检查合格的样品中随机抽取足够的试样，进行物理性能检验。

20. 止水带必试项目有哪些？如何进行试验及评定？

答：（1）必试项目

拉伸强度、扯断伸长率、撕裂强度。

（2）试验方法

①拉伸性能

按《硫化橡胶或热塑性橡胶拉伸应力应变性能的测定》（GB/T 528—2009）。

a. 试验应在 23±2℃条件下（GB/T 2941 规定）进行，按 GB/T 2941 规定制得的Ⅱ型哑铃型试件，在其狭小平行部分划两条与试样中心等距的平行标线，两条标线间的距离为 20.0±0.5mm。

b. 试样数量应不少于 3 个（有效试件数量为 3～5 个）。

c. 用测厚计在试验长度的中部和两端测量厚度。应取 3 个测量值的中位值为试样厚度（t）。取裁刀狭窄部分刀刃间的距离作为试样宽度（W）。

d. 把试样置于夹持器的中心，试样不得歪扭。开动拉力试验机，夹持器的速度应控制在 500±50mm/min。试验直至试样被扯断为止。记录试样被扯断时的负荷（F_b）和标线间的距离（L_b）。

如果试样在狭窄部分以外断裂则舍弃该试验结果，并另取一试样进行重复试验。

e. 计算

断裂拉伸强度按下式计算,精确至 0.1MPa。

$$TS_b = F_b \ (W \cdot t)$$

式中　TS_b——断裂拉伸强度(MPa);

　　　F_b——断裂时记录的力(N);

　　　W——裁刀狭窄部分的宽度(mm);

　　　t——试验长度部分的厚度(mm)。

拉断伸长率按下式计算,精确至 1%。

$$E_b = 100(L_b - L_0) / L_0$$

式中　E_b——拉断伸长率(%);

　　　L_b——断裂时的试验长度(mm);

　　　L_0——初始试验长度,为 20mm。

试验结果按计算所得的中位数表示。

②撕裂强度

按 GB/T 529《硫化橡胶或热塑性橡胶撕裂强度的测定》中的直角试样进行。

a. 试验温度

试验应在 23±2℃或 27±2℃标准温度下进行。当需要采用其他温度时,应从 GB/T 2941 规定的温度中选择。

如果试验需要在其他温度下进行时,试验前,应将试样置于该温度下进行充分调节,以使试样与环境温度达到平衡。为避免橡胶发生老化(见 GB/T 2941),应尽量缩短试样调节时间。

为使试验结果具有可比性,任何一个试验的整个过程或一系列试验应在相同温度下进行。

b. 试样的数量

不少于 5 个。

c. 试样的厚度

按 GB/T 2941 中的规定,使用测厚计测量试样厚度,测量应在其撕裂区域内进行,厚度测量不少于 3 点,取中位数。任何一个试样的厚度值不应偏离该试样厚度中位数的 2%。

d. 试验速度

试样在 23±2℃或 27±2℃标准温度下进行调节后,把试样置于拉力试验机的夹持器上,试验机的拉伸速度为 500±50mm/min,直至试样断裂。记录最大力值。

e. 试验结果的表示

撕裂强度 T_S 按下式计算:

$$T_S = \frac{F}{d}$$

式中　T_S——撕裂强度(kN/m);

　　　F——试样断裂时的最大力(N);

　　　d——试样厚度的中位数(mm),

试验结果以每个方向试样的中位数、最大值和最小值共同表示,数值准确到整数位。

（3）结果综合评定

止水带按 GB 18173.2—2000《高分子防水材料　第二部分　止水带》评定。物理性能应符合表 2.7.24 的规定。

止水带的物理性能　　　　　　　　　　　表 2.7.24

序号	项目	B	S	J
1	拉伸强度（MPa）≥	15	12	10
2	扯断伸长率（%）≥	380	380	300
3	撕裂强度（kN/m）≥	30	25	25

必试项目各项指标全部符合表 2.7.24 规定的技术要求，则为合格品，若有一项指标不符合技术要求，应另取双倍试样进行该项复试，复试结果如仍不合格，则该批产品为不合格。

止水带接头部位的拉伸强度不得低于表 2.7.24 规定性能的 80%。

21. 遇水膨胀橡胶的用途？如何分类？

答：（1）用途

遇水膨胀橡胶主要用于各种隧道、顶管、人防等地下工程、基础工程的接缝、防水密封和船舶、机车等工业设备的防水密封。

（2）分类

产品按工艺可分为制品型（PZ）和腻子型（PN）。

产品按其在静态蒸馏水中的体积膨胀倍率（%）分为制品型：≥150%～<250%，≥250%～<400%，≥400%～<600%，≥600% 等几类；腻子型：≥150%，≥220%，≥300% 等几类。

22. 遇水膨胀橡胶的必试项目有哪些？如何进行试验及评定？

答：（1）必试项目

制品型遇水膨胀橡胶的必试项目：拉伸强度、扯断伸长率、体积膨胀倍率、低温弯折。

腻子型遇水膨胀橡胶的必试项目：体积膨胀倍率、高温流淌性、低温试验。

（2）试验

①样品制备

制品型试样应采用与制品相当的硫化条件，延压延方向制取标准试样，成品测试从经规格尺寸检验合格的制品上裁取试验所需的足够长度，按 GB/T 9865.1 的规定制备试样，经 70±2℃恒温 3h 后，在标准状态下停放 4h，按表 2.7.23 的要求进行试验；腻子型试样直接取自产品，按试验方法规定的尺寸制备。

②拉伸强度、扯断伸长率

制品型遇水膨胀橡胶的拉伸强度、扯断伸长率的试验与止水带相同。

③体积膨胀倍率

方法一

a. 试样制备

将试样制成长、宽各为 20.0±0.2mm，厚为 2.0±0.2mm，数量为 3 个。

b. 试验步骤

a) 将制好的试样先用 0.001g 精度的天平称出在空气中的质量，然后再称出试样悬挂在蒸馏水中的质量。

b) 将试样浸泡在 23±5℃的 300mL 的蒸馏水中，试验过程中，应避免试样的重叠及水分的挥发。

c) 试样浸泡 72h 后，先用 0.001g 精度的天平称出其在蒸馏水中的质量，然后用滤纸轻轻吸干试样表面的水分，称出试样在空气中的质量。

c. 计算公式

$$\Delta V = (m_3 - m_4 + m_5) / (m_1 - m_2 + m_5) \times 100$$

式中　ΔV——体积膨胀倍率（%）；

$\quad$ m_1——浸泡前试样在空气中的质量（g）；

$\quad$ m_2——浸泡前试样在蒸馏水中的质量（g）；

$\quad$ m_3——浸泡后试样在空气中的质量（g）；

$\quad$ m_4——浸泡后试样在蒸馏水中的质量（g）；

$\quad$ m_5——坠子在蒸馏水中的质量（g）（如无坠子，用发丝等特轻细丝悬挂可忽略不计）。

d. 计算方法

体积膨胀倍率取三个试样的平均值。

方法二（适用于浸泡后不能用称量法检测的试样）

a. 试样制备

取试样质量为 2.5g，制成直径约为 12mm，高度约为 12mm 的圆柱体，数量为 3 个。

b. 试验步骤

a) 将制好的试样先用 0.001g 精度的天平称出在空气中的质量，然后再称出试样悬挂在蒸馏水中的质量（必须用发丝等特轻细丝悬挂试样）。

b) 先在量筒中注入 20mL 左右的 23±5℃的蒸馏水，放入试样后，加蒸馏水至50mL，然后放置 120h（试样表面和蒸馏水必须充分接触）。

c) 读出量筒中试样占水体积的 mL 数（即试样的高度），把 mL 数换算为 g（水的体积是 1mL 时，质量为 1g）。

c. 计算公式

$$\Delta V = m_3 / (m_1 - m_2) \times 100$$

式中　ΔV——体积膨胀倍率（%）；

$\quad$ m_1——浸泡前试样在空气中的质量（g）；

$\quad$ m_2——浸泡前试样在蒸馏水中的质量（g）；

$\quad$ m_3——试样占水体积的 mL 数，换算为质量（g）。

d. 计算方法

体积膨胀倍率取三个试样的平均值。

④低温弯折

a. 试验仪器

低温弯折仪由低温箱和弯折板两部分组成。低温箱应能在 $0 \sim -40℃$ 自动调节，误差为 $\pm2℃$，且能使试样在被操作过程中保持恒定温度；弯折板由金属平板、转轴和调距螺丝组成，平板间距可任意调节。示意图见图 2.7.1。

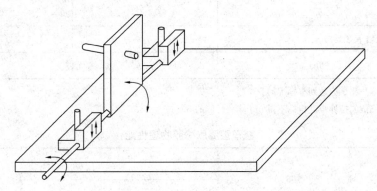

图 2.7.1 弯折板示意图

b. 试验条件

从试样制备到试验，时间为 24h，试验室温度控制在 $23\pm2℃$ 范围内。

c. 试验步骤

a) 将试样弯曲 180°，使试样边缘重合、齐平，并用定位夹或 10mm 宽的胶布将边缘固定，以保证其在试验中不发生错位，并将弯折板的两平板间距调到试样厚度的 3 倍。

b) 将弯折板上平板打开，把厚度相同的两块试样平放在底板上，重合的一边朝向转轴，且距转轴 20mm；在规定温度下保持 2h，之后迅速压下上平板，达到所调间距位置，保持 1s 后将试样取出。待恢复到室温后观察试样弯折处是否断裂，或用放大镜观察试样弯折处受拉面有无裂纹。

d. 判定

用 8 倍放大镜观察试样表面，以两个试样均无裂纹为合格。

⑤高温流淌性

将三个 $20mm\times20mm\times4mm$ 的试样分别置于 75°倾斜的带凹槽木架上，使试样厚度的 2mm 在槽内，2mm 在槽外；一并放入 $80\pm2℃$ 的干燥箱内，5h 后取出，观察试样有无明显流淌，以不超过凹槽边线 1mm 为无流淌。

⑥低温试验

将 $50mm\times100mm\times2mm$ 的试样在 $-20\pm2℃$ 的低温箱中停放 2h，取出后立即在 $\phi10mm$ 的棒上缠绕 1 圈，观察其是否脆裂。

（3）评定

遇水膨胀橡胶按《高分子防水材料 第 3 部分：遇水膨胀橡胶》（GB/T 18173.3—2002）进行评定，制品型和腻子型的物理性能指标分别见表 2.7.25 和表 2.7.26。

制品型膨胀橡胶胶料物理性能　　　　　　　　表 2.7.25

序号	项　目		指　标			
			PZ-150	PZ-250	PZ-400	PN-600
1	拉伸强度（MPa）	≥	3.5			3
2	扯断伸长率（％）	≥	450		350	
3	体积膨胀倍率（％）	≥	150	250	400	600
4	低温弯折（-20℃×2h）		无裂纹			

　　注：1. 成品切片测试应达到本标准的80％。

　　　　2. 接头部位的拉伸强度指标不得低于本表性能的50％。

腻子型膨胀橡胶物理性能　　　　　　　　表 2.7.26

序号	项　目		指　标		
			PN-150	PN-220	PN-300
1	体积膨胀倍率[①]（％）	≥	150	220	300
2	高温流淌性（80℃×5h）		无流淌		
3	低温试验（-20℃×2h）		无脆裂		

　　①检验结果应注明试验方法。

　　若有一项不符合技术要求，应另取双倍试样进行该项复试，复试结果若仍不合格，则该批产品为不合格。

第八节　混凝土（砂浆）外加剂

1. 外加剂复试与验收的程序是如何进行的？

　　答：（1）外加剂使用方按工程技术要求选择合适的外加剂类型，首先审核外加剂供应方提供的产品检验报告、资格证明（包括营业执照、各种强制认证资料或许可证等），并对供应方的质量保证体系、生产供应保障能力等进行评价。

　　（2）外加剂供应方应提供以下证明文件：

　　①产品说明书（包括主要成分），出厂合格证；

　　②型式检验报告（必须包括所有必试项目）；

　　③碱含量、氯离子含量检验报告；

　　④氨含量、放射性（必要时）检验报告；

　　⑤产品质量、供货保证性文件（对大型或重点工程）；

　　⑥工程应用实例（如有需要时）。

　　以上文件中型式检验报告、碱含量、氯离子含量、氨含量、放射性检验报告，应为由法定质量监督检验机构出具的年度检验报告。

（3）所使用的混凝土外加剂要进行现场复试，合格者方可使用。

2. 与外加剂试验有关的标准、规范、规程和规定有哪些？

答：（1）《混凝土外加剂的定义、分类、命名与术语》（GB 8075—2005）；

（2）《混凝土外加剂》（GB 8076—2008）；

（3）《混凝土外加剂匀质性试验方法》（GB 8077—2000）；

（4）《混凝土防冻泵送剂》（JG/T 377—2012）；

（5）《砂浆、混凝土防水剂》（JC 474—2008）；

（6）《混凝土防冻剂》（JC 475—2004）；

（7）《混凝土膨胀剂》（JC 476—2001）；

（8）《喷射混凝土用速凝剂》（JC 477—2005）；

（9）《混凝土外加剂应用技术规范》（GB 50119—2003）；

（10）《混凝土外加剂应用技术规程》（DBJ 01—61—2002）；

（11）《混凝土外加剂中释放氨的限量》（GB 18588—2001）；

（12）《民用建筑工程室内环境污染控制规范》（GB 50325—2010）；

（13）《混凝土用水标准》（JGJ 63—2006）；

（14）《建设用砂》（GB/T 14684—2011）；

（15）《建设用卵石、碎石》（GB/T 14685—2011）；

（16）《普通混凝土用砂、石质量标准及检验方法》（JGJ 52—2006）；

（17）《普通混凝土配合比设计规程》（JGJ 55—2011）；

（18）《普通混凝土拌合物性能试验方法标准》（GB 50080—2002）；

（19）《普通混凝土力学性能试验方法标准》（GB 50081—2002）；

（20）《普通混凝土长期性能和耐久性能试验方法标准》（GB/T 50082—2009）；

（21）《水泥胶砂强度检验方法（ISO法）》（GB/T 17671—1999）；

（22）《预防混凝土结构工程碱集料反应规程》（DBJ01—95—2005）；

（23）《聚羧酸盐系高性能减水剂》（JG/T 223—2007）；

（24）《砌筑砂浆增塑剂》（JG/T 164—2004）；

（25）《水泥砂浆防冻剂》（JC/T 2031—2010）；

（26）《建筑砂浆基本性能试验方法标准》（JGJ/T 70—2009）。

3. 混凝土外加剂的定义、分类和名称是如何规定的？

答：混凝土外加剂是一种在混凝土搅拌之前和（或）拌制过程中加入的，用以改善新拌混凝土和（或）硬化混凝土性能的材料。

（1）分类

混凝土外加剂按其主要功能分为四类：

①改善混凝土拌合物流变性能的外加剂。如减水剂、泵送剂等。

②调节混凝土凝结时间、硬化性能的外加剂。如缓凝剂、早强剂和速凝剂等。

③改善混凝土耐久性的外加剂。如引气剂、防水剂、阻锈剂和矿物外加剂等。

④改善混凝土其他性能的外加剂。如膨胀剂、防冻剂、着色剂等。

（2）名称及定义

①普通减水剂：在混凝土坍落度基本相同的条件下，能减少拌合用水量的外加剂。

②早强剂：加速混凝土早期强度发展的外加剂。

③缓凝剂：延长混凝土凝结时间的外加剂。

④引气剂：在搅拌混凝土过程中能引入大量均匀分布、稳定而封闭的微小气泡且能保留在硬化混凝土中的外加剂。

⑤高效减水剂：在混凝土坍落度基本相同的条件下，能大幅度减少拌合用水量的外加剂。

⑥早强减水剂：兼有早强和减水功能的外加剂。

⑦缓凝减水剂：兼有缓凝和减水功能的外加剂。

⑧引气减水剂：兼有引气和减水功能的外加剂。

⑨防水剂：能提高砂浆、混凝土抗渗性能的外加剂。

⑩泵送剂：能改善混凝土拌合物泵送性能的外加剂。

⑪阻锈剂：能抑制或减轻混凝土中钢筋或其他金属预埋件锈蚀的外加剂。

⑫加气剂：混凝土制备过程中因发生化学反应放出气体，使硬化混凝土中有大量均匀分布气孔的外加剂。

⑬膨胀剂：在混凝土硬化过程中因化学作用能使混凝土产生一定体积膨胀的外加剂。

⑭防冻剂：能使混凝土在负温下硬化，并在规定养护条件下达到预期性能的外加剂。

⑮速凝剂：能使混凝土迅速凝结硬化的外加剂。

⑯缓凝高效减水剂：兼有缓凝功能和高效减水功能的外加剂。

⑰泵送型防冻剂：兼有泵送和防冻功能的外加剂。

⑱泵送型防水剂：兼有泵送和防水功能的外加剂。

⑲促凝剂：能缩短拌合物凝结时间的外加剂。

⑳着色剂：能制备具有彩色混凝土的外加剂。

㉑保水剂：能减少混凝土或砂浆失水的外加剂。

㉒絮凝剂：在水中施工时，能增加混凝土黏稠性，抗水泥和骨料分离的外加剂。

㉓增稠剂：能提高混凝土拌合物黏度的外加剂。

㉔减缩剂：减少混凝土收缩的外加剂。

㉕保塑剂：在一定时间内，减少混凝土坍落度损失的外加剂。

㉖磨细矿渣：粒状高炉矿渣经干燥、粉磨等工艺达到规定细度的产品。

㉗硅灰：在冶炼硅铁合金或工业硅时，通过烟道排出的硅蒸气氧化后，经收尘器收集的以无定形二氧化硅为主要成分的产品。

㉘磨细粉煤灰：干燥的粉煤灰经磨细达到规定细度的产品。

㉙磨细天然沸石：以一定品位纯度的天然沸石为原料，经粉磨至规定细度的产品。

4. 混凝土外加剂的代表批量有何规定？

答：（1）依据《混凝土外加剂》（GB 8076—2008）标准的混凝土外加剂：掺量≥1%的同品种外加剂每一批号为 100t，掺量<1%的外加剂每一批号为 50t。不足 100t 或 50t 的，可按一个批量计，同一批号的产品必须混合均匀。

（2）防水剂：年产 500t 以上的防水剂每 50t 为一批，年产 500t 以下的防水剂每 30t 为一批，不足 50t 或 30t 的也按一个批量计。

（3）泵送剂：年产 500t 以上的泵送剂每 50t 为一批，年产 500t 以下的泵送剂每 30t 为一批，不足 50t 或 30t 的也按一个批量计。

（4）防冻剂：每 50t 防冻剂为一批，不足 50t 也作为一批。

（5）速凝剂：每 20t 速凝剂为一批，不足 20t 也作为一批。

（6）膨胀剂：日产量超过 200t 时，以 200t 为一批号，不足 200t 时，应以不超过日产量为一批号。

5. 每批外加剂的取样数量和留样是如何规定的？

答：每一批号取样量：防冻剂按最大掺量不少于 0.15t 水泥所需要的量；速凝剂不少于 4kg。其他外加剂不少于 0.2t 水泥所需用的外加剂量。

每一批号取得的试样应充分混合均匀，分为两等份，一份按规定项目进行试验，另一份要密封保存半年，以备有疑问时提交国家指定的检验机关进行复验或仲裁。

6. 建筑结构工程（含现浇混凝土和预制混凝土构件）用的混凝土外加剂现场复试项目有哪些？

答：现场复试项目（必试项目）见表 2.8.1。

现 场 复 试 项 目

表 2.8.1

品　种	检 验 项 目	检验标准
普通减水剂	pH 值、密度（或细度）、减水率	GB 8076/8077
高效减水剂	pH 值、密度（或细度）、减水率	GB 8076/8077
早强减水剂	密度（或细度）、1d 和 3d 抗压强度比、减水率	GB 8076/8077
缓凝减水剂	pH 值、密度（或细度）、减水率、凝结时间差	GB 8076/8077
引气减水剂	pH 值、密度（或细度）、减水率、含气量	GB 8076/8077
早强剂	密度（或细度）、1d 和 3d 抗压强度比	GB 8076/8077
缓凝剂	pH 值、密度（或细度）、凝结时间差	GB 8076/8077
引气剂	pH 值、密度（或细度）、含气量	GB 8076/8077
泵送剂	密度（或细度）、坍落度增加值、坍落度损失值	JC 473/GB 8077
防水剂	密度（或细度）	JC 473/GB 8077
防冻剂	钢筋锈蚀、密度（或细度）、−7d 和 ＋28d 抗压强度比	JC 475/GB 8077
膨胀剂	限制膨胀率	JC 476
速凝剂	密度（或细度）、1d 抗压强度、凝结时间	JC 477/GB 8077

注：缓凝高效减水剂检验项目与缓凝减水剂相同。

7. 外加剂的性能指标有哪些要求？

答：外加剂的性能指标见表 2.8.2 至表 2.8.4。

表 2.8.2

外加剂性能指标 (1)

项目	高性能减水剂 HPWR			高效减水剂 HWR		普通减水剂 WR			引气减水剂 AEWR	泵送剂 PA	早强剂 Ac	缓凝剂 Re	引气剂 AE
外加剂品种	早强型 HPWR-A	标准型 HPWR-S	缓凝型 HPWR-R	标准型 HWR-S	缓凝型 HWR-R	早强型 WR-A	标准型 WR-S	缓凝型 WR-R	AEWR	PA	Ac	Re	AE
减水率/%，不小于	25	25	25	14	14	8	8	8	10	12	—	—	6
泌水率比/%，不大于	50	60	70	90	100	95	100	100	70	70	100	100	70
含气量/%	≤6.0	≤6.0	≤6.0	≤3.0	≤4.5	≤4.0	≤4.0	≤5.5	≥3.0	≤5.5	—	—	≥3.0
凝结时间之差/min 初凝	−90~ +90	−90~ +120	>+90	−90~ +120	>+90	−90~ +90	−90~ +90	>+90	−90~ +120	—	−90~ +90	>+90	−90~ +120
终凝	—	—	—	—	—	—	—	—	—	—	—	—	—
1h经时变化量 坍落度/mm	—	≤80	≤60	—	—	—	—	—	—	≤80	—	—	—
含气量/%	—	—	—	—	—	—	—	—	−1.5~ +1.5	—	—	—	−1.5~ +1.5
抗压强度比/%，不小于 1d	180	170	—	140	—	135	115	—	—	—	135	—	—
3d	170	160	—	130	—	130	115	—	115	—	130	—	95
7d	145	150	140	125	125	110	110	110	110	115	110	100	95
28d	130	140	130	120	120	100	100	100	100	110	100	100	90
收缩率比/%，不大于 28d	110	110	110	135	135	135	135	135	135	135	135	135	135
相对耐久性（200次）/%，不小于	—	—	—	—	—	—	—	—	80	—	—	—	80

注：1. 表中抗压强度比、收缩率比、相对耐久性为强制性指标，其余为推荐性指标。
　　2. 除含气量和相对耐久性外，表中所列数据为掺外加剂混凝土与基准混凝土的差值或比值。
　　3. 凝结时间之差性能指标中的"—"号表示提前，"+"号表示延缓。
　　4. 相对耐久性（200次）性能指标中的"≥80"表示将 28d 龄期的受检混凝土试件快速冻融循环 200 次后，动弹性模量保留值≥80%。
　　5. 1h 含气量经时变化量指标中的"—"号表示含气量增加，"+"号表示含气量减少。
　　6. 其他品种的外加剂是否需要测定相对耐久性指标，由供、需双方协商确定。
　　7. 当用户对泵送剂等产品有特殊要求时，需要进行的补充试验项目、试验方法及指标，由供需双方协商决定。

外加剂性能指标 (2) 表 2.8.3

	防水剂 JC 474—2008		防冻剂 JC 475—2004		膨胀剂 JC 476—2001	速凝剂 JC 477—2005	
	一等品	合格品	一等品	合格品	合格品	一等品	合格品
1d 抗压强度（MPa）不小于						7.0	6.0
净浆凝结时间 ≤(min) 初凝	—	—	—	—	—	3	5
净浆凝结时间 ≤(min) 终凝	—	—	—	—	—	8	12
密 度	对液体速凝剂，应在生产厂控制值的±0.02g/cm³之内；对液体防水剂、防冻剂，当 $D>1.1$g/cm³时，要求为 $D\pm0.03$g/cm³，当 $D\leqslant1.1$g/cm³时，要求为 $D\pm0.02$g/cm³，D 为生产厂提供的密度值						
细 度	0.315mm 筛筛余小于 15%		粉状防冻剂应不超过生产厂提供的最大值		比表面积≥250m²/kg 0.08mm 筛筛余≤10% 1.25mm 筛筛余≤0.5%	0.08mm 筛筛余≤15%	
pH 值	液体速凝剂应在生产厂控制值±1之内，其他无规定						
限制膨胀率 (%) 水中 7d	—	—	—	—	≥0.025		
限制膨胀率 (%) 水中 28d	—	—	—	—	≤0.10		
限制膨胀率 (%) 空气中 21d	—	—	—	—	≥−0.020		
抗压强度比 (%) 不小于 规定温度(℃) −5 −7d	—	—	20	20	—		
抗压强度比 (%) 不小于 规定温度(℃) −5 28d	—	—	95	90	—		
抗压强度比 (%) 不小于 规定温度(℃) −10 −7d	—	—	12	12	—		
抗压强度比 (%) 不小于 规定温度(℃) −10 28d	—	—	95	90	—		
抗压强度比 (%) 不小于 规定温度(℃) −15 −7d	—	—	10	10	—		
抗压强度比 (%) 不小于 规定温度(℃) −15 28d	—	—	90	85	—		
对钢筋锈蚀作用	防冻剂应说明对钢筋锈蚀作用						

外加剂匀质性指标 表 2.8.4

项 目	指 标
氯离子含量/%	不超过生产厂控制值
总碱量/%	不超过生产厂控制值
含固量/%	$S>25\%$时，应控制在 $0.95S\sim1.05S$；$S\leqslant25\%$时，应控制在 $0.90S\sim1.10S$
含水率/%	$W>5\%$时，应控制在 $0.90W\sim1.10W$；$W\leqslant5\%$时，应控制在 $0.80W\sim1.20W$
密度/(g/cm³)	$D>1.1$时，应控制在 $D\pm0.03$；$D\leqslant1.1$时，应控制在 $D\pm0.02$
细 度	应在生产厂控制范围内
pH 值	应在生产厂控制范围内
硫酸钠含量/%	不超过生产厂控制值

注：1. 生产厂应在相关的技术资料中明示产品匀质性指标的控制值；

2. 对相同和不同批次之间的匀质性和等效性的其他要求，可由供需双方商定；

3. 表中的 S、W 和 D 分别为含固量、含水率和密度的生产厂控制值。

8. 外加剂检验所用水泥的要求是什么？

答：基准水泥是检验混凝土外加剂性能的专业水泥，是由符合下列品质指标的硅酸盐水泥熟料与二水石膏共同粉磨而成的 42.5 强度等级的 P.I 型硅酸盐水泥。基准水泥必须由经中国建材联合会混凝土外加剂分会与有关单位共同确认具备生产条件的工厂供给。

品质指标（除满足 42.5 强度等级硅酸盐水泥技术要求外）

a. 铝酸三钙（C_3A）含量 6%～8%；

b. 硅酸三钙（C_3S）含量 55%～60%；

c. 游离氧化钙（f-CaO）含量不得超过 1.2%；

d. 碱（$Na_2O+0.658K_2O$）含量不得超过 1.0%；

e. 水泥比表面积 $350\pm10m^2/kg$。

9. 检验外加剂应该使用什么样的砂？

答：（1）检验泵送剂用的砂为二区中砂，应符合 GB/T 14684 要求的细度模数为2.4～2.8，含水率小于 2%。

（2）检验膨胀剂、速凝剂用的砂应符合 GB/T 17671 要求的标准砂。

（3）按照 GB 8076 检验外加剂、防水剂、防冻剂用的砂应符合 GB/T 14684 要求的细度模数 2.6～2.9 的 II 区中砂，含泥量小于 1%。

10. 检验外加剂应该使用什么样的石？

答：符合 GB/T14685 标准，公称粒径为 5～20mm 的碎石或卵石，采用二级配，其中5～10mm 占 40%，10～20mm 占 60%。满足连续级配要求，针片状物质含量小于10%，空隙率小于 47%，含泥量小于 0.5%。如有争议，以碎石试验结果为准。

11. 外加剂检验对水有什么要求？

答：符合 JGJ63 要求。

12. 进行外加剂检验时，试验环境和材料应该达到的温度和湿度要求？

答：（1）做膨胀剂试验用的环境温度为 $20\pm2℃$，相对湿度不低于 50%。

（2）做速凝剂试验时的环境和材料温度为 $20\pm2℃$。

（3）混凝土其他外加剂用的各种材料及试验环境温度均应保持 $20\pm3℃$。

13. 什么是基准混凝土、受检混凝土、受检标准养护混凝土和受检负温混凝土？

答：基准混凝土：符合相关标准试验条件规定的、未掺有外加剂的混凝土。

受检混凝土：符合相关标准试验条件规定的、掺有外加剂的混凝土。

受检标准养护混凝土：按照相关标准规定条件下配制的掺有防冻剂的标准养护混凝土。

受检负温混凝土：按照相关标准规定条件下配制的掺有防冻剂并按规定条件养护的混凝土。

14. 检验外加剂性能时，混凝土（或砂浆）配合比应如何设计？

答：基准混凝土的配合比按 JGJ 55 的规定进行设计。

掺非引气型外加剂混凝土（受检混凝土）和基准混凝土的水泥、砂、石的比例不变。配合比设计应符合表 2.8.5 的要求。

检验外加剂时采用的配合比 表 **2.8.5**

品 种	依据标准	用水量（按坍落度控制加水量）		水泥用量		砂 率	
防冻剂	JC 475	坍落度 80±10mm 地标为 210±10mm*		采用卵石 310±5kg/m³ 采用碎石 330±5kg/m³		36%～40%	
泵送剂	JC 473	受检混凝土坍落度 210±10mm 基准混凝土坍落度 100±10mm		采用卵石 380±5kg/m³ 采用碎石 390±5kg/m³		44%	
速凝剂	JC 477	水		基准水泥		标准砂	
		450g		900g		1350g	
膨胀剂	JC 476	用水量		基准水泥与膨胀剂总量		标准砂	
		强度试件（三条）	限制膨胀率试件（三条）	强度试件（三条）	限制膨胀率试件（三条）	强度试件（三条）	限制膨胀率试件（三条）
		225g	208g	450g	520g	1350g	1040g
防水剂	JC 474	掺高性能减水剂的基准混凝土和受检混凝土的坍落度控制在 210±10mm，掺其他外加剂的基准混凝土和受检混凝土的坍落度控制在 80±10mm。掺防水剂的混凝土的坍落度也可以选择 180±10mm，但砂率宜为 38%～42%		掺高性能减水剂的基准混凝土和受检混凝土的水泥用量为 360kg/m³，掺其他外加剂的基准混凝土和受检混凝土的水泥用量为 360kg/m³		掺高性能减水剂的基准混凝土和受检混凝土的砂率为 43%～47%，掺其他外加剂的基准混凝土和受检混凝土的砂率为 36%～40%，但掺引气减水剂或引气剂的受检混凝土的砂率比基准混凝土的砂率低 1%～3%	
其他外加剂	GB 8076						

15. 进行外加剂性能检验时，试验项目对应的拌合批数及取样数量是多少？

　　答：试验项目及数量见表 2.8.6。

外加剂试验项目及数量 表 **2.8.6**

试验项目	试验类别	试验所需数量			
		混凝土拌合批数	每批取样数目	掺外加剂混凝土总取样数目	基准混凝土总取样数目
减水率	混凝土拌合物	3	1 次	3 次	3 次
含气量		3	1 个	3 个	3 个
凝结时间差		3	1 个	3 个	3 个
压力泌水率比		3	1 次	3 次	3 次
坍落度保留值		3	1 次	3 次	—
抗压强度比	硬化混凝土	3	6、9 或 12 块	18、27 或 36 块	18、27 或 36 块
渗透高度比		3	2 块	6 块	6 块
钢筋锈蚀	新拌或硬化砂浆	3	1 块	3 块	3 块
安定性	硬化净浆	3	1 次	3 次	3 次

16. 如何进行外加剂的减水率检验？

答：外加剂的减水率为坍落度基本相同时，基准混凝土和受检混凝土单位用水量之差与基准混凝土单位用水量之比。

减水率按下式计算：

$$W_R = \frac{W_0 - W_1}{W_0} \times 100$$

式中　W_R——减水率（%），单批试验结果精确到 0.1%；

　　　W_0——基准混凝土单位用水量（kg/m³）；

　　　W_1——受检混凝土单位用水量（kg/m³）。

W_R 以三批试验的算术平均值计，精确到 1%。若三批试验的最大值或最小值中有一个与中间值之差超过中间值的 15% 时，则把最大值与最小值一并舍去，取中间值作为该组试验的减水率。若有两个测值与中间值之差均超过 15%，则该批试验结果无效，应该重做。

17. 如何测试混凝土的含气量？

答：按《普通混凝土拌合物性能试验方法》GB 50080 用气水混合式含气量测定仪，并按该仪器说明进行操作，但混凝土拌合物一次装满并稍高于容器，用振动台振实15～20s。

试验时，每批混凝土拌合物取一个样，含气量以三个试样测值的算术平均值来表示。若三个试样中的最大值或最小值中有一个与中间值之差超过 0.5% 时，则把最大值与最小值一并舍去，取中间值作为该批试验的试验结果。如果最大值与最小值均超过 0.5%，应该重做。含气量测定值精确到 0.1%。

18. 混凝土的凝结时间差是如何测定的？

答：混凝土的凝结时间差就是受检混凝土的凝结时间与基准混凝土的凝结时间的差值。

凝结时间差按下式计算：

$$\Delta T = T_t - T_c$$

式中　ΔT——凝结时间之差（min）；

　　　T_t——掺外加剂混凝土的初凝或终凝时间（min）；

　　　T_c——基准混凝土的初凝或终凝时间（min）。

凝结时间采用贯入阻力仪测定，仪器精度位 10N，凝结时间测定方法如下：

将混凝土拌合物用 5mm（圆孔筛）振动筛筛出砂浆，拌匀后装入上口径为 160mm、下口径为 150mm、净高为 150mm 的刚性不渗水的金属圆筒，试样表面应低于筒口约 10mm，用振动台振实（约 3～5s），置于 20±2℃ 的环境中，容器加盖。一般基准混凝土在成型 3～4h、掺早强剂的在成型 1～2h、掺缓凝剂的在成型 4～6h 开始测定，以后每 0.5h 或 1h 测定一次，但临近初、终凝时，可以缩短测定间隔时间。每次测点应避开前一次测孔，其净距为针直径的 2 倍，但至少不小于 15mm，试针与容器边缘之距离不小于 25mm。测定初凝时间用截面积为 100mm² 的试针，测定终凝时间用 20mm² 的试针。

测试时，将砂浆试样筒置于贯入阻力仪上，测针端部与砂浆表面接触，然后在 10±2s 内均匀地使测针贯入砂浆 25±2mm 深度。记录贯入阻力，精确至 10N，记录测量时间，精确至 1min。

贯入阻力按下式计算，精确至 0.1MPa：

$$R=P/A$$

式中　　R——贯入阻力值（MPa）；

　　　　P——贯入深度达 25mm 时所需的净压力（N）；

　　　　A——贯入阻力仪试针的截面积（mm²）。

根据计算结果，以贯入阻力值为纵坐标，测试时间为横坐标，绘制贯入阻力值与时间关系曲线，求出贯入阻力值达到 3.5MPa 时对应的时间作为初凝时间及贯入阻力值达到 28MPa 时对应的时间为终凝时间。凝结时间从水泥与水接触时开始计算。

试验时，每批混凝土拌合物取一试样，凝结时间取三个试样的平均值。若三批试验的最大值或最小值中有一个与中间值之差超过 30min 时，则把最大值与最小值一并舍去，取中间值作为该组试验的凝结时间。如果两测值与中间值之差均超过 30min 时，该组试验结果无效，应该重做。凝结时间以 min 表示，并修约到 5min。

19. 净浆的凝结时间是如何测定的？

答：在室温和材料温度 20±2℃的条件下：

粉状速凝剂：按推荐掺量将速凝剂加入 400g 水泥中，放入拌合锅内。干拌均匀（颜色一致）后，加入 160mL 水，迅速搅拌 25～30s，立即装入圆模，人工振捣数次，削去多余的水泥浆，并用洁净的刀修平表面。

液体速凝剂：先将 400g 水泥与计算加水量（160mL 水减去速凝剂中的水量）搅拌均匀后，再按推荐掺量加入液体速凝剂，迅速搅拌 25～30s，立即装入圆模，人工振捣数次，削去多余的水泥浆，并用洁净的刀修平表面。从加入液体速凝剂算起操作时间不应超过 50s。将装满水泥浆的试模放在水泥净浆标准稠度与凝结时间测定仪下，使针尖与水泥浆表面接触。迅速放松测定仪杆上的固定螺丝，试针即自由插入水泥浆中，观察指针读数，每隔 10s 测定一次，直至终凝为止。

粉状速凝剂由加水时起，液体速凝剂由加入速凝剂起至试针沉入净浆中距底板 4±1mm 时所需的时间为初凝时间，至沉入净浆中小于 0.5mm 时所需时间为终凝时间。

每一试样，应进行两次试验。

试验结果以两次试验结果的算术平均值表示，如两次试验结果的差值大于 30s 时，本次试验无效，应重新进行试验。

20. 如何测定受检混凝土坍落度和坍落度 1h 经时变化量？

答：（1）每批混凝土取一个试样。坍落度和坍落度 1h 经时变化量均以三次试验结果的平均值表示。三次试验的最大值和最小值与中间值之差有一个超过 10 mm 时，将最大值和最小值一并舍去，取中间值作为该批的试验结果；最大值和最小值与中间值之差均超过 10 mm 时，则应重做。坍落度及坍落度 1h 经时变化量测定值以 mm 表示，结果表达修约到 5mm。

（2）混凝土坍落度按照 GB/T 50080 测定；但坍落度为 210±10mm 的混凝土，分两层装料，每层装入高度为筒高的一半，每层用插捣棒插捣 15 次。

（3）测定坍落度 1h 经时变化量时，应将按照要求搅拌的混凝土留下足够一次混凝土坍落度的试验数量，并装入用湿布擦过的试样筒内，容器加盖，静置至 1h（从加水搅拌时开始计算），然后倒出，在铁板上用铁锹翻拌至均匀后，再按照坍落度测定方法测定坍落度。计算出机时和 1h 之后的坍落度之差值，即得到坍落度的经时变化量。

坍落度 1h 经时变化量按下式计算：

$$\Delta Sl = Sl_0 - Sl_{1h}$$

式中　ΔSl——坍落度经时变化量（mm）；

　　　Sl_0——出机时测得的坍落度（mm）；

　　　Sl_{1h}——1h 后测得的坍落度（mm）。

21. 怎样测定水泥砂浆防冻剂的抗压强度比？

答：基准水泥砂浆试件与受检水泥砂浆试件应同时成型，成型按 JGJ 70 规定的方法，但试模改用带底钢模。受检水泥砂浆试件在 $20 \pm 3 \, ℃$ 环境温度下预养 2h 后移入冷冻箱，并用塑料布覆盖试件，其环境温度应于 3～4h 内均匀地降至规定温度，养护 7d 后（从成型加水时间算起）脱模，放置在 $20 \pm 3 \, ℃$ 环境温度下解冻 5h。解冻后分别进行抗压强度试验和转标准养护。

抗压强度比分别按下列各式计算：

$$R_{28} = \frac{f_{SA}}{f_S} \times 100$$

$$R_{-7} = \frac{f_{AT}}{f_S} \times 100$$

$$R_{-7+28} = \frac{f_{AT}}{f_S} \times 100$$

式中　R_{28}——受检标养 28d 水泥砂浆与基准水泥砂浆标养 28d 的抗压强度之比（%）；

　　　R_{-7}——受检负温水泥砂浆负温养护 7d 的抗压强度与基准水泥砂浆标养 28d 的抗压强度之比（%）；

　　R_{-7+28}——受检负温水泥砂浆负温养护 7d 再转标养 28d 的抗压强度与基准水泥砂浆标养 28d 的抗压强度之比（%）；

　　　f_{SA}——受检水泥砂浆标养 28d 的抗压强度（MPa）；

　　　f_S——基准水泥砂浆标养 28d 的抗压强度（MPa）；

　　　f_{AT}——不同龄期（R_{-7}，R_{-7+28}）的受检水泥砂浆的抗压强度（MPa）。

每组取三个试件试验结果的平均值作为该组砂浆的抗压强度值。三个测值中的最大值或最小值中如有一个与中间值的差值超过中间值的 15%，则把最大值与最小值一并舍去，取中间值作为该组试件的抗压强度值；如果两个测值与中间值相差均超过 15%，则此组试验结果无效。每龄期取三组试件试验结果的平均值为该龄期砂浆抗压强度值。三个测值中的最大值或最小值中若有一个与中间值的差值超过中间值的 15%，则把最大值与最小值一并舍去，取中间值作为该龄期试件的抗压强度值；如果最大值和最小值与中间值的差值均超过中间值的 15%，则该龄期试验结果无效，重新试验。

22. 如何测定速凝剂胶砂试件的 1d 抗压强度？

答：在室温为 $20 \pm 2 \, ℃$ 的条件下，称取基准水泥 900g，标准砂 1350g。

粉状速凝剂：按生产厂家推荐的掺量加入，干拌均匀，加入 450mL 水，迅速搅拌40～50s。

液体速凝剂：先计算推荐掺量速凝剂中的水量，从总水量中扣除，加入水后将胶砂搅拌至均匀，再加入液体速凝剂迅速搅拌 40～50s。

然后装入 40mm×40mm×160mm 的试模中，立即在胶砂振动台上振动 30s，刮去多余部分，抹平。同时成型掺速凝剂的试件二组，不掺速凝剂的试件一组，在温度为 20±2℃的室内放置 24±0.5h，脱模后立即测掺速凝剂试块的 1d 强度。

结果计算与评定：

抗压强度按下式进行计算：

$$f=F/S$$

式中　f——抗压强度（MPa）；

　　　F——试体受压破坏荷载（kN）；

　　　S——试体受压面积（mm²）。

得出 6 个强度值，其中与平均值相差±10％的数值应当剔除，将剩余的数值平均，剩余的数值少于 3 个时，试验必须重做。

采用的仪器设备如下：

200kN 压力试验机；

胶砂振动台；

称量 5kg，分度值 5g 的台秤；

40mm×40mm×160mm 试模；

称量 500g，分度值 0.5g 的架盘天平。

23. 如何测试限制膨胀率？

答：环境要求：试验室、养护箱、养护水的温度、湿度应符合 GB/T 17671 的规定；恒温恒湿（箱）室温度为 20±2℃，湿度为 60％±5％。

将试模擦净，模型侧板与底板的接触面应涂黄干油，紧密装配，防止漏浆。模内壁均匀刷一薄层机油，但纵向限制器具钢板内侧和钢丝上的油要用有机溶剂去掉。

每组成型三条试件，试体全长 158mm，其中胶砂部分尺寸为 40mm×40mm×140mm。每成型三条试件所需的材料及用量见表 2.8.3。

水泥胶砂搅拌、试体成型按照 GB/T17671 的规定进行。

试体在养护箱内养护，脱模时间以抗压强度 10±2MPa 确定。

试体脱模后 1h 内测量初始长度，测量完初始长度的试体立即放入水中养护，测量水中第 7 天的长度（L_1）变化，即水中 7d 的限制膨胀率。

测量完初始长度的试体立即放入水中养护，测量水中第 28 天的长度（L_1）变化，即水中 28d 的限制膨胀率。

测量完水中 7d 试体长度后，放入恒温恒湿（箱）室内养护 21d，即为空气中 21d 的限制膨胀率。

测量前 3h，将比长仪、标准杆放在标准试验室内，用标准杆校正测量仪并调整千分表零点。测量前，将试体及测量仪测头擦净。每次测量时，试体记有标志的一面与测量仪的相对位置必须一致，纵向限制器测头与测量仪测头应正面接触，读数应精确至 0.001mm。不同龄期的试体应在规定时间±1h 内测量。

养护时，应注意不损坏试体测头。试体与试体之间距离为 15mm 以上，试体支点距限制钢板两端约 30mm。

限制膨胀率按下式计算：

$$\varepsilon = \frac{L_1 - L}{L_0} \times 100$$

式中　ε——限制膨胀率（%）；

　　L_1——所测龄期的限制试体长度（mm）；

　　L——限制试体的初始长度（mm）；

　　L_0——限制试体的基长，140mm。

取相近的两条试体测量值的平均值作为限制膨胀率测量结果，计算应精确至小数点后第三位。

24. 如何测定掺外加剂混凝土的抗压强度比？

答：以掺外加剂（除防冻剂外）混凝土与基准混凝土同龄期抗压强度之比表示，按下式计算：

$$R_f = \frac{f_t}{f_c} \times 100$$

式中　R_f——抗压强度比（%），精确至 1%；

　　f_t——受检混凝土的抗压强度（MPa）；

　　f_c——基准混凝土的抗压强度（MPa）。

受检混凝土与基准混凝土的抗压强度按 GB/T 50081 进行试验和计算。试件用振动台振动 15～20s。试件预养温度为 20±3℃。试验结果以三批试验测值的平均值表示，若三批试验中有一批的最大值或最小值中有一个与中间值之差超过中间值的 15% 时，则把最大值与最小值一并舍去，取中间值作为该批的试验结果。若有两批测值与中间值之差均超过中间值的 15%，则试验结果无效，应该重做。

25. 如何测定掺防冻剂混凝土的抗压强度比？

答：混凝土试件制作及养护参照《普通混凝土拌合物性能试验方法》GB 50080 进行，但混凝土的坍落度为 80±10mm，试件用振动台振动 10～15s，环境及预养温度 20±3℃。掺防冻剂受检混凝土，当规定温度为 -5℃，试件预养时间为 6h，（或按 $M = \sum (T+10) \Delta t = 180℃ \cdot h$ 控制，式中 M—度时积，T—温度，t—温度 T 的持续时间）；当规定温度为 -10℃，试件预养时间为 5h（或 150℃·h）；当规定温度为 -15℃，试件预养时间为 4h（或 120℃·h）。将预养后的试件移入冰箱（或冰室）内并用塑料布覆盖试件，其环境温度应于 3～4h 内均匀地降低至规定温度，养护 7d 后脱模，在 20±3℃ 环境温度下解冻，解冻时间分别为 6h、5h、4h，进行抗压强度试验或转标养。

以受检负温混凝土与基准混凝土抗压强度之比表示：

$$R_{-7} = \frac{R_{AT}}{R_C} \times 100$$

式中　R——不同条件下的混凝土抗压强度比（%）；

R_{AT}——7d 受检混凝土抗压强度（MPa）；

R_C——标养 28d 基准混凝土抗压强度（MPa）。

每批一组，3 块试件数据取值原则同《普通混凝土力学性能试验方法》GB 50081 规定。以三组试验结果的平均值计算抗压强度比，精确到 1%。

26. 外加剂的 pH 值是如何测试的？

答：采用的仪器包括：酸度计、甘汞电极、玻璃电极、复合电极。

测试条件：

液体样品直接测试；

固体样品溶液的浓度为 10g/L；

被测溶液的温度为 20±3℃。

试验步骤：

首先按仪器的出厂说明书校正仪器。当仪器校正好后，先用水，再用测试溶液冲洗电极，然后再将电极浸入被测溶液中轻轻摇动试杯，使溶液均匀。待到酸度计的读数稳定 1min，记录读数。测量结束后，用水冲洗电极，以待下次测量。

酸度计测出的结果即为溶液的 pH 值。室内允许差为 0.2；室间允许差为 0.5。

27. 如何测试外加剂的细度（以 0.315mm 筛为例）？

答：采用的仪器：

药物天平：称量 100g，分度值 0.1g；

试验筛：采用孔径为 0.315mm 的钢丝网筛布，筛框有效直径 150mm，筛布应紧绷在筛框上，接缝必须严密，并附有筛盖。

试验步骤：

外加剂试样应充分拌匀并经 100～105℃（特殊品种除外）烘干，称取烘干试样 10g 倒入筛内，用人工筛样，将近筛完时，必须一手执筛往复摇动，一手拍打，摇动速度每分钟约 120 次。其间，筛子应向一定方向旋转数次，使试样分散在筛布上，直至每分钟通过质量不超过 0.05g 为止。称量筛余物，称准至 0.1g。

结果表示：

细度用筛余（%）表示，按下式计算：

$$筛余 = m_1/m_0 \times 100$$

式中　m_1——筛余物质量（g）；

　　　m_0——试样质量（g）。

允许差：室内为 0.40%；室间为 0.60%。

28. 外加剂密度有几种测试方法？如何测试外加剂的密度？

答：共有三种测试方法，分别是：比重瓶法、液体比重天平法和精密密度计法。

（1）比重瓶法

①测试条件

液体样品直接测试；

固体样品溶液的浓度为 10g/L；

被测溶液的温度为 20±1℃；

被测溶液必须清澈,如有沉淀应滤去。

②仪器

比重瓶:25mL 或 50mL;

天平:不应低于四级,精确至 0.0001g;

干燥器:内盛变色硅胶;

超级恒温器或同条件的恒温设备。

③试验步骤

首先进行比重瓶的校正。比重瓶依次用水、乙醇、丙酮和乙醚洗涤并吹干,塞子连瓶一起放入干燥器内,取出,称量比重瓶的质量为 m_0,直至恒量。然后将预先煮沸并经冷却的水装入瓶内,塞上塞子,使多余的水分从塞子毛细管流出,用吸水纸吸干瓶外的水。注意不能让吸水纸吸出塞子毛细管里的水,水要保持与毛细管上口相平,立即在天平称出比重瓶装满水后的质量 m_1。

容积 V 按下式计算:

$$V=（m_1-m_0）/0.9982$$

式中　V——比重瓶在 20℃时的容积(mL);

　　　m_1——比重瓶盛满 20℃水的质量(g);

　　　m_0——干燥的比重瓶质量(g);

0.9982——20℃纯水的密度(g/mL)。

然后测量外加剂溶液的密度 ρ。将已校正 V 值的比重瓶洗净、干燥、灌满被测溶液,塞上塞子后浸入 20±1℃超级恒温器内,恒温 20min 后取出,用吸水纸吸干瓶外的水及毛细管溢出的溶液后,在天平上称量出比重瓶装满外加剂溶液后的质量 m_2。

④结果表示

外加剂溶液的密度 ρ 按下式计算:

$$\rho=(m_2-m_0)/V=0.9982(m_2-m_0)/(m_1-m_0)$$

式中　ρ——20℃时外加剂溶液的密度(g/mL);

　　　m_2——比重瓶盛满 20℃外加剂溶液的质量(g)。

允许差:室内为 0.001g/mL;室间为 0.002g/mL。

(2)液体比重天平法

①测试条件

同比重瓶法。

②仪器

液体比重天平(构造示意见图 2.8.1);

超级恒温器或同条件的恒温设备。

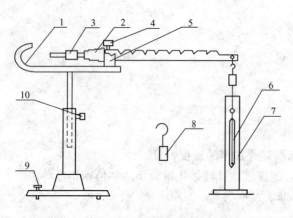

图 2.8.1　液体比重天平

1—托架;2—横梁;3—平衡调节器;4—灵敏度调节器;

5—玛瑙刃座;6—测锤;7—量筒;8—等重砝码;

9—水平调节;10—紧固螺钉

③试验步骤

首先进行液体比重天平的调试。将液体比重天平安装在平稳不受振动的水泥台上，其周围不得有强力磁源及腐蚀性气体，在横梁（2）的末端钩子上挂上等重砝码（8），调节水平调节螺丝（9），使横梁上的指针与托架指针成水平线相对，天平即调成水平位置；如无法调节平衡时，可将平衡调节器（3）的定位小螺丝松开，然后略微轻轻动平衡调节（3），直至平衡为止。仍将中间定位螺丝钉旋紧，防止松动。将等重砝码取下，换上整套测锤（6），此时天平必须保持平衡，允许有±0.0005的误差存在。如果天平灵敏度过高，可将灵敏度调节（4）旋低，反之旋高。

然后测量外加剂溶液的密度 ρ。将已恒温的被测溶液倒入量筒（7）内，将液体比重天平的测锤浸没在量筒中的被测溶液的中央，这时横梁失去平衡，在横梁 V 形槽与小钩上加放各种骑码后使之恢复平衡，所加骑码之读数 d，再乘以 0.9982g/mL，即为被测溶液的密度 ρ 值。

④结果表示

将测得的数值 d 代入下式计算出液体密度 ρ：

$$\rho = 0.9982d$$

式中　d——20℃时被测液体所加骑码的数值。

允许差：室内为 0.001g/mL；室间为 0.002g/mL。

（3）精密密度计法

①测试条件

同比重瓶法。

②仪器

波美比重计；

精密密度计；

超级恒温器或同条件的恒温设备。

③试验步骤

将已恒温的外加剂倒入 500mL 玻璃量筒内，以波美比重计插入溶液中测出该溶液的密度。

参考波美比重计所测溶液的数据，选择这一刻度范围的精密密度计插入溶液中，精确读出溶液凹液面与精密密度计相齐的刻度即为该溶液的密度。

④结果表示

测得的数据即为 20℃时外加剂溶液的密度。

允许差：室内为 0.001g/mL；室间为 0.002g/mL。

29. 钢筋锈蚀如何表示？试验方法是什么？

答：（1）钢筋锈蚀采用钢筋在新拌或硬化砂浆中阳极极化线来表示。

（2）测定方法按照 GB 8076 标准附录 B、C 规定进行。当用新拌砂浆法所测的钢筋有锈蚀危害时，还必须进一步做硬化砂浆阳极极化电位的测量，以进一步判别外加剂对钢筋有无锈蚀危害。

试验方法如下：

（1）钢筋锈蚀快速试验方法（新拌砂浆法）

①仪器设备

恒电位仪；

专用的符合本标准要求的钢筋锈蚀测量仪，或恒电位/恒电流仪，或恒电流仪，或恒电位仪（输出电流范围不小于 $0\sim2000\mu A$，可连续变化 $0\sim2V$，精度$\leqslant1\%$）。

甘汞电极；

定时钟；

电线：铜芯塑料线；

绝缘涂料（石蜡：松香＝9：1）；

试模：塑料有底活动模（尺寸 40mm×100mm×150mm）。

②试验步骤

制作钢筋电极

将 HPB235 级建筑钢筋加工制成直径为 7mm、长度为 100mm、表面粗糙度 R_a 的最大允许值为 $1.6\mu m$ 的试件，用汽油、乙醇、丙醇依次浸擦除去油脂，并在一端焊上长130～150mm 的导线，再用乙醇仔细擦去焊油，钢筋两端浸涂热熔石蜡松香绝缘涂料，使钢筋中间暴露长度为 80mm，计算其表面积。经过处理后的钢筋放入干燥器内备用，每组试件三根。

拌制新鲜砂浆

在无特定要求时，采用水灰比 0.5、灰砂比 1：2 配制砂浆，水为蒸馏水，砂为检验水泥强度用的标准砂，水泥为基准水泥（或按试验要求的配合比配制）。干拌 1min，湿拌 3min。检验外加剂时，外加剂按比例随拌合水加入。

砂浆及电极入模

把拌制好的砂浆浇入试模中，先浇一半（厚 20mm 左右）。将两根处理好经检查无锈痕的钢筋电极平行放在砂浆表面，间距 40mm，拉出导线，然后灌满砂浆抹平，并轻敲几下侧板，使其密实。

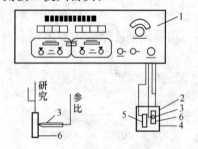

图 2.8.2　新鲜砂浆极化电位测试装置图

1—钢筋锈蚀测量仪或恒电位/恒电流仪；
2—硬塑料模；3—甘汞电极；4—新拌砂浆；5—钢筋阴极；6—钢筋阳极

连接试验仪器

按图 2.8.2 连接试验装置，以一根钢筋作为阳极接仪器的"研究"与"＊号"接线孔，另一根钢筋为阴极（即辅助电极）接仪器的"辅助"接线孔，再将甘汞电极的下端与钢筋阳极的正中位置对准，与新鲜砂浆表面接触，并垂直于砂浆表面。甘汞电极的导线接仪器的"参比"接线孔。在一些现代新型钢筋锈蚀测量仪或恒电位/恒电流仪上，电极输入导线通常为集束导线，只需按规定将三个夹子分别接阳极钢筋、阴极钢筋和甘汞电极即可。

③测试

a. 未通外加电流前，先读出阳极钢筋的自然电位 V（即钢筋阳极与甘汞电极之间的电位差值）。

b. 接通外加电流，并按电流密度 $50×10^{-2} A/m^2$（即 $50\mu A/cm^2$）调整 μA 表至需要

值。同时，开始计算时间，依次按 2min、4min、6min、8min、10min、15min、20min、25min、30min、60min，分别记录阳极极化电位值。

④实验结果处理

a. 以三个试验电极测量结果的平均值，作为钢筋阳极极化电位的测定值，以时间为横坐标，阳极极化电位为纵坐标，绘制电位-时间曲线（图 2.8.3）。

b. 根据电位-时间曲线判断砂浆中的水泥、外加剂等对钢筋锈蚀的影响。

a）电极通电后，阳极钢筋电位迅速向正方向上升，并在 1～5min 内达到析氧电位值，经 30m 测试，电位值无明显降低，如图 2.8.3 中的曲线①，则属钝化曲线。表明阳极钢筋表面钝化膜完好无损，所测外加剂对钢筋是无害的。

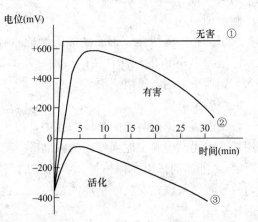

图 2.8.3　恒电流、电位-时间曲线分析图

b）通电后，阳极钢筋电位先向正方向上升，随着又逐渐下降，如图 2.8.3 中的曲线②，说明钢筋表面钝化已部分受损。而图 2.8.3 中的曲线③属活化曲线，说明钢筋表面钝化膜破坏严重。这两种情况均表明钢筋钝化膜已遭破坏。但这时对试验砂浆中所含的水泥、外加剂对钢筋锈蚀的影响仍不能做出明确的判断，还必须再做硬化砂浆阳极极化电位的测量，以进一步判别外加剂对钢筋有无锈蚀危害。

c）通电后，阳极钢筋电位随时间的变化有时会出现图 2.8.3 中的曲线①和②之间的中间态情况，即电位先向正方上升至较高电位值（例如≥＋600mV），持续一段稳定时间，然后渐呈下降趋势，如电位值迅速下降，则属第②种情况。如电位值缓降，且变化不多，则试验和记录电位的时间再延长 30min，继续 35min、40min、45min、50min、55min、60min 分别记录阳极极化电位值，如果电位曲线保持稳定不再下降，可认为钢筋表面尚能保持完好钝化膜，所测外加剂对钢筋是无害的；如果电位曲线继续持续下降，可认为钢筋表面钝化膜已破损面转变为活化状态，对于这种情况，还必须再做硬化砂浆阳极极化电位的测量，以进一步判别外加剂对钢筋有无锈蚀危害。

（2）钢筋锈蚀试验方法（硬化砂浆法）

①仪器设备

恒电位仪：专用的符合本标准要求的钢筋锈蚀测量仪或恒电位/恒电流仪，或恒电流仪，或恒电位仪（输出电流范围不小于 0～2000μA，可连续变化 0～2V，精度≤1%）；

不锈钢片电极；

甘汞电极（232 型或 222 型）；

定时钟；

电线：铜芯塑料线（型号 RV1×16/0.15mm）；

绝缘涂料（石蜡：松香＝9：1）；

搅拌锅、搅拌铲；

试模：长 95mm，宽和高均为 30mm 的棱柱体，模板两端中心带有固定钢筋的凹孔，其直径为 7.5mm，深 2～3mm，半通孔。试模用 8mm 厚硬聚氯乙烯塑料板制成。

②试验步骤

制备埋有钢筋的砂浆电极

制备钢筋

采用 HPB235 级建筑钢筋经加工制成直径 7mm、长度 100mm、表面粗糙度 R_a 的最大允许值为 1.6μm 的试件，使用汽油、乙醇、丙酮依次浸擦除去油脂，经检查无锈痕后放入干燥器中备用，每组三根。

成型砂浆电极

将钢筋插入试模两端的预留凹孔中，位于正中。按配比拌制砂浆，灰砂比为 1:2.5，采用基准水泥、检验水泥强度用的标准砂、蒸馏水（用水量按砂浆稠度 5～7cm 时的加水量而定），外加剂采用推荐掺量。将称好的材料放入搅拌锅内干拌 1min，湿拌 3min。将拌匀的砂浆灌入预先安放好钢筋的试模内，置于检验水泥强度用的振动台上振动 5～10s，然后抹平。

试件成型后盖上玻璃板，移入标准养护室养护，24h 后脱模，用水泥净浆将外露的钢筋两头覆盖继续标准养护 2d。取出试件，除去端部的封闭净浆，仔细擦净外露钢筋头的锈斑。在钢筋的一端焊上 130～150mm 的导线，用乙醇擦去焊油，并在试件两端浸涂热熔石蜡松香绝缘，使试件中间暴露长度为 80mm，如图 2.8.4 所示。

③测试

a. 将处理好的硬化砂浆电极置于饱和氢氧化钙溶液中浸泡数小时，直至浸透试件，其表征为监测硬化砂浆电极饱和氢氧化钙溶液中的自然电位至电位稳定且接近新拌砂浆中的自然电位，由于存在欧姆电压降可能会使两者之间有一个电位差。试验时应注意不同类型或不同掺量外加剂的试件不得放置在同一容器内浸泡，以防互相干扰。

b. 把一个浸泡后的砂浆电极移入盛有饱和氢氧化钙溶液的玻璃缸内，使电极浸入溶液的深度为 8cm，以它作为阳极，以不锈钢片作为阴极（即辅助电极），以甘汞电极作参比。按图 2.8.5 要求接好试验线路。

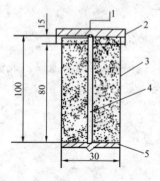

图 2.8.4　钢筋砂浆电极
1—导线；2、5—石蜡；
3—砂浆；4—钢筋

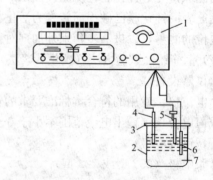

图 2.8.5　硬化砂浆极化电位测试装置图
1—钢筋锈蚀测量仪或恒电位/恒电流仪；
2—1000mL 烧杯；3—有机玻璃盖板；4—
不锈钢片（阴极）；5—甘汞电极；6—硬化砂
浆电极（阳极）；7—饱和氢氧化钙溶液

c. 未通外加电流前，先读出阳极（埋有钢筋的砂浆电极）的自然电位 V。

d. 接通外加电流，并按电流密度 $50 \times 10^{-2} A/m^2$（即 $50\mu A/cm^2$）调整 μA 表至需要值。同时，开始计算时间，依次按 2min、4min、6min、8min、10min、15min、20min、25min、30min，分别记录埋有钢筋的砂浆电极阳极极化电位值。

④试验结果处理

a. 取一组三个埋有钢筋的硬化砂浆电极极化电位的测量结果的平均值作为测定值，以阳极极化电位为纵坐标，时间为横坐标，绘制阳极极化电位-时间曲线。

b. 根据电位-时间曲线判断砂浆中的水泥、外加剂等对钢筋锈蚀的影响。

a）电极通电后，阳极钢筋电位迅速向正方向上升，并在 $1 \sim 5min$ 内达到析氧电位值，经 30min 测试，电位值无明显降低，如图 2.8.3 中的曲线①则属钝化曲线。表明阳极钢筋表面钝化膜完好无损，所测外加剂对钢筋是无害的。

b）通电后，阳极钢筋电位先向正方向上升，随着又逐渐下降，如图 2.8.3 中的曲线②说明钢筋表面钝化膜已部分受损。而图 2.8.3 中的曲线③活化曲线，说明钢筋表面钝化膜破坏严重。这两种情况均表明钢筋钝化膜已遭破坏，所测外加剂对钢筋是有锈蚀危害的。

30. 相关规范、规程和标准中对混凝土外加剂性能和使用有哪些要求或规定？

答：（1）《民用建筑工程室内环境污染控制规范》GB 50325 和《混凝土外加剂中释放氨的限量》GB 18588 中规定：

①民用建筑工程所使用的无机非金属建筑材料，包括砂、石、砖、水泥、商品混凝土、预制构件和新型墙体材料等，其放射性指标限量应符合表 2.8.7 的规定。

放射性指标限量	表 2.8.7
测定项目	限 量
内照射指数（I_{RA}）	$\leqslant 1.0$
外照射指数（I_Γ）	$\leqslant 1.0$

②民用建筑工程所使用的阻燃剂、混凝土外加剂氨的释放量不应大于 0.10%（质量分数）。

③民用建筑工程所采用的无机非金属建筑材料和装修材料必须有放射性指标检测报告，并应符合设计要求和规范的规定。

④民用建筑工程所使用的无机非金属建筑材料制品（如商品混凝土、预制构件等），如所使用的原材料（水泥、砂石等）的放射性指标合格，制品可不再进行放射性指标检验。

（2）《混凝土质量控制标准》GB 50164、《预拌混凝土》GB 14902、《混凝土外加剂应用技术规范》GB 50119 等规范、标准中对外加剂氯离子（氯化物）的限量如表 2.8.8 所示。

掺入混凝土中外加剂氯离子含量的限值（%） 表 2.8.8

使用环境 规范	素混凝土	钢筋混凝土		预应力混凝土	备 注
		干燥环境	潮湿环境		
GB 50164	2	1	0.3/0.1①	0.06①	以氯离子重量计

规 使 用 范 环 境 围	素混凝土	钢筋混凝土		预应力混凝土	备　注
		干燥环境	潮湿环境		
GB 50204		符合 GB 50164 规定		严禁使用	以氯离子重量计
GB 14902	2.0	1.0	0.3~0.1②	0.06②	以氯离子重量计
JGJ 104		1.0	不得使用	不得使用	以无水氯盐重量计
GB 50119	1.8	0.6	严禁使用	严禁使用	以氯离子重量计
DBJ 01—61	0.20~0.60	0.02~0.20		0.02	以氯离子重量计

① 对处在潮湿而不含氯离子环境中的钢筋混凝土,不得超过 0.3%;

　对在潮湿并含有氯离子环境中的钢筋混凝土,不得超过 0.1%;

　预应力混凝土及处于易腐蚀环境的钢筋混凝土,不得超过 0.06%;

② 室内潮湿环境;非严寒和非寒冷地区的露天环境、与无侵蚀性的水或土壤直接接触的环境下,不得超过 0.3%;

　严寒和寒冷地区的露天环境、与无侵蚀性的水或土壤直接接触的环境下,不得超过 0.2%;

　使用除冰盐的环境、严寒和寒冷地区冬季水位变动的环境;海滨室外环境下,不得超过 0.1%;

　预应力混凝土构件及设计使用年限为 100 年的室内正常环境下的钢筋混凝土,不得超过 0.06%;

　氯离子含量系指其占所用水泥(含替代水泥量的矿物掺合料)重量的百分率。

(3) 在 GB 50119 和 JGJ 104 中规定,在下列情况下不得使用含有氯盐的外加剂:

①预应力混凝土结构;

②相对湿度大于 80%环境中使用的结构、处于水位变化部位的结构、露天结构及经常受水淋、受水流冲刷的结构;

③大体积混凝土;

④直接接触酸、碱或其他侵蚀性介质的结构;

⑤经常处于温度为 60℃以上的结构,需要蒸养的钢筋混凝土预制构件;

⑥有装饰要求的混凝土,特别是要求色彩一致的或是表面有金属装饰的混凝土;

⑦薄壁结构,中级和重级工作制吊车的梁、屋架、落锤及锻锤混凝土基础等结构;

⑧使用冷拉钢筋或冷拔低碳钢丝的结构;

⑨骨料具有碱活性的混凝土结构;

⑩与镀锌钢材或铝铁相接触部位的结构,以及有外露钢筋、预埋铁件而无防护措施的结构;

⑪使用直流电源以及距高压支流电源 100m 以内或靠近高压电源的结构。

(4)《混凝土外加剂应用技术规范》GB 50119 和《混凝土外加剂应用技术规程》DBJ 01—61 等标准中对外加剂带入混凝土中的碱进行了限量,如表 2.8.9 所示。

DBJ 01—61 规定:碱以 ($Na_2O+0.658K_2O$) 计。外加剂带入混凝土的总碱量的计算方法:首先按照每立方米混凝土 400kg 水泥计算外加剂的用量 M (kg),如外加剂碱含量为 $R\%$,则带入每立方米混凝土的碱总量即为:$M×R\%$。

混凝土的总碱含量尚应符合有关标准或设计的规定。

由外加剂带入混凝土的碱总量的限值（kg/m³） 表 2.8.9

限值 种类 规范	外加剂品种	
	防水剂类	其他类
DBJ 01—61	≤0.7	≤1.0
GB 50119	≤1.0	

TY 5—99 中规定，凡用于Ⅱ、Ⅲ类工程结构用水泥、砂石、外加剂、掺合料等混凝土用建筑材料，必须具有由市技术监督局核定的法定检测单位出具的（碱含量和集料活性）检测报告，无检测报告的混凝土材料禁止在此类工程应用。进入北京市场的水泥、外加剂及矿物掺合料，根据建设工程的需要必须提供产品有关技术指标及碱含量的检测报告。

（5）《混凝土外加剂应用技术规范》GB 50119 中对防冻剂的使用做出如下规定：

①在日最低气温为 0～−5℃，混凝土采用塑料薄膜和保温材料养护时，可采用早强剂或早强减水剂；

②在日最低气温为−5～−10℃、−10～−15℃、−15～−20℃，采用上述保温措施时，宜分别采用规定温度为−5℃、−10℃、−15℃的防冻剂；

③防冻剂的规定温度为按《混凝土防冻剂》JC 475 规定的试验条件成型的试件，在恒负温条件下养护，施工使用的最低气温可比规定温度低 5℃；

④防冻剂与其他外加剂共同使用时，应先进行试验，满足要求方可使用；

⑤掺加防冻剂的混凝土在负温条件下养护时，不得浇水，混凝土浇筑后，应立即用塑料薄膜和保温材料覆盖，严寒地区应加强保温措施，混凝土的初期养护温度不得低于规定温度；当混凝土温度降低到规定温度时，混凝土强度必须达到受冻临界强度。

（6）《混凝土外加剂应用技术规范》GB 50119 中对膨胀剂的使用做出如下规定：

①含硫铝酸钙类、硫铝酸钙-氧化钙类膨胀剂的混凝土（砂浆）不得用于长期环境温度为 80℃以上的工程；

②含氧化钙类膨胀剂配制的混凝土（砂浆）不得用于海水或有侵蚀性水的工程；

③掺膨胀剂的混凝土适用于钢筋混凝土和填充性混凝土；

④掺膨胀剂的大体积混凝土，其内部最高温度应符合有关标准的规定，混凝土内外温差宜小于 25℃；

⑤膨胀剂应符合《混凝土膨胀剂》JC 476 标准的规定，膨胀剂进入现场后应进行限制膨胀率检测，合格后方可入库、使用；

⑥掺膨胀剂的混凝土所用的水泥不得使用硫铝酸盐水泥、铁铝酸盐水泥和高铝水泥；

⑦掺膨胀剂的混凝土的胶凝材料最少用量（水泥、膨胀剂和掺和料的总量）应符合表 2.8.10 的规定；

胶凝材料最少用量 表 2.8.10

膨胀混凝土种类	胶凝材料最少用量（kg/m³）
补偿收缩混凝土	300
填充用膨胀混凝土	350
自应力混凝土	500

⑧水胶比不宜大于0.5,与其他外加剂复合使用时,应有较好的适应性,膨胀剂不宜与氯盐类外加剂复合使用,与防冻剂复合使用时应慎重,外加剂品种和掺量应通过试验确定;

⑨对于掺膨胀剂的大体积混凝土和大面积板面混凝土,表面抹压后用塑料薄膜覆盖,混凝土硬化后,宜采用蓄水养护或用湿麻袋覆盖,保持混凝土表面潮湿,养护时间不应少于14d;

⑩对于掺膨胀剂的墙体混凝土等不易保水的结构,宜从顶部设水管喷淋,拆模时间不宜少于3d,拆模后用湿麻袋紧贴墙体覆盖,并浇水养护保持混凝土表面潮湿,养护时间不宜少于14d;

⑪冬期施工时,掺膨胀剂混凝土浇筑后,应立即用塑料薄膜和保温材料覆盖,养护时间不少于14d;对于墙体,带模板养护时间不应少于7d。

(7)《混凝土泵送施工技术规程》JGJ/T 10中规定:

①泵送混凝土掺用的外加剂,应符合《混凝土外加剂》GB 8076、《混凝土外加剂应用技术规范》GB 50119、《混凝土泵送剂》JC 473和《预拌混凝土》GB 14902的有关规定;

②外加剂的品种和掺量宜由试验确定,不得任意使用;

③掺用引气型外加剂的泵送混凝土的含气量不宜大于4%。

(8)其他有关的规定:

①JGJ 104规定:在采用综合蓄热法施工时,应选用早强剂或早强型复合防冻剂,并应具有减水、引气作用;采用非加热养护法施工所选用的外加剂,宜优先选用含引气成分的外加剂,含气量宜控制在2%~4%;

②GB 50208中规定:外加剂的技术指标,应符合国家或行业标准一等品及以上的质量要求;

③GB 50204中规定:混凝土浇筑完毕后应在12h内加以覆盖并保湿养护,对采用硅酸盐水泥、普通硅酸盐水泥或矿渣硅酸盐水泥拌制的混凝土,不得少于7d,对掺用缓凝型外加剂或有抗渗要求的混凝土,不得少于14d。混凝土强度达到1.2MPa前,不得在其上踩踏或安装模板及支架。

第三章 建筑施工试验

第一节 钢筋接头（连接）

1. 与钢筋接头（连接）试验有关的标准、规范有哪些？

答：(1)《混凝土结构工程施工质量验收规范》(GB 50204—2002（2011 版))

(2)《钢筋机械连接技术规程》(JGJ 107—2010)

(3)《钢筋焊接及验收规程》(JGJ 18—2012)

(4)《钢筋混凝土用钢 第 1 部分：热轧热轧光圆钢筋》(GB 1499.1—2008)

(5)《钢筋混凝土用钢 第 2 部分：热轧热轧带肋钢筋》(GB 1499.2—2007)

(6)《钢筋混凝土用钢 第 3 部分：钢筋焊接网》(GB 1499.3—2010)

(7)《钢筋混凝土用热轧余热处理钢筋》(GB 13014—91)

(8)《碳素结构钢》(GB/T 700—2006)

(9)《冷轧带肋钢筋》(GB 13788—2008)

(10)《冷轧扭钢筋》(JG 190—2006)

(11)《钢筋焊接接头试验方法》(JGJ/T 27—2001)

(12)《钢筋焊接网混凝土结构技术规程》(JGJ 114—2003)

(13)《镦粗直螺纹钢筋接头》(JG 171—2005)

(14)《复合钢板焊接接头力学性能试验方法》(GB/T 16957—1997)

2. 钢筋接头的分类、必试项目组批规则及取样数量有哪些规定？

答：(1) 钢筋焊接

工艺试验（工艺检验）的目的：

了解钢筋焊接性能、选择最佳焊接参数、掌握焊工技术水平。

在工程开工或每批钢筋正式焊接之前，参与该项施焊的焊工必须进行现场条件下的焊接工艺试验，应经试验合格后，方准予焊接生产。试验结果应符合质量检验与验收时的要求。若第 1 次未通过，应改进工艺，调整参数，直至合格为止。

钢筋焊接必试项目、组批原则及取样数量见表 3.1.1。

(2) 钢筋的机械连接

①工艺检验

钢筋连接工程开始前，应对不同钢筋生产厂的进场钢筋进行接头工艺检验；施工过程中，更换钢筋生产厂时，应补充进行工艺检验。

工艺检验应符合下列要求：

钢筋焊接必试项目、组批原则及取样数量表　　　　表 3.1.1

序号	材料名称及相关标准代号	试验项目	组批原则及取样规定
1	焊接： (JGJ/T 27—2001) (JGJ 18—2012) (GB 1499.3—2010) 钢筋电阻点焊	必试：拉伸试验 （抗拉强度） 剪切试验 （抗剪力）	①钢筋焊接网按批进行检查验收，每批应由同一型号、同一原材料来源、同一生产设备并在同一连续时段内制造的钢筋焊接网组成，重量不大于 60t； ②力学性能检验的试件应从成品网片中切取，但试样所包含的交叉点不应开焊，除去掉多余的部分以外，试样不得进行其他加工。③拉伸试样应沿钢筋焊接网两个方向各截取一个试件，每个试件至少有一个交叉点。试样长度应足够，以保证夹具之间的距离不小于 20 倍试样直径或 180mm（取二者之较大者）。对于并筋，非受拉钢筋应在离交叉点约 20mm 处切断。拉伸试样上的横向钢筋宜距交叉点约 25mm 处切断。如图（a）所示。 （a） （b） （a）钢筋焊点拉伸试件 （b）钢筋焊点剪切试件； ④抗剪试样应沿同一横向钢筋随机截取 3 个试样。钢筋网两个方向均为单根钢筋时，较粗钢筋为受拉钢筋；对于并筋，其中之一为受拉钢筋，另一只非受拉钢筋应在交叉点处切断，但不应损伤受拉钢筋焊点。抗剪试样上的横向钢筋应距交叉点不小于 25mm 处切断。如图（a）所示

序号	材料名称及相关标准代号	试验项目	组批原则及取样规定
2	钢筋闪光对焊接头	必试：拉伸试验（抗拉强度）弯曲试验	（1）同一台班内由同一焊工完成的 300 个同牌号、同直径钢筋焊接接头应作为一批；当同一台班内焊接的接头数量较少，可在一周内累计计算；累计仍不足 300 个接头时，应按一批计算； （2）力学性能检验时，应从每批接头中随机切取 6 个接头，其中 3 个做拉伸试验，3 个做弯曲试验； （3）异径钢筋接头可只做拉伸试验。 （4）箍筋闪光对焊接头，以 600 个同牌号、同规格的接头作为一批，每批接头中随机切取 3 个接头做拉伸试验
3	钢筋电弧焊接头	必试：拉伸试验（抗拉强度）	（1）在现浇混凝土结构中，应以 300 个同牌号钢筋、同形式接头作为一批；在房屋结构中，应在不超过二楼层中 300 个同牌号钢筋、同形式接头作为一批，每批随机切取 3 个接头，做拉伸试验； （2）在装配式结构中，可按生产条件制作模拟试件，每批 3 个试件，做拉伸试验； （3）钢筋与钢板电弧搭接头可只进行外观检查 （4）在同一批中若有 3 种不同直径的钢筋焊接接头，应在最大直径钢筋接头和最小直径钢筋接头中分别切取 3 个试件进行拉伸试验
4	钢筋电渣压力焊接头	必试：拉伸试验（抗拉强度）	（1）在现浇钢筋混凝土结构中，应以 300 个同牌号钢筋接头作为一批；在房屋结构中，应在不超过二楼层中 300 个同牌号钢筋接头作为一批；当不足 300 个接头时，仍应作为一批。每批随机切取 3 个接头做拉伸试验。 （2）在同一批中若有 3 种不同直径的钢筋焊接接头，应在最大直径钢筋接头和最小直径钢筋接头中分别切取 3 个试件进行拉伸试验
5	钢筋气压焊接头	必试：拉伸试验（抗拉强度）弯曲试验（梁、板的水平筋连接）	（1）在现浇钢筋混凝土结构中，应以 300 个同牌号钢筋接头作为一批；在房屋结构中，应在不超过二楼层中 300 个同牌号钢筋接头作为一批；当不足 300 个接头时，仍应作为一批。 （2）在柱、墙的竖向钢筋连接中，应从每批接头中随机切取 3 个接头做拉伸试验；在梁、板的水平钢筋连接中，应另取 3 个接头做弯曲试验。 （3）异径气压焊钢筋接头可只做拉伸试验。 （4）在同一批中若有 3 种不同直径的钢筋焊接接头，应在最大直径钢筋接头和最小直径钢筋接头中分别切取 3 个试件进行拉伸试验
6	预埋件钢筋 T 形接头	必试：拉伸试验（抗拉强度）	当进行力学性能检验时应以 300 件同类型预埋件作为一批。一周内连续焊接时，可累计计算。当不足 300 件时，亦应按一批计算。应从每批预埋件中随机切取 3 个接头做拉伸试验，试件的钢筋长度应大于或等于 200mm，钢板的长度和宽度均应大于或等于 60mm

a. 每种规格钢筋的接头试件不应少于 3 根；

b. 每根试件的抗拉强度和 3 根接头试件的残余变形的平均值均应符合表 3.1.5 和表 3.1.6 的规定；

c. 接头试件在测量残余变形后可再进行抗拉强度试验，并宜按表 3.1.7 中的单向拉伸加载制度进行试验。单向拉伸试验时的变形测量仪表应在钢筋两侧对称布置（图 3.1.1），取钢筋两侧仪表读数的平均值计算残余变形值；

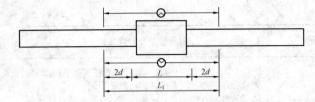

图 3.1.1　接头试件变形测量标距和仪表布置

L_1—变形测量标距；L—机械连接接头长度；
d—钢筋公称直径

d. 第一次工艺检验中 1 根试件抗拉强度或 3 根试件的残余变形平均值不合格时，允许再抽 3 根试件进行复验，复验仍不合格时判为工艺检验不合格。

②现场检验

a. 接头的现场检验按验收批进行。同一施工条件下采用同一批材料的同等级、同形式、同规格接头，以 500 个为一验收批进行检验与验收，不足 500 个也作为一个验收批。

b. 对接头的每一验收批，必须在工程结构中随机截取 3 个接头试件做抗拉强度试验，按设计要求的接头等级进行评定。

c. 现场检验连续 10 个验收批抽样试件抗拉强度试验 1 次合格率为 100% 时，验收批接头数量可扩大 1 倍。

3. 钢筋焊接接头试样及机械连接接头试样尺寸如何确定？

答：(1) 钢筋焊接接头试样

①钢筋电阻点焊、闪光对焊、电弧焊、电渣压力焊、气压焊、预埋件钢筋 T 形接头的拉伸试件尺寸可按表 3.1.2 规定取用。

钢筋焊接接头拉伸试样尺寸　　　　　　　　　　表 3.1.2

焊接方法		接头形式	试样尺寸（mm）	
			L_S	$L \geqslant$
	电阻点焊		20 倍试样直径或 180mm（取二者之较大者）	$L_S + 2L_j$
	闪光对焊		$8d$	$L_S + 2L_j$
电弧焊	双面帮条焊		$8d + L_h$	$L_S + 2L_j$
	单面帮条焊		$8d + L_h$	$L_S + 2L_j$
	双面搭接焊		$8d + L_h$	$L_S + 2L_j$
	单面搭接焊		$5d + L_h$	$L_S + 2L_j$
	熔槽帮条焊		$8d + L_h$	$L_S + 2L_j$
	坡口焊		$8d$	$L_S + 2L_j$

续表

焊接方法		接头形式	试样尺寸（mm）	
			L_S	$L \geqslant$
电弧焊	窄间隙焊		$8d$	$L_S + 2L_j$
	电渣压力焊		$8d$	$L_S + 2L_j$
	气压焊		$8d$	$L_S + 2L_j$
	预埋件电弧焊		—	200
	预埋件埋弧压力焊			

注：L_S—受试长度；L_h—焊缝（或镦粗）长度；L_j—夹持长度，100～200mm；L—试样长度；d—钢筋直径。

②弯曲度件

a. 试样的长度宜为两支辊内侧距离（$D+2.5d$）另加 150mm；D 为压头弯心直径，d 为钢筋公称直径。

b. 应将试样受压面的金属毛刺和镦粗变形部分去除至与母材外表齐平。

③抗剪试样

试样的形式和尺寸应符合图 3.1.2。

（2）钢筋机械连接接头

机械连接的接头长度是指接头连接件长度加连接件两端钢筋横截面变化区段的长度。

对带肋钢筋套筒挤压接头，其接头长度即为套筒长度；对锥螺纹或滚轧直螺纹接头，接头长度为套筒长度加两端外露丝扣长度；对镦粗直螺纹接头，接头长度为套筒长度加两端镦粗过渡段长度。

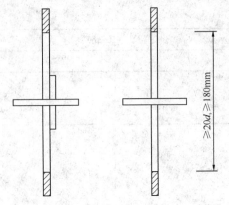

图 3.1.2　钢筋焊接网试样

对于机械连接接头的工艺检验试件，其长度应不小于 $L_1 + 2 \times$ 夹持长度（100～200mm），见图 3.1.1。

4. 钢筋焊接接头试验的方法是什么？

答：（1）焊接接头的拉伸试验

①根据钢筋的级别和直径，应选用适配的拉力试验机或万能试验机。试验机应符合现行国家标准《金属拉伸试验方法》GB/T 228 中的有关规定。

②夹紧装置应根据试样规格选用，在拉伸过程中不得与钢筋产生相对滑移。

③在使用预埋件 T 形接头拉伸试验吊架时，应将拉杆夹紧于试验机的上钳口内，试样的钢筋应穿过垫板放入吊架的槽孔中心，钢筋下端应夹紧于试验机的下钳口内。

④试验前应采用游标卡尺复核钢筋的直径和钢板厚度。

⑤用静拉伸力对试样轴向拉伸时应连续而平稳，加载速率宜为 10～30MPa/s，将试样拉至断裂（或出现缩颈），可从测力盘上读取最大力或从拉伸曲线图上确定试验过程中的最大力。

⑥试验中，当试验设备发生故障或操作不当而影响试验数据时，试验结果应视为无效。

⑦当在试样断口上发现气孔、夹渣、未焊透、烧伤等焊接缺陷时，应在试验记录中注明。

⑧抗拉强度应按下式计算：

$$\sigma_b = \frac{F_b}{S_0}$$

式中　σ_b——抗拉强度（MPa），试验结果数值应修约到 5MPa，修约的方法应按现行国家标准《数值修约规则》GB 8170 的规定进行；

　　　F_b——最大力（N）；

　　　S_0——试样公称截面面积。

（2）钢筋接头的抗剪试验

①剪切试验宜采用量程不大于 300kN 的万能试验机。

②剪切夹具可分为悬挂式夹具和吊架式锥形夹具两种；试验时，应根据试样尺寸和设备条件选用合适的夹具。

③夹具应安装于万能试验机的上钳口内，并应夹紧。试样横筋应夹紧于夹具的横槽内，不得转动。纵筋应通过纵槽夹紧于万能试验机的下钳口内，纵筋受拉的力应与试验机的加载轴线相重合。

④加载应连续而平稳，加载速率宜为 10～30MPa/s，直至试件破坏为止。从测力度盘上读取最大力，即为该试样的抗剪载荷。

⑤试验中，当试验设备发生故障或操作不当而影响试验数据时，试验结果应视为无

效。

（3）钢筋接头的弯曲试验

①试验的长度宜为两支辊内侧距离另加150mm，具体尺寸可按表3.1.3选用。

②应将试样受压面的金属毛刺和镦粗变形部分去除至与母材外表齐平。

③弯曲试验可在压力机或万能试验机上进行。

④进行弯曲试验时，试样应放在两支点上，并应使焊缝中心与压头中心线一致，应缓慢地对试样施加弯曲力，直至达到规定的弯曲角度或出现裂纹、破断为止。

⑤压头弯心直径和弯曲角度应按表3.1.3的规定确定。

序　号	钢筋级别	弯心直径（D）		弯曲角（°）
		$d \leqslant 25mm$	$d > 25mm$	
1	HPB235、HPB300	$2d$	$3d$	90
2	HRB335	$4d$	$5d$	90
3	HRB400、RRB400	$5d$	$6d$	90
4	HRB500	$7d$	$8d$	90

压头弯心直径和弯曲角度　　　　　　　表3.1.3

注：d为钢筋直径；

⑥在试验过程中，应采取安全措施，防止试样突然断裂伤人。

5. 钢筋焊接接头试验结果如何评定？

答：（1）钢筋焊接网：

①钢筋焊接网钢筋的抗拉强度应分别符合相应标准中相应牌号钢筋的规定。

②钢筋焊接网焊点的抗剪力为3个试件抗剪力的平均值（精确至0.1kN），应不小于试样受拉钢筋规定屈服力的0.3倍。

③当拉伸、剪切试验结果不合格时，应从该批钢筋焊接网中再切取双倍数量试件进行不合格项目的复验；复验结果均合格时，应评定该批焊接网为合格。

（2）钢筋闪光对焊接头、电弧焊接头、电渣压力焊接头、气压焊接头、预埋件钢筋T形接头的拉伸试验，应从每一检验批接头中随机切取三个接头进行试验并应按下列规定对试验结果进行评定：

①符合下列条件之一，应评定该检验批接头拉伸试验合格：

a. 3个试件均断于钢筋母材，呈延性断裂，其抗拉强度大于或等于钢筋母材抗拉强度标准值；

b. 2个试件断于钢筋母材，呈延性断裂，其抗拉强度大于或等于钢筋母材抗拉强度标准值；另一试件断于焊缝，呈脆性断裂，其抗拉强度大于或等于钢筋母材抗拉强度标准值的1.0倍。

注：试件断于热影响区，呈延性断裂，应视作与断于钢筋母材等同；试件断于热影响区，呈脆性断裂，应视作与断于焊缝等同。

②符合下列条件之一，应进行复验：

a. 2个试件断于钢筋母材，呈延性断裂，其抗拉强度大于或等于钢筋母材抗拉强度标准值；另一试件断于焊缝，或热影响区，呈脆性断裂，其抗拉强度小于钢筋母材抗拉强度标准值的 1.0 倍。

b. 1 个试件断于钢筋母材，呈延性断裂，其抗拉强度大于或等于钢筋母材抗拉强度标准值；另 2 个试件断于焊缝或热影响区，呈脆性断裂。

c. 3 个试件均断于焊缝，呈脆性断裂，其抗拉强度均大于或等于钢筋母材抗拉强度标准值的 1.0 倍，应进行复验。

③3 个试件均断于焊缝，呈脆性断裂，其中有 1 个试件抗拉强度小于钢筋母材抗拉强度标准值的 1.0 倍，应评定该检验批接头拉伸试验不合格。

④复验时，应切取 6 个试件进行试验。试验结果，若有 4 个或 4 个以上试件断于钢筋母材，呈延性断裂，其抗拉强度大于或等于钢筋母材抗拉强度标准值，另 2 个或 2 个以下试件断于焊缝，呈脆性断裂，其抗拉强度大于或等于钢筋母材抗拉强度标准值的 1.0 倍，应评定该检验批接头拉伸试验复验合格。

⑤可焊接余热处理钢筋 RRB400W 焊接接头拉伸试验结果，其抗拉强度应符合同级别热轧带肋钢筋抗拉强度标准值 540MPa 的规定。

⑥预埋件钢筋 T 形接头拉伸试验结果，3 个试件的抗拉强度均大于或等于表 3.1.4 的规定值时，应评定该检验批接头拉伸试验合格。若有一个接头试件抗拉强度小于表 3.1.4 的规定值时，应进行复验。复验时，应切取 6 个试件进行试验。复验结果，其抗拉强度均大于或等于表 3.1.4 的规定值时，应评定该检验批接头拉伸试验复验合格。

预埋件钢筋 T 形接头抗拉强度规定值　　　　　　表 3.1.4

钢筋牌号	抗拉强度规定值（MPa）	钢筋牌号	抗拉强度规定值（MPa）
HPB300	400	HRB500、HRBF500	610
HRB335、HRBF335	435	RRB400W	520
HRB400、HRBF400	520		

（3）钢筋闪光对焊接头、气压焊接头进行弯曲试验时，应从每一个检验批接头中随机切取 3 个接头，焊缝应处于弯曲中心点。弯曲试验结果应按下列规定进行评定：

①当试验结果，弯曲至 90°，有 2 个或 3 个试件外侧（含焊缝和热影响区）未发生宽度达到 0.5mm 的裂纹，应评定该检验批接头弯曲试验合格。

②当有 2 个试件发生宽度达到 0.5mm 的裂纹，应进行复验。

③当有 3 个试件发生宽度达到 0.5mm 的裂纹，应评定该检验批接头弯曲试验不合格。

④复验时，应切取 6 个试件进行试验。复验结果，当不超过 2 个试件发生宽度达到 0.5mm 的裂纹时，应评定该检验批接头弯曲试验复验合格。

6. 钢筋机械连接接头试验时的加荷速率有何要求？试验结果如何评定？

答：（1）测量接头试件的残余变形时加载时的应力速率宜采用 $2N/mm^2 \cdot s^{-1}$，最高不超过 $10N/mm^2 \cdot s^{-1}$；测量接头试件的抗拉强度时试验机夹头的分离速率宜采用 $0.05L_C/min$，L_C 为试验机夹头间的距离。残余变形试验结果应修约到 0.01mm，抗拉强度试验结果应修约到 5MPa。

（2）试验的数量和合格条件：

对接头的每一验收批，必须在工程结构中随机截取 3 个接头试件做抗拉强度试验，按设计要求的接头等级进行评定。当3个接头试件的抗拉强度均符合规程中相应等级的要求时（表3.1.5），该验收批评为合格。如有1个试件的强度不符合要求，应再取6个试件进行复检。复检中如仍有1个试件的强度不符合要求，则该验收批评为不合格。

注：破坏形态：钢筋拉断、接头连接件破坏、钢筋从连接件中拔出。

接头的抗拉强度 表3.1.5

接头等级	Ⅰ级	Ⅱ级	Ⅲ级
抗拉强度	$f_{mst}^0 \geqslant f_{stk}$ 断于钢筋 或 $f_{mst}^0 \geqslant 1.10 f_{stk}$ 断于接头	$f_{mst}^0 \geqslant f_{stk}$	$f_{mst}^0 \geqslant 1.25 f_{yk}$

注：f_{mst}^0——接头试件的实测抗拉强度；

f_{stk}——钢筋抗拉强度标准值；

f_{yk}——钢筋屈服强度标准值。

接头的变形性能 表3.1.6

接头等级		Ⅰ级	Ⅱ级	Ⅲ级
单向拉伸	残余变形 （mm）	$u_0 \leqslant 0.10$ （$d \leqslant 32$） $u_0 \leqslant 0.14$ （$d > 32$）	$u_0 \leqslant 0.14$ （$d \leqslant 32$） $u_0 \leqslant 0.16$ （$d > 32$）	$u_0 \leqslant 0.14$ （$d \leqslant 32$） $u_0 \leqslant 0.16$ （$d > 32$）
	最大力 总伸长率（%）	$A_{sgt} \geqslant 6.0$	$A_{sgt} \geqslant 6.0$	$A_{sgt} \geqslant 3.0$

注：u_0——接头试件加载至 $0.6 f_{yk}$ 并卸载后在规定标距内的残余变形；

A_{sgt}——接头试件的最大力总伸长率。

机械连接接头工艺检验的加载制度 表3.1.7

试验项目	加 载 制 度
单向拉伸	$0 \rightarrow 0.6 f_{yk} \rightarrow 0$ （测量残余变形）$\rightarrow$ 最大拉力（记录抗拉强度）$\rightarrow 0$

注：1. f_{yk}——钢筋屈服强度标准值。

2. 可采用不大于 $0.012 A_S f_{stk}$ 的拉力作为名义上的零荷载。

第二节　回（压实）填土

1. 与回（压实）填土试验有关的标准、规范有哪些？

答：(1)《建筑地基基础设计规范》（GB 50007—2002）；

(2)《建筑地基基础工程施工质量验收规范》（GB 50202—2002）；

(3)《土工试验方法标准》（GB/T 50123—1999）；

(4)《建筑地基处理技术规范》（JGJ 79—2002）。

2. 什么是压实填土？压实填土的质量以什么指标控制？

答：压实填土包括分层压实和分层夯实的填土。当利用压实填土作为建筑工程的地基持力层时，在平整场地前，应根据结构类型、填料性能和现场条件等，对拟压实的填土提出质量要求。

压实填土的质量以压实系数 λ_c 控制，并应根据结构类型和压实填土所在部位按表3.2.1确定。

压实填土的质量控制 表 3.2.1

结构类型	填土部位	压实系数（λ_c）	控制含水量（%）
砌体承重结构和框架结构	在地基主要受力层范围内	≥0.97	$\omega_{op}\pm2$
	在地基主要受力层范围以下	≥0.95	
排架结构	在地基主要受力层范围内	≥0.96	
	在地基主要受力层范围以下	≥0.94	

注：1. 压实系数 λ_c 为压实填土的控制干密度 ρ_d 与最大密度 ρ_{dmax} 的比值，ω_{op} 为最优含水量；

2. 地坪垫层以下及基础底面标高以上的压实填土，压实系数不应小于0.94。

3. 土的塑性指标有哪些，如何定义？

答：土的塑性指标有：液限（ω_L）、塑限（ω_p）和塑性指数（I_p）。

塑限（ω_p）：黏性土由固态或半固态状态过渡到可塑状态的界限含水量称为土的塑限。

液限（ω_L）：黏性土由可塑状态过渡到流动状态的界限含水量称为土的液限。

塑性指数（I_p）：塑性指数是液限与塑限的差值，即土处在可塑状态的含水量变化范围，反映土的可塑性的大小。

4. 压实填土的最大干密度和最优含水率如何确定，其试验如何进行？

答：压实填土的最大干密度和最优含水率，宜采用击实试验确定。

击实试验：用标准的容器、锤击和击实方法，测定土的含水量和密度变化曲线，求得最大干密度时的最优含水量，是控制填土质量的重要指标之一。

（1）本试验分轻型击实和重型击实。轻型击实试验适用于粒径小于 5mm 的黏性土，重型击实试验适用于粒径不大于 20mm 的土。采用三层击实时，最大粒径不大于 40mm。

（2）轻型击实试验的单位体积击实功约 592.2kJ/m³，重型击实试验的单位体积击实功约 2684.9kJ/m³。

（3）本试验所用的主要仪器设备（图 3.2.1、图 3.2.2）应符合下列规定：

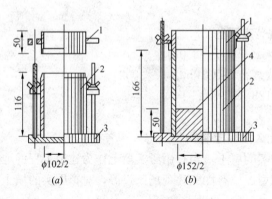

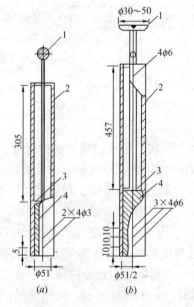

图 3.2.1 击实筒

（a）轻型击实筒；（b）重型击实筒

1—套筒；2—击实筒；3—底板；4—垫块

图 3.2.2 击锤与导筒

（a）2.5kg 击锤；（b）4.5kg 击锤

1—提手；2—导筒；3—硬橡皮垫；4—击锤

①击实仪的击实筒和击锤尺寸应符合表 3.2.2 的规定。

②击实仪的击锤应配导筒,击锤与导筒应有足够的间隙使锤能自由下落;电动操作的击锤必须有控制落距的跟踪装置和锤击点按一定角度(轻型 53.5°,重型 45°)均匀分布装置(重型击实仪中心点每圈要加一击)。

击实仪主要部件规格表　　　　　　　　　　**表 3.2.2**

试验方法	锤底直径 (mm)	锤质量 (kg)	落高 (mm)	击实筒			护筒高度 (mm)
				内径 (mm)	筒高 (mm)	容积 (cm³)	
轻型	51	2.5	305	102	116	947.4	50
重型	51	4.5	457	152	116	2103.9	50

③天平:称量 200g,最小分度值 0.01g。

④台称:称量 10kg,最小分度值 5g。

⑤标准筛:孔径为 20mm、40mm 和 5mm。

⑥试样推出器:宜用螺旋式千斤顶或液压式千斤顶,如无此类装置,亦可用刮刀和修土刀从击实筒中取出试样。

(4)试样制备

①干法:制备试样应按下列步骤进行:用四分法取代表性土样 20kg(重型为 50kg),风干碾碎,过 5mm(重型过 20mm 或 40mm)筛,将筛下土样拌匀,并测定土样的风干含水率。

选择 5 个含水率,其中 2 个大于塑限含水率,2 个小于塑限含水率,1 个接近塑限含水率,相邻 2 个含水率的差值宜为 2%。

②湿法制备试样应按下列步骤进行:取天然含水率的代表性土样 20kg(重型为 50kg),碾碎,过 5mm(重型过 20mm 或 40mm)筛,将筛下土样拌匀,并测定土样的天然含水率。根据土样的塑限预估最优含水率,按本条 1 款注的原则选择至少 5 个含水率的土样,分别将天然含水率的土样风干或加水进行制备,应使制备好的土样水分均匀分布。

(5)击实试验步骤

①将击实仪平稳置于刚性基础上,击实筒与底座连接好,安装好护筒,在击实筒内壁均匀涂一薄层润滑油。称取一定量试样,倒入击实筒内,分层击实,轻型击实试样为 2～5kg,分 3 层,每层 25 击;重型击实试样为 4～10kg,分 5 层,每层 56 击,若分 3 层,每层 94 击。每层试样高度宜相等,两层交界处的土面应刨毛。击实完成时,超出击实筒顶的试样高度应小于 6mm。

②卸下护筒,用直刮刀修平击实筒顶部的试样,拆除底板,试样底部若超出筒外,也应修平,擦净筒外壁,称筒与试样的总质量,准确至 1g,并计算试样的湿密度。

③用推土器将试样从击实筒中推出,取 2 个代表性试样测定含水率,2 个含水率的差值应不大于 1%。

④对不同含水率的试样依次击实。

(6)试样的干密度应按下式计算:

$$\rho_d = \frac{\rho_0}{1 + 0.01 \omega_i}$$

式中 ω_i——某点试样的含水率（%）；

ρ_0——试样的湿密度（g/cm³），准确到 0.01g/cm³。

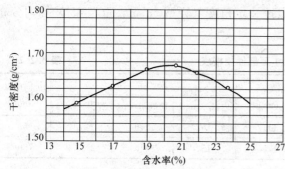

图 3.2.3 ρ_d-ω 关系曲线

（7）干密度和含水率的关系曲线，应在直角坐标纸上绘制（图 3.2.3）。并应取曲线峰值点相应的纵坐标为击实试样的最大干密度，相应的横坐标为击实试样的最优含水率。当关系曲线不能绘出峰值点时，应进行补点，土样不宜重复使用。

（8）轻型击实试验中，当试样中粒径大于 5mm 的土质量小于或等于试样总质量的 30% 时，应对最大干密度最优含水率进行校正。

①最大干密度应按下式进行校正：

$$\rho'_{dmax} = \cfrac{1}{\cfrac{1-P_5}{\rho_{dmax}} + \cfrac{P_5}{\rho_w \cdot G_{s2}}}$$

式中 ρ'_{dmax}——校正后试样的最大干密度（g/cm³）；

P_5——粒径大于 5mm 土的质量百分数（%）；

G_{s2}——粒径大于 5mm 土粒的饱和面干相对密度。

注：饱和面干相对密度指当土粒呈饱和面干状态时的土粒总质量与相当于土粒总体积的纯水 4℃时质量的比值。

②最优含水率应按下式校正，计算至 0.1%。

$$\omega'_{opt} = \omega_{opt}(1 - P_5) + P_5 \cdot \omega_{ab}$$

式中 ω'_{opt}——校正后试样的最优含水率（%）；

ω_{opt}——击实试样的最优含水率（%）；

ω_{ab}——粒径大于 5mm 土粒的吸着含水率（%）。

5. 如何进行土的含水率试验？

答：本试验方法适用于粗粒土、细粒土、有机质土和冻土。

（1）本试验所用的主要仪器设备，应符合下列规定：

电热烘箱：应能控制温度为 105～110℃。

天平：称量 200g，最小分度值 0.01g；称量 1000g，最小分度值 0.1g。

（2）含水率试验，应按下列步骤进行：

①取具有代表性试样 15～30g 或用环刀中的试样，有机质土、砂类土和整体状构造土为 50g，放入称量盒内，盖上盒盖，称盒加湿土质量，准确至 0.01g。

②打开盒盖，将盒置于烘箱内，在 105～110℃ 的恒温下烘至恒量。烘干时间对黏土、粉土不得少于 8h，对砂土不得少于 6h，对含有有机质超过土质量 5% 的土，应将温度控制在 65～70℃ 的恒温下烘至恒量。

③将称量盒从烘箱中取出，盖上盒盖，放入干燥容器内冷却至室温，称盒加干土质量，准确至0.01g。

（3）试样含水率，应按下式计算，准确至0.1%。

$$\omega_0 = \left(\frac{m_0}{m_d} - 1\right) \times 100\%$$

式中　m_d——干土质量（g）；

　　　m_0——湿土质量（g）。

（4）本试验必须对两个试样进行平行测定，测定的差值：当含水率小于40%时为1%；当含水率等于或大于40%时为2%，对层状和网状构造的冻土不大于3%。取两个测值的平均值，以百分数表示。

6. 地基处理工程中回（压实）填土的取样有何规定？

答：在压实填土的过程中，垫层的施工质量检验必须分层进行。应在每层的压实系数符合设计要求后铺填上层土。

①对大基坑每50~100m²不应少于1个检验点；

②对基槽每10~20m²不应少于1个点；

③每个独立柱基础不应少于1个点。采用贯入仪或动力触探检验垫层的施工质量时，每分层检验点的间距应小于4m。

④竣工验收采用载荷试验检验垫层承载力时，每个单体工程不宜少于3点；对于大型工程则应按单体工程的数量或工程的面积确定检验点数。

⑤对灰土地基、砂和砂石地基、土工合成材料地基、粉煤灰地基、强夯地基、注浆地基、预压地基，其竣工后的结果（地基强度或承载力）必须达到设计的标准。检验数量，每单位工程不应少于3点，1000m²以上的工程每100m²至少应有1点，3000m²以上的工程，每300m²至少应有1点；每一独立基础下至少应有1点，基槽每20延米应有1点。

注：当用环刀取样时，取样点应位于每层厚度的2/3深度处。

7. 回（压实）填土密度试验方法是什么？

答：试验方法有三种：环刀法、灌水法、灌砂法。

（1）环刀法

本试验方法适用于细粒土。

①本试验所用的主要仪器设备，应符合下列规定：

环刀：内径61.8mm和79.8mm，高度20mm。

天平：称量500g，最小分度值0.1g；称量200g，最小分度值0.01g。

②根据试验要求用环刀切取试样时，应在环刀内壁涂一薄层凡士林，刃口向下放在土样上，将环刀垂直下压，并用切土刀沿环刀外侧切削土样，边压边削至土样高出环刀，根据试样的软硬采用钢丝锯或切土刀整平环刀两端土样，擦净环刀外壁，称环刀和土的总质量。

③试样的湿密度，应按下式计算：$\rho_0 = \dfrac{m_0}{V}$

式中　ρ_0——试样的湿密度（g/cm³），准确到0.01g/cm³；

　　　m_0——湿土试样的质量（g）。

④试样的干密度（ρ_d），应按下式计算：

$$\rho_d = \frac{\rho_0}{1 + 0.01\omega_0}$$

本试验应进行两次平行测定，两次测定的差值不得大于 0.03g/cm^3，取两次测值的平均值。

（2）灌水法

本试验方法适用于现场测定粗粒土的密度。

①本试验所用的主要仪器设备，应符合下列规定：

储水筒：直径应均匀，并附有刻度及出水管。

台秤：称量 50kg，最小分度值 10g。

②灌水法试验，应按下列步骤进行：

根据试样最大粒径，确定试坑尺寸，见表 3.2.3。

试坑尺寸（mm） 表 3.2.3

试样最大粒径	试 坑 尺 寸	
	直 径	深 度
5（20）	150	200
40	200	250
60	250	300

将选定试验处的试坑地面整平，除去表面松散的土层。按确定的试坑直径划出坑口轮廓线，在轮廓线内下挖至要求深度，边挖边将坑内的试样装入盛土容器内，称试样质量，准确到10g，并应测定试样的含水率。

试坑挖好后，放上相应尺寸的套环，用水准尺找平，将大于试坑容积的塑料薄膜袋平铺于坑内，翻过套环压住薄膜四周。

记录储水筒内初始水位高度，拧开储水筒出水管开关，将水缓慢注入塑料薄膜袋中。当袋内水面接近套环边缘时，将水流调小，直至袋内水面与套环边缘齐平时关闭出水管，持续 3～5min，记录储水筒内水位高度。当袋内出现水面下降时，应另取塑料薄膜袋重做试验。

③试坑的体积，应按下式计算

$$V_p = (H_1 - H_2) \times A_w - V_0$$

式中 V_p——试坑体积（cm^3）；

H_1——储水筒内初始水位高度（cm）；

H_2——储水筒内注水终了时水位高度（cm）；

A_w——储水筒断面积（cm^2）；

V_0——套环体积（cm^3）。

④试样的密度计算应按：$\rho_0 = \dfrac{m_p}{V_p}$。

式中 m_p——取自试坑内的试样质量（g）。

（3）灌砂法

本试验方法适用于现场测定粗粒土的密度。

①本试验所用的主要仪器设备，应符合下列规定：

密度测定器：由容砂瓶、灌砂漏斗和底盘组成（图 3.2.4）灌砂漏斗高 135mm、直径 165mm、尾部有孔径为 13mm 的圆柱形阀门；容砂瓶容积为 4L，容砂瓶和灌砂漏斗之间用螺纹接头连接。底盘承托灌砂漏斗和容砂瓶。

天平：称量 10kg，最小分度值 5g；称量 500g，最小分度值 0.1g。

②标准砂密度的测定，应按下列步骤进行：

a. 标准砂应清洗洁净，粒径宜选用 0.25～0.50mm，密度宜 1.47～1.61g/cm³。

b. 组装容砂瓶与灌砂漏斗，螺纹连接处应旋紧，称其质量。

c. 将密度测定器竖立，灌砂漏斗口向上，关阀门，向灌砂漏斗中注满标准砂，打开阀门使灌砂漏斗内的标准砂漏入容砂瓶内，继续向漏斗内注砂漏入瓶内，当砂停止流动时迅速关闭阀门，倒掉漏斗内多余的砂，称容砂瓶、灌砂漏斗和标准砂的总质量，准确至 5g。试验中应避免振动。

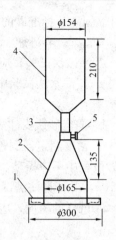

图 3.2.4　密度测定器
1—底盘；2—灌砂漏斗；
3—螺纹接头；4—容砂瓶；5—阀门

d. 倒出容砂瓶内的标准砂，通过漏斗向容砂瓶内注水至水面高出阀门，关阀门，倒掉漏斗中多余的水，称容砂瓶、漏斗和水的总质量，准确到 5g，并测定水温，准确到 0.5℃，重复测定 3 次，3 次测值之间的差值不得大于 3mL，取 3 次测值的平均值。

e. 容砂瓶的容积，应按下式计算：

$$V_r = (m_{r2} - m_{r1})/\rho_{wr}$$

式中　V_r——容砂瓶容积（mL）；

m_{r2}——容砂瓶、漏斗和水的总质量（g）；

m_{r1}——容砂瓶和漏斗的质量（g）；

ρ_{wr}——不同水温时水的密度（g/cm³），查表 3.2.4。

水　的　密　度　　　　表 3.2.4

温度 （℃）	水的密度 （g/cm³）	温度 （℃）	水的密度 （g/cm³）	温度 （℃）	水的密度 （g/cm³）
4.0	1.0000	15.0	0.9991	26.0	0.9968
5.0	1.0000	16.0	0.9989	27.0	0.9965
6.0	0.9999	17.0	0.9988	28.0	0.9962
7.0	0.9999	18.0	0.9986	29.0	0.9959
8.0	0.9999	19.0	0.9984	30.0	0.9957
9.0	0.9998	20.0	0.9982	31.0	0.9953
10.0	0.9997	21.0	0.9980	32.0	0.9950
11.0	0.9996	22.0	0.9978	33.0	0.9947
12.0	0.9995	23.0	0.9975	34.0	0.9944
13.0	0.9994	24.0	0.9973	35.0	0.9940
14.0	0.9992	25.0	0.9970	36.0	0.9937

f. 标准砂的密度应按下式计算：

$$\rho_s = \frac{m_{rs} - m_{r1}}{V_r}$$

式中 ρ_s——标准砂的密度（g/cm³）；

m_{rs}——容砂瓶、漏斗和标准砂的总质量（g）。

③灌砂法试验，应按下列步骤进行：

a. 按灌水法试验中挖坑的步骤依据规定尺寸挖好试坑，称试样质量 m_p。测定试样的含水率 w_1。

b. 向容砂瓶内注满砂，关阀门，称容砂瓶、漏斗和砂的总质量，准确至 10g。

c. 密度测定器倒置（容砂瓶向上）于挖好的坑口上，打开阀门，使砂注入试坑。在注砂过程中不应振动。当砂注满试坑时关闭阀门，称容砂瓶、漏斗和余砂的总质量，准确至 10g，并计算注满试坑所用的标准砂质量 m_s。

④试样的密度，应按下式计算：

$$\rho_0 = \frac{m_p}{\dfrac{m_s}{\rho_s}}$$

式中 m_s——注满试坑所用标准砂的质量（g）；

m_p——取自坑内试样的质量（g）。

⑤试样的干密度，应按下式计算，准确至 0.01g/cm³。

$$\rho_d = \frac{\dfrac{m_p}{1+0.01w_1}}{\dfrac{m_s}{\rho_s}}$$

8. 各种垫层的压实指标是什么？

答：见表 3.2.5。

各种垫层的压实指标　　　　　　　　　表 3.2.5

施工方法	换填材料类别	压实系数 λ_c
碾压、振密或夯实	碎石、卵石	0.94~0.97
	砂夹石（其中碎、卵石占全重的 30%~50%）	
	土夹石（其中碎、卵石占全重的 30%~50%）	
	中砂、粗砂、砾砂、角砂、圆砾、石屑	
	粉质黏土	0.95
	灰土	0.90~0.95
	粉煤灰	

注：1. 压实系数 λ_c 为土的控制干密度 ρ_d 与最大干密度 ρ_{dmax} 的比值；土的最大干密度宜采用击实试验确定，碎石或卵石的最大干密度可取 2.0~2.2t/m³；

　　2. 当采用轻型击实试验时，压实系数 λ_c 宜取高值，采用重型击实试验时，压实系数 λ_c 可取低值；

　　3. 矿渣垫层的压实指标为最后二遍压实的压陷差小于 2mm。

第三节　混凝土性能

1. 与混凝土性能试验有关的规范、标准、规程有哪些？

答：（1）《混凝土结构工程施工质量验收规范》（GB 50204—2002）；

（2）《混凝土外加剂应用技术规范》（GB 50119—2003）；

（3）《预拌混凝土》（GB/T 14902—2003）；

（4）《混凝土拌合用水标准》（JGJ 63—89）；

（5）《混凝土强度检验评定标准》（GB/T 50107—2010）；

（6）《普通混凝土拌合物性能试验方法标准》（GB/T 50080—2002）；

（7）《普通混凝土力学性能试验方法标准》（GB/T 50081—2002）；

（8）《普通混凝土长期性能和耐久性能试验方法》（GBJ 82—85）；

（9）《地下防水工程质量验收规范》（GB 50208—2002）；

（10）《混凝土试模》（JG 3019—94）；

（11）《混凝土坍落度仪》（JG 3021—94）；

（12）《混凝土试验用振动台》（JG/T 3020—94）。

2. 用于检查结构构件混凝土强度的试件，其取样与试样留置有何规定？

答：（1）每拌制 100 盘且不超过 100m³ 的同配合比的混凝土，取样不得少于一次；

（2）每工作班拌制的同一配合比的混凝土不足 100 盘时，取样不得少于一次；

（3）当一次连续浇筑超过 1000m³ 时，同一配合比的混凝土每 200m³ 取样不得少于一次；

（4）每一楼层、同一配合比的混凝土，取样不得少于一次；

（5）每次取样应至少留置一组标准养护试件，同条件养护试件的留置组数应根据实际需要确定。

3. 冬期施工时掺用外加剂的混凝土试件的取样与留置有何规定？

答：（1）冬期施工时掺用外加剂的混凝土，应在浇筑地点制作一定数量的混凝土试件进行强度试验。其中一组试件应在标准条件下养护，其余放置在工程条件下养护。在达到受冻临界强度时，拆模前、拆除支撑前及与工程同条件养护 28d、再标准养护 28d 均应进行试压。

（2）冬期施工时掺用外加剂的混凝土的取样频率（或称取样批次），与"普通混凝土试件留置的规定"相同。

4. 冬期施工时掺用外加剂（防冻剂）的混凝土的受冻临界强度是如何规定的？

答：当混凝土温度降到（防冻剂的）规定温度时，混凝土强度必须达到受冻临界强度；当最低气温不低于 −10℃ 时，混凝土抗压强度不得小于 3.5MPa；当最低气温不低于 −15℃ 时，混凝土抗压强度不得小于 4.0MPa；当最低气温不低于 −20℃ 时，混凝土抗压强度不得小于 5.0MPa。

5. 用于混凝土结构实体检验的同条件养护试件的取样留置有何规定？

答：用于结构实体检验的同条件养护试件留置应符合下列规定：

（1）对混凝土结构工程中的各混凝土强度等级，均应留置同条件养护试件；

（2）同一强度等级的同条件养护试件，其留置的数量应根据混凝土工程量和重要性确定，不宜少于 10 组，且不应少于 3 组。

6. 普通混凝土强度试件的取样方法、数量有何规定？

答：干密度为 2000～2800kg/m³ 的水泥混凝土，称为普通混凝土。

（1）现场拌制混凝土：用于检查结构构件混凝土强度的试件，应在混凝土的浇筑地点随机抽取；每组试件应从同一盘拌合物或同一车运送的混凝土中取出；混凝土拌合物的取样应具有代表性，宜采用多次采样的方法。一般在同一盘混凝土或同一车混凝土中的约 1/4 处、1/2 处和 3/4 处之间分别取样。从第一次取样到最后一次取样不宜超过 15min，然后人工搅拌均匀。取样量应多于混凝土强度检验项目所需量的 1.5 倍，且宜不少于 20L。

（2）预拌混凝土：用于出厂检验的混凝土试样应在搅拌地点采取，用于交货检验的混凝土试样应在交货地点采取。交货检验混凝土试样的采取及坍落度试验应在混凝土运到交货地点时开始算起 20min 内完成，试件的制作应在 40min 内完成。混凝土试样应在卸料过程中卸料量的 1/4 至 3/4 之间采取，取样量应满足混凝土强度检验项目所需用量的 1.5 倍，且宜不少于 20L。

7. 普通混凝土的必试项目有哪几项？

答：普通混凝土的必试项目有以下两项：

（1）稠度试验；

（2）抗压强度试验。

8. 普通混凝土必试项目的试验方法是如何规定的？

答：（1）稠度试验：

当骨料最大粒径不大于 40mm、坍落度不小于 10mm 时，混凝土的稠度试验采用测定混凝土拌合物坍落度和坍落扩展度的方法。

坍落度仪由坍落筒、测量标尺、平尺、捣棒和底板等组成。坍落筒，是由铸铁或钢板制成的圆台筒，其内壁应光滑、无凹凸。底面和顶面应互相平行并与锥体轴线同轴，在其高度三分之二处设两个把手，下端有脚踏板。坍落筒的尺寸为：顶部内径，100±1mm；底部内径，200±1mm；高度，300±1mm；筒壁厚度不应小于 3mm。

底板采用铸铁或钢板制成。宽度不应小于 500mm，其表面应光滑、平整，并具有足够的刚度。

捣棒用圆钢制成，表面应光滑，其直径为 16±0.1mm、长度为 600±5mm，且端部呈半球形。

混凝土坍落度试验依据《普通混凝土拌合物性能试验方法标准》按下列步骤进行：

①湿润坍落度筒及底板，在坍落度筒内壁和底板上应无明水。底板应放置在坚实水平面上，并把筒放在底板中心，然后用脚踩住二边的脚踏板，坍落度筒在装料时应保持固定的位置。

②把按要求取得的混凝土试样用小铲分三层均匀地装入筒内，使捣实后每层高度为筒高的 1/3 左右，每层用捣棒插捣 25 次。插捣应沿螺旋方向由外向中心进行，各次插捣应在截面上均匀分布。插捣筒边混凝土时，捣棒可以稍稍倾斜。插捣底层时，捣棒应贯穿整个深度，插捣第二层和顶层时，捣棒应插透本层至下一层的表面；浇灌顶层时，混凝土应灌到高出筒口。插捣过程中，如混凝土沉落到低于筒口，则应随时添加。顶层插捣完后，刮去多余的混凝土，并用抹刀抹平。

③清除筒边底板上的混凝土后，垂直平稳地提起坍落度筒，坍落度筒的提离过程应在 5～10s 内完成，从开始装料到提起坍落度筒的整个过程应不间断地进行，并应在 150s 内完成。

④提起坍落度筒后，测量筒高与坍落后混凝土试体最高点之间的高度差，即为该混凝土拌合物的坍落度值；坍落度筒提离后，如混凝土发生崩坍或一边剪坏现象，则应重新取样另行测定；如第二次试验仍出现上述现象，则表示该混凝土和易性（混凝土的和易性包括流动性、黏聚性和保水性）不好，应予记录备查。

⑤观察坍落后的混凝土试体的黏聚性及保水性。黏聚性的检查方法是用捣棒在已坍落的混凝土锥体侧面轻轻敲打，此时如果锥体逐渐下沉，则表示黏聚性良好，如果锥体倒塌、部分崩裂或出现离析现象，则表示黏聚性不好。保水性以混凝土拌合物稀浆析出的程度来评定，坍落度筒提起后如有较多的稀浆从底部析出，锥体部分的混凝土也因失浆而骨料外露，则表明此混凝土拌合物的保水性能不好，如坍落度筒提起后无稀浆或仅有少量稀浆自底部析出，即表示此混凝土拌合物保水性良好。

⑥坍落扩展度：当混凝土拌合物的坍落度大于 220mm 时，用钢尺测量混凝土扩展后最终的最大直径和最小直径，在这两个直径之差小于 50mm 的条件下，用其算术平均值作为坍落扩展度值；否则，此次试验无效。

如果发现粗骨料在中央集堆或边缘有水泥浆析出，表示此混凝土拌合物抗离析性不好，应予记录。

⑦混凝土拌合物坍落度和坍落扩展度值以毫米为单位，测量精确至 1mm，结果表达修约至 5mm。

（2）强度试验

混凝土抗压强度试验以 3 个试件为一组。标准尺寸的试件为边长 150mm 的立方体试件。当采用非标准尺寸试件时，应将其抗压强度折算为标准试件抗压强度。混凝土试件成型尺寸（应根据混凝土骨料粒径选取）及强度的尺寸换算系数应按表 3.3.1 取用；其标准成型方法、标准养护条件及强度试验方法应符合《普通混凝土力学性能试验方法标准》的规定。

混凝土试件尺寸及强度的尺寸换算系数   表 3.3.1

骨料最大粒径（mm）	试件尺寸（mm）	强度的尺寸换算系数
≤31.5	100×100×100	0.95
≤40	150×150×150	1.00
≤63	200×200×200	1.05

①试件的制作

混凝土试件的制作应符合下列规定：

a. 成型前，应检查试模尺寸并符合《混凝土试模》（JG3019）中的有关规定；试模内表面应涂一薄层矿物油或其他不与混凝土发生反应的脱模剂。

b. 取样或试验室拌制的混凝土应在拌制后尽量短的时间内成型，一般不宜超过 15min。

c. 根据混凝土拌合物的稠度确定成型方法，坍落度不大于 70mm 的混凝土宜用振动振实；大于 70mm 的宜用捣棒人工捣实；检验现浇混凝土或预制构件的混凝土，试件成型方法宜与实际采用的方法相同。

d. 混凝土试件制作应按下列步骤和方法进行：

取样或拌制好的混凝土拌合物应至少用铁锹再来回拌合三次。

　　a）采用振动台振实制作试件时，应将混凝土拌合物一次装入试模，装料时应用抹刀沿各试模壁插捣，并使混凝土拌合物高出试模口。试模应附着或固定在符合《混凝土试验用振动台》(JG/T 3020) 要求的振动台上，振动时试模不得有任何跳动，振动应持续到混凝土表面出浆为止，不得过振。

　　b）用人工插捣制作试件时，混凝土拌合物应分二层装入试模内，每层的装料厚度大致相等（捣棒用圆钢制成，表面应光滑，其直径为 16±0.1mm、长度为 600±5mm，且端部呈半球形）。插捣应按螺旋方向从边缘向中心均匀进行，在插捣底层混凝土时，捣棒应达到试模底部；插捣上层时，捣棒应贯穿上层后插入下层深度 20～30mm，插捣时捣棒应保持垂直，不得倾斜。然后应用抹刀沿试模内壁插拔数次。每层插捣次数按每10000mm² 截面积内不得少于 12 次。插捣后应用橡皮锤轻轻敲击试模四周，直至插捣棒留下的空洞消失为止。

　　c）用插入式振捣棒振实制作试件时，将混凝土拌合物一次装入试模，装料时应用抹刀沿各试模壁插捣，并使混凝土拌合物高出试模口；宜用直径为 $\phi25$mm 的插入式振捣棒，插入试模振捣时，振捣棒距试模底板 10～20mm 且不得触及试模底板，振动时持续到表面出浆为止，且应避免过振，以防止混凝土离析；一般振捣时间为 20s，振捣棒拔出时要缓慢，拔出后不得留有孔洞。

　　e. 刮除试模上口多余的混凝土，待混凝土临近初凝时，用抹刀抹平。

　　②试件的养护

　　a. 试件成型后应立即用不透水的薄膜覆盖表面。

　　b. 采用标准养护的试件，应在温度为 20±5℃ 的环境中静置一昼夜至两昼夜，然后编号、拆模。拆模后应立即放入温度为 20±2℃、湿度为 95% 以上的标准养护室中养护，或在温度为 20±2℃ 的不流动的 $Ca(OH)_2$ 饱和溶液中养护。标准养护室内的试件应放在支架上，彼此间隔为 10～20mm，试件表面应保持潮湿，并不得被水直接冲淋。

　　c. 同条件养护的试件的拆模时间可与实际构件的拆模时间相同，拆模后，试件仍需保持同条件养护。

　　d. 标准养护龄期为 28d（从搅拌加水开始计时）。

　　e. 用于结构实体检验用的同条件养护试件，应在达到等效养护龄期时进行强度试验。等效养护龄期应根据同条件养护试件强度与在标准养护条件下 28d 龄期试件强度相等的原则确定。等效养护龄期可取按日平均温度逐日累计达到 600℃·d 时所对应的龄期，0℃ 及以下的龄期不计入；等效养护龄期不应小于 14d，也不宜大于 60d。

　　③试验记录

　　试件制作和养护的试验记录内容：

　　a. 试件编号；b. 试件制作日期；c. 混凝土强度等级；d. 试件的形状与尺寸；e. 原材料的品种、规格和产地以及混凝土配合比；f. 养护条件；g. 试验龄期；h. 要说明的其他内容。

　　④压力试验机

　　a. 混凝土立方体抗压强度试验所采用的压力试验机的测量精度为 ±1%，试件破坏荷载应大于压力机全量程的 20% 且小于压力机全量程的 80%。

　　b. 混凝土强度等级≥C60，试件周围应设防崩裂网罩。

⑤抗压强度试验

立方体抗压强度试件的尺寸公差应符合下列要求：

a. 试件的承压面的平面度公差不得超过 0.0005d（d 为边长）；

b. 试件的相邻面间的夹角应为 90°，其公差不得超过 0.5°；

c. 试件各边长、直径和高的尺寸公差不得超过 1mm。

立方体抗压强度试验步骤应按下列方法进行：

a. 试件从养护地点取出后应及时进行试验，将试件表面与压力机上下承压板面擦干净。

b. 将试件安放在试验机的下压板或垫板上，试件的承压面应与成型时的顶面垂直。试件的中心应与试验机下压板中心对准，开动试验机，当上压板与试件或钢垫板接近时，调整球座，使接触均衡。

c. 在试验过程中应连续均匀地加荷，混凝土强度等级＜C30 时，加荷速度取每秒钟 0.3～0.5MPa（试件尺寸为 100mm 时，取每秒钟 3～5kN；试件尺寸为 150mm 时，取每秒钟 6.75～11.25kN）；混凝土强度等级≥C30 且＜C60 时，取每秒钟 0.5～0.8MPa（试件尺寸为 100mm 时，取每秒钟 5～8kN；试件尺寸为 150mm 时，取每秒钟 11.25～18kN）；混凝土强度等级≥C60，取每秒钟 0.8～1.0MPa。

d. 当试件接近破坏而开始急剧变形时，应停止调整试验机油门，直至破坏。然后记录破坏荷载。

9. 混凝土立方体抗压强度如何计算和确定？

答：混凝土立方体抗压强度试验结果计算及确定按下列方法进行：

（1）混凝土立方体抗压强度应按下式计算：

$$f_{cc} = F/A$$

式中　f_{cc}——混凝土立方体试件抗压强度（MPa）；

　　　F——试件破坏荷载（N）；

　　　A——试件承压面积（mm^2）。

混凝土立方体抗压强度计算应精确至 0.1MPa。

（2）强度值的确定应符合下列规定：

①三个试件测值的算术平均值作为该组试件的抗压强度值（精确至 0.1MPa）；

②三个测值中的最大值或最小值中如有一个与中间值的差值超过中间值的 15％时，则把最大及最小值一并舍除，取中间值作为该组试件的抗压强度值；

③如最大值和最小值与中间值的差均超过中间值的 15％时，则该组试件的试验结果无效。

（3）混凝土强度等级＜C60 时，用非标准试件测得的强度值均应乘以尺寸换算系数，其值为：对 200mm×200mm×200mm 试件为 1.05；对 100mm×100mm×100mm 试件为 0.95。当混凝土强度等级≥C60 时，宜采用标准试件；使用非标准试件时，尺寸换算系数应由试验确定。

10. 如何按照《混凝土强度检验评定标准》（GB/T 50107），对混凝土强度进行评定？

答：（1）混凝土强度应分批进行检验评定。一个检验批的混凝土应由强度等级相同、试验龄期相同、生产工艺条件和配合比基本相同的混凝土组成。

（2）对大批量、连续生产混凝土的强度应按统计方法进行评定。对小批量或零星生产混凝土的强度应按非统计方法进行评定。

（3）检验评定混凝土强度用的混凝土试件，其成型方法及标准养护条件应符合现行国家标准《普通混凝土力学性能试验方法标准》（GB 50081）的规定。

（4）采用蒸汽养护的构件，其试件应先随构件同条件养护，然后应置入标准养护条件下继续养护，两段养护时间的总和应为设计规定龄期。

（5）对掺矿物掺合料的混凝土进行强度评定时，可根据设计规定，可采用大于28d龄期的混凝土强度。

11. 如何对结构实体检验用同条件养护试件强度进行评定？

答：结构实体检验用的同条件养护试件的抗压强度，应根据强度试验结果按现行国家标准《混凝土强度检验评定标准》（GB/T 50107）的规定确定后，乘折算系数取用，折算系数宜取为 1.10。

12. 对混凝土强度的合格性如何判定？

答：当检验结果能满足表 3.3.2 中任一种评定方法的要求时，则该批混凝土判为合格，当不满足上述要求时，该批混凝土判为不合格。

由不合格批混凝土制成的结构或构件，应进行鉴定，对不合格的结构或构件必须及时处理。

13. 什么是抗渗混凝土？

答：抗渗混凝土是通过各种技术手段提高混凝土的抗渗性能，以达到防止压力水渗透要求的混凝土。抗渗混凝土等级由大写英文字母"P"和混凝土本身所能承受的最小水压力数值（阿拉伯数字）表示。由于 P6 级以下的抗渗要求对普通混凝土来说比较容易满足，所以《普通混凝土配合比设计规程》（JGJ 55）把抗渗等级等于或大于 P6 级的混凝土定义为抗渗混凝土。

混凝土强度合格评定方法　　　　　　　　　　　　　表 3.3.2

合格评定方法	合格评定条件	备注
统计方法（一）	1. $mf_{cu} \geqslant f_{cu,k} + 0.7\sigma_0$ 2. $f_{cu,min} \geqslant f_{cu,k} - 0.7\sigma_0$ 当强度等级不高于 C20 时， $f_{cu,min} \geqslant 0.85 f_{cu,k}$ 当强度等级高于 C20 时， $f_{cu,min} \geqslant 0.90 f_{cu,k}$ 式中　mf_{cu}——同一检验批混凝土立方体抗压强度平均值（N/mm²），精确到 0.1（N/mm²）； 　　　$f_{cu,k}$——混凝土立方体抗压强度标准值（N/mm²），精确到 0.1（N/mm²）； 　　　σ_0——检验批混凝土立方体抗压强度的标准差（N/mm²），精确到 0.1（N/mm²）；当检验批混凝土强度标准差 σ_0 计算值小于 2.5 N/mm² 时，应取 2.5 N/mm²； 　　　$f_{cu,min}$——同一检验批混凝土立方体抗压强度的最小值（N/mm²），精确到 0.1（N/mm²）。	1. 应用条件：当连续生产的混凝土，生产条件在较长时间内保持一致，且同一品种、同一强度等级混凝土的强度变异性保持稳定时。 2. 检验批混凝土立方体抗压强度的标准差应按下式计算： $$\sigma_0 = \sqrt{\dfrac{\sum\limits_{i=1}^{n} f_{cu,i}^2 - n m_{f_{cu}}^2}{n-1}}$$ 式中　$f_{cu,i}$——前一检验期内同一品种、同一强度等级的第 i 组混凝土试件的立方体抗压强度代表值（N/mm²），精确到 0.1（N/mm²）；该检验期不应少于 60d，也不得大于 90d； 　　　n——前一检验期内的样本容量，在该期间内样本容量不应少于 45。

合格评定方法	合格评定条件	备　注
统计方法（二）	1. $m_{f_{cu}} \geqslant f_{cu,k} + \lambda_1 \cdot S_{f_{cu}}$ 2. $f_{cu,min} \geqslant \lambda_2 \cdot f_{cu,k}$ 式中　$m_{f_{cu}}$——同一检验批混凝土立方体抗压强度的平均值（N/mm²），精确到 0.1（N/mm²）； $f_{cu,min}$——同一检验批混凝土立方体抗压强度的最小值（N/mm²），精确到 0.1（N/mm²）； $S_{f_{cu}}$——同一检验批混凝土立方体抗压强度的标准差（N/mm²），精确到 0.1（N/mm²）； 当检验批混凝土强度标准差 S_{fcu} 计算值小于 2.5 N/mm² 时，应取 2.5 N/mm²； λ_1，λ_2——合格评定系数，按右表取用。	1. 应用条件：样本容量不少于 10 组； 2. 同一检验批混凝土立方体抗压强度的标准差应按下式计算： $$S_{f_{cu}} = \sqrt{\dfrac{\sum\limits_{i=1}^{n} f_{cu,i} - nm_{f_{cu}}^2}{n-1}}$$ 式中　$f_{cu,i}$——同一检验批第 i 组混凝土试件强度； n——本检验期内的样本容量。 3. 混凝土强度的合格评定系数按下表取用： 表1
非统计方法	1. $mf_{cu} \geqslant \lambda_3 \cdot f_{cu,k}$ 2. $f_{cu,min} \geqslant \lambda_4 \cdot f_{cu,k}$ 式中　λ_3，λ_4——非统计法合格评定系数，按右表取用。	1. 当用于评定的样本容量小于 10 组时，应采用非统计方法评定混凝土强度。 2. 混凝土强度的非统计法合格评定系数： 表2

表1：

试件组数	10～14	15～19	≥20
λ_1	1.15	1.05	0.95
λ_2	0.90	0.85	

表2：

混凝土强度等级	<C60	≥C60
λ_3	1.15	1.10
λ_4	0.95	

14. 抗渗混凝土的试件留置有何规定？

答：对有抗渗要求的混凝土结构，其混凝土试件应在浇筑地点随机取样。连续浇筑抗渗混凝土每 500m³ 应留置一组抗渗试件，且每项工程不得少于两组。采用预拌混凝土的抗渗试件，留置组数应视结构的规模和要求而定。混凝土的抗渗性能，应采用标准条件下养护混凝土抗渗试件的试验结果评定。

冬季施工检验掺用防冻剂的混凝土抗渗性能，应增加留置与工程同条件养护 28d，再标准养护 28d 后进行抗渗试验的试件。

15. 抗渗混凝土的必试项目有哪些？如何试验？

答：（1）必试项目：稠度；

抗压强度；

抗渗性能。

（2）抗渗混凝土试件的制作与养护

抗渗性能试验应采用顶面直径为175mm、底面直径为185mm、高度为150mm的圆台或直径高度均为150mm的圆柱体试件。抗渗试件以6个为一组。

试件成型后24h拆模，用钢丝刷刷去上下两端面水泥浆膜，然后进入标准养护室养护。试件一般养护至28d龄期进行试验，如有特殊要求，可在其他龄期进行（不超过90d）。

（3）抗渗混凝土的稠度试验与普通混凝土的稠度试验相同，每工作班至少检查两次。

（4）抗渗混凝土的抗压强度检验，同普通混凝土的抗压强度检验。

（5）抗渗性能试验所用设备应符合下列规定：

混凝土抗渗仪是应能使水压按规定的要求稳定地作用在试件上的装置。

辅助加压装置，其压力以能把试件压入试件套内为宜。

（6）抗渗性能试验应按下列步骤进行：

①试件养护至试验前一天取出，将表面晾干，然后将其侧面涂一层熔化的密封材料，随即在螺旋或其他加压装置上，将试件压入经烘箱预热过的试件套中，稍冷却后，即可解除压力，连同试件套装在抗渗仪上进行试验。

②试验从水压为0.1MPa开始，以后每隔8h增加水压0.1MPa，并且要随时注意观察试件端面的渗水情况。

③当6个试件中有3个试件端面呈有渗水现象时，即可停止试验，记下当时的水压。

④在试验过程中，如发现水从试件周边渗出，则应停止试验，重新密封。

16. 抗渗混凝土试验结果如何计算、评定？

答：混凝土的抗渗等级，以每组6个试件中4个试件未出现渗水时的最大水压力计算，其计算公式为：

$$P = 10H - 1$$

式中　　P——抗渗等级；

　　　　H——6个试件中3个渗水时的水压力（MPa）。

17. 什么是抗冻混凝土？

答：抗冻混凝土是通过技术手段，使其在经过多次冻融循环后抗压强度和质量不明显降低的混凝土。抗冻混凝土等级由大写英文字母"F"和混凝土本身所能承受的最小冻融循环次数（阿拉伯数字）表示。由于F50级以下的抗冻要求对普通混凝土来说很容易满足，所以《普通混凝土配合比设计规程》（JGJ 55）把抗冻等级等于或大于F50级的混凝土定义为抗冻混凝土。

18. 混凝土抗冻性能的试验方法有几种？如何试验？

答：混凝土抗冻性能的试验方法有两种，即慢冻法和快冻法。

（1）慢冻法

慢冻法适用于检验以混凝土试件所能经受的冻融循环次数为指标的抗冻等级。其特点是"气冻水融"，即混凝土试件在冷冻箱（室）中冻结后再移至水中融化，从而完成一次冻融循环。此种方法的优点是试验设备简单，试验过程与工程的实际使用条件比较相符；缺点是试验周期长，劳动强度大。

慢冻法的必试项目为：强度损失率；重量损失率。

①慢冻法混凝土抗冻性能试验应采用立方体试件。试件的尺寸应根据混凝土中骨料的最大粒径按表 3.3.3 选定。

慢冻法所用试件尺寸选用表 表 3.3.3

骨料最大粒径（mm）	试件尺寸（mm）
≤31.5	100×100×100
≤40	150×150×150
≤63	200×200×200

每次试验所需的试件组数应符合表 3.3.4 的规定，每组试件应为 3 块。

慢冻法试验所需的试件组数 表 3.3.4

设计抗冻等级	F25	F50	F100	F150	F200	F250	F300
检查强度时的冻融循环次数	25	50	50 及 100	100 及 150	150 及 200	200 及 250	250 及 300
鉴定 28d 强度所需试件组数	1	1	1	1	1	1	1
冻融试件组数	1	1	2	2	2	2	2
对比试件组数	1	1	2	2	2	2	2
总计试件组数	3	3	5	5	5	5	5

②慢冻法混凝土抗冻性能试验所用设备应符合下列规定：

a. 冷冻箱（室）：装有试件后能使箱（室）内温度保持在 −15～−20℃的范围以内。

b. 融解水槽：装有试件后能使水温保持在 15～20℃的范围以内。

c. 框篮：用钢筋焊成，其尺寸应与所装的试件相适应。

d. 案秤：称量 10kg，感量为 5g。

e. 压力试验机：同普通混凝土抗压强度试验。

③慢冻法混凝土抗冻性能试验应按下列规定进行：

a. 如无特殊要求，试件应在 28d 龄期时进行冻融试验。试验前 4d 应把冻融试件从养护地点取出，进行外观检查，随后放在 15～20℃水中浸泡，浸泡时水面至少应高出试件顶面 20mm。冻融试件浸泡 4d 后进行冻融试验。对比试件则应保留在标准养护室内。直到完成冻融循环后，与抗冻试件同时试压。

b. 浸泡完毕后，取出试件。用湿布擦除表面水分、称重、按编号置入框篮后即可放入冷冻箱（室）开始冻融试验。在箱（室）内，框篮应架空，试件与框篮接触处应垫以垫条，并保证至少留有 20mm 的空隙，框篮中各试件之间至少保持 50mm 的空隙。

c. 抗冻试验冻结时温度应保持在 −15～−20℃。试件在箱内温度到达 −20℃时放入，装完试件如温度有较大升高，则以温度重新降至 −15℃时起算冻结时间。每次从装完试件到重新降至 −15℃所需的时间不应超过 2h。冷冻箱（室）内温度均以其中心处温度为准。

d. 每次循环中试件的冻结时间应按其尺寸而定，对 100mm×100mm×100mm 及 150mm×150mm×150mm 试件的冻结时间不应小于 4h，对 200mm×200mm×200mm 试件不应小于 6h。

如果在冷冻箱（室）内同时进行不同规格尺寸试件的冻结试验，其冻结时间应按最大尺寸试件计。

e. 冻结试验结束后，试件即可取出并应立即放入能使水温保持在 15～20℃的水槽中进行融化。此时，槽中水面应至少高出试件表面 20mm，试件在水中融化的时间不应小于 4h。融化完毕即为该次冻融循环结束，取出试件送入冷冻箱（室）进行下一次循环试验。

f. 应经常对冻融试件进行外观检查。发现有严重破坏时应进行称重，如试件的平均失重率超过 5%，即可停止其冻融循环试验。

g. 混凝土试件达到表 3.3.4 规定的冻融循环次数后，即应进行抗压强度试验。

抗压试验前应称重并进行外观检查，详细记录试件表面破损、裂缝及边角缺损情况。如果试件表面破损严重，则应用石膏找平后再进行试压。

h. 在冻融过程中，如因故需中断试验，为避免失水和影响强度，应将冻融试件移入标准养护室保存，直至恢复冻融试验为止。此时应将故障原因及暂停时间在试验结果中注明。

④混凝土冻融试验后应按下式计算其强度损失率：

$$\Delta f_c = \left[(f_{c0} - f_{cn})/f_{c0}\right] \times 100$$

式中　Δf_c——N 次冻融循环后的混凝土强度损失率，以 3 个试件的平均值计算（%）；

　　　f_{c0}——对比试件的抗压强度平均值（MPa）；

　　　f_{cn}——经 N 次冻融循环后的 3 个试件抗压强度平均值（MPa）。

混凝土试件冻融后的重量损失率可按下式计算：

$$\Delta \omega_n = \left[(G_0 - G_n)/G_0\right] \times 100$$

式中　$\Delta \omega_n$——N 次冻融循环后的重量损失率，以 3 个试件的平均值计算（%）；

　　　G_0——冻融循环试验前的试件重量（kg）；

　　　G_n——N 次冻融循环后的试件重量（kg）。

混凝土的抗渗等级，以同时满足强度损失率不超过 25%、重量损失率不超过 5%时的最大循环次数来表示。

（2）快冻法

快冻法适用于在水中经快速冻融来测定混凝土的抗冻性能。其特点是"水冻水融"，即试件静置在水中不动，依靠热交换液体的温度变化而连续、自动地进行冻融。快冻法抗冻性能的指标可用能经受快速冻融循环的次数或耐久性系数来表示。

本方法特别适用于抗冻性要求高的混凝土。

慢冻法的必试项目为：相对动弹性模量；重量损失率。

①快冻法采用 100mm×100mm×400mm 的棱柱体试件。混凝土试件每组 3 块，在试验过程中可连续使用。除制作冻融试件外，尚应制备同样形状尺寸、中心埋有热电偶的测温试件，制作测温试件所用混凝土的抗冻性能应高于冻融试件。

②快冻法测定混凝土抗冻性能试验所用设备应符合下列规定：

a. 快速冻融装置：能使试件静置在水中不动，依靠热交换液体的温度变化而连续、自动地按照特定要求进行冻融的装置。满载运转时冻融箱内各点温度的极差不得超过 2℃。

b. 试件盒：由 1~2mm 厚的钢板制成。其净截面尺寸应为 110mm×110mm，高度应比试件高出 50~100mm。试件底部垫起后盒内水面应至少能高出试件顶面 5mm。

c. 案秤：称量 10kg，感量为 5g；或称量 20kg，感量为 10g。

d. 动弹性模量测定仪：共振法或敲击法动弹性模量测定仪。

e. 热电偶、电位差计：能在 20～-20℃范围内测定试件中心温度。测量精度不低于

±0.5℃。

③快冻法混凝土抗冻性能试验应按下列规定进行：

a. 如无特殊要求，试件应在28d龄期时开始冻融试验。试验前4d应把冻融试件从养护地点取出，进行外观检查，随后放在15～20℃水中浸泡（包括测温试件）。浸泡时水面至少应高出试件顶面20mm。冻融试件浸泡4d后进行冻融试验。

b. 浸泡完毕后，取出试件。用湿布擦除表面水分，称重，并按相关标准的规定测定其横向基频的初始值（参照动弹性模量试验）。

c. 将试件放入试件盒内，为了使试件受温均衡，并消除试件周围因水分结冰引起的附加压力，试件的侧面与底部应垫放适当宽度与厚度的橡胶板，在整个试验过程中，盒内水位高度应始终保持高出试件顶面5mm左右。

d. 把试件盒放入冻融箱内。其中装有测温试件的试件盒应放在冻融箱的中心位置。此时即可开始冻融循环。

e. 冻融循环过程应符合下列要求：

a）每次冻融循环应在2～4h内完成，其中用于融化的时间不得小于整个冻融时间的1/4。

b）在冻结和融化终了时，试件中心温度应分别控制在−17±2℃和8±2℃。

c）每块试件从6℃降至−15℃所用的时间不得少于冻结时间的1/2。每块试件从−15℃升至6℃所用的时间也不得少于整个融化时间的1/2，试件内外的温差不宜超过28℃。

d）冻和融之间的转换时间不宜超过10min。

f. 试件一般应每隔25次循环作一次横向基频测量，测量前应将试件表面浮渣清洗干净，擦去表面积水，并检查其外部损伤及重量损失。测完后，应立即把试件掉一个头重新装入试件盒内。试件的测量、称量及外观检查应尽量迅速，以免水分损失。

g. 为保证试件在冷液中冻结时温度稳定均衡，当有一部分试件停冻取出时，应另有试件填充空位。

如冻融循环因故中断，试件应保持在冻结状态下，并最好能将试件保存在原容器内用冰块围住。如无这一可能，则应将试件在潮湿状态下用防水材料包裹，加以密封，并存放在−17±2℃的冷冻室或冰箱中。

试件处在融解状态下的时间不宜超过两个循环。特殊情况下，超过两个循环周期的次数，在整个试验过程中只允许1～2次。

h. 冻融到达以下3种情况之一即可停止试验：

a）已达到300次循环；

b）相对动弹性模量下降到60%以下；

c）重量损失率达5%。

④混凝土试件的相对动弹性模量可按下式计算：

$$P = (f_n^2 / f_0^2) \times 100$$

式中　P——经N次冻融循环后试件的相对动弹性模量，以3个试件的平均值计算（%）；

　　　f_n——N次冻融循环后试件的横向基频（Hz）；

f_0——冻融循环试验前测得的试件横向基频初始值（Hz）。

混凝土试件冻融后的重量损失率应按下式计算：

$$\Delta W_n = [(G_0 - G_n)/G_0] \times 100$$

式中　ΔW_n——N 次冻融循环后试件试件的重量损失率，以 3 个试件的平均值计算（％）；

　　　　G_0——冻融循环试验前的试件重量（kg）；

　　　　G_n——N 次冻融循环后的试件重量（kg）。

混凝土耐快速冻融循环次数应以同时满足相对动弹性模量值不小于 60％和重量损失率不超过 5％时的最大循环次数来表示。

混凝土耐久性系数应按下式计算：

$$K_n = P \times N/300$$

式中　K_n——混凝土耐久性系数；

　　　　N——达到上述可停止试验要求时的冻融循环次数；

　　　　P——经 N 次冻融循环后试件的相对动弹性模量。

第四节　建　筑　砂　浆

1. 与建筑砂浆有关的标准、规范、规程有哪些？

答：(1)《砌体结构工程施工质量验收规范》（GB 50203—2011）；

(2)《建筑砂浆基本性能试验方法标准》（JGJ/T 70—2009）；

(3)《抹灰砂浆技术规程》（JGJ/T 220—2010）；

(4)《预拌砂浆》（GB/T 25181—2010）；

(5)《预拌砂浆应用技术规程》（JGJ/T 223—2010）；

(6)《干混砂浆应用技术规程》（DB11/T 696—2009）；

(7)《建筑地面工程施工质量验收规范》（GB 50209—2002）。

2. 建筑砂浆是怎样定义和分类的？

答：建筑砂浆是由水泥基胶凝材料、细骨料、水以及根据性能确定的其他组分按适当比例配合、拌制并经硬化而成的过程材料。

(1) 按具体用途常用建筑砂浆可分为：

① 砌筑砂浆：将砖、石、砌块等块材经砌筑成为砌体，起粘结、衬垫和传力作用的砂浆。

② 抹灰砂浆：涂抹于建筑物（墙、柱、顶棚）表面的砂浆。

③ 地面砂浆：用于建筑地面及屋面找平层的砂浆。

④ 防水砂浆：用于有抗渗要求部位的砂浆。

(2) 按配置地点建筑砂浆区分为：

① 现场配制砂浆：在施工现场配制成的砂浆，又分为水泥砂浆和水泥混合砂浆。

② 预拌砂浆：由专业生产厂生产的建筑砂浆。预拌砂浆按配制方式又区分为：

a. 湿拌砂浆：由水泥、细骨料、矿物掺合料、外加剂和水，按一定比例，在搅拌站经计量、拌制后，运至使用地点，并在规定时间内使用的拌合物。

b. 干混砂浆：由水泥、干燥骨料或粉料、添加剂以及根据性能确定的其他组分，按一定比例，在专业生产厂经计算、混合而成的混合物，在使用地点按规定比例加水或配套组分拌合使用的混合物。

3. 现场配制建筑砂浆的取样批量、方法及数量有何规定？

答：（1）砌筑砂浆：

每一检验批且不超过 250m³ 砌体的各类、各强度等级的普通砌筑砂浆，每台搅拌机应至少抽检一次。每次至少应制作一组试块。验收批的预拌砂浆、蒸压加气混凝土砌块专用砂浆，抽检可为 3 组。

冬期施工砂浆试块的留置，除应按常温规定要求外，尚应增留不少于 1 组与砌体同条件养护的试块，用于检验转入常温 28d 强度。如有特殊需要，可另外增加相应龄期的同条件养护的试块。

在砂浆搅拌机出料口或在湿拌砂浆的储存器出料口随机取样制作砂浆试块（现场拌制的砂浆，同盘砂浆只应作 1 组试件）。

建筑砂浆试验用料应从同一盘砂浆或同一车砂浆中取样，取样量不应少于试验所需用量的 4 倍。

当施工过程中进行试件试验时，砂浆取样方法应按相应的施工验收规范执行，并宜在现场搅拌点或预拌砂浆卸料点的至少从三个不同部位及时取样。对于现场取得的试样，试验前应人工搅拌均匀。

从取样完毕到开始进行各项性能试验，不宜超过 15min。

（2）抹灰砂浆：

① 抗压强度：相同砂浆品种、强度等级、施工工艺的室外抹灰工程，每 1000m² 应划分为一个检验批，不足 1000m² 的，也应划分为一个检验批。相同砂浆品种、强度等级、施工工艺的室内抹灰工程，每 50 个自然间（大面积房间和走廊按抹灰面积 30 m² 为一间）应划分为一个检验批，不足 50 间的也应划分为一个检验批。同一验收批砂浆试块不应少于 3 组；砂浆试块应在使用地点或出料口随机取样，砂浆稠度应与试验室所设计配合比的稠度一致。

② 拉伸粘结强度：相同砂浆品种、强度等级、施工工艺的外墙、顶棚抹灰工程每 5000m² 应为一个检验批，每个检验批应取一组试件进行检测，不足 5000m² 的也应取一组。

（3）地面砂浆：

检验水泥砂浆强度试块的组数，按每一层（或验收批）建筑地面工程不应少于 1 组。当每一层（或验收批）建筑地面工程面积大于 1000m² 时，每增加 1000m² 应增做 1 组试块；小于 1000m² 按 1000m² 计算。当改变配合比时，亦应相应地制作试块组数。

4. 预拌砂浆进场检验的取样批量、方法及数量有何规定？

答：（1）湿拌砂浆

① 湿拌砌筑砂浆、湿拌抹灰砂浆、湿拌地面砂浆和湿拌防水砂浆，同一生产厂家、同一品种、同一等级、同一批号且连续进场的湿拌砂浆，每 250m³ 为一个检验批，不足 250m³ 时，应按一个检验批计。

② 取样方法：

应在交货地点随机采取。当从运输车中取样时，砂浆试样应在卸料过程中卸料量的 1/4 至 3/4 之间采取，且应从同一运输车中采取。

湿拌砂浆试样的采取及稠度、保水率试验应在砂浆运到交货地点时开始算起 20min 内完成，试件的制作应在 30min 内完成。

③ 取样数量：

每个试验取样量不应少于试验用量的 4 倍。

（2）干混砂浆

① 检验批：

干混砌筑砂浆、干混抹灰砂浆、干混地面砂浆和干混防水砂浆，同一生产厂家、同一品种、同一等级、同一批号且连续进场的干混砂浆，每 500t 为一个检验批，不足 500t 时，应按一个检验批计。

② 取样方法和数量：

供需双方应在发货前或交货地点共同取样和签封。每批取样应随机进行，试样不应少于试验用量的 8 倍。将试样分为两等份，一份由供方封存 40d，另一份由需方按相关标准规定进行检验。

5. 预拌砂浆质量验收检验的取样批量、方法及数量有何规定？

答：（1）砌筑砂浆

对同品种、同强度等级的砌筑砂浆，湿拌砌筑砂浆应以 50m³ 为一个检验批，干混砂浆应以 100t 为一个检验批；不足一个检验批的数量时，应按一个检验批计。每检验批应至少留置 1 组抗压强度试块。

砌筑砂浆取样时，干混砌筑砂浆宜从搅拌机出料口，湿拌砌筑砂浆宜从运输车出料口或储存容器随机取样。

（2）抹灰砂浆

相同材料、工艺和施工条件的室外抹灰工程，每 1000m² 应划分为一个检验批，不足 1000m² 时，应按一个检验批计。

相同材料、工艺和施工条件的室内抹灰工程，每 50 个自然间（大面积房间和走廊按抹灰面积 30 m² 为一间）应划分为一个检验批，不足 50 间时应按一个检验批计。

同一验收批砂浆试块不应少于 3 组；砂浆试块应在使用地点或出料口随机取样，砂浆稠度应与试验室所设计配合比的稠度一致；

拉伸粘结强度检验，相同材料、工艺和施工条件的室外抹灰工程、顶棚抹灰工程每 5000m² 应至少取一组试件进行检测；不足 5000m² 时，也应取一组。

抹灰砂浆取样时，干混抹灰砂浆宜从搅拌机出料口，湿拌抹灰砂浆宜从运输车出料口或储存容器随机取样。

（3）地面砂浆

按每一层（或验收批）建筑地面工程不应少于 1 组。当每一层（或验收批）建筑地面工程面积大于 1000m² 时，每增加 1000m² 应增做 1 组试块；小于 1000m² 按 1000m² 计算。

地面砂浆取样时，干混地面砂浆宜从搅拌机出料口，湿拌地面砂浆宜从运输车出料口或储存容器随机取样。

6. 现场配制砌筑砂浆的必试项目有哪几项?

答:砌筑砂浆的必试项目有:

(1)稠度试验;

(2)分层度试验;

(3)抗压强度试验。

7. 砌筑砂浆必试项目如何进行试验?

答:(1)稠度试验:

① 砂浆稠度仪:由试锥、容器和支座三部分组成;试锥应由钢材或铜材制成。试锥高度 145mm,锥底直径应为 75mm,试锥连同滑杆的质量应为 300±2g;盛浆容器应由钢板制成,筒高应为 180mm,锥底内径应为 150mm;支座应包括底座、支架及刻度显示三个部分,应由铸铁、钢或其他金属制成。

② 钢制捣棒:直径为 10mm、长度为 350mm、端部磨圆。

③ 秒表。

④ 稠度试验应按下列步骤进行:

a. 应先采用少量润滑油轻擦滑杆,再将滑杆上多余的油用吸油纸擦净,使滑杆能自由滑动。

b. 应先采用湿布擦净盛浆容器和试锥表面,再将砂浆拌合物一次注入容器;砂浆表面宜低于容器口约 10mm 左右,用捣棒自容器中心向边缘均匀地插捣 25 次,然后轻轻地将容器摇动或敲击 5~6 下,使砂浆表面平整,然后将容器置于稠度测定仪的底座上;

c. 拧开试锥滑杆的制动螺丝,向下移动滑杆,当试锥尖端与砂浆表面刚接触时,应拧紧制动螺丝,使齿条测杆下端刚接触滑杆上端,并将指针对准零点上;

d. 拧开制动螺丝,同时计时间,待 10s 时立即拧紧螺丝,将齿条测杆下端接触滑杆上端,从刻度盘上读出下沉深度(精确至 1mm)即为砂浆的稠度值;

e. 盛浆容器内的砂浆,只允许测定一次稠度,重复测定时,应重新取样测定;

⑤ 同盘砂浆应取两次试验结果的算术平均值作为测定值,计算精确至 1mm;当两次试验值之差大于 10mm 时,应重新取样测定。

(2)分层度试验:

本方法适用于测定砂浆拌合物在运输及停放时内部组分的稳定性。

① 分层度试验应使用下列仪器:

a. 砂浆分层度筒:应由钢板制成,内径为 150mm,上节高度为 200mm、下节带底净高应为 100mm,两节的连接处应加宽 3~5mm,并应设有橡胶垫圈;

b. 振动台:振幅应为 0.5±0.05mm,频率应为 50±3Hz;

c. 砂浆稠度仪、木锤等。

② 分层度的测定可采用标准法和快速法。当发生争议时,应以标准法的测定结果为准。

a. 标准法测定分层度试验应按下列步骤进行:

a)首先将砂浆拌合物按砂浆稠度试验方法测定稠度;

b)应将砂浆拌合物一次装入分层度筒内,待装满后,用木锤在容器分层度筒周围距离大致相等的四个不同地方轻轻敲击 1~2 下,如砂浆沉落到低于筒口,则应随时添加,然后刮去多余的砂浆并用抹刀抹平；

c) 静置 30min 后，去掉上节 200mm 砂浆，然后将剩余的 100mm 砂浆倒出放在拌合锅内拌 2min，再按砂浆稠度试验方法测其稠度，前后测得的稠度之差即为该砂浆的分层度值。

b. 快速法测定分层度应按下列步骤进行：

a) 首先将砂浆拌和物按砂浆稠度试验方法测定稠度；

b) 应将分层度筒预先固定在振动台上，砂浆一次装入分层度筒内，振动 20s；

c) 去掉上节 200mm 砂浆，剩余 100mm 砂浆倒出放在锅内拌 2min 再测定稠度，前后测得的稠度之差即为该砂浆的分层度值。

③ 分层度试验结果应按下列要求确定：

a. 应取两次试验结果的算术平均值作为该砂浆的分层度值，精确至 1mm；

b. 当两次分层度试验值之差如大于 10mm 时，应重做试验新取样测定。

④ 砌筑砂浆的分层度不应大于 30mm。

（3）抗压强度试验

① 砂浆试模与捣棒

试模应为 70.7mm × 70.7mm × 70.7mm 立方体的带底试模，应符合现行行业标准《混凝土试模》JG 237 的规定选择，由铸铁或钢制成，应具有足够的刚度并拆装方便。试模内表面应机械加工，其不平度应为每 100mm 不超过 0.05mm。组装后各相邻面的不垂直度不应超过 ±0.5°；

钢制捣棒：直径为 10mm，长度为 350mm 的钢棒，端部应磨圆；

② 压力试验机：精度应为 1%，试件破坏荷载应不小于压力机量程的 20%，且不应大于全量程的 80%；

③ 垫板：试验机上、下压板及试件之间可垫以钢垫板，垫板的尺寸应大于试件的承压面，其不平度应为每 100mm 不超过 0.02mm；

④ 振动台：空载中台面的垂直振幅应为 0.5±0.05mm，空载频率应为 50±3Hz，空载台面振幅均匀度不应大于 10%，一次试验应至少能固定 3 个试模。

⑤ 立方体抗压强度试块件的制作及养护应按下列步骤进行：

a. 应采用立方体试件，每组试件应为 3 个；

b. 应采用黄油等密封材料涂抹试模的外接缝，试模内应涂刷薄层机油或隔离剂。应将拌制好的砂浆一次性装满砂浆试模，成型方法应根据稠度而确定。当稠度大于 50mm 时，宜采用人工插捣成型，当稠度不大于 50mm 时，宜采用振动台振实成型；

a) 应采用捣棒均匀地由边缘向中心按螺旋方式插捣 25 次，插捣过程中当砂浆沉落低于试模口时，应随时添加砂浆，可用油灰刀插捣数次，并用手将试模一边抬高 5～10mm 各振动 5 次，砂浆应高出试模顶面 6～8mm；

b) 机械振动：将砂浆一次装满试模，放置到振动台上，振动时试模不得跳动，振动 5～10s 或持续到表面泛浆为止，不得过振；

c. 应待表面水分稍干后，再将高出试模部分的砂浆沿试模顶面刮去并抹平；

d. 试件制作后应在温度为 20±5℃ 的环境下静置 24±2h，对试件进行编号、拆模。当气温较低时，或者凝结时间大于 24h 的砂浆，可适当延长时间，但不应超过 2d。试件拆模后应立即放入温度为 20±2℃，相对湿度为 90％以上的标准养护室中养护。养护期间，试件彼此间隔不得小于 10mm，混合砂浆、湿拌砂浆试件上面应覆盖，防止有水滴在试件上；

e. 从搅拌加水开始计时，标准养护龄期应为 28d，也可根据相关标准要求增加 7d 或 14d。

⑥ 砂浆立方体抗压强度试验应按下列步骤进行：

a. 试件从养护地点取出后，应尽快及时进行试验，以免试件内部的温湿度发生显著变化。试验前先将试件擦拭干净，测量尺寸，并检查其外观，并应计算试件的承压面积。尺寸测量精确至 1mm，并据此计算试件的承压面积。如当实测尺寸与公称尺寸之差不超过 1mm，可按公称尺寸进行计算。

b. 将试件安放在试验机的下压板或下垫板上，试件的承压面应与成型时的顶面垂直，试件中心应与试验机下压板或下垫板中心对准。开动试验机，当上压板与试件或上垫板接近时，调整力盘指针或显示仪初读数到零位。当上压板与试件接近时，调整球座，使接触面均衡受压。抗压试验应连续而均匀地加荷，加荷速度应为每秒钟 0.25～1.5kN/s；砂浆强度不大于 2.5 MPa 时，宜取下限。当试件接近破坏而开始迅速变形时，停止调整试验机油门，直至试件破坏，然后记录破坏荷载。

8. 现场配制抹灰砂浆的检验项目有哪几项？

答：抹灰砂浆的检验项目有：

(1) 稠度试验；

(2) 分层度（或保水率）试验；

(3) 抗压强度试验；

(4) 拉伸粘结强度检测。

9. 抹灰砂浆的检验项目如何进行试验？

答：(1) 抹灰砂浆的稠度、分层度和抗压强度的试验：与砌筑砂浆的试验方法相同。

(2) 保水性试验：

① 保水性试验应使用下列仪器和材料：

a. 金属或硬塑料圆环试模：内径应为 100mm，内部高度应为 25mm；

b. 可密封的取样容器：应清洁、干燥；

c. 2kg 的重物；

d. 金属滤网：网格尺寸 45μm，圆形，直径为 110±1mm；

e. 超白滤纸：应采用现行国家标准《化学分析滤纸》GB/T 1914 规定的中速定性滤纸直径应为 110mm，单位面积质量应为 200g/m²；

f. 2 片金属或玻璃的方形或圆形不透水片，边长或直径应大于 110mm；

g. 天平：量程为 200g，感量应为 0.1g；量程为 2000g，感量应为 1g；

h. 烘箱。

② 保水性试验应按下列步骤进行：

a. 称量底部不透水片与干燥试模质量 m_1 和 15 片中速定性滤纸质量 m_2；

b. 将砂浆拌合物一次性装入试模，并用抹刀插捣数次，当装入的砂浆略高于试模边缘时，用抹刀以 45°角一次性将试模表面多余的砂浆刮去，然后再用抹刀以较平的角度在

试模表面反方向将砂浆刮平;

c. 抹掉试模边的砂浆,称量试模、底部不透水片与砂浆总质量 m_3;

d. 用金属滤网覆盖在砂浆表面,再在滤网表面放上 15 片滤纸,用上部不透水片盖在滤纸表面,以 2kg 的重物把部不透水片压住;

e. 静置 2min 后移走重物及上部不透水片,取出滤纸(不包括滤网),迅速称量滤纸质量 m_4;

f. 按照砂浆的配比及加水量计算砂浆的含水率。当无法计算时,可按下述规定测定砂浆的含水率。

测定砂浆的含水率:应称取 $100\pm10g$ 砂浆拌合物试样,置于一干燥并已称重的盘中,在 $105\pm5℃$ 的烘箱中烘干至恒重。砂浆含水率应按下式计算:

$$\alpha = \left[\left(m_6 - m_5 \right) / m_6 \right] \times 100$$

式中 α——砂浆含水率(%);

m_5——烘干后砂浆样本的质量(g),精确至 1g;

m_6——砂浆样本的总质量(g),精确至 1g。

取两次试验结果的算术平均值作为砂浆的含水率,精确至 1%。当两个测定值之差超过 2% 时,此组试验结果应为无效。

③ 砂浆保水率应按下式计算:

$$W = \left\{ 1 - \left[(m_4 - m_2)/\alpha \times (m_3 - m_1) \right] \right\} \times 100$$

式中 W ——砂浆保水率(%);

m_1——底部不透水片与干燥试模质量(g),精确至 1g;

m_2——15 片滤纸吸水前的质量(g),精确至 0.1g;

m_3——试模、底部不透水片与砂浆总质量(g),精确至 1g;

m_4——15 片滤纸吸水后的质量(g),精确至 0.1g;

α——砂浆含水率(%)。

取两次试验结果的算术平均值作为砂浆的保水率,精确至 1%,且第二次试验应重新取样测定。当两个测定值之差超过 2% 时,此组试验结果应为无效。

(3)拉伸粘结强度检测:

① 砂浆拉伸粘结强度试验条件应符合下列规定:

a. 温度应为 $20\pm5℃$;

b. 相对湿度应为 $45\%\sim75\%$。

② 拉伸粘结强度试验应使用下列仪器设备:

a. 拉力试验机:破坏荷载应在其量程的 $20\%\sim80\%$ 范围内,精度应为 1%,最小示值应为 1N;

b. 拉伸专用夹具:应符合现行行业标准《建筑室内用腻子》JG/T 3049 的规定;

c. 成型框:外框尺寸应为 70mm×70mm,内框尺寸应为 40mm×40mm,厚度应为 6mm,材料应为硬聚氯乙烯或金属;

d. 钢制垫板:外框尺寸应为 70mm×70mm,内框尺寸应为 43mm×43mm,厚度应为 3mm。

③ 基底水泥砂浆块的制备应符合下列规定：

a. 原材料：水泥应采用符合现行国家标准《通用硅酸盐水泥》GB 175 规定的 425 级水泥；砂应采用符合现行行业标准《普通混凝土用砂、石质量及检验方法标准》JGJ 52 规定的中砂；水应采用符合现行行业标准《混凝土用水标准》JGJ 63 规定的用水；

b. 配合比：水泥∶砂∶水 = 1∶3∶0.5（质量比）

c. 成型：将制成的水泥砂浆倒入 70mm×70mm×20mm 的硬聚氯乙烯或金属模具中，振动成型或用抹灰刀均匀插捣 15 次，人工颠实 5 次，转 90°，再颠实 5 次，然后用刮刀以 45°方向抹平砂浆表面；试模内壁事先宜涂刷水性隔离剂，待干、备用；

d. 应在成型 24h 后脱模，并放入 20±2℃水中养护 6d，再在试验条件下放置 21d 以上。试验前，应用 200 号砂纸或磨石将水泥砂浆试件的成型面磨平，备用。

④ 砂浆应符合下列规定：

a. 干混砂浆料浆的制备

a）待检样品应在试验条件下放置 24h 以上；

b）应称取不少于 10kg 的待检样品，并按产品制造商提供比例进行水的称量；当产品制造商提供比例是一个值域范围时，应采用平均值；

c）应先将待检样品放入砂浆搅拌机中，再启动机器，然后徐徐加入规定量的水，搅拌 3～5min。搅拌好的料应在 2h 内用完。

b. 现场砂浆料浆的制备

a）待检样品应在试验条件下放置 24h 以上；

b）应按设计要求的配合比进行物料的称量，且干料物总量不得少于 10kg；

c）应先将称好的物料放入砂浆搅拌机中，再启动机器，然后徐徐加入规定量的水，搅拌 3～5min。搅拌好的料应在 2h 内用完。

⑤ 拉伸粘结强度试件的制备应符合下列规定：

a. 将制备好的基底水泥砂浆块在水中浸泡 24h，并提前 5～10min 取出，用湿布擦拭其表面；

b. 将成型框放在基底水泥砂浆块的成型面上，再将按标准规定制备好的砂浆料浆或直接从现场取来的砂浆试样倒入成型框中，用抹灰刀均匀插捣 15 次，人工颠实 5 次，转 90°，再颠实 5 次，然后用刮刀以 45°方向抹平砂浆表面，24h 内脱模，在温度 20±2℃、相对湿度 60%～80%的环境中养护至规定龄期；

c. 每组砂浆试样应制备 10 个试件。

⑥ 拉伸粘结强度试验应符合下列规定：

a. 应先将试件在标准试验条件下养护 13d，再将试件表面以及上夹具表面涂上环氧树脂等高强度胶粘剂，然后将上夹具对正位置放在胶粘剂上，并确保上夹具不歪斜，除去周围溢出的胶粘剂，继续养护 24h。

b. 测定拉伸粘结强度时，应先将钢制垫板套入基底砂浆块上，再将拉伸粘结强度夹具安装到试验机上，然后将试件置于拉伸夹具中，夹具与试验机的连接宜采用球铰活动连接，以 5±1mm/min 速度加荷至试件破坏；

c. 当破坏形式为拉伸夹具与胶粘剂破坏时，试验结果应无效。

⑦ 拉伸粘结强度应按下式计算：

$$f_{at} = F/A_Z$$

式中　f_{at}——砂浆拉伸粘结强度（MPa）；

　　　F　——试件破坏时的荷载（N）；

　　　A_Z——粘结面积（mm²）。

⑧ 拉伸粘结强度试验结果应按下列要求确定：

a. 应以 10 个试件测值的算术平均值作为拉伸粘结强度的试验结果；

b. 当单个试件的强度值与平均值之差大于 20％时，应逐次舍弃偏差最大的试验值，直至各试验值与平均值之差不超过 20％，当 10 个试件中有效数据不少于 6 个时，取有效数据的平均值为试验结果，结果精确至 0.01MPa；

c. 当 10 个试件中有效数据不足 6 个时，此组试验结果应为无效，并应重新制备试件进行试验。

⑨ 对于有特殊条件要求的拉伸粘结强度，应先按照特殊要求条件处理后，再进行试验。

10. 砂浆抗渗性能试验是如何进行的？

答：（1）抗渗性能试验应使用下列仪器：

① 金属试模：应采用截头圆锥形带底金属试模，上口直径应为 70mm，下口直径应为 80mm，高度应为 30mm。

② 砂浆渗透仪。

（2）抗渗试验应按下列步骤进行：

① 应将拌合好的砂浆一次装入试模中，并用抹灰刀均匀插捣 15 次，再颠实 5 次，当填充砂浆略高于试模边缘时，应用抹刀以 45°角一次性将试模表面多余的砂浆刮去，然后再用抹刀以较平的角度在试模表面反方向将砂浆刮平。应成型 6 个试件；

② 试件成型后，应在室温 20±5℃的环境下，静置 24±2h 后再脱模。试件脱模后，应放入温度 20±2℃、湿度 90％以上的养护室养护至规定龄期。试件取出待表面干燥后，应采用密封材料密封装入砂浆渗透仪中进行抗渗试验；

③ 抗渗试验时，应从 0.2MPa 开始加压，恒压 2h 后增至 0.3MPa，以后每隔 1h 增加 0.1 MPa。当 6 个试件中有 3 个试件表面出现渗水现象时，应停止试验，记下当时水压。在试验过程中，当发现水从试件周边渗出时，应停止试验，重新密封后再继续试验。

（3）砂浆抗渗压力值应以每组 6 个试件中 4 个试件未出现渗水时的最大压力计，并应按下式计算：

$$P = H - 0.1$$

式中　P——砂浆抗渗压力值（MPa），精确至 0.1MPa；

　　　H——6 个试件中 3 个试件出现渗水时的水压力（MPa）。

11. 预拌砂浆（湿拌、干混砂浆）检验项目有哪几项？

答：（1）砌筑砂浆：抗压强度、保水率；

（2）抹灰砂浆：抗压强度、保水率、拉伸粘结强度；

（3）地面砂浆：抗压强度、保水率；

（4）防水砂浆：抗压强度、保水率、抗渗压力、拉伸粘结强度。

12. 预拌砂浆是如何分类的?

答：(1) 湿拌砂浆：

按强度等级、抗渗等级、稠度和凝结时间的分类应符合表 3.4.1 的规定。

湿拌砂浆分类表　　　　　　　　表 3.4.1

项　目	砌筑砂浆代号 (WM)	抹灰砂浆代号 (WP)	地面砂浆代号 (WS)	防水砂浆代号 (WW)
强度等级	M5、M7.5、M10、M15、M20、M25、M30	M5、M10、M15、M20	M15、M20、M25	M10、M15、M20
抗渗等级	—	—	—	P6、P8、P10
稠度(mm)	50、70、90	70、90、110	50	50、70、90
凝结时间(h)	≥8、≥12、≥24	≥8、≥12、≥24	≥4、≥8	≥8、≥12、≥24

(2) 干混砂浆：

干混砂浆按强度等级、抗渗等级的分类应符合表 3.4.2 的规定。

干混砂浆分类表　　　　　　　　表 3.4.2

项　目	砌筑砂浆 代号(DM)		抹灰砂浆 代号(DP)		地面砂浆代号 (DS)	普通防水砂浆代号 (DW)
	普通砌筑砂浆	薄层砌筑砂浆	普通抹灰砂浆	薄层抹灰砂浆		
强度等级	M5、M7.5、M10、M15、M20、M25、M30	M5、M10	M5、M10、M15、M20	M5、M10	M15、M20、M25	M10、M15、M20
抗渗等级	—	—	—	—	—	P6、P8、P10

13. 预拌砂浆性能的技术指标是如何划分的?

答：(1) 湿拌砂浆：

湿拌砂浆性能应符合表 3.4.3 的规定。

湿拌砂浆性能指标表　　　　　　　　表 3.4.3

项　目		砌筑砂浆	抹灰砂浆	地面砂浆	防水砂浆
保水率（%）		≥88	≥88	≥88	≥88
14d 拉伸粘结强度 （MPa）		—	M5：≥0.15 >M5：≥0.20	—	≥0.20
28d 收缩率（%）		—	≤0.20	—	≤0.15
抗冻性	强度损失率（%）	≤25			
	质量损失率（%）	≤5			

注：抗冻性：有抗冻性要求时，应进行抗冻性试验。

(2) 干混砂浆：

干混砂浆的性能应符合表 3.4.4 的规定。

干混砂浆性能指标表   表 3.4.4

项　目	砌筑砂浆(DM)		抹灰砂浆(DP)		地面砂浆(DS)	普通防水砂浆(DW)
	普通砌筑	薄层砌筑	普通抹灰	薄层抹灰		
保水率(%)	≥88	≥99	≥88	≥99	≥88	≥88
凝结时间(h)	3～9	—	3～9	—	3～9	3～9
2h 稠度损失率(%)	≤30	—	≤30	—	≤30	≤30
14d 拉伸粘结强度(MPa)	—	—	M5：≥0.15 >M5：≥0.20	≥0.30	—	≥0.20
28d 收缩率(%)			≤0.20	≤0.20		≤0.15
抗冻性 强度损失率(%)	≤25					
抗冻性 质量损失率(%)	≤5					

注：1. 干混薄层砌筑砂浆宜用于灰缝厚度不大于 5mm 的砌筑；干混薄层抹灰砂浆宜用于砂浆层厚度不大于 5mm 的抹灰。

　　2. 抗冻性：有抗冻性要求时，应进行抗冻性试验。

（3）湿拌、干混砌筑砂浆的表观密度不应小于 1800kg/m³。

（4）砂浆的保水率指标，是测试砂浆的保水性能。砂浆的保水性是指砂浆保全水分的能力，即保持水分不易析出的能力。保水性不好的砂浆，在运输和存放过程中容易泌水离析，即水分浮在上面，砂和水泥沉在下面，使用前必须重新搅拌。

14. 预拌砂浆的标记是如何表示的？

答：（1）湿拌砂浆：

示例：如 WM M10-70-12-GB/T 25181—2010。

此标记，即表示湿拌砌筑砂浆，强度等级为 M10，稠度为 70mm，凝结时间为 12h，执行标准为《预拌砂浆》GB/T 25181—2010。

（2）干混砂浆：

示例：如 DM M10-GB/T 25181—2010。

此标记，即表示干混砌筑砂浆，强度等级为 M10，执行标准为《预拌砂浆》GB/T 25181—2010。

15. 砂浆立方体抗压强度如何计算、评定？

答：（1）砂浆立方体抗压强度应按下式计算：

$$f_{m,cu} = K \cdot N_u / A$$

式中　$f_{m,cu}$——砂浆立方体试件抗压强度（MPa），应精确至 0.1MPa；

　　　　N_u——试件破坏荷载立方体破坏压力（N）；

　　　　A——试件承压面积（mm²）；

　　　　K——换算系数，取 1.35。

砂浆立方体抗压强度计算应精确至 0.1MPa。

砂浆立方体抗压强度试验的结果应按下列要求确定：

a. 应以 3 个试件测值的算术平均值作为该组试件的砂浆立方体抗压强度平均值（f_2），精确至 0.1MPa；

b. 当 3 个测值的最大值或最小值中有一个与中间值的差值超过中间值的 15% 时，应把最大值及最小值一并舍去，取中间值作为该组试件的抗压强度值；

c. 当两个测值与中间值的差值均超过中间值的 15% 时，该组试验结果无效。

（2）砌筑砂浆试块强度验收时其强度合格标准应符合下列规定：

① 同一验收批砂浆试块抗压强度平均值应大于或等于设计强度等级值的 1.10 倍；

② 同一验收批砂浆试块抗压强度的最小一组平均值应大于或等于设计强度等级值的 85%。

注：① 砌筑砂浆的验收批，同一类型、强度等级的砂浆试块不应少于 3 组。同一验收批砂浆只有 1 组或 2 组试块时，每组试块抗压强度平均值应大于或等于设计强度等级值的 1.10 倍；对于建筑结构的安全等级为一级或设计使用年限为 50 年及以上的房屋，同一验收批砂浆试块的数量不得少于 3 组；

② 砂浆强度应以标准养护，28d 龄期的试块抗压试验结果为准；

③ 制作砂浆试块的砂浆稠度应与配合比设计一致。

16. 抹灰砂浆质量验收是如何进行的？

答：（1）拉伸粘结强度：

抹灰砂浆拉伸粘结强度应进行现场实体检测。

同一验收批的抹灰层拉伸粘结强度平均值应大于或等于表 3.4.5 中的规定值，且最小值应大于或等于表 3.4.5 中的规定值的 75%。当同一验收批抹灰层拉伸粘结强度试验少于 3 组时，每组试件拉伸粘结强度均应大于或等于表 3.4.5 中的规定值。

抹灰层拉伸粘结强度的规定值　　　　表 3.4.5

抹灰砂浆品种	拉伸粘结强度（MPa）
水泥抹灰砂浆	0.20
水泥粉煤灰抹灰砂浆、水泥石灰抹灰砂浆、掺塑化剂水泥抹灰砂浆	0.15
聚合物水泥抹灰砂浆	0.30
预拌抹灰砂浆	0.25

（2）抗压强度：

同一验收批的砂浆试块抗压强度平均值应大于或等于设计强度等级值，且抗压强度最小值应大于或等于设计强度等级值的 75%。当同一验收批试块少于 3 组时，每组试块抗压强度均应大于或等于设计强度等级值。

（3）当内墙抹灰工程中抗压强度检验不合格时，应在现场对内墙抹灰层进行拉伸粘结强度检测，并应以其检测结果为准。当外墙或顶棚抹灰施工中抗压强度检验不合格时，应对外墙或顶棚抹灰砂浆加倍取样进行抹灰层拉伸粘结强度检测，并应以其检测结果为准。

第四章 配合比设计

第一节 普通混凝土配合比

1. 什么是混凝土配合比?

答:混凝土配合比是通过试配和科学的计算,能够满足工程设计和施工要求的混凝土各组分之间的相互比例。

2. 普通混凝土配合比设计应执行什么规程?

答:普通混凝土配合比设计应执行《普通混凝土配合比设计规程》(JGJ 55—2000)。

3. 混凝土配合比设计的基本要求是什么?

答:混凝土配合比设计的基本要求是:

(1) 满足混凝土工程结构设计或工程进度的强度要求;

(2) 满足混凝土工程施工的和易性要求;

(3) 保证混凝土在自然环境及使用条件下的耐久性要求;

(4) 在保证混凝土工程质量的前提下,合理地使用材料,降低成本。

4. 混凝土配合比设计中的三个重要参数是什么?

答:混凝土配合比设计中的三个重要参数是:

(1) 水灰比——即单位体积混凝土中水与水泥用量之比;在混凝土配合比设计中,当所用水泥强度等级确定后,水灰比是决定混凝土强度的主要因素。

(2) 用水量——即单位体积混凝土中水的用量;在混凝土配合比设计中,用水量不仅决定了混凝土拌合物的流动性和密实性等,而且当水灰比确定后,用水量一经确定,水泥用量也随之确定。

(3) 砂率——即单位体积混凝土中砂与砂、石总量的重量比;在混凝土配合比设计中,砂率的选定不仅决定了砂、石各自的用量,而且和混凝土的流动性有很大关系。

5. 什么是水胶比?

答:水胶比是单位体积混凝土中水与全部胶凝材料(包括水泥、活性掺合料)之比。

6. 什么是"双掺"?

答:所谓"双掺"就是配制混凝土时,在水泥、水、砂和石四种基本组成材料的基础上,再同时掺用外加剂和掺合料。

7. 在配制混凝土时,应用"双掺"技术的作用是什么?

答:在配制混凝土时,同时掺用外加剂和掺合料的主要作用是:

(1) 改善混凝土的工作性能,如使其具有良好的和易性(流动性、黏聚性、保水性)、调节混凝土的凝结时间;

(2) 在不增加水泥用量的前提下提高混凝土的强度;

(3) 配制高强度混凝土;

（4）改善混凝土的耐久性能，如抗冻、抗渗、抗裂和抗腐蚀等性能；

（5）降低混凝土的成本。

8. 普通混凝土配合比设计如何进行？

答：混凝土配合比设计应包括配合比计算、试配、调整和确定等步骤。配合比计算公式和有关参数表格中的数值均系以干燥状态骨料（系指含水率小于 0.5％的细骨料或含水率小于 0.2％的粗骨料）为基准。当以饱和面干骨料为基准进行计算时，则应做相应的修正。

（1）普通混凝土配合比计算按下列步骤进行：

①计算混凝土配制强度（$f_{cu,0}$）

$$f_{cu,0} \geq f_{cu,k} + 1.645\sigma$$

式中 $f_{cu,0}$——混凝土配制强度（MPa）；

$f_{cu,k}$——混凝土立方体抗压强度标准值（MPa）；

σ——混凝土强度标准差（MPa）。

a. 遇有下列情况时应提高混凝土配制强度：

a）现场条件与试验室条件有显著差异时；

b）C30 级及其以上强度等级的混凝土，采用非统计方法评定时。

b. 混凝土强度标准差宜根据同类混凝土统计资料计算确定，并应符合下列规定：

a）计算时，强度试件组数不应少于 25 组；

b）当混凝土强度等级为 C20 和 C25 级，其强度标准差计算值小于 2.5MPa 时，计算配制强度用的标准差应取不小于 2.5MPa；当混凝土强度等级等于 C30 或大于 C30 级，其强度标准差计算值小于 3.0MPa 时，计算配制强度用的标准差应取不小于 3.0MPa；

c）当无统计资料计算混凝土强度标准差时，其混凝土强度标准差 σ 可按表 4.1.1 取用。

$\boldsymbol{\sigma}$ 值（N/mm²） 表 4.1.1

混凝土强度等级	低于 C20	C20～C35	高于 C35
σ	4.0	5.0	6.0

②计算水灰比

混凝土强度等级小于 C60 级时，混凝土水灰比（W/C）宜按下式计算：

$$W/C = \alpha_a \cdot f_{ce} / (f_{cu,0} + \alpha_a \cdot \alpha_b \cdot f_{ce})$$

式中 α_a、α_b——回归系数；

f_{ce}——水泥 28d 抗压强度实测值（MPa）。

a. 当无水泥 28d 抗压强度实测值时，公式中的 f_{ce} 值可按下式确定：

$$f_{ce} = \gamma_c \cdot f_{ce,g}$$

式中 γ_c——水泥强度等级值的富余系数，可按实际统计资料确定；

$f_{ce,g}$——水泥强度等级值（MPa）。

b. f_{ce} 值也可根据 3d 强度或快测强度推定 28d 强度关系式推定得出。

c. 回归系数 α_a 和 α_b 宜按下列规定确定：

a）回归系数 α_a 和 α_b 应根据工程所使用的水泥、骨料，通过试验由建立的水灰比与混凝土强度关系式确定；

b）当不具备上述试验统计资料时，其回归系数可按表 4.1.2 采用。

回归系数 α_a、α_b 选用表　　　　表 4.1.2

系数 \ 石子品种	碎 石	卵 石
α_a	0.46	0.48
α_b	0.07	0.33

d. 计算出水灰比后应按表 4.1.3 核对是否符合最大水灰比的规定。

混凝土的最大水灰比和最小水泥用量　　　　表 4.1.3

环境条件	结构物类别	最大水灰比			最小水泥用量（kg/m³）		
		素混凝土	钢筋混凝土	预应力混凝土	素混凝土	钢筋混凝土	预应力混凝土
1. 干燥环境	正常的居住或办公用房屋内部件	不作规定	0.65	0.60	200	260	300
2. 潮湿环境 无冻害	·高湿度的室内部件 ·室外部件 ·在非侵蚀性土和（或）水中的部件	0.70	0.60	0.60	225	280	300
2. 潮湿环境 有冻害	·经受冻害的室外部件 ·在非侵蚀性土和（或）水中且经受冻害的部件 ·高湿度且经受冻害的室内部件	0.55	0.55	0.55	250	280	300
3. 有冻害和除冰剂的潮湿环境	经受冻害和除冰剂作用的室内和室外部件	0.50	0.50	0.50	300	300	300

注：1. 当用活性掺合料取代部分水泥时，表中的最大水灰比及最小水泥用量即为替代前的水灰比和水泥用量。
　　2. 配制 C15 级及其以下等级的混凝土，可不受本表限制。

③确定每立方米混凝土用水量

每立方米混凝土用水量（m_{w0}）的确定，应符合下列规定：

a. 干硬性和塑性混凝土用水量的确定：

a）水灰比在 0.40～0.80 范围时，根据粗骨料的品种、粒径及施工要求的混凝土拌合物稠度，其用水量可按表 4.1.4、表 4.1.5 选取。

干硬性混凝土的用水量（kg/m³）　　　　表 4.1.4

拌合物稠度		卵石最大粒径（mm）			碎石最大粒径（mm）		
项目	指标	10	20	40	16	20	40
维勃稠度（s）	16～20	175	160	145	180	170	155
	11～15	180	165	150	185	175	160
	5～10	185	170	155	190	180	165

塑性混凝土的用水量（kg/m³） 表 **4.1.5**

拌合物稠度		卵石最大粒径（mm）				碎石最大粒径（mm）			
项 目	指标	10	20	31.5	40	16	20	31.5	40
坍落度 （mm）	10～30	190	170	160	150	200	185	175	165
	35～50	200	180	170	160	210	195	185	175
	55～70	210	190	180	170	220	205	195	185
	75～90	215	195	185	175	230	215	205	195

注：1. 本表用水量系采用中砂时的平均取值。采用细砂时，每立方米混凝土用水量可增加 5～10kg；采用粗砂时，则可减少 5～10kg。

2. 掺用各种外加剂或掺合料时，用水量应相应调整。

b）水灰比小于 0.40 的混凝土以及采用特殊成型工艺的混凝土用水量应通过试验确定。

b. 流动性和大流动性混凝土的用水量宜按下列步骤计算：

a）以表 4.1.5 中坍落度 90mm 的用水量为基础，按坍落度每增大 20mm 用水量增加 5kg，计算出未掺外加剂时的混凝土用水量。

b）掺外加剂时的混凝土用水量可按下式计算：

$$m_{Wa} = m_{W0}(1 - \beta)$$

式中　m_{Wa}——掺外加剂混凝土每立方米混凝土的用水量（kg）；

　　　m_{W0}——未掺外加剂混凝土每立方米混凝土的用水量（kg）；

　　　β——外加剂的减水率（％）。

c）外加剂的减水率应经试验确定。

④计算每立方米混凝土的水泥用量

每立方米混凝土的水泥用量（m_{c0}）可按下式计算：

$$m_{c0} = m_{W0}/(W/C) \quad (W/C 为水灰比)$$

计算出每立方米混凝土的水泥用量后，应查对表 4.1.3，是否符合最小水泥用量的要求。

⑤确定混凝土砂率

当无历史资料可参考时，混凝土砂率的确定应符合下列规定：

a. 坍落度为 10～60mm 的混凝土砂率，可根据粗骨料品种、粒径及水灰比按表 4.1.6 选取。

混凝土的砂率表 表 **4.1.6**

水灰比 （W/C）	卵石最大粒径（mm）			碎石最大粒径（mm）		
	10	20	40	16	20	40
0.40	26～32	25～31	24～30	30～35	29～34	27～32
0.50	30～35	29～34	28～33	33～38	32～37	30～35
0.60	33～38	32～37	31～36	36～41	35～40	33～38
0.70	36～41	35～40	34～39	39～44	38～43	36～41

注：1. 本表数值系中砂的选用砂率，对细砂或粗砂，可相应地减少或增大砂率；

2. 只用一个单粒级粗骨料配制混凝土时，砂率应适当增大；

3. 对薄壁构件，砂率取偏大值；

4. 本表中的砂率系指砂与骨料总量的重量比。

b. 坍落度大于 60mm 的混凝土砂率,可经试验确定,也可在表 4.1.6 的基础上,按坍落度每增大 20mm,砂率增大 1％的幅度予以调整。

c. 坍落度小于 10mm 的混凝土,其砂率应经试验确定。

⑥计算粗骨料和细骨料用量

粗骨料和细骨料用量的确定,应符合下列规定:

a. 当采用重量法时,应按下列公式计算:

$$m_{c0} + m_{g0} + m_{s0} + m_{w0} = m_{cp}$$

$$\beta_s = m_{s0} / (m_{g0} + m_{s0}) \times 100\%$$

式中　m_{c0}——每立方米混凝土的水泥用量 (kg);

　　　m_{g0}——每立方米混凝土的粗骨料用量 (kg);

　　　m_{s0}——每立方米混凝土的细骨料用量 (kg);

　　　m_{w0}——每立方米混凝土的用水量 (kg);

　　　β_s——砂率 (％);

　　　m_{cp}——每立方米混凝土拌合物的假定重量 (kg),其值可取 2350～2450kg。

b. 当采用体积法时,应按下列公式计算:

$$m_{c0}/\rho_c + m_{g0}/\rho_g + m_{s0}/\rho_s + m_{w0}/\rho_w + 0.01\alpha = 1$$

$$\beta_s = m_{s0} / (m_{g0} + m_{s0}) \times 100\%$$

式中　ρ_c——水泥密度 (kg/m³),可取 2900～3100kg/m³;

　　　ρ_g——粗骨料的表观密度 (kg/m³);

　　　ρ_s——细骨料的表观密度 (kg/m³);

　　　ρ_w——水的密度 (kg/m³),可取 1000kg/m³;

　　　α——混凝土的含气量百分数,在不使用引气型外加剂时,α 可取为 1。

c. 粗骨料和细骨料的表观密度 (ρ_g、ρ_s) 应按现行行业标准《普通混凝土用碎石或卵石质量标准及检验方法》(JGJ 53) 和《普通混凝土用砂质量标准及检验方法》(JGJ 52) 规定的方法测定。

⑦外加剂和掺合料的掺量应通过试验确定,并应符合国家现行标准《混凝土外加剂应用技术规范》(GBJ 119)、《粉煤灰在混凝土和砂浆中应用技术规范》(GBJ 28)、《粉煤灰混凝土应用技术规程》(GBJ 146)、《用于水泥与混凝土中粒化高炉矿渣粉》(GB/T 18046) 等的规定。

⑧长期处于潮湿环境和严寒环境中的混凝土,应掺用引气剂或引气减水剂。引气剂的掺入量应根据混凝土的含气量并经试验确定,混凝土的最小含气量应符合表 4.1.7 的规定;混凝土的含气量亦不宜超过 7％。混凝土中的粗骨料和细骨料应作坚固性试验。

(2) 试配

进行混凝土配合比试配时应采用工程中实际使用的原材料。混凝土的搅拌方法,宜与生产时使用的方法相同。

混凝土配合比试配时,每盘混凝土的最小搅拌量应符合表 4.1.8 的规定;当采用机械搅拌时,其搅拌量不应小于搅拌机额定搅拌量的 1/4。

长期处于潮湿和严寒环境中混凝土的最小含气量 表4.1.7	
粗骨料最大粒径（mm）	最小含气量（%）
40	4.5
25	5.0
20	5.5

混凝土试配的最小搅拌量 表4.1.8	
骨料最大粒径（mm）	拌合物数量（l）
31.5及以下	15
40	25

注：含气量的百分比为体积比。

按计算的配合比进行试配时，首先应进行试拌，以检查拌合物的性能。当试拌得出的拌合物坍落度或维勃稠度不能满足要求，或黏聚性和保水性不好时，应在保证水灰比不变的条件下相应调整用水量或砂率，直到符合要求为止。然后提出供混凝土强度试验用的基准配合比。

混凝土强度试验时至少应采用三个不同的配合比。当采用三个不同的配合比时其中一个应为上述所确定的基准配合比，另外两个配合比的水灰比，宜较基准配合比分别增加和减少0.05；用水量应与基准配合比相同，砂率可分别增加和减少1%。

当不同水灰比的混凝土拌合物坍落度与要求值的差超过允许偏差（《混凝土质量控制标准》GB 50164）时，可通过增、减用水量进行调整。

制作混凝土强度试验试件时，应检验混凝土拌合物的坍落度或维勃稠度、黏聚性、保水性及拌合物的表观密度，并以此结果作为代表相应配合比的混凝土拌合物的性能。

进行混凝土强度试验时，每种配合比至少应制作一组（三块）试件，标准养护到28d时试压。

需要时可同时制作几组试件，供快速检验或较早龄期试压，以便提前定出混凝土配合比供施工使用。但应以标准养护28d强度或按现行国家标准《粉煤灰混凝土应用技术规程》（GBJ 146）、现行行业标准《粉煤灰在混凝土和砂浆中应用技术规程》（JGJ 28）等规定的龄期强度的检验结果为依据调整配合比。

（3）配合比的调整与确定

根据试验得出的混凝土强度与其相对应的灰水比（C/W）关系，用作图法或计算法求出与混凝土配制强度（$f_{cu,0}$）相对应的灰水比，并应按下列原则确定每立方米混凝土的材料用量：

①用水量（m_w）应在基准配合比用水量的基础上，根据制作强度试件时测得的坍落度或维勃稠度进行调整确定；

②水泥用量（m_c）应以用水量乘以选定出来的灰水比计算确定；

③粗骨料和细骨料用量（m_g和m_s）应在基准配合比的粗骨料和细骨料用量的基础上，按选定的灰水比进行调整后确定。

经试验确定配合比后，尚应按下列步骤进行校正：

①应根据上述确定的材料用量按下式计算混凝土的表观密度计算值$\rho_{c,c}$：

$$\rho_{c,c}=m_c+m_g+m_s+m_w$$

②应按下式计算混凝土校正系数δ：

$$\delta=\rho_{c,t}/\rho_{c,c}$$

式中 $\rho_{c,t}$——混凝土表观密度实测值（kg/m³）；

$\rho_{c,c}$——混凝土表观密度计算值（kg/m^3）。

③当混凝土表观密度实测值与计算值之差的绝对值不超过计算值的 2% 时，按上述确定的配合比即为确定的设计配合比；当二者之差超过 2% 时，应将配合比中每项材料用量均乘以校正系数 δ，即为确定的设计配合比。

根据本单位常用的材料，可设计出常用的混凝土配合比备用；在使用过程中，应根据原材料情况及混凝土质量检验的结果予以调整。但遇有下列情况之一时，应重新进行配合比设计：

①对混凝土性能指标有特殊要求时；

②水泥、外加剂或矿物掺合料品种、质量有显著变化时；

③该配合比的混凝土生产间断半年以上时。

9. 有特殊要求的混凝土配合比设计如何进行？

答：有特殊要求的混凝土有抗渗混凝土、抗冻混凝土、高强混凝土、泵送混凝土和大体积混凝土等。这些混凝土配合比计算、试配的步骤和方法，除应遵守上述规定外，对于所用原材料和一些参数的选择，均有特殊的要求。

（1）抗渗混凝土

抗渗等级等于或大于 P6 级的混凝土，简称抗渗混凝土。所用原材料应符合下列规定：

①粗骨料宜采用连续级配，其最大粒径不宜大于 40mm，含泥量不得大于 1.0%，泥块含量不得大于 0.5%；

②细骨料的含泥量不得大于 3.0%，泥块含量不得大于 1.0%；

③外加剂宜采用防水剂、膨胀剂、引气剂、减水剂或引气减水剂；

④抗渗混凝土宜掺用矿物掺合料。

抗渗混凝土配合比的计算方法和试配步骤除应遵守普通混凝土的规定外，尚应符合下列规定：

①每立方米混凝土中的水泥和矿物掺合料总量不宜小于 320kg；

②砂率宜为 35%～45%；

③供试配用的最大水灰比应符合表 4.1.9 的规定。

抗渗混凝土最大水灰比   表 4.1.9

抗渗等级	最 大 水 灰 比	
	C20～C30 混凝土	C30 以上混凝土
P6	0.60	0.55
P8～P12	0.55	0.50
P12 以上	0.50	0.45

掺用引气剂的抗渗混凝土，其含气量宜控制在 3%～5%。

进行抗渗混凝土配合比设计时，尚应增加抗渗性能试验；并应符合下列规定：

①试配要求的抗渗水压值应比设计值提高 0.2MPa。

②试配时，宜采用水灰比最大的配合比作抗渗试验，其试验结果应符合下式要求：

$$P_t \geqslant P/10 + 0.2$$

式中　P_t——6 个试件中 4 个未出现渗水时的最大水压值（MPa）；

　　　P——设计要求的抗渗等级值。

③掺引气剂的混凝土还应进行含气量试验，试验结果应符合含气量为 3%～5% 的要求。

（2）抗冻混凝土

抗冻等级等于或大于 F50 级的混凝土，称为抗冻混凝土。

抗冻混凝土所用原材料应符合下列规定：

①应选用硅酸盐水泥或普通硅酸盐水泥，不宜使用火山灰质硅酸盐水泥；

②宜选用连续级配的粗骨料，其含泥量不得大于 1.0%，泥块含量不得大于 0.5%；

③细骨料含泥量不得大于 3.0%，泥块含量不得大于 1.0%；

④抗冻等级 F100 及以上的混凝土所用的粗骨料和细骨料均应进行坚固性试验，并应符合现行行业标准《普通混凝土用碎石或卵石质量标准及检验方法》（JGJ 53）及《普通混凝土用砂质量标准及检验方法》（JGJ 52）的规定；

⑤抗冻混凝土宜采用减水剂，对抗冻等级 F100 及以上的混凝土应掺引气剂，掺用后混凝土的含气量应符合表 4.1.7 的规定，混凝土的含气量亦不宜超过 7%。

抗冻混凝土配合比的计算方法和试配步骤除应遵守普通混凝土的规定外，供试配用的最大水灰比尚应符合表 4.1.10 的规定：

进行抗冻混凝土配合比设计时，尚应增加抗冻融性能试验。

抗冻混凝土的最大水灰比　　表 4.1.10

抗冻等级	无引气剂时	掺引气剂时
F50	0.55	0.60
F100	—	0.55
F150 及以上	—	0.50

（3）高强混凝土

强度等级为 C60 及其以上的混凝土，称为高强混凝土。

配制高强混凝土所用原材料应符合下列规定：

①应选用质量稳定、强度等级不低于 42.5 级的硅酸盐水泥或普通硅酸盐水泥；

②对强度等级为 C60 级的混凝土，其粗骨料的最大粒径不应大于 31.5mm，对强度等级高于 C60 级的混凝土，其粗骨料的最大粒径不应大于 25mm；针片状颗粒含量不宜大于 5.0%，含泥量不应大于 0.5%，泥块含量不宜大于 0.2%；其他质量指标应符合现行行业标准《普通混凝土用碎石或卵石质量标准及检验方法》（JGJ 53）的规定；

③细骨料的细度模数宜大于 2.6，含泥量不应大于 2.0%，泥块含量不应大于 0.5%，其他质量指标应符合现行行业标准《普通混凝土用砂质量标准及检验方法》（JGJ 52）的规定；

④配制高强混凝土时应掺用高效减水剂或缓凝高效减水剂；

⑤配制高强混凝土时应掺用活性较好的矿物掺合料，且宜复合使用矿物掺合料。

高强混凝土配合比的计算方法和步骤除应遵守普通混凝土的规定外，尚应符合下列规定：

①基准配合比中的水灰比，可根据现有试验资料选取；

②配制高强混凝土所用砂率及所采用的外加剂和矿物掺合料的品种、掺量，应通过试

验确定;

③计算高强混凝土配合比时,其用水量同普通混凝土;

④高强混凝土的水泥用量不应大于 $550kg/m^3$;水泥和矿物掺合料的总量不应大于 $600kg/m^3$。

高强混凝土配合比的试配与确定的步骤除应符合普通混凝土的规定外,当采用三个不同的配合比进行混凝土强度试验时,其中一个应为基准配合比,另外两个配合比的水灰比,宜较基准配合比分别增加和减少 0.02~0.03;

高强混凝土设计配合比确定后,尚应用该配合比进行不少于 6 次的重复试验进行验证,其平均值不应低于配制强度。

(4)泵送混凝土

混凝土拌合物的坍落度不低于100mm并用泵送施工的混凝土,称为泵送混凝土。

泵送混凝土所采用的原材料应符合下列规定:

①泵送混凝土应选用硅酸盐水泥、普通硅酸盐水泥、矿渣硅酸盐水泥和粉煤灰硅酸盐水泥,不宜采用火山灰质硅酸盐水泥;

②粗骨料宜采用连续级配,其针片状颗粒含量不宜大于 10%;粗骨料的最大粒径与输送管径之比宜符合表 4.1.11 的规定;

粗骨料的最大粒径与输送管径之比　　　　　表 4.1.11

石子品种	泵送高度(m)	粗骨料的最大粒径与输送管径之比
碎 石	<50	≤1:3.0
	50~100	≤1:4.0
卵 石	<50	≤1:2.5
	50~100	≤1:3.0
	>100	≤1:5.0

③泵送混凝土宜采用中砂,其通过 0.315mm 筛孔的颗粒含量不应少于 15%;

④泵送混凝土应掺用泵送剂或减水剂,并宜掺用粉煤灰或其他活性矿物掺合料,其质量应符合国家现行有关标准的规定。

泵送混凝土试配时要求的坍落度值应按下式计算:

$$T_t = T_p + \Delta T$$

式中　T_t——试配时要求的坍落度值;

　　　T_p——入泵时要求的坍落度值;

　　ΔT——试验测得在预计时间内的坍落度经时损失值。

泵送混凝土配合比的计算和试配步骤除应符合普通混凝土的规定外尚应符合下列规定:

①泵送混凝土的用水量与水泥和矿物掺合料的总量之比不宜大于 0.60;

②泵送混凝土的水泥和矿物掺合料的总量不宜小于 $300kg/m^3$;

③泵送混凝土的砂率宜为 35%~40%;

④掺用引气型外加剂时,其混凝土含气量不宜大于 4%。

(5)大体积混凝土

混凝土结构实体最小尺寸等于或大于 1m，或预计会因水泥水化热引起混凝土内外温差过大而导致裂缝的混凝土。

大体积混凝土所用的原材料应符合下列规定：

①水泥应选用水化热低和凝结时间长的水泥，如低热矿渣硅酸盐水泥、中热硅酸盐水泥、矿渣硅酸盐水泥、粉煤灰硅酸盐水泥、火山灰质硅酸盐水泥等；当采用硅酸盐水泥或普通硅酸盐水泥时，应采取相应措施延缓水化热的释放；

②粗骨料宜采用连续级配，细骨料宜采用中砂；

③大体积混凝土应掺用缓凝剂、减水剂和减少水泥水化热的掺合料。

大体积混凝土在保证混凝土强度及坍落度要求的前提下，应提高掺合料及骨料的含量，以降低每立方米混凝土的水泥用量。

大体积混凝土配合比的计算和试配步骤应符合普通混凝土的规定，并宜在配合比确定后进行水化热的验算或测定。

10. 怎样解读混凝土配合比通知单？

答：（1）每 1m³ 混凝土用量（kg）——即每立方米混凝土中各种材料的用量，其相加重量总和即为混凝土单位体积的质量。

例：	水泥	水	砂	石	外加剂	掺和料
每 1m³ 用量（kg）	390	195	736	1059	15.60	60

（2）重量比——混凝土中各种材料质量与水泥质量的比值（即以水泥质量作为单位质量 1）。

如上例质量比为：

水泥： 水 ： 砂 ： 石 ：外加剂：掺和料
1 ：0.5：1.89：2.72： 0.04 ： 0.15

11. 施工现场（预拌混凝土搅拌站）如何应用混凝土配合比？

答：（1）拌制混凝土前的准备工作：

①查验现场各种原材料（包括水泥、砂、石、外加剂和掺和料）是否已经过试验；对照混凝土配合比申请单中各种材料的试验编号查验原材料是否与抽样批量相符；

②如现场库存两种以上的同类材料，应与拌制混凝土操作人员一起，对照混凝土配合比申请单确认应选用的材料品种；

③通过试验计算砂、石两种材料的含水率；

含水率计算公式为：

$$含水率(\%)＝(湿料－干料)/干料×100\%$$

④计算拌制混凝土时各种材料的每盘用量，首先确定每盘的水泥用量，然后按照混凝土配合比通知单中质量比的比值，各种材料分别乘以每盘的水泥用量，得到各种材料的每盘用量；

⑤用计算所得到的砂、石含水率数值，乘以砂、石每盘的干料用量，得到砂、石中所含的水分重量值，再把该值与砂、石的每盘干料用量值相加，最终得出拌制混凝土时每盘的砂、石用量；

⑥在每盘的水用量中减去砂、石中所含的水分重量值，得出拌制混凝土时每盘实际的

水用量；

（2）配合比应用举例：

混凝土配合比通知单的重量比为：

水泥　：　水　：　砂　：　石　：外加剂：掺和料

　1　：0.5：1.89：2.72：0.04　：　0.15

① 计算砂、石的含水率：

砂含水率（％）＝（500－485）/485×100％＝3.1％

石含水率（％）＝（1000－990）/990×100％＝1.0％

② 确定每盘水泥用量为 100kg，计算其他材料的每盘用量：

水用量＝100×0.5＝50（kg）

砂用量（干料）＝100×1.89＝189（kg）

石用量（干料）＝100×2.72＝272（kg）

外加剂用量＝100×0.04＝4（kg）

掺和料用量＝100×0.15＝15（kg）

③ 计算砂、石中所含的水分质量值：

砂含水率为 3.1％，所以 189×0.031＝5.86（kg）

石含水率为 1.0％，所以 272×0.010＝2.72（kg）

④计算每盘的实际砂、石用量：

实际砂用量＝189＋5.86＝194.86≈195（kg）

实际石用量＝272＋2.72＝274.72≈275（kg）

⑤计算每盘的实际水用量：

实际水用量＝50－5.86（砂）－2.72（石）＝41.42≈41（kg）

最后拌制混凝土时各种材料的每盘实际用量为：水泥 100kg，水 41kg，砂 195kg，石 275kg，外加剂 4kg，掺和料 15kg。

第二节　砌筑砂浆配合比

1. 砌筑砂浆配合比设计应执行什么规程？

答：砌筑砂浆配合比设计应执行《砌筑砂浆配合比设计规程》（JGJ/T 98—2010）。

2. 对砌筑砂浆的材料有何要求？

答：（1）砌筑砂浆所用原材料不应对人体、生物与环境造成有害的影响，并应符合现行国家标准《建筑材料放射性核素限量》（GB 6566）的规定。

（2）水泥宜采用通用硅酸盐水泥或砌筑水泥，且应符合现行国家标准《通用硅酸盐水泥》（GB 175）和《砌筑水泥》（GB/T 3183）的规定。水泥强度等级应根据砂浆品种及强度等级的要求进行选择。M15 及以下强度等级的砌筑砂浆宜选用 32.5 级的通用硅酸盐或砌筑水泥；M15 以上强度等级的砌筑砂浆宜选用 42.5 级通用硅酸盐水泥。

（3）砂宜选用中砂，并应符合现行行业标准《普通混凝土用砂、石质量及检验方法标准》（JGJ 52）的规定，且应全部通过 4.75mm 的筛孔。

（4）砌筑砂浆用石灰膏、电石膏应符合下列规定：

① 生石灰熟化成石灰膏时，应用孔径不大于 3mm×3mm 的网过滤，熟化时间不得少于 7d；磨细生石灰粉的熟化时间不得少于 2d。沉淀池中贮存的石灰膏，应采取防止干燥、冻结和污染的措施。严禁使用脱水硬化的石灰膏。

② 制作电石膏的电石渣应用孔径不大于 3mm×3mm 的网过滤，检验时应加热至 70℃并保持 20min，并应待乙炔挥发完后再使用。

③ 消石灰粉不得直接用于砌筑砂浆中。

（5）石灰膏、黏土膏和电石膏试配时的稠度，应为 120±5mm。

（6）粉煤灰、粒化高炉矿渣粉、硅灰、天然沸石粉应分别符合国家现行标准《用于水泥和混凝土中的粉煤灰》（GB/T 1596）、《用于水泥和混凝土中的粒化高炉矿渣粉》GB/T 18046）、《高强高性能混凝土用矿物外加剂》（GB/T 18736）和《天然沸石粉在混凝土和砂浆中应用技术规程》（JGJ/T 112）的规定。当采用其他品种矿物掺合料时，应有可靠的技术数据，并应在使用前进行试验验证。

（7）采用保水增稠材料时，应在使用前进行试验验证，并应有完整的型式检验报告。

（8）外加剂应符合国家现行有关标准的规定，引气型外加剂还应有完整的型式检验报告。

（9）拌制砂浆用水应符合现行行业标准《混凝土用水标准》（JGJ 63）的规定。

3. 砌筑砂浆的技术条件是如何规定的？

答：（1）水泥砂浆及预拌砌筑砂浆的强度等级可分为 M5、M7.5、M10、M15、M20、M25、M30；水泥混合砂浆的强度等级可分为 M5、M7.5、M10、M15。

（2）砌筑砂浆拌合物的表观密度宜符合表 4.2.1 的规定。

砌筑砂浆拌合物的表观密度（kg/m³）　　　　表 4.2.1

砂浆种类	表观密度	砂浆种类	表观密度
水泥砂浆	≥1900	预拌砌筑砂浆	≥1800
水泥混合砂浆	≥1800		

（3）砌筑砂浆的稠度、保水率、试配抗压强度应同时满足要求。

（4）砌筑砂浆施工时的稠度宜按表 4.2.2 选用。

砌筑砂浆的施工稠度　　　　表 4.2.2

砌 体 种 类	施工稠度（mm）
烧结普通砖砌体、粉煤灰砖砌体	70～90
混凝土砖砌体、普通混凝土小型空心砌块砌体、灰砂砖砌体	50～70
烧结多孔砖砌体、烧结空心砖砌体、轻集料混凝土小型空心砌块砌体、蒸压加气混凝土砌块砌体	60～80
石砌体	30～50

（5）砌筑砂浆的保水率应符合表 4.2.3 的规定。

（6）有抗冻性要求的砌体工程，砌筑砂浆应进行冻融试验。砌筑砂浆的抗冻性应符合表 4.2.4 的规定，且当设计对抗冻性有明确要求时，尚应符合设计规定。

砌筑砂浆的保水率（%）	表 4.2.3
砂浆种类	保水率
水泥砂浆	≥80
水泥混合砂浆	≥84
预拌砌筑砂浆	≥88

砌筑砂浆的抗冻性　表 4.2.4

使用条件	抗冻指标	质量损失率（%）	强度损失率（%）
夏热冬暖地区	F15		
夏热冬冷地区	F25	≤5	≤25
寒冷地区	F35		
严寒地区	F50		

（7）砌筑砂浆中的水泥和石灰膏、电石膏等材料的用量可按表 4.2.5 选用。

砌筑砂浆的材料用量（kg/m³）　　　　　　　　　　表 4.2.5

砂浆种类	材料用量	砂浆种类	材料用量
水泥砂浆	≥200	预拌砌筑砂浆	≥200
水泥混合砂浆	≥350		

注：1. 水泥砂浆中的材料用量是指水泥用量。
　　2. 水泥混合砂浆中的材料用量是指水泥和石灰膏、电石膏的材料总量。
　　3. 预拌砌筑砂浆中的材料用量是指胶凝材料用量，包括水泥和替代水泥的粉煤灰等活性矿物掺合料。

（8）砌筑砂浆中可掺入保水增稠材料、外加剂等，掺量应经试配后确定。

（9）砌筑砂浆试配时应采用机械搅拌。搅拌时间应自开始加水算起，并应符合下列规定：

① 对水泥砂浆和水泥混合砂浆，搅拌时间不得少于 120s。

② 对预拌砌筑砂浆和掺有粉煤灰、外加剂、保水增稠材料等的砂浆搅拌时间不得少于 180s。

4. 现场配制水泥混合砂浆的试配应符合哪些规定？

答：现场配制水泥混合砂浆的试配应符合下列规定：

（1）配合比应按下列步骤进行计算：

① 计算砂浆试配强度（$f_{m,0}$）；

② 计算每立方米砂浆中的水泥用量（Q_C）；

③ 计算每立方米砂浆中的石灰膏用量（Q_D）；

④ 计算每立方米砂浆中的砂用量（Q_S）；

⑤ 按砂浆稠度选每立方米砂浆用水量（Q_W）。

（2）砂浆的试配强度应按下式计算：

$$f_{m,0} = k f_2$$

式中　$f_{m,0}$——砂浆的试配强度（MPa），应精确至 0.1MPa；

　　　f_2——砂浆强度等级值（MPa），应精确至 0.1MPa；

　　　k——系数，按表 4.2.6 取值。

砂浆强度标准差 σ 及 k 值　　　　　　　表 4.2.6

施工水平 \ 强度等级	强度标准差 σ（MPa）							k
	M5	M7.5	M10	M15	M20	M25	M30	
优　良	1.00	1.50	2.00	3.00	4.00	5.00	6.00	1.15
一　般	1.25	1.88	2.50	3.75	5.00	6.25	7.50	1.20
较　差	1.50	2.25	3.00	4.50	6.00	7.50	9.00	1.25

（3）砂浆强度标准差的确定应符合下列规定：

① 当有统计资料时，砂浆强度标准差应按下式计算：

$$\sigma = \sqrt{\dfrac{\sum\limits_{i=1}^{n} f_{m,i}^2 - n\mu_{fm}^2}{n-1}}$$

式中　$f_{m,i}$——统计周期内同一品种砂浆第 i 组试件的强度（MPa）；

　　　μ_{fm}——统计周期内同一品种砂浆 n 组试件强度的平均值（MPa）；

　　　n——统计周期内同一品种砂浆试件的总组数，$n \geqslant 25$。

② 当无统计资料时，砂浆强度标准差 σ 可按表 4.2.6 取用。

（4）水泥用量的计算应符合下列规定：

① 每立方米砂浆中的水泥用量，应按下式计算：

$$Q_c = 1000 \, (f_{m,0} - \beta) \, / \, (\alpha \cdot f_{ce})$$

式中　Q_c——每立方米砂浆的水泥用量（kg），应精确至 1kg；

　　　$f_{m,0}$——砂浆的试配强度（MPa），应精确至 0.1MPa；

　　　f_{ce}——水泥的实测强度（MPa），应精确至 0.1MPa；

　　　α、β——砂浆的特征系数，其中 $\alpha = 3.03$，$\beta = -15.09$。

注：各地区也可用本地区试验资料确定 α、β 值，统计用的试验组数不得少于 30 组。

② 在无法取得水泥的实测强度值时，可按下式计算 f_{ce}：

$$f_{ce} = \gamma_c \cdot f_{ce,k}$$

式中　$f_{ce,k}$——水泥强度等级值（MPa）；

　　　γ_c——水泥强度等级值的富余系数，宜按实际统计资料确定。无统计资料时 γ_c 可取 1.0。

（5）石灰膏用量应按下式计算：

$$Q_D = Q_A - Q_C$$

式中　Q_D——每立方米砂浆的石灰膏用量（kg），应精确至 1kg；石灰膏使用时的稠度宜为 120 ± 5mm；

　　　Q_C——每立方米砂浆的水泥用量（kg），应精确至 1kg；

　　　Q_A——每立方米砂浆中水泥和石灰膏总量，应精确至 1kg；可为 350kg。

（6）每立方米砂浆中的砂用量，应按干燥状态（含水率小于 0.5%）的堆积密度值作为计算值（kg）。

（7）每立方米砂浆中的用水量，可根据砂浆稠度等要求选用 210～310kg。

注：1. 混合砂浆中的用水量，不包括石灰膏中的水；

　　2. 当采用细砂或粗砂时，用水量分别取上限或下限；

　　3. 稠度小于 70mm 时，用水量可小于下限；

　　4. 施工现场气候炎热或干燥季节，可酌量增加用水量。

5. 现场配制水泥砂浆的试配应符合哪些规定？

答：现场配制水泥砂浆的试配应符合下列规定：

（1）水泥砂浆的材料用量可按表 4.2.7 选用。

每立方米水泥砂浆材料用量（kg/m³） 表 4.2.7

强度等级	水泥	砂	用水量
M5	200～230		
M7.5	230～260		
M10	260～290		
M15	290～330	砂的堆积密度值	270～330
M20	340～400		
M25	360～410		
M30	430～480		

注：1. M15 及 M15 以下强度等级水泥砂浆，水泥强度等级为 32.5 级；M15 以上强度等级水泥砂浆，水泥强度等级为 42.5 级；

2. 当采用细砂或粗砂时，用水量分别取上限或下限；

3. 稠度小于 70mm 时，用水量可小于下限；

4. 施工现场气候炎热或干燥季节，可酌量增加用水量；

5. 试配强度应按本节"$f_{m,0} = kf_2$"公式计算。

（2）水泥粉煤灰砂浆材料用量可按表 4.2.8 选用。

每立方米水泥粉煤灰砂浆材料用量（kg/m³） 表 4.2.8

强度等级	水泥和粉煤灰总量	粉煤灰	砂	用水量
M5	210～240			
M7.5	240～270	粉煤灰掺量可占胶凝材料总量的 15%～25%	砂的堆积密度值	270～330
M10	270～300			
M15	300～330			

注：1. 表中水泥强度等级为 32.5 级；

2. 当采用细砂或粗砂时，用水量分别取上限或下限；

3. 稠度小于 70mm 时，用水量可小于下限；

4. 施工现场气候炎热或干燥季节，可酌量增加用水量；

5. 试配强度应按本节"$f_{m,0} = kf_2$"公式计算。

6. 预拌砌筑砂浆应符合哪些规定？

预拌砌筑砂浆应符合下列规定：

（1）在确定湿拌砌筑砂浆稠度时应考虑砂浆在运输和储存过程中的稠度损失；

（2）湿拌砌筑砂浆应根据凝结时间要求确定外加剂掺量；

（3）干混砌筑砂浆应明确拌制时的加水量范围；

（4）预拌砌筑砂浆的搅拌、运输、储存等应符合现行行业标准《预拌砂浆》（JG/T 230）的规定；

（5）预拌砌筑砂浆性能应符合现行行业标准《预拌砂浆》（JG/T 230）的规定。

7. 预拌砌筑砂浆的试配应符合哪些规定？

（1）预拌砌筑砂浆生产前应进行试配，试配强度应按本节"$f_{m,0} = kf_2$"公式计算确定，试配时稠度取 70～80mm。

（2）预拌砌筑砂浆中可掺入保水增稠材料、外加剂等，掺量应经试配确定。

8. 砌筑砂浆配合比试配、调整与确定如何进行?

（1）砌筑砂浆试配时应考虑工程实际要求，搅拌应采用机械搅拌。搅拌时间应自开始加水算起，并应符合下列规定：

① 对水泥砂浆和水泥混合砂浆，搅拌时间不得少于120s。

② 对预拌砌筑砂浆和掺有粉煤灰、外加剂、保水增稠材料等的砂浆搅拌时间不得少于180s。

（2）按计算或查表所得配合比进行试拌时，应按现行行业标准《建筑砂浆基本性能试验方法标准》（JGJ/T 70）测定砌筑砂浆拌合物的稠度和保水率。当稠度和保水率不能满足要求时，应调整材料用量，直到符合要求为止，然后确定为试配时的砂浆基准配合比。

（3）试配时至少应采用三个不同的配合比，其中一个配合比应为按本节上述方法经计算或查表所得出的基准配合比，其余两个配合比的水泥用量应按基准配合比分别增加及减少10%。在保证稠度、保水率合格的条件下，可将用水量、石灰膏、保水增稠材料或粉煤灰等活性掺合料用量作相应调整。

（4）砌筑砂浆试配时稠度应满足施工要求，并应按《建筑砂浆基本性能试验方法标准》（JGJ/T 70）分别测定不同配合比砂浆的表观密度及强度；并应选定符合试配强度及和易性要求、水泥用量最低的配合比作为砂浆的试配配合比。

（5）砌筑砂浆试配配合比尚应按下列步骤进行校正：

① 根据砂浆试配配合比的材料用量按下式计算砂浆的理论表观密度值：

$$\rho_t = Q_C + Q_D + Q_S + Q_W$$

式中　ρ_t——砂浆的理论表观密度值（kg/m³），应精确至10kg/m³。

② 应按下式计算砂浆配合比校正系数 δ：

$$\delta = \rho_c / \rho_t$$

式中　ρ_c——砂浆的实测表观密度值（kg/m³），应精确至10kg/m³。

③ 当砂浆的实测表观密度值与理论表观密度值之差的绝对值不超过理论值的2%时，可将按本节得出的试配配合比确定为砂浆设计配合比；当超过2%时，应将试配配合比中每项材料用量均乘以校正系数（δ）后，确定为砂浆设计配合比。

（6）预拌砌筑砂浆生产前应进行试配、调整与确定，并应符合现行行业标准《预拌砂浆》（JG/T 230）的规定。

第三节　抹灰砂浆配合比

1. 抹灰砂浆配合比设计应执行什么规程?

答：抹灰砂浆配合比设计应执行《抹灰砂浆技术规程》（JGJ/T 228—2010）。

2. 抹灰砂浆配合比设计有何规定?

答：（1）抹灰砂浆在施工前应进行配合比设计，砂浆的试配抗压强度应按下式计算：

$$f_{m,0} = k f_2$$

式中　$f_{m,0}$——砂浆的试配抗压强度（MPa），精确至0.1MPa；

f_2——砂浆抗压强度等级值（MPa），应精确至0.1MPa；

k——砂浆生产(拌制)质量水平系数,取 $1.15\sim1.25$。

注:砂浆生产(拌制)质量水平为优良、一般、较差时,k 值分别取为 1.15、1.20、1.25。

(2)抹灰砂浆配合比应采取质量计算。

(3)抹灰砂浆的分层度宜为 $10\sim20mm$。

(4)抹灰砂浆中可加入纤维,掺量应经试验确定。

(5)用于外墙的抹灰砂浆的抗冻性应满足设计要求。

3. 水泥抹灰砂浆配合比设计有何具体规定?

答:(1)水泥抹灰砂浆应符合下列规定:

① 强度等级应为 M15、M20、M25、M30。

② 拌合物的表观密度不宜小于 $1900kg/m^3$。

③ 保水率不宜小于 82%,拉伸粘结强度不应小于 $0.20MPa$。

(2)水泥抹灰砂浆配合比的材料用量可按表 4.3.1 选用。

水泥抹灰砂浆配合比的材料用量(kg/m^3) 表 4.3.1

强度等级	水 泥	砂	水
M15	$330\sim380$		
M20	$380\sim450$	$1m^3$ 砂的堆积密度值	$250\sim300$
M25	$400\sim450$		
M30	$460\sim530$		

4. 水泥粉煤灰抹灰砂浆配合比设计有何具体规定?

答:(1)水泥粉煤灰抹灰砂浆应符合下列规定:

① 强度等级应为 M5、M10、M15。

② 配制水泥粉煤灰抹灰砂浆不应使用砌筑水泥。

③ 拌合物的表观密度不宜小于 $1900kg/m^3$。

④ 保水率不宜小于 82%,拉伸粘结强度不应小于 $0.15MPa$。

(2)水泥粉煤灰抹灰砂浆的配合比设计应符合下列规定:

① 粉煤灰取代水泥的用量不宜超过 30%。

② 用于外墙时,水泥用量不宜少于 $250kg/m^3$。

③ 配合比的材料用量可按表 4.3.2 选用。

水泥粉煤灰抹灰砂浆配合比的材料用量(kg/m^3) 表 4.3.2

强度等级	水泥	粉煤灰	砂	水
M5	$250\sim290$			
M10	$320\sim350$	内掺,等量取代水泥量的 10%~30%	$1m^3$ 砂的堆积密度值	$270\sim320$
M15	$350\sim400$			

5. 水泥石灰抹灰砂浆配合比设计有何具体规定?

答:(1)水泥石灰抹灰砂浆应符合下列规定:

① 强度等级应为 M2.5、M5、M7.5、M10。

② 拌合物的表观密度不宜小于 $1800kg/m^3$。

③ 保水率不宜小于 88％，拉伸粘结强度不应小于 0.15MPa。

（2）水泥石灰抹灰砂浆配合比的材料用量可按表 4.3.3 选用。

水泥石灰抹灰砂浆配合比的材料用量（kg/m³）　表 4.3.3

强度等级	水泥	石灰膏	砂	水
M2.5	200～230			
M5	230～280	（350～400）－ C	1m³ 砂的堆积密度值	180～280
M7.5	280～330			
M10	320～350			

注：表中"C"为水泥用量。

6. 掺塑化剂水泥抹灰砂浆配合比设计有何具体规定？

答：（1）掺塑化剂水泥抹灰砂浆应符合下列规定：

① 强度等级应为 M5、M10、M15。

② 拌合物的表观密度不宜小于 1800kg/m³。

③ 保水率不宜小于 88％，拉伸粘结强度不应小于 0.15MPa。

④ 使用时间不应大于 2.0h。

（2）掺塑化剂水泥抹灰砂浆配合比的材料用量可按表 4.3.4 选用。

掺塑化剂水泥抹灰砂浆配合比的材料用量（kg/m³）　表 4.3.4

强度等级	水泥	砂	水
M5	260～300		
M10	330～360	1m³ 砂的堆积密度值	250～300
M15	360～410		

7. 聚合物水泥抹灰砂浆配合比设计有何具体规定？

答：聚合物水泥抹灰砂浆应符合下列规定：

（1）抗压强度等级不应小于 M5.0MPa。

（2）宜为专业工厂生产的干混砂浆，且用于面层时，宜采用不含砂的水泥基腻子。

（3）砂浆种类应与使用条件相匹配。

（4）宜采用 42.5 级通用硅酸盐水泥。

（5）宜选用粒径不大于 1.18mm 的细砂。

（6）应搅拌均匀，静停时间不宜少于 6min，拌合物不应有生粉团。

（7）可操作时间宜为 1.5～4.0h。

（8）保水率不宜小于 99％，拉伸粘结强度不应小于 0.30MPa。

（9）具有防水性能要求的，抗渗性能不应小于 P6 级。

（10）抗压强度试验方法应符合现行国家标准《水泥胶砂强度检验方法》（GB/T 17671）的规定。

8. 石膏抹灰砂浆配合比设计有何具体规定？

答：（1）石膏抹灰砂浆应符合下列规定：

① 抗压强度不应小于 4.0MPa。

② 宜为专业工厂生产的干混砂浆。

③ 应搅拌均匀，拌合物不应有生粉团，且应随拌随用。

④ 初凝时间不应小于 1.0h，终凝时间不应大于 8.0h，且凝结时间的检验方法应符合现行国家标准《粉刷石膏》(JC/T 517) 的规定。

⑤ 拉伸粘结强度不应小于 0.40MPa。

⑥ 宜掺加缓凝剂。

⑦ 抗压强度试验方法应符合现行国家标准《粉刷石膏》(JC/T 517) 的规定。可操作时间宜为 1.5~4.0h。

(2) 抗压强度为 4.0MPa 石膏抹灰砂浆配合比的材料用量可按表 4.3.5 选用。

抗压强度为 **4.0MPa** 石膏抹灰砂浆配合比的材料用量（kg/m³） 表 **4.3.5**

石　膏	砂	水
45~650	1m³ 砂的堆积密度值	260~400

9. 抹灰砂浆配合比试配、调整与确定如何进行？

(1) 抹灰砂浆试配时，应考虑工程实际需求，搅拌应符合现行国家标准《砌筑砂浆配合比设计规程》(JGJ/T 98) 的规定，试配强度应按本节上述"$f_{m,0} = kf_2$"公式确定。

(2) 查表选取抹灰砂浆配合比的材料用量后，应先进行试拌，测定拌合物的稠度和分层度（或保水率），当不能满足要求时，应调整材料用量，直到满足要求为止。

(3) 抹灰砂浆试配时，至少应采用 3 个不同的配合比，其中一个配合比为按本节查表得出的基准配合比，其余两个配合比的水泥用量应按基准配合比分别增加和减少 10%。在保证稠度、分层度（或保水率）满足要求的条件下，可将用水量或石灰膏、粉煤灰等矿物掺合料用量作相应调整。

(4) 抹灰砂浆的试配稠度应满足施工要求，并应按现行行业标准《建筑砂浆基本性能试验方法标准》(JGJ/T 70) 分别测定不同配合比砂浆的抗压强度、分层度（或保水率）及拉伸粘结强度。符合要求的且水泥用量最低的配合比，作为抹灰砂浆配合比。

(5) 抹灰砂浆的配合比还应按下列步骤进行校正：

① 应按下式计算抹灰砂浆的理论表观密度值：

$$\rho_t = \Sigma Q_i$$

式中　ρ_t——砂浆的理论表观密度值（kg/m³）；

　　　Q_i——每立方米砂浆中各种材料用量（kg）。

② 应按下式计算抹灰砂浆配合比校正系数（δ）：

$$\delta = \rho_C/\rho_t$$

式中　ρ_C——砂浆的实测表观密度值（kg/m³）。

③ 当砂浆实测表观密度值与理论表观密度值之差的绝对值不超过理论表观密度值的 2% 时，可确定为抹灰砂浆的配合比，当超过 2% 时，应将配合比中每项材料用量乘以校正系数（δ）后，可确定为抹灰砂浆的配合比。

(6) 预拌砂浆生产前，应按本节的步骤进行试配、调整与确定。

第五章　装饰装修材料试验

第一节　外墙饰面砖

1. 与外墙饰面砖有关的标准有哪些？

答：（1）《外墙饰面砖工程施工及验收规程》（JGJ 126—2000）；

（2）《建筑工程饰面砖粘结强度检验标准》（JGJ 110—2008）；

（3）《建筑装饰装修工程质量验收规范》（GB 50210—2001）；

（4）《陶瓷砖》（GB/T 4100—2006）；

（5）《玻璃马赛克》（GB/T 7697—1996）；

（6）《陶瓷砖试验方法　第 1 部分：抽样和接收条件》（GB/T 3810.1—2006）；

（7）《陶瓷砖试验方法　第 3 部分：吸水率、显气孔率、表观相对密度和容重的测定》（GB/T 3810.3—2006）；

（8）《陶瓷砖试验方法　第 12 部分：抗冻性的测定》（GB/T 3810.12—2006）。

2. 外墙饰面砖必试项目是什么？

答：依据《建筑装饰装修工程质量验收规范》（GB/T 50210—2001），必试项目为：

（1）吸水率；

（2）抗冻性。

3. 外墙饰面砖吸水率试验对样品的要求是什么？

答：（1）每种类型取 10 块整砖进行测试；

（2）每块砖的表面积大于 0.04m² 时，只需用 5 块整砖进行测试。如每块砖的质量小于 50g，则需足够数量的砖以使每个试样质量达到 50～100g；

（3）砖的边长大于 200mm 且小于 400mm 时，可切割成小块，但切下的每块应计入测量值内，多边形和其他非矩形，其长和宽均按外接矩形计算；

（4）砖的边长大于 400mm 时，至少在 3 块整砖的中间部位切取最小边长为 100mm 的 5 块试样。

4. 外墙饰面砖抗冻性试验对样品的要求是什么？

答：（1）使用不少于 10 块砖，并且其最小面积为 0.25m²，对于大规格的砖，为了能装入冷冻机，可进行切割，切割试样应尽可能的大；

（2）外墙饰面砖应没有裂纹、釉裂、针孔、磕碰等缺陷；

（3）如果必须用有缺陷的砖进行检验，在试验前应用永久性的染色剂对缺陷做记号，试验后检查这些缺陷。

5. 吸水率、抗冻性试验所需的试验仪器有哪些？

．答：（1）干燥箱：工作温度为 110±5℃，也可使用能获得相同检测结果的微波、红外或其他干燥系统；

　　(2) 加热装置：用惰性材料制成的用于煮沸的加热装置；

　　(3) 热源；

　　(4) 天平：天平的称量精度为所测试样质量 0.01%；

　　(5) 去离子水或蒸馏水；

　　(6) 干燥器；

　　(7) 麂皮；

　　(8) 吊环、绳索或篮子：能将试样放入水中悬吊称其质量；

　　(9) 玻璃烧杯，或者大小和形状与其类似的容器，将试样完全浸入水中，试样和吊环不与容器的任何部分接触；

　　(10) 真空容器和真空系统：能容纳所要求数量试样的足够大容积的真空容器和真空能达到 10 ± 1kPa 并保持 30min 的真空系统；

　　(11) 抽真空装置：抽真空后注入水使砖吸水饱和的装置，通过真空泵抽真空能使该装置内压力至 40 ± 2.6kPa；

　　(12) 冷冻机：能冷冻至少 10 块砖，其最小面积为 $0.25m^2$，并使砖互相不接触；

　　(13) 水：温度保持在 $20 \pm 5℃$；

　　(14) 热电偶或其他合适的测温装置。

6. 外墙饰面砖吸水率是如何试验的？

　　答：样品的开口气孔吸入饱和的水分有两种方法：在煮沸和真空条件下浸泡。煮沸法适用于陶瓷砖分类和产品说明，真空法适用于显气孔率、表观相对密度和除分类以外吸水率的测定。

　　若砖的边长大于 200mm 且小于 400mm 时，可切割成小块，但切割下的每一块应计入测量值内。将砖放在 $110 \pm 5℃$ 的烘箱中干燥至恒重，即每隔 24h 的两次连续质量之差小于 0.1%，砖放在有胶或其他干燥剂的干燥器内冷却至室温，不能使用酸性干燥剂，每块砖按表 5.1.1 的测量精度称量和记录。

砖的质量和测量精度 (g)　　　　　　　　　　　　　表 5.1.1

砖的质量	测量精度	砖的质量	测量精度
$50 \leqslant m \leqslant 100$	0.02	$1000 < m \leqslant 3000$	0.50
$100 < m \leqslant 500$	0.05	$m > 3000$	1.00
$500 < m \leqslant 1000$	0.25		

　　(1) 煮沸法

　　将砖竖直地放在盛有去离子水的加热器中，使砖互不接触。砖的上部和下部应保持有 5cm 深度的水。在整个试验中都应保持高于砖 5cm 的水面。将水加热至沸腾并保持煮沸 2h。然后切断电源，使砖完全浸泡在水中冷却至室温，并保持 4 ± 0.25h。也可用常温下的水或制冷器将样品冷却至室温。将一块浸湿过的麂皮用手拧干，并将麂皮放在平台上轻轻地依次擦干每块砖的表面，对于凹凸或有浮雕的表面应用麂皮轻快地擦去表面的水，然后称重，记录每块试样结果。保持与干燥状态下的相同精度 (表 5.1.1)。

　　(2) 真空法

　　将砖竖直放入真空容器中，使砖互不接触，加入足够的水将砖覆盖并高出 5cm。抽真空至 10 ± 1kPa，并保持 30min 后停止真空，让砖浸泡 15min 后取出。将一块浸湿的麂皮用手拧干。将麂皮放在平台上依次轻轻擦干每块砖的表面，对于凹凸或有浮雕的表面应用麂皮轻快的擦去表面水分，然后立即称重并记录，与干砖的称量精度相同（表 5.1.1）。

7. 怎样计算外墙饰面砖的吸水率？

答：每一块砖的吸水率 $E_{(b,v)}$ 的计算公式如下：

$$E_{(b,v)} = \frac{m_{2(b,v)} - m_1}{m_1} \times 100\%$$

式中　$E_{(b,v)}$——吸水率（%）；

m_1——每块干砖的质量（g）；

m_2——每块湿砖的质量（g）；

E_b——用 m_{2b} 测定的吸水率，代表水仅注入的气孔；

E_v——用 m_{2v} 测定的吸水率，代表水最大可能地注入所有气孔。

8. 怎样进行外墙饰面砖的抗冻性试验？

答：（1）试样制备

砖在 110±5℃ 的干燥箱内烘干至恒重，即每隔 24h 的两次连续称量之差小于 0.1%。记录每块干砖的质量（m_1）。

（2）浸水饱和

①砖冷却至环境温度后，将砖垂直地放在抽真空装置内，使砖与砖、砖与装置内壁互不接触。抽真空装置 40±2.6kPa。在该压力下将水引入装有砖的真空装置中淹没，并至少高出 50mm。在相同压力下至少保持 15min，然后恢复到大气压力。

用手把浸湿过的麂皮拧干，然后将麂皮放在一个平台上。依次将每块砖的各个面擦干，称量并记录每块湿砖的质量（m_2）。

②计算初始吸水率（E_1）：

$$E_1 = \frac{m_2 - m_1}{m_1} \times 100$$

式中　E_1——初始吸水率（%）；

m_1——每块干砖的质量（g）；

m_2——每块湿砖质量（g）。

（3）试验步骤

①在试验时选择一块最厚的砖，该砖应视为对试样具有代表性。

②在砖一边的中心钻一个直径为 3mm 的孔，该孔距边最大的距离为 40mm，在孔中插一支热电偶，并用一小片隔热材料（例如多孔聚苯乙烯）将该孔密封。如果用这种方法不能钻孔，可把一支热电偶放在一块砖的一个面的中心，用另一块砖附在这个面上。将冷冻机内欲测的砖垂直地放在支撑架上，用这一方法使得空气通过每块砖之间的空隙流过所有表面。把装有热电偶的砖放在试样中间，热电偶的温度定为试验时所有砖的温度，只有在用相同试样重复试验的情况下这点可省略。此外，应偶尔用砖中的热电偶作核对。每次测量温度应精确到 ±0.5℃。

③以不超过 20℃/h 的速率使砖的温度降到 −5℃ 以下。砖在该温度下保持 15min。砖浸没于水中或喷水直到温度达到 5℃ 以上。砖在该温度下保持 15min。

④重复上述循环至少 100 次。如果将砖保持浸没在 5℃ 以上的水中，则此循环可中

断。称量试验后的砖质量 (m_3)，再将其烘干至恒重，称量试验后砖的干质量 (m_4)。

(4) 计算最终吸水率 (E_2)：

$$E_2 = \frac{m_3 - m_4}{m_4} \times 100\%$$

式中　E_2——最终吸水率 (%)；

　　　m_3——试验后每块湿砖的质量 (g)；

　　　m_4——试验后每块干砖的质量 (g)。

(5) 结果判定

100 次循环后，在距离 25~30cm 处、大约 300lx 的光照条件下，用肉眼检查砖的釉面、正面和边缘。对通常戴眼镜者，可以戴眼镜检查。在试验早期，如果有理由确信砖已遭到损坏，可在试验中间阶段检查并及时作记录。记录所有观察到砖的釉面、正面和边缘损坏的情况。

第二节　天　然　石　材

1. 与天然石材有关的标准有哪些?

答：(1)《天然大理石建筑板材》(GB/T 19766—2005)；

(2)《天然花岗石建筑板材》(GB/T 18601—2009)；

(3)《天然板石》(GB/T 18600—2009)；

(4)《住宅装饰装修工程施工规范》(GB 50327—2001)；

(5)《民用建筑工程室内环境污染控制规范》(GB 50325—2001)(2006 年版)；

(6)《建筑装饰装修工程质量验收规范》(GB 50210—2001)；

(7)《天然饰面石材试验方法　第 1 部分：干燥、水饱和、冻融循环后压缩强度试验方法》(GB/T 9966.1—2001)；

(8)《天然饰面石材试验方法　第 2 部分：干燥、水饱和和弯曲强度试验方法》(GB/T 9966.2—2001)；

(9)《建筑材料放射性核素限量》(GB 6566—2001)。

2. 天然石材的必试项目是什么?

答：室内用天然石材必须做放射性元素含量检测；室外用天然石材必须做弯曲强度和冻融循环试验，参见表 5.2.1。

表 5.2.1

试验项目与取样规定参考表

序号	材料名称		必试项目	组批原则及取样规定
1	建筑板材	天然花岗石	室内用：放射性元素 室外用： (1) 弯曲强度； (2) 耐冻融性	(1) 使用面积大于 200m² 时，应对不同产品、不同批次材料分别进行放射性指标复验。 (2) 在外观质量、尺寸偏差检验合格的板材中抽取 2%，数量不足 10 块的抽取 10 块。 (3) 室内放射性检测取样不少于 3kg
2		天然大理石		(1) 以同一产地、同一品种、等级、规格的板材每 100m³ 为一验收批，不足 100m³ 的单一工程部位的板材也按一批计。 (2)、(3) 同上
3	天然板石	饰面板		(1) 相同材料工艺和施工条件的室外饰面板 (砖) 工程每 500~1000m² 应划分为一个检验批，不足 500m² 也应划分为一个检验批。 (2)、(3) 同上

3. 放射性比活度是什么？

答：某种核素的放射性比活度是指物质中的某种核素放射性活度除以该物质的质量而得的商，其表达式如下：

$$C = \frac{A}{m}$$

式中　C——放射性比活度（Bq/kg）；

　　　A——核素放射性活度（Bq）；

　　　m——物质的质量（kg）。

4. 如何检测天然石材放射性核素比活度？

答：（1）将检验样品破碎，磨细至粒径不大于 0.16mm。将其放入与标准样品几何形态一致的样品盒中，称重（精确至 1g）、密封、待测；

（2）当检验样品中天然放射性衰变链基本达到平衡后，在与标准测量条件相同情况下，采用低本底多道 γ 能谱仪对其进行镭—226、钍—232 和钾—40 比活度测量。

5. 放射性核素比活度检验结果如何判定？

答：根据放射性比活度检验结果计算内照射指数（I_{Ra}）和外照射指数（$I_γ$），判定其类别。

6. 天然石材弯曲强度试验如何取样，试样尺寸是多少？

答：（1）每种试验条件下的试样取五个为一组。如对干燥、水饱和条件下的垂直和平行层理的弯曲强度试验应制备 20 个试样。

（2）试样尺寸为：试样厚度（H）可按实际情况确定。当试样厚度（H）≤68mm 时宽度为 100mm；当试样厚度（H）>68mm 时宽度为 $1.5H$。试样长度为 $10×H+50$mm。长度尺寸偏差±1mm，宽度、厚度尺寸偏差±0.3mm。

7. 天然石材弯曲强度试验步骤是什么？

答：（1）干燥状态弯曲强度

①将试样放在 $105±2℃$ 的烘箱内干燥 24h，再放入干燥器内冷却至室温；

②调节支架下支座之间的距离（$L = 10 × H$）和上支座之间的距离（$L/2$），调差在±1.0mm 内。一般情况下应使试样装饰面处于弯曲拉伸状态。按照试样上支点位置将其放在上下支架之间；

③以每分钟 $1800±50$N 的速率对试样施加荷载，记录试样破坏荷载（F），精确到 10N；

④用游标卡尺测量试样断裂面的宽度（K）和厚度（H），精确至 0.1mm。

（2）水饱和状态弯曲强度

①试样处理，将试样放在 $20±2℃$ 的清水中浸泡 48h 后取出，用拧干的湿毛巾擦去试样表面水分，立即进行试验；

②调节支架支座距离同（1）中②；

③试验加载条件同（1）中③；

④测试试样尺寸同（1）中④。

8. 天然石材弯曲强度试验结果如何计算？

答：弯曲强度计算精度 0.1MPa，公式如下：

$$P_w = \frac{3FL}{2KH^2}$$

式中　P_w——试样的弯曲强度（MPa）；

　　　F——试样破坏荷载（N）；

　　　L——支点间距离（mm）；

　　　K——试样宽度（mm）；

　　　H——试样厚度（mm）。

9. 天然石材弯曲强度试验结果如何评定？

答：(1)《天然花岗岩建筑板材》（GB/T 18061—2001）规定：

①工程对石材弯曲强度有特殊要求的，按工程要求执行；

②工程对石材弯曲强度有特殊要求的

　对一般用途的天然花岗岩，弯曲强度≥8.0MPa 时判定为合格；

　对功能用途的天然花岗岩，弯曲强度≥8.3MPa 时判定为合格。

(2)《天然板石》（GB/T 18600—2009）规定：

① 饰面板

　室内用：C_1 类，弯曲强度≥10.0MPa 时判定为合格；C_2 类，弯曲强度≥50.0MPa 时判定为合格。

　室外用：C_3 类，弯曲强度≥20.0MPa 时判定为合格；C_4 类，弯曲强度≥62.0MPa 时判定为合格。

② 瓦板

　对于 R_1 类、R_2 类或 R_3 类瓦板，其破坏荷载≥1800N 时，判定为合格。

10. 天然石材冻融循环如何取样，试样尺寸是多少？

答：(1) 每种试验条件下的试样取五个为一组。若进行冻融循环后的垂直和平行层理的压缩强度试验应制备试样 10 个。

(2) 试样尺寸为 50mm 的立方体或 ϕ50mm×50mm 的圆柱体，误差±0.5mm。

11. 天然石材冻融循环后压缩强度试验步骤是什么？

答：(1) 用清水洗净试样，并将其置于 20+2℃的清水中浸泡 48h，取出后立即放入−20±2℃的冷冻箱内冷冻 4h，再将其放入流动的清水中融化 4h。反复冻融 25 次后用拧干的湿毛巾将试样表面水分擦去；

(2) 受力面面积计算：用游标卡尺分别测量试样两受力面的边长或直径并计算其面积，以两个受力面的平均值作为试样受力面面积，边长测量值精确到 0.5mm；

(3) 将试样放置于材料试验机下压板的中心部位，施加荷载至试样破坏并记录试样破坏时的荷载值，读数值精确到 500N。加载速率为 1500±100N/s 或压板移动的速率不超过 1.3mm/min。

12. 天然石材冻融循环试验结果如何计算？

答：天然石材经过冻融循环后压缩强度试验结果的计算如下式，修约到 1MPa：

$$P = \frac{F}{S}$$

式中　P——压缩强度（MPa）；

F——破坏荷载（N）；

S——试样受压面面积（mm^2）。

第三节　人　造　板　材

1. 与人造板材有关的检测标准有哪些？

答：（1）《民用建筑工程室内环境污染控制规范》（GB 50325—2001）（2006 年版）；

（2）《民用建筑工程室内环境污染控制规程》（DBJ 01—91—2004）；

（3）《室内装饰装修材料人造板及其制品中甲醛释放量限量》（GB 18580—2001）；

（4）《人造板及饰面人造板理化性能试验方法》（GB/T 17657—1999）。

2. 人造板材必试项目是什么？

答：民用建筑工程室内用人造木板及饰面人造木板，必须测定游离甲醛含量或游离甲醛释放量。

3. 人造板材组批原则和抽样规定是什么？

答：当民用建筑工程室内装修中采用的某一种人造木板或饰面人造木板面积大于 $500m^2$ 时，应对不同产品、不同批次材料的游离甲醛含量或游离甲醛释放量分别进行复验。

4. 游离甲醛含量或游离甲醛释放量的试验方法有哪些？限量值是多少？

答：人造板材游离甲醛含量或游离甲醛释放量的试验方法和限量值如表 5.3.1 所示。

人造板材游离甲醛含量或游离甲醛释放量的试验方法和限量值　　表 5.3.1

产　品　名　称	试验方法	限　量　值	类别	使　用　范　围
中密度纤维板、高密度纤维板、刨花板等	穿孔萃取法	≤9（mg/100g，干材料）	E_1	可直接用于室内
		≤30（mg/100g，干材料）	E_2	必须饰面处理后可允许用于室内
胶合板、装饰单板贴面胶合板、细木工板等	干燥器法	≤1.5mg/L	E_1	可直接用于室内
		≤5.0mg/L	E_2	必须饰面处理后可允许用于室内
饰面人造板（包括浸渍纸层压木质地板、实木复合地板、竹地板、浸渍胶膜纸饰面人造板等）	环境测试舱法	≤0.12mg/m³	E_1	可直接用于室内
	干燥器法	≤1.5mg/L		

注：仲裁时采用环境测试舱法。

5. 穿孔法测定游离甲醛含量的基本步骤及方法是什么？

答：穿孔法测定游离甲醛含量基于下面两个步骤：

（1）第一步为穿孔萃取。

把游离甲醛从板材中全部分离出来，可分为两个过程。首先将溶剂甲苯与试件共热，通过液—固萃取使甲醛从板材中溶解出来，然后将溶有甲醛的甲苯通过穿孔器与水进行液—液萃取，把甲醛转溶于水中。

（2）第二步为测定甲醛水溶液的浓度。

可选用碘量法或光度法测定。对低甲醛释放量的人造板，应优先采用光度法测定。

①碘量法测定游离甲醛含量的计算，精确至 0.1mg：

$$E = \frac{(V_0 - V_1) \times c \times (100 + H) \times 3 \times 10^4}{M_0 \times V_2}$$

式中　E——100g 试件甲醛含量（mg/100g）；

　　　H——试件含水率（%）；

　　　M_0——用于萃取试验的试件质量（g）；

　　　V_2——滴定时取用甲醛萃取液的体积（mL）；

　　　V_1——滴定萃取液所用的硫代硫酸钠标准溶液的体积（mL）；

　　　V_0——滴定空白液所用的硫代硫酸钠标准溶液的体积（mL）；

　　　c——硫代硫酸钠标准溶液的浓度（mol/L）。

②光度法测定游离甲醛含量的计算，精确至 1mg：

$$E = \frac{(A_s - A_b) \times f \times (100 + H) \times V}{M_0}$$

式中　E——每 100g 试件甲醛含量（mg/100g）；

　　　A_s——萃取液的吸光度；

　　　A_b——蒸馏水的吸光度；

　　　f——标准曲线的斜率（mg/mL）；

　　　H——试件含水率（%）；

　　　M_0——用于萃取试验的试件质量（g）；

　　　V——容量瓶体积，2000mL。

6. 干燥器法测定游离甲醛释放量的基本步骤及方法是什么？

答：干燥器法测定游离甲醛释放量基于下面两个步骤：

（1）第一步为收集甲醛。

在干燥器底部放置盛有蒸馏水的结晶皿，在其上方固定的金属支架上放置试样，释放出的甲醛被蒸馏水吸收，作为试样溶液。

（2）第二步为测定甲醛浓度。

用分光光度计测定试样溶液的吸光度，由预先绘制的标准曲线求得甲醛的浓度。

甲醛溶液的浓度计算，精确至 0.1mg/L：

$$c = f \times (A_s - A_b) \times 1000$$

式中　c——甲醛浓度（mg/L）；

　　　f——标准曲线斜率（mg/mL）；

　　　A_s——待测液的吸光度；

　　　A_b——蒸馏水的吸光度。

7. 环境测试舱法测定游离甲醛释放量的基本步骤及方法是什么？

答：环境测试舱法测定游离甲醛释放量基于下面两个步骤：

（1）第一步为采样。

将样品放入温度、相对湿度、空气流速和空气置换率控制在一定值的环境测试舱内。甲醛从样品中释放出来，与舱内空气混合，定期抽取舱内空气，直到舱内空气中甲醛浓度达到稳定为止，将抽出的空气通过盛有蒸馏水的吸收瓶，空气中的甲醛全部溶入水中；

（2）第二步为测定吸收液中甲醛浓度。具体试验方法同干燥器法。

甲醛溶液的浓度计算，精确至 $0.01mg/m^3$：

$$c = \frac{f \times (A_{s1} + A_{s2} - 2A_b) \times 25 \times 1000}{V_0}$$

式中　c——甲醛浓度（mg/m^3）；

$\quad\quad f$——标准曲线斜率（mg/mL）；

$\quad A_{s1}$——第一个吸收瓶中吸收液的吸光度；

$\quad A_{s2}$——第二个吸收瓶中吸收液的吸光度；

$\quad\quad A_b$——蒸馏水的吸光度；

$\quad\quad 25$——吸收液的体积（mL）；

$\quad\quad V_0$——标准状态下的采样体积（L）。

而标准状态下的采样体积 V_0 则采用下式计算：

$$V_0 = V_t \times \frac{T_0}{273 + t} \times \frac{P}{P_0}$$

式中　V_0——标准状态下的采样体积（L）；

$\quad\quad V_t$——采样体积，由采样流量乘以采样时间而得（L）；

$\quad\quad T_0$——标准状态下的绝对温度，273K；

$\quad\quad P_0$——标准状态下的大气压力，101.3kPa；

$\quad\quad P$——采样时的大气压力（kPa）；

$\quad\quad t$——采样时的空气温度（℃）。

8. 试验结果如何判定？复验规则是什么？

答：在 3 份样品中，任取一份样品按规定检测游离甲醛含量或释放量，如测定结果达到限量要求，则判定为合格。如测定结果不符合限量要求，则对另外 2 份样品再行测定。如 2 份样品均达到限量要求，则判定为合格；如 2 份样品中只有一份样品达到限量要求或 2 份样品均不符合限量要求，则判定为不合格。

第四节　建　筑　外　门　窗

1. 与建筑外门窗试验有关的标准及规范有哪些？

答：（1）《建筑外窗气密、水密、抗风压性能分级及检测方法》（GB/T 7106—2008）

（2）《建筑外门窗保温性能分级及检测方法》（GB/T 8484—2008）

（3）《住宅建筑门窗应用技术规程》（DBJ 01—79—2004）

（4）《居住建筑节能保温工程施工质量验收规程》（DBJ 01—97—2005）

（5）《公共建筑节能设计标准》（DBJ 01—621—2005）

（6）《建筑节能工程施工质量验收规范》（GB 50411—2007）

（7）《建筑装饰装修工程质量验收规范》（GB 50210—2001）

2. 普通建筑外门窗物理性能必试项目有哪些？

答：普通建筑外窗进场检验必试项目有：

（1）建筑外窗抗风压性能检测；

（2）建筑外窗气密性能检测；

（3）建筑外窗水密性能检测；

（4）外窗保温性能（传热系数）检测；

（5）中空玻璃露点检测。

3. 门窗检测组批原则和抽样是如何规定的？

答：（1）《建筑装饰装修工程质量验收规范》（GB 50210—2001）中规定：

①验收批按下列规定划分：

a. 同一品种、类型和规格的木门窗、金属门窗、塑料门窗及门窗玻璃每 100 樘应划分为一个验收批，不足 100 樘也应划分为一个验收批；

b. 同一品种、类型和规格的特殊门每 50 樘应划分为一个验收批，不足 50 樘也应划分为一个验收批。

②检查数量应符合下列规定：

a. 木门窗、金属门窗、塑料门窗及门窗玻璃，每个验收批应至少抽查 5%，并不得少于 3 樘，不足 3 樘时应全数检查；高层建筑的外窗，每个验收批应至少抽查 10%，并不得少于 6 樘，不足 6 樘时应全数检查；

b. 特种门每个验收批应至少抽查 50%，并不得少于 10 樘，不足 10 樘时应全数检查。

（2）《建筑节能工程施工质量验收规范》（GB 50411—2007）规定：

①建筑外门窗工程的检验批应按下列规定划分：

a. 同一厂家的同一品种、类型、规格的门窗及门窗玻璃每 100 樘划分为一个验收批，不足 100 樘也为一个验收批；

b. 同一厂家的同一品种、类型、规格的特种门每 50 樘划分为一个验收批，不足 50 樘也为一个验收批；

c. 对于异型或有特殊要求的门窗，检验批的划分应根据其特点和数量，由监理（建设）单位和施工单位协商确定。

②建筑外门窗工程的检查数量应符合下列规定：

a. 建筑门窗每个检验批应抽查 5%，并不少于 3 樘，不足 3 樘时应全数检查；高层建筑的外窗，每个验收批应抽查 10%，并不少于 6 樘，不足 6 樘时应全数检查；

b. 特种门每个验收批应抽查 50%，并不少于 10 樘，不足 10 樘时应全数检查。

（3）《住宅建筑门窗应用技术规程》（DBJ 01—79—2004）规定：

①单位工程建筑面积 5000m² （含 5000m²）以下时，随机抽取同一生产厂家具有代表性的 1 组建筑外窗试件，试件数量为同系列、同规格、同分格形式的 3 樘外窗。

②单位工程建筑面积 5000m² （含 5000m²）以上时，随机抽取同一生产厂家具有代表性的 2 组建筑外窗，每组试件数量为同系列、同规格、同分格形式的 3 樘外窗。

4. 建筑外门窗气密性能检测时试样是如何安装的？

答：按标准方法取样后，检查试样的外观、连接是否完好。

（1）试件安装前测量试件的外形尺寸、结构形式，确定隔板与夹具的位置，选用合适的活动密封隔板，根据试样面积确定喷头的位置，接好喷水管路。

（2）以门窗检测仪固定密封隔板一侧为基准，朝向检测人员一面为模拟室内，将样窗安装至门窗检测仪上，先于固定靠板一端对齐后，再调整活动密封隔板位置，保证密封完好后，将活动密封隔板固定，并以位移传感器在样窗中梃轴线上为基准，确定中立杆位置，即可开始安装夹具。夹具均匀分布，不允许有因安装而出现的变形，并且可以正常开启。检测前应检查各控制开关处于关闭状态，压力箱无异常，将蓄水箱注水。确认一切正常后接通电源。检测开始后，按照微机操作面板所提示程序逐步进行，不可跳跃。

（3）检测完毕，整理数据，打印报告单，并关闭风机。关闭总电源，清理蓄水箱，予以备用。

（4）在准备开始检测前，应先检查样窗安装得是否牢固，所有可开启部分是否都能够正常的开启。在检测过程中也应及时检查样窗是否能够正常开启，并应注意样窗是否有异常情况，如发现异常，应予以适当的处理，经处理无异常后，再接着进行余下的检测项目。

5. 建筑外门窗气密性能是如何试验的？

答：（1）在正负压检测前分别施加三个压力脉冲。压力差绝对值为 500Pa，加载速度约为 100Pa/s。压力稳定作用时间为 3s，泄压时间不少于 1s。待压力差回零后，将样窗上所有可开启部分开关 5 次，最后关紧。

（2）检测程序

①附加渗透量的测定：充分密封样窗上的可开启缝隙和镶嵌缝隙，或用不透气的盖板将箱体开口部盖严，逐级加压，每级压力作用时间为 10s，先逐级正压，后逐级负压；

②总渗透量的测定：去除样窗上所加密封措施或打开密封盖板后进行检测，检测程序同①。

6. 建筑外门窗水密性能是如何试验的？

答：（1）施加三个压力脉冲。压力差绝对值为 500Pa，加载速度约为 100Pa/s。压力稳定作用时间为 3s，泄压时间不少于 1s。待压力差回零后，将样窗上所有可开启部分开关 5 次，最后关紧。

（2）淋水。对整个试件均匀淋水，淋水量为 2 L(m^2/min)。

（3）加压。在稳定淋水的同时，定级检测时，加压至出现严重渗漏，工程检测时，直接加压至水密性能指标值，压力稳定作用时间为 15min 或产生严重渗漏为止。

（4）观察。在逐级升压及持续作用过程中，观察并记录渗漏情况。

7. 建筑外门窗抗风压性能检测项目有哪些？

答：（1）变形检测；（2）反复加压检测；（3）定级检测或工程检测。

8. 建筑外门窗抗风压性能是如何试验的？

答：（1）将位移计安装在规定的位置上，测点位置规定为：

①对于测试杆件：中间测点在测试杆件中点位置，两端测点在距该杆件端点向中心方向 10mm 处，当试件的相对挠度最大的杆件难以判定时，也可选取两根或多根测试杆件，分别布点测试。

②对于单扇固定扇：测点布置见图 5.4.1；

对于单扇平开窗（门）：当采用单锁点

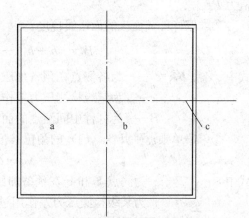

图 5.4.1 单扇固定扇测点分布图

注：a、b、c 为测点

时，测点取距锁点最远的窗（门）扇自由边非铰链边端点的角位移值 δ 为最大挠度值，当窗（门）扇上有受力杆件时应同时测量该杆件的最大相对挠度，取两者中的不利者作为抗风压性能检测结果；无受力杆件外开单扇平开窗（门）只进行负压检测，无受力杆件内开单扇平开窗（门）只进行正压检测；当采用多点锁时，按照单扇固定扇的方法进行检测。

（2）预备加压程序

在进行正、负变形检测前，分别提供三个压力脉冲，压力差 p_0 绝对值为 500Pa，加载速度约为 100Pa/s，压力差稳定作用时间为 3s，泄压时间不少于 1s。

（3）变形检测

①先进行正压检测，后进行负压检测，并符合以下要求：

a. 检测压力逐级升、降。每级升降压力差值不超过 250Pa，每级检测压力差稳定作用时间约为 10s。变形检测中面法线挠度值要求改为：不同类型试件变形检测时对应的最大面法线挠度（角位移值）应符合表 5.4.1 要求。检测压力绝对值最大不宜超过 2000Pa。

不同类型试件变形检测对应的最大面法线挠度（角位移值）　　　　表 5.4.1

试件类型	主要构件（面板）允许挠度	变形检测最大面法线挠度（角位移值）
窗（门）面板为单层玻璃或夹层玻璃	$\pm L/120$	$\pm L/300$
窗（门）面板为中空玻璃	$\pm L/180$	$\pm L/450$
单扇固定扇	$\pm L/60$	$\pm L/150$
单扇单锁点平开窗（门）	20mm	10mm

b. 记录每级压力差作用下的面法线挠度值（角位移值），利用压力差和变形之间的相对线性关系求出变形检测时最面法线挠度（角位移）对应的压力差值，作为变形检测压力差值，标以 $\pm P_1$。

c. 工程检测中，变形检测最大面法线挠度所对应的压力差已超过 $P'_3/2.5$ 时，检测至 $P'_3/2.5$ 为止；对于单扇单锁点平开窗（门），当 10mm 自由角位移值所对应的压力差超过 $P'_3/2$ 时，检测至 $P'_3/2$ 为止。

d. 当检测中试件出现功能障碍或损坏时，以相应压力差值的前一级压力差分级指标值为 P_3。

②求取杆件或面板的面法线挠度：

$$B = (b-b_0) - \frac{(a-a_0)+(c-c_0)}{2}$$

式中　a_0、b_0、c_0——为各测点在预备加压后的稳定初始读数值（mm）；

　　　a、b、c——为某级检测压力差作用过程中的稳定初始读数值（mm）；

　　　B——为杆件中间测点的面法线挠度。

③单扇单锁点平开窗（门）的角位移值 δ 为 E 测点和 F 测点位移值之差：

$$\delta = (e-e_0) - (f-f_0)$$

式中　e_0、f_0——为测点 E 和 F 在预备加压后的稳定初始读数值（mm）；

　　　e、f——为某级检测压力差作用过程中的稳定初始读数值（mm）。

（4）反复加压检测

检测前取下位移计，施加安全设施。

①定级检测时，检测压力从零升到 P_2，后降至零，P_2 等于 $1.5P_1$，不宜超过 3000Pa，反复 5 次。再由零降至 $-P_2$ 后升至零，$-P_2$ 等于 $-1.5P_1$，不超过 $-3000Pa$，反复 5 次。加压速度为 $300\sim500Pa/s$，卸压时间不少于 1s，每次压力差作用时间为 3s。

②工程检测时，当工程设计值小于 2.5 倍 P_1 时以 0.6 倍工程设计值进行反复加压检测。

正负反复加压后各将试件可开关部分开关 5 次，最后关紧。记录试验过程中发生损坏（指玻璃破裂、五金件损坏、窗扇掉落或被打开以及可以观察到的不可恢复的变形等现象）和功能障碍（指外窗的启闭功能发生障碍、胶条脱落等现象）的部位。

（5）定级检测或工程检测

①定级检测时，使检测压力从零升至 P_3 后降至零，P_3 等于 $2.5P_1$。再降至 $-P_3$ 后升至零，$-P_3$ 等于 $2.5-P_1$。加压速度为 $300\sim500Pa/s$，泄压时间不少于 1s，持续时间为 3s。正、负加压后各将试件可开关部分开关 5 次，最后关紧。试验过程中发生损坏和功能障碍时，记录发生损坏和功能障碍的部位，并记录试件破坏时的压力差值。

②工程检测时，当工程设计值小于或等于 $2.5P_1$ 倍时，才按工程检测进行。压力加至工程设计值 P_3 后降至零，再降至 $-P_3$ 后升至零。加压速度为 $300\sim500Pa/s$，泄压时间不少于 1s，持续时间为 3s。正、负加压后各将试件可开关部分开关 5 次，最后关紧。试验过程中发生损坏和功能障碍时，记录发生损坏和功能障碍的部位，并记录试件破坏时的压力差值。当工程设计值大于 $2.5P_1$ 倍时，以定级检测取代工程检测。

9. 建筑外门窗气密性能分级指标如何定义？分级指标值是如何规定的？

答：（1）气密性能分级指标采用标准状态下，压力差为 10Pa 时的单位开启缝长空气渗透量 q_1 和单位面积空气渗透量 q_2 作为分级指标。

（2）分级指标绝对值 q_1 和 q_2 的分级见表 5.4.2。

建筑外门窗气密性能分级表　　　　　　　　　　　　表 5.4.2

分级	1	2	3	4	5	6	7	8
单位缝长分级指标值 q_1 $[m^3/(m^2\cdot h)]$	$4.0{\geqslant}q_1$ >3.5	$3.5{\geqslant}q_1$ >3.0	$3.0{\geqslant}q_1$ >2.5	$2.5{\geqslant}q_1$ >2.0	$2.0{\geqslant}q_1$ >1.5	$1.5{\geqslant}q_1$ >1.0	$1.0{\geqslant}q_1$ >0.5	$q_1{\leqslant}0.5$
单位面积分级指标值 q_2 $[m^3/(m^2\cdot h)]$	$12{\geqslant}q_2$ >10.5	$10.5{\geqslant}q_2$ >9.0	$9.0{\geqslant}q_2$ >7.5	$7.5{\geqslant}q_2$ >6.0	$6.0{\geqslant}q_2$ >4.5	$4.5{\geqslant}q_2$ >3.0	$3.0{\geqslant}q_2$ >1.5	$q_2{\leqslant}1.5$

10. 建筑外门窗气密性能检测时，分级指标值如何确定？

答：为了保证分级指标值的准确度，采用由 100Pa 检测压力差下的测定值 $\pm q'_1$ 值或 $\pm q'_2$ 值，按公式换算为 10Pa 检测压力差下的相应值 $\pm q_1$ $[m^3/(m\cdot h)]$ 值或 $\pm q_2$ $[m^3/(m\cdot h)]$ 值。

$$\pm q_1 = \frac{\pm q'_1}{4.65} \qquad \pm q_2 = \frac{\pm q'_2}{4.65}$$

式中　q'_1——100Pa 作用压力差下单位缝长空气渗透量值 $[m^3/(m\cdot h)]$；

　　　q_1——10Pa 作用压力差下单位缝长空气渗透量值 $[m^3/(m\cdot h)]$；

　　　q'_2——100Pa 作用压力差下单位面积空气渗透量值 $[m^3/(m\cdot h)]$；

　　　q_2——10Pa 作用压力差下单位面积空气渗透量值 $[m^3/(m\cdot h)]$。

将三樘试件的 $\pm q_1$ 值或 $\pm q_2$ 值分别平均后对照分级表（表 5.4.2）确定按照缝长和按面积各自所属等级。最后取两者中的不利级别为该组试件所属等级。正、负压测值分别定级。

11. 建筑外门窗水密性能分级指标如何定义？分级指标值是如何规定的？

答：（1）采用严重渗漏压力差的前一级压力差值作为分级指标。

（2）分级指标值 ΔP 的分级见表 5.4.3。

建筑外门窗水密性能分级表（Pa）　　　　　　　　　　表 5.4.3

分级	1	2	3	4	5	6
分级指标 ΔP	$100{\leqslant}\Delta P{<}150$	$150{\leqslant}\Delta P{<}250$	$250{\leqslant}\Delta P{<}350$	$350{\leqslant}\Delta P{<}500$	$500{\leqslant}\Delta P{<}700$	$\Delta P{\geqslant}700$

注：第 6 级应在分级后同时注明具体检测压力差值。

12. 建筑外门窗水密性能检测如何评定？

答：记录每个试件严重渗漏时的检测压力差值。以严重渗漏压力差值的前一级检测压力差值作为该试件水密性能检测值。如果工程水密性能指标对应的压力差作用下未发生渗漏，则此值作为该试件的检测值。

三试件水密性检测值综合方法为：一般取三樘检测值的算术平均值。如果三樘检测值中最高值和中间值相差两个检测压力等级以上时，将该最高值降至比中间值高两个检测压力等级后，再进行算术平均。如果 3 个检测值中较小的两值相等时，其中任意一值可视为中间值。

13. 建筑外门窗抗风性能分级指标如何定义？分级指标值是如何规定的？

答：（1）采用检测压力值 p_3 作为分级指标。

（2）分级指标值 p_3 的分级见表 5.4.4。

建筑外门窗抗风性能分级表（kPa）　　　　　　　　　表 5.4.4

分级代号	1	2	3	4	5	6	7	8	9
分级指标值 P_3	$1.0{\leqslant}P_3$ <1.5	$1.5{\leqslant}P_3$ <2.0	$2.0{\leqslant}P_3$ <2.5	$2.5{\leqslant}P_3$ <3.0	$3.0{\leqslant}P_3$ <3.5	$3.5{\leqslant}P_3$ <4.0	$4.0{\leqslant}P_3$ <4.5	$4.5{\leqslant}P_3$ <5.0	$P_3{\geqslant}5.0$

注：第 9 级应在分级后同时注明具体检测压力差值。

14. 建筑外门窗抗风压性能检测结果如何评定？

答：（1）变形检测的评定。以试件杆件或面板达到最大变形检测最大面法线挠度时对应的压力差为 $\pm p_1$；对于单扇单锁点平开窗（门），以位移角值为 10mm 时对应的压力差值为 $\pm p_1$。

（2）反复加压检测的评定。如果经检测，试件未出现功能障碍和损坏，注明 $\pm p_2$ 值或 $\pm p_2'$ 值。如果经检测，试件出现功能障碍和损坏，记录出现的功能障碍、损坏情况及其发生部位，并以事件出现功能障碍或损坏时压力差值的前一级压力差分级指标定级；工程检测时，如果出现功能障碍或损坏时的压力差值低于或等于工程设计值时，该外窗（门）判为不满足工程设计要求。

（3）定级检测的评定。试件经检测未出现功能障碍或损坏时，注明 $\pm p_3$ 值，按 $\pm p_3$ 中绝对值较小者定级。如果经检测，试件出现功能障碍或损坏，记录出现的功能障碍、损坏情况及其发生部位，并以事件出现功能障碍或损坏时压力差值的前一级压力差分级指标定级。

（4）工程检测的评定。试件经检测未出现功能障碍或损坏时，注明 $\pm p'_3$ 值，并与工程的风荷载标准值 W_k 相比较，大于或等于 W_k 时可判断为满足工程设计要求，否则判为不满足工程设计要求。

（5）三试件综合评定。定级时，以三试件定级值的最小值为该组试件的定级值。工程检测时，三试件必须全部满足工程设计要求。

15. 外门窗保温性能试样是如何安装的?

答：（1）被检试件为一件。试件的尺寸及构造应符合产品设计和组装要求，不得附加任何多余配件或特殊组装工艺。

（2）试件安装位置：单层窗及双层窗的外表面应位于距试件框冷侧表面 50mm 处；双层窗内窗的表面距试件框热侧表面不应小于 50mm，两玻璃间距应与标定一致。

（3）试件与试件洞口周边之间的缝隙宜用聚苯乙烯泡沫料条填塞，并密封。

（4）试件开启缝隙应采用塑料胶带双面密封。

（5）当试件面积小于试件洞口面积时，应用与试件厚度相近、已知热导率 Λ 值的聚苯乙烯泡沫塑料板填堵。在聚苯乙烯泡沫塑料板两侧表面粘贴适量的铜—康铜热电偶，测量两表面的平均温差，计算通过该板的热损失。

（6）在试件热侧表面适当布置一些热电偶。

16. 外门窗保温性能试验的条件是什么?

答：（1）热箱空气温度设定范围为 19～21℃，温度波动幅度不应大于 0.2K；

（2）热箱空气为自然对流；

（3）冷箱空气温度设定范围为 −19～−21℃，温度波动幅度不应大于 0.3K；

（4）与试件冷侧表面距离符合 GB/T 13475 规定平面内的平均风速设定为 $3.0\pm0.2\mathrm{m/s}$（注：气流速度系指在设定值附近的某一稳定值）。

17. 外门窗保温性能是如何试验的?

答：（1）检查热电偶是否完好；

（2）启动检测装置，设定冷、热箱和环境空气温度；

（3）当冷、热箱和环境空气温度达到设定值后，监控各控温点温度，使冷、热箱和环境空气温度维持稳定，4h 之后，如果逐时测量得到热箱和冷箱的空气平均温度 t_h 和 t_c 每小时变化的绝对值分别不大于 0.1℃ 和 0.3℃；温差 $\Delta\theta_1$ 和 $\Delta\theta_2$ 每小时变化的绝对值分别不大于 0.1K 和 0.3K，且上述温度和温差的变化不是单向变化，则表示传热过程已经稳定；

（4）传热过程稳定之后，每隔 30min 测量一次参数 t_h、t_c、$\Delta\theta_1$、$\Delta\theta_2$、$\Delta\theta_3$、Q，共测 6 次；

（5）测量结束之后，记录热箱空气相对湿度，试件热侧表面及玻璃夹层结露、结霜状况。

18. 外门窗保温性能试验的试件传热系数 K 值是如何计算的?

答：（1）各参数取 6 次测量的平均值；

（2）试件传热系数 K 值 $[\mathrm{W/(m^2 \cdot K)}]$ 按下式计算：

$$K = (Q - M_1 \cdot \Delta\theta_1 - M_2 \cdot \Delta\theta_2 - S \cdot \Lambda \cdot \Delta\theta_3)/(A \cdot \Delta t)$$

式中 Q——电暖气加热功率(W);

    M_1——由标定试验确定的热箱外壁热流系数(W/K);

    M_2——由标定试验确定的试件框热流系数(W/K);

    $\Delta\theta_1$——热箱外壁内、外表面面积加权平均温度之差(K);

    $\Delta\theta_2$——试件框热侧冷侧表面面积加权平均温度之差(K);

    $\Delta\theta_3$——填充板两表面的平均温差(K);

    S——填充板的面积(m^2);

    Λ——填充板的热导率[$W/(m^2 \cdot K)$];

    A——试件面积(m^2);

    Δt——热箱空气平均温度 t_h 与冷箱空气平均温度 t_c 之差(K)。

19. 外门窗保温性能检测如何评定?

答:(1)外门窗保温性能分级指标。分级指标如表5.4.5所示。

外门窗保温性能分级指标 [$W/(m^2 \cdot K)$]   表5.4.5

分 级	1	2	3	4	5
分级指标数	$K \geqslant 5.5$	$5.5 > K \geqslant 5.0$	$5.0 > K \geqslant 4.5$	$4.5 > K \geqslant 4.0$	$4.0 > K \geqslant 3.5$
分 级	6	7	8	9	10
分级指标数	$3.5 > K \geqslant 3.0$	$3.0 > K \geqslant 2.5$	$2.5 > K \geqslant 2.0$	$2.0 > K \geqslant 1.5$	$K < 1.5$

(2)民用建筑

根据北京市地方标准《住宅建筑门窗应用技术规范》(DBJ 01—79—2004)和《居住建筑节能保温工程施工质量验收工程》(DBJ 01—97—2005)的规定,民用建筑外窗传热系数 K 值不大于 $2.8W/(m^2 \cdot K)$;阳台门下门芯板传热系数 K 值不大于 $1.70W/(m^2 \cdot K)$(阳台门玻璃同外窗)。保温性能是否合格还应满足设计要求。

(3)公共建筑

公共建筑的外窗保温性能(即:传热系数 K)的评定依据北京市地方标准《公共建筑节能设计标准》(DBJ 01—621—2005),如表5.4.6所示。

外窗传热系数限值 [$W/(m^2 \cdot K)$]   表5.4.6

建筑类别 窗墙面积比	甲类建筑	乙类建筑	
		体形系数≤0.30	体形系数>0.30
窗墙面积比≤0.20	≤3.50	≤3.50	≤2.80
0.20<窗墙面积比≤0.30	≤3.00	≤3.00	≤2.50
0.30<窗墙面积比≤0.40	≤2.70	≤2.70	≤2.30
0.40<窗墙面积比≤0.50	≤2.30	≤2.30	≤2.00
0.50<窗墙面积比≤0.70	≤2.00	≤2.00	≤1.80
0.70<窗墙面积比≤0.85	≤1.80	—	—
0.85<窗墙面积比≤1.00	≤1.60	—	—

20. 检测报告应该包括哪些内容?

答:(1)试件的名称、系列、型号、主要尺寸及图样。工程检测时宜说明工程名称、工程地点、工程概况、工程设计要求，既有建筑门窗的已用年限。

（2）玻璃品种、厚度及镶嵌方法。

（3）明确注出有无密封条。如有密封条则应注出密封条的材质。

（4）明确注出有采用密封胶类材料填缝。如有密封条则应注出密封材料的材质。

（5）五金配件的位置。

（6）气密性能单位缝长及面积的计算结果，正负压所属级别。未定级时说明是否符合工程设计要求。

（7）水密性能最高未渗漏压力差值及所属级别。注明检测的加压方法，出现渗漏时的状态及部位。以一次加压（按符合设计要求）或逐级加压（按定级）检测结果进行定级。未定级时说明是否符合工程设计要求。

（8）抗风性能定级检测给出 p_1、p_2、p_3 值，并说明是否满足工程设计要求。主要受力构件的挠度和状况，以压力差和挠度的关系曲线图表示检测记录值。

21. 建筑外门窗检测时，空气流量测量系统的校准周期是如何规定的？

答：空气流量测量系统的校准周期不应大于 6 个月。

22. 建筑外门窗检测时，淋水系统的校准周期是如何规定的？

答：淋水系统的校准周期不应大于 6 个月。

第六章 节能工程材料试验

第一节 保温隔热材料

1. 与保温隔热材料有关的标准、规范有哪些？

　　答：(1)《绝热用模塑聚苯乙烯泡沫塑料》(GB/T 10801.1—2002)；

　　(2)《绝热用挤塑聚苯乙烯泡沫塑料》(GB/T 10801.2—2002)；

　　(3)《泡沫塑料和橡胶　表观(体积)密度的测定》(GB/T 6343—2009)；

　　(4)《膨胀聚苯板薄抹灰外墙外保温系统》(JG 149—2003)；

　　(5)《硬质泡沫塑料尺寸稳定性试验方法》(GB/T 8811—2008)；

　　(6)《硬质泡沫塑料压缩强度试验方法》(GB/T 8813—2008)；

　　(7)《泡沫塑料和橡胶　线性尺寸的测定》(GB/T 6342—1996)；

　　(8)《泡沫塑料及橡胶　表观密度的测定》(GB/T 6343—2009)；

　　(9)《绝热材料稳态热阻及有关特性的测定　防护热板法》(GB/T 10294—2008)；

　　(10)《膨胀聚苯板薄抹灰外墙外保温系统》(JG 149—2003)；

　　(11)《胶粉聚苯颗粒外墙外保温系统》(JG 158—2004)；

　　(12)《居住建筑节能保温工程施工质量验收规程》(DBJ 01—97—2005)；

　　(13)《建筑节能工程施工质量验收规范》(GB 50411—2007)；

　　(14)《喷涂聚氨酯硬泡体保温材料》(JC/T 998—2006)；

　　(15)《喷涂硬质聚氨酯泡沫塑料》(GB/T 20219—2006)。

2. 常用保温隔热材料有哪些？

　　答：常用保温隔热材料有绝热用模塑聚苯乙烯泡沫塑料、绝热用挤塑聚苯乙烯泡沫塑料、胶粉聚苯颗粒、喷涂聚氨酯硬泡体保温材料等。

3. 什么是绝热用模塑聚苯乙烯泡沫塑料？如何分类？

　　答：绝热用模塑聚苯乙烯泡沫塑料是由可发性聚苯乙烯珠粒经加热预发泡后，在模具中加热成型而制得的具有闭孔结构的使用温度不超过 75℃的聚苯乙烯泡沫塑料板材。英文缩写 EPS。

　　绝热用模塑聚苯乙烯泡沫塑料分为普通型和阻燃型两种。

　　按密度分为Ⅰ、Ⅱ、Ⅲ、Ⅳ、Ⅴ、Ⅵ类。密度范围见表 6.1.1

绝热用模塑聚苯乙烯泡沫塑料密度范围　　　　　　　　　　表 6.1.1

类　　别	密度范围(kg/m³)	类　　别	密度范围(kg/m³)
Ⅰ	≥15～<20	Ⅳ	≥40～<50
Ⅱ	≥20～<30	Ⅴ	≥50～<60
Ⅲ	≥30～<40	Ⅵ	≥60

4. 什么是绝热用挤塑聚苯乙烯泡沫塑料？如何分类？

答：以聚苯乙烯树脂或其共聚物为主要成分，添加少量添加剂，通过加热挤塑成型而制得的具有闭孔结构的硬质泡沫塑料。英文缩写 XPS。

绝热用挤塑聚苯乙烯泡沫塑料的分类：

（1）按制品压缩强度和表皮分为以下十类：

① X150—p≥150kPa，带表皮；

② X200—p≥200kPa，带表皮；

③ X250—p≥250kPa，带表皮；

④ X300—p≥300kPa，带表皮；

⑤ X350—p≥350kPa，带表皮；

⑥ X400—p≥400kPa，带表皮；

⑦ X450—p≥450kPa，带表皮；

⑧ X500—p≥500kPa，带表皮；

⑨ W200—p≥200kPa，不带表皮；

⑩ W300—p≥300kPa，不带表皮。

（2）按制品边缘结构分为以下四种：

① SS 平头型产品

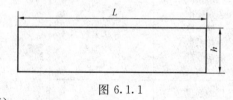

图 6.1.1

② SL 型产品（搭接）

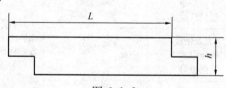

图 6.1.2

③ TG 型产品（榫槽）

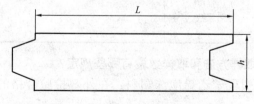

图 6.1.3

④ RC 型产品（雨槽）

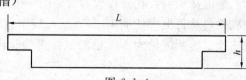

图 6.1.4

5. 什么是胶粉聚苯颗粒？如何分类？

答：由胶粉料和聚苯颗粒组成并且聚苯颗粒体积比不小于80％的保温灰浆。

胶粉聚苯颗粒外保温系统分为涂料饰面（缩写为 C）和面砖饰面（缩写为 T）两种类型：

C 型胶粉聚苯颗粒外保温系统用于饰面为涂料的胶粉聚苯颗粒外保温系统；

T 型胶粉聚苯颗粒外保温系统用于饰面为面砖的胶粉聚苯颗粒外保温系统。

6. 什么是喷涂聚氨酯硬泡体保温材料？如何分类？

答：是以氰酸酯、多元醇（组合聚醚或聚酯）为主要原料加入添加剂的双组分，经现场喷涂施工的具有绝热和防水功能的硬质泡沫塑料。

喷涂聚氨酯硬泡体保温材料按使用部位分为两种类型。用于墙体的为 I 型，用于屋面的为 II 型，其中用于非上人屋面的 II-A，上人屋面为 II-B。

7. 常用保温隔热材料的必试项目、组批规则有哪些规定？

答：常用保温隔热材料的必试项目及组批规则见表6.1.2。

常用保温隔热材料的必试项目及组批规则表   表 6.1.2

序号	材料名称及相关标准代号	必试项目		组批规则
		(GB 50411—2007)	(DBJ 01—97—2005)	
1	绝热用模塑聚苯乙烯泡沫塑料 GB/T 10801.1—2002	表观密度 压缩强度 导热系数 燃烧性能	表观密度 压缩强度 导热系数 抗拉强度 尺寸稳定性	1. 用于墙体时，同一厂家、同一品种的产品，当单位工程建筑面积在20000m² 以下时各抽查不少于 3 次；当单位工程建筑面积在 20000m² 以上时各抽查不少于 6 次。 2. 用于屋面及地面时，同一厂家、同一品种的产品，各抽查不少于 3 组。 3. 胶粉聚苯颗粒除在进场时进行复验外，还应在施工中制作同条件养护试件：(1) 采用相同材料、工艺和施工做法的墙面，每 500～1000m² 面积划分为一个检验批，不足 500m² 也为一个检验批。(2) 每个检验批抽查不少于 3 组
2	绝热用挤塑聚苯乙烯泡沫塑料 GB/T 10801.2—2002	压缩强度 导热系数 燃烧性能	导热系数	
3	胶粉聚苯颗粒 JG 158—2004	干表观密度 抗压强度 导热系数	—	
4	喷涂聚氨酯硬泡体保温材料 JC/T 998—2006	密 度 抗压强度 导热系数	—	

8. 常用保温隔热材料的取样方法和取样数量有哪些规定？

答：（1）绝热用模塑聚苯乙烯泡沫塑料：在外观检验合格的一批产品中随机抽取试样。

（2）绝热用挤塑聚苯乙烯泡沫塑料：在外观检验合格的一批产品中随机抽取试样。

（3）胶粉聚苯颗粒：胶粉料从每批中任抽 10 袋，从每袋中分取试样不少于 500g，混合均匀，按四分法，缩取出比试验所需量大 1.5 倍的试样为检验样；聚苯颗粒取 10 倍胶粉料的体积的量。

（4）喷涂聚氨酯硬泡体保温材料：在喷涂施工现场，用相同的施工工艺条件单独制成泡沫体或直接从现场挖取试样。

9. 绝热用模塑聚苯乙烯泡沫塑料的必试项目如何试验、计算？

答：（1）压缩强度试验如下：

压缩强度（σ_{10}）是绝热用模塑聚苯乙烯泡沫塑料试样相对形变为 10％时的压缩应力。（GB/T 10801.1—2002）

①试样

a. 试样尺寸

首选使用受压面为（100±1）mm×（100×1）mm 的正四棱柱试样，试样厚度应为 50±1mm。

a) 使用时需带有模塑表皮的制品，其试样应取整个制品的原厚，但厚度最小为 10mm，最大不得超过试样的宽度或直径。

b) 试样的受压面为正方形或圆形，最小面积为 25cm²，最大面积为 230cm²。

c) 试样两平面的平行度误差不应大于 1％。

b. 试样的制备

a) 制取试样应使其受压面与制品使用时要承受压力的方向垂直。如需了解各向异性材料完整的特性或不知道各向异性材料的主要方向时，应制备多组试样；

b) 通常，各向异性体的特性用一个平面及它的正交面表示，因此考虑用两组试样；

c) 制取试样应不改变泡沫材料的结构，制品在使用中不保留模塑表皮的，应除去表皮；

d) 不允许几个试样叠加进行试验；

e) 不同厚度的试样测得的结果不具可比性。

c. 试样数量

试样数量为 5 个。

d. 试样的状态调节和试验的标准环境

试样状态调节按 GB/T 2918 规定，温度 23±2℃，相对湿度（50±10）％，至少 6h。

②试验步骤

a. 试验条件应与试样状态调节条件相同。

b. 尺寸测量精度与量具的选用

尺寸＜10mm 时，量具的精度要求为 0.05m 宜使用测微计或千分尺，读数应修约到 0.1mm；尺寸在 10～100mm 之间，量具的精度要求为 0.1mm，宜使用游标卡尺，读数应修约到 0.2mm；尺寸＞100mm 时，量具的精度要求为 0.5mm，宜使用金属直尺或金属卷尺，读数应修约到 1mm。

c. 尺寸测量

a) 测量的位置取决于试样的形状和尺寸，但至少 5 点，为了得到一个可靠的平均值，测量点尽可能分散些。

b) 取每一点上 3 个读数的中值，并用 5 个或 5 个以上的中值计算平均值。

d. 试验

将试样放置在压缩试验机的两块平行板之间的中心，以每分钟 5mm 的速率压缩试样直到试样厚度变为初始厚度的 85％。记录试样相对形变为 10％时的压缩力值，或借助于作图法找出相对形变为 10％时的压缩力值，见图 6.1.5。

③按下式计算压缩强度 σ_{10} （kPa）：

$$\sigma_{10} = \frac{F_{10}}{A_0} \times 10^3$$

式中　F_{10}——相对形变 $\varepsilon=10\%$ 时的压缩力（N）；

　　　A_0——试样初始横截面积（mm²）。

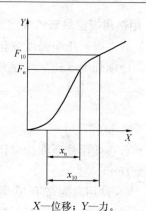

④评定：一般以 5 个表示，试验结果的平均值保留三位有效数字。如各个试验结果之间的偏差大于 10%，则给出各个试验结果。

（2）表观密度试验如下：

①试验仪器

a. 天平：称量精确度为 0.1%；

b. 量具：符合 GB/T 6342—1996 规定。

X—位移；Y—力。

图 6.1.5　力—位移曲线图例

②试样的制备

a. 试样的形状应便于体积计算。切割时，应不改变其原始泡孔结构。

b. 试样总体积至少为 100cm³，在仪器允许及保持原始形状不变的条件下，尺寸尽可能大。

c. 试样尺寸为 （100.0±1.0） mm×（100.0±1.0） mm×（50±1.0） mm。

d. 试样数量 3 个；（GB/T 10801.1－2002）其他：至少测试 5 个试样。

e. 试样制备及尺寸测量同压缩强度试验。

对于硬质材料，用从大样品上切下的试样进行表观总密度的测定时，试样和大样品的表皮面积与体积之比应相同（适用于挤塑板）。

③状态调节

a. 测试用样品材料生产后，应至少放置 72h，才能进行制样。

b. 样品应在下列规定的标准环境或干燥环境（干燥器中）下至少放置 16h，这段状态调节时间可以是在材料制成后放置的 72h 中的一部分。

a）标准环境条件应符合 GB/T 2918－1998：

Ⅰ.23±2℃，（40～60）%；

Ⅱ.23±5℃，（40～70）%；

Ⅲ.27±5℃，（55～85）%；

b）干燥环境（干燥器中）：

23±2℃或 27±2℃。

④试验步骤

a. 按 GB/T 6342—1996 的规定测量试样的尺寸，单位为毫米（mm）。每个尺寸至少测量三个位置，对于板状的硬质材料，在中部每个尺寸测量五个位置。分别计算每个尺寸平均值，并计算试样体积。

b. 称量试样，精确到 0.5%，单位为克（g）。

⑤结果计算

由下式计算表观密度，取其平均值，并精确至 0.1kg/ m³。

$$\rho = \frac{m}{V} \times 10^6$$

式中　ρ——表观密度（表观总密度或表观芯密度）（kg/m³）；

　　　m——试样的质量（g）；

　　　V——试样的体积（mm³）。

表观密度（表观总密度或表观芯密度）的结果取平均值。

对于一些低密度闭孔材料（如密度小于 15kg/m³ 的材料），空气浮力可能会导致测量结果产生误差，在这种情况下表观密度应用下式计算：

$$\rho_a = \frac{m + m_a}{V} \times 10^6$$

式中　ρ_a——表观密度（表观总密度或表观芯密度），单位为千克每立方米（kg/m³）；

　　　m——试样的质量，单位为克（g）；

　　　m_a——排出空气的质量，单位为克（g）；

　　　V——试样的体积，单位为立方毫米（mm³）。

注：m_a 指在常压和一定温度时的空气密度（g/mm³）乘以试样体积（mm³）。当温度为 23℃、大气压为 101325 Pa（760mm 汞柱）时，空气密度为 1.220×10^{-5} g/mm³；当温度为 27℃、大气压为 101325 Pa（760mm 汞柱）时，空气密度为 1.1955×10^{-5} g/mm³。

（3）导热系数试验如下：

①试样

a. 试样数量

根据试验设备的使用要求制备一个或两个试件，当需要两块试件时，两块试件应尽可能相同，厚度差别应小于 2%。

b. 试样尺寸

根据试验设备的情况确定，但应该完全覆盖加热单元的表面。厚度为 25±1mm。

c. 试样的制备

采用电热丝法加工平整。

②试样环境调节

试样应在 23±2℃，相对湿度（50±5）%条件下放置至少 16h，使试件达到恒重。

③试验步骤

a. 测量厚度，尺寸测量精度与量具的选用与压缩强度试验相同。判定厚度是否满足要求，并记录厚度；

b. 测量质量，精确到±0.5%，达到恒重后立即将试件放入测定仪器中；

c. 选择温度

试验温差：15～20℃，平均温度 25±2℃。

④按不同仪器操作规程进行测试；

⑤打印测试结果。

（4）尺寸稳定性试验如下

①试样尺寸

试样为长方体，试样最小尺寸为(100±1)mm×(100±1)mm×(25±0.5)mm。

②试样的制备

用锯切或其他机械加工方法从样品上切取试样，并保证试样表面平整而无裂纹，若无特殊规定，应除去泡沫塑料的表皮。

③试样数量

对选定的任一试验条件，每一样品至少测试三个试样。

④试验步骤

a. 状态调节：试样应按 GB/T 2918—1998 的规定，在温度 23±2℃、相对湿度 45%～55%条件下，状态调节 16h。

b. 按 GB/T 6342—1996 中规定的方法，测量每个试样三个不同位置的长度（L_1、L_2、L_3），宽度（W_1、W_2、W_3）及五个不同点的厚度（T_1、T_2、T_3、T_4、T_5），如图 6.1.6 所示。单位为毫米。尺寸测量精度与量具的选用与压缩强度试验相同。

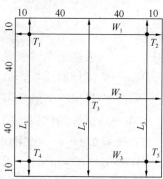

c. 将烘干箱温度调节为 70±2℃，试样水平置于箱内金属网或多孔板上，试样间隔至少 25mm，鼓风以保持箱内空气循环。试样不应受加热元件的直接辐射。

d. 20±1h 后，取出试样。

e. 在温度 23±2℃、相对湿度 45%～55%条件下放置 1～3h。

图 6.1.6　测量试样尺寸的位置

f. 按 b 款的规定测量试样尺寸，并目测检查试样状态。

g. 再将试样置于选定的试验条件下。

h. 重复 c 款的操作。

i. 总时间 48±2h 后，重复 7.3.4 和 7.3.5 的操作。如果需要，可将总时间延长为 7d 或 28d，然后重复 e 和 f 的操作。

⑤结果

按下列公式计算试样的尺寸变化率：

$$\varepsilon_L\ (\%) = \frac{L_t - L_0}{L_0} \times 100$$

$$\varepsilon_W\ (\%) = \frac{W_t - W_0}{W_0} \times 100$$

$$\varepsilon_T\ (\%) = \frac{T_t - T_0}{T_0} \times 100$$

式中　ε_L、ε_W、ε_T——分别为试样的长度、宽度及厚度的尺寸变化率的数值（%）；

　　　L_t、W_t、T_t——分别为试样试验后的平均长度、宽度和厚度的数值，单位为毫米（mm）；

　　　L_0、W_0、T_0——分别为试样试验前的平均长度、宽度和厚度的数值，单位为毫米（mm）。

结果以每一样品长度、宽度和厚度的尺寸变化率的算术平均值或其绝对值的平均值表示。

（5）抗拉强度试验

①试样

a. 试样尺寸：100mm×100mm×50mm。

b. 试样数量：五个。

c. 试样制备：在保温板上切割下试样，其基面应与受力方向垂直。切割时需离膨胀聚苯板边缘 15mm 以上，试样的两个受检面的平行度和平整度的偏差不大于 0.5mm。

d. 试样在试验环境下放置 6h 以上。

②试验步骤

a. 试样以合适的胶粘剂粘贴在两个刚性平板或金属板上，并应符合下列要求：

a）胶粘剂对产品表面既不增强也不损害；

b）避免使用损害产品的强力粘胶；

c）胶粘剂中如含有溶剂，必须与产品相容。

b. 试样装入拉力机，以 5±1mm/min 的恒定速度加荷，直至试样破坏。最大拉力以 kN 表示。

③试验结果

a. 记录试样的破坏形状和破坏方式，或表面状况。

b. 垂直于板面方向的抗拉强度 σ_{mt} 应按下式计算，以五个试验结果的算术平均值表示，精确至 0.01kPa；

$$\sigma_{mt} = \frac{F_m}{A}$$

式中 σ_{mt}——拉伸强度，kPa；

     F_m——最大拉力，kN；

     A——试样的横端面积，m^2。

破坏面如在试样与两个刚性平板或金属板之间的粘胶层中，则该试样测试数据无效。

（6）燃烧性能的测试

燃烧性能测试按公安部、北京市的相关规定执行。

10. 绝热用挤塑聚苯乙烯泡沫塑料的必试项目如何试验、计算？

答：（1）压缩强度试验同绝热用模塑聚苯乙烯泡沫塑料。但试样尺寸为：（100.0±1.0）mm×（100.0±1.0）mm×原厚，但至少为 10mm，最厚不得超过试样的宽度。对于厚度大于 100mm 的制品，试件的长度和宽度应不低于制品厚度。不同厚度的试样测得的结果无可比性。

加荷速度为试件厚度的 1/10（mm/min）。压缩强度取 5 个试件试验结果的平均值。

（2）导热系数

试验同绝热用模塑聚苯乙烯泡沫塑料。

（3）尺寸稳定性试验

试验同绝热用模塑聚苯乙烯泡沫塑料，但试样尺寸为（100.0±1.0）mm×（100.0±1.0）mm×原厚。

11. 喷涂聚氨酯硬泡体保温材料必试项目如何试验、计算？

答：（1）密度试验

①试样

a. 试样尺寸为 (100.0±1.0) mm× (100.0±1.0) mm× (30±1.0) mm;

b. 试样数量: 5 个;

c. 尺寸测量同绝热用模塑聚苯乙烯泡沫塑料的尺寸测量;

d. 试样应在 23±2℃, 相对湿度 50%±5%条件下放置至少 16h。

②称重试样, 精确到 0.5%。

③结果的计算和表示

由下式计算密度, 取 5 个结果的平均值, 并精确至 0.1kg/m³。

$$\rho_a = \frac{m}{v} \times 10^6$$

式中　ρ_a——密度 (kg/m³);

m——试样的质量 (g);

v——试样的体积 (mm³)。

(2) 抗压强度试验

①试样

a. 试样尺寸为: (100.0±1.0) mm× (100.0±1.0) mm× (30±1.0) mm;

b. 试样的制备: 采用电热丝切割试件;

c. 试样数量: 5 个;

d. 试样的状态调节和试验的标准环境: 温度 23±2℃、相对湿度 45%~55%。

②试验步骤

a. 尺寸测量同绝热用模塑聚苯乙烯泡沫塑料的尺寸测量。

b. 将试样置于压缩试验机两平板的中央, 加荷速度为 3mm/min。

③按下式计算抗压强度 σ_m (kPa)

$$\sigma_m = \frac{F_m}{S_0} \times 10^3$$

式中　σ_m——抗压强度 (kPa);

F_m——最大压力 (N);

S_0——试样横截面初始面积 (mm²)。

④评定: 结果以 5 个试样结果的平均值表示。

(3) 导热系数

试验同绝热用模塑聚苯乙烯泡沫塑料, 但试验平均温度为 23±2℃。

12. 胶粉聚苯颗粒必试项目如何试验、计算?

答: 以下试验, 试验室环境温度为: 23±2℃, 相对湿度 50%±10%。

(1) 抗压强度试验

①试件制备

将 100mm×100mm×100mm 金属模具内壁涂刷脱模剂, 向试模内注满标准浆料并略高于试模的上表面, 用混凝土捣棒均匀由外向里按螺旋方向插捣 25 次, 为防止浆料留下孔隙, 用油灰刀沿模壁插数次, 然后将高出的浆料沿试模顶面削去用抹子抹平。按相同的方法同时成型 5 个试件。

②养护方法

试块成型后用聚乙烯薄膜覆盖，在试验室温度条件下养护 7d 后去掉覆盖物，在试验室标准条件下养护 48d，放入 65±2℃的烘箱中烘 24h，从烘箱中取出放入干燥器中备用。

③试验步骤

从干燥器中取出的试件应尽快进行试验，以免试件的内部的温湿度发生显著的变化。测量试件的承压面积，长度测量精确到 1mm，并据此计算试件的受压面积。将试件安放在压力试验机的下压板上，试件的承压面应与成型时的顶面垂直，试件中心应与试验机下压板中心对准。开动试验机，当上压板与试件接近时，调整球座，使接触面均衡受压。承压试验应连续而均匀地加荷，加荷速度应为每秒 0.5～1.5kN，直至试件破坏，然后记录破坏荷载 N_0。

④结果计算

抗压强度按下式计算：

$$f_0 = N_0/A$$

式中 f_0——抗压强度（kPa）；

    N_0——破坏压力（kN）；

    A——试件的承压面积（mm^2）。

⑤试验结果以 5 个试件检测值的算术平均值作为该组的抗压强度，保留三位有效数字。当 5 个试件的最大值或最小值与平均值的差超过 20%时，以中间 3 个试件的平均值作为该组试件的抗压强度值。

（2）胶粉聚苯颗粒干表观密度试验

①试件制备

将 3 个空腔尺寸为 300mm×300mm×30mm 的金属试模分别放在玻璃板上，用脱模剂涂刷试模内壁及玻璃板，用油灰刀将标准浆料逐层加满并略高出试模，为防止浆料留下的孔隙，用油灰刀沿模壁插数次，然后用抹子抹平，制成 3 个试件。

②养护方法

试件成型后用聚乙烯薄膜覆盖，在试验室温度条件下养护 7d 后拆模，拆模后在试验室标准条件下养护 21d，然后将试件放入 65±2℃的烘箱中，烘干至恒重，取出放入干燥器中冷却至室温备用。

③试验步骤

a. 取制备好的 3 块试件分别磨平并分别称量质量，精确至 1g。

b. 按顺序用钢板尺在试件两端距边缘 20mm 处和中间位置分别测量其长度和宽度，精确至 1mm，取 3 个测量数据的平均值。

c. 用游标卡尺在试件任何一边的两端距边缘 20mm 和中间处分别测量厚度，在相对的另一边重复以上测量，精确至 0.1mm，要求试件厚度差小于 2%，否则重新打磨试件，直至达到要求。最后取 6 个测量数据的平均值。

d. 由以上测量数据求得每个试件的质量与体积。

④结果计算

干表观密度按下式计算

$$\rho_g = m/v$$

式中 ρ_g——干表观密度（kg/m^3）；

m——试件质量（kg）;

v——试件体积（m³）。

⑤试验结果取三个试件试验结果的算术平均值，保留三位有效数字。

（3）保温材料的导热系数试验

试验同绝热用模塑聚苯乙烯泡沫塑料，但用干表观密度试验后的试样检测。

13. 保温隔热材料的检测结果如何判定？

答：（1）绝热用模塑聚苯乙烯泡沫塑料的物理性能任何一项不合格时应重新从原批中双倍取样，对不合格项进行复验，复验结果仍不合格时整批不合格。

（2）绝热用挤塑聚苯乙烯泡沫塑料尺寸、外观、压缩强度、绝热性能，如果有两项指标不合格，则判该批产品不合格。如果只有一项指标（单块值）不合格，应加倍抽样复验。复验结果仍有一项（单块值）不合格，则判该批产品不合格。

（3）胶粉聚苯颗粒若全部检验项目符合规定的技术指标，则判定该批产品合格；若有两项或两项以上指标不符合规定时，则判该批产品为不合格；若有一项指标不符合规定时，应对同一批产品进行加倍抽样复检不合格项，如该项指标仍不合格，则判定该批产品为不合格。

（4）喷涂聚氨酯硬泡体保温材料的试验结果，如果有两项或两项以上指标不符合要求时，则判该批产品不合格。如果只有一项试验结果不符合要求，允许用备用件对所有项目进行复验，若所有试验结果符合标准时，判该批产品为合格品，否则判该批产品不合格。

14. 常用保温隔热材料的性能指标分别是多少？

答：（1）绝热用模塑聚苯乙烯泡沫塑料必试项目的性能指标见表 6.1.3。

（2）绝热用挤塑聚苯乙烯泡沫塑料必试项目的性能指标见表 6.1.4。

（3）胶粉聚苯颗粒必试项目的性能指标见表 6.1.5。

（4）喷涂聚氨酯硬泡体保温材料必试项目的性能指标见表 6.1.6。

绝热用模塑聚苯乙烯泡沫塑料必试项目的性能指标表　　　　表 6.1.3

序号	项　　目	指　　标					
		I	II	III	IV	V	VI
1	表观密度（kg/m³）	≥15.0	≥20.0	≥30.0	≥40.0	≥50.0	≥60.0
2	压缩强度（kPa）	≥60	≥100	≥150	≥200	≥300	≥400
3	尺寸稳定性（%）	≤4	≤3	≤2	≤2	≤2	≤1
4	导热系数[W/(m·K)]	≤0.041			≤0.039		
5	抗拉强度（MPa）	≥0.10					

绝热用挤塑聚苯乙烯泡沫塑料必试项目的性能指标表　　　　表 6.1.4

序号	项　　目		指　　标									
			带　表　皮								不带表皮	
			X150	X200	X250	X300	X350	X400	X450	X500	W200	W300
1	压缩强度（kPa）（≥）		150	200	250	300	350	400	450	500	200	300
2	尺寸稳定性（%）（≤）70℃±20℃，48h		2.0		1.5			1.0			2.0	1.5
3	导热系数[W/(m·K)]（≤）	平均温度（10℃）	0.028					0.027			0.033	0.030
		平均温度（25℃）	0.030					0.029			0.035	0.032

胶粉聚苯颗粒必试项目的性能指标表 表 6.1.5

序 号	项 目	指 标
1	干表观密度(kg/m³)	180～250
2	抗压强度(kPa)	≥200
3	导热系数[W/(m・K)]	≤0.060

喷涂聚氨酯硬泡体保温材料必试项目的性能指标表 表 6.1.6

序 号	项 目	指 标		
		Ⅰ型	Ⅱ-A型	Ⅱ-B型
1	密度(kg/m³)	≥30	≥35	≥50
2	抗压强度(kPa)	≥150	≥200	≥300
3	导热系数[W/(m・K)]	≤0.024		

第二节 粘 结 材 料

1. 与粘结材料有关的标准、规范有哪些？

答：(1)《外墙外保温用聚合物砂浆质量检验标准》(DBJ 01—63—2002)；

(2)《胶粉聚苯颗粒外墙外保温系统》(JG 158—2004)；

(3)《膨胀聚苯板薄抹灰外墙外保温系统》(JG 149—2003)；

(4)《居住建筑节能保温工程施工质量验收规程》(DBJ 01—97—2005)；

(5)《墙体保温用膨胀聚苯乙烯板胶粘剂》(JC/T 992—2006)；

(6)《陶瓷墙地砖胶粘剂》(JC/T 547—2005)；

(7)《建筑室内用腻子》(JG/T 298—2010)；

(8)《合成树脂乳液砂壁状建筑涂料》(JG/T 24—2000)；

(9)《建筑节能工程施工质量验收规范》(GB 50411—2007)。

2. 粘结材料的必试项目、组批规则有哪些规定？

答：(1) 粘结材料的必试项目为：拉伸胶粘强度、浸水后的拉伸胶粘强度。

(2) 组批原则为：同一厂家、同一品种的产品，当单位工程建筑面积在 20000m² 以下时各抽查不少于 3 次；当单位工程建筑面积在 20000m² 以上时各抽查不少于 6 次。

3. 常用粘结材料有哪些？

答：瓷砖粘结剂、聚合物粘结砂浆。

4. 瓷砖粘结剂的种类有哪些？常用的是哪种？

答：产品按组成分为三类：水泥基胶粘剂（C）、膏状乳液胶粘剂（D）、反应型树脂胶粘剂（R）。外墙工程施工经常使用的是水泥基胶粘剂。

(1) 水泥基胶粘剂：由水硬性胶凝材料、矿物集料、有机外加剂组成的粉状混合物，使用时需与水或其他液体拌合。

(2) 膏状乳液胶粘剂：由水性聚合物分散液、有机外加剂和矿物材料等组成的膏糊状混合物，可以直接使用。

(3) 反应型树脂胶粘剂由合成树脂、矿物材料和有机外加剂组成的单组分或多组分混合物，通过化学反应使其硬化。

5. 水泥基瓷砖粘结剂的粘结强度如何试验？

答：(1) 标准试验条件：环境温度 23±2℃，相对湿度 50%±5%，试验区的循环风速小于 0.3m/s。

(2) 试验材料：

①所有试验材料（胶粘剂等）试验前应在标准条件下放置至少 24h。

②试验用陶瓷砖：应预先检查是未被使用过的，干净的，并进行处理。处理方法：先将试验陶瓷砖浸水 24h，沸水煮 2h，105℃烘干 4h，标准试验条件下至少放置 24h。测定水泥基胶粘剂胶粘强度使用的陶瓷砖（V1 型砖），吸水率≤0.2%，具有平整的粘结面，尺寸为（50±2）mm×（50±2）mm，厚度 4~10mm。

③试验用混凝土板：规格为 400mm×400mm，厚度不小于 40mm；含水率不大于 3%；吸水率范围在 0.5~1.5mL；表面拉伸强度不小于 1.5MPa。

(3) 试验设备：

①拉伸试验用的试验机：应有适宜的灵敏度及量程，并应通过适宜的连接方式不产生任何弯曲应力，以 250±50N/s 速度对试件施加拉拔力。应使最大破坏荷载处于仪器量程的 20%~80%范围内，试验机的精度为 1%。

②试验用压块：截面积略小于 50mm×50mm，质量 2.00±0.015kg。

③齿形抹刀（图 6.2.1）。

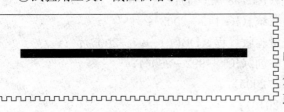

图 6.2.1　齿形抹刀

(4) 胶粘剂的拌合：按生产厂商说明，准备胶粘剂所需的水或液体组分，分别称量（如给出一个数值范围，则应取平均值）。用水泥胶砂搅拌机，按下列步骤进行操作：

①将水或液体倒入锅中；

②将干粉撒入；

③低速搅拌 30s；

④取出搅拌叶；

⑤60s 内清理搅拌叶和搅拌锅壁上的胶粘剂；

⑥重新放入搅拌叶，再低速搅拌 60s；

⑦按生产厂商的说明让胶粘剂熟化，然后继续搅拌 15s。

(5) 试验步骤：

①试件制备：用直边抹刀在混凝土板上抹一层拌合好的胶粘剂，然后用齿形抹刀抹上稍厚一层胶粘剂，并梳理。握住齿型抹刀与混凝土板约成 60°的角度，与混凝土板一边成直角，平行地抹至混凝土板另一边（直线移动）。5min 后，分别放置至少 10 块（V1 型）试验砖于胶粘剂上，彼此间隔 40mm，并在每块瓷砖上加载 2.00±0.015kg 的压块并保持 30s。每组试验需要 10 个试件。

②拉伸胶粘原强度试验：标准条件下养护 27d 后，用适宜的高强胶粘剂将拉拔接头粘在瓷砖上，再继续放置 24h 后，测定拉伸胶粘强度。

③浸水后的拉伸胶粘强度：标准条件下养护 7d，然后在 20±2℃的水中养护 20d，从水中取出试件，用布擦干，用适宜的高强胶粘剂将拉拔接头粘在瓷砖上，7h 后把试件放

入水中，17h 后从水中取出试件测定胶粘强度。

（6）结果计算：

试件的拉伸胶粘强度按下式计算，精确到 0.1MPa。

$$A_S = \frac{L}{A}$$

式中　A_S——拉伸胶粘强度（MPa）；

　　　L——拉力（N）；

　　　A——胶粘面积（mm^2）。

（7）按下列规定确定每组的拉伸胶粘强度：

①求 10 个数据的平均值；

②舍弃超出平均值 20％范围的数据；

③若仍有 5 个或更多数据被保留，求新的平均值；

④若少于 5 个数据被保留，重新试验。

6. 膨胀聚苯板薄抹灰外墙外保温系统使用的胶粘剂（聚合物粘结砂浆）粘结强度如何试验？

答：（1）《膨胀聚苯板薄抹灰外墙外保温系统》（JG 149－2003）标准中的胶粘剂的粘结强度，JC/T 574－1994、JG/T 3049－1998 和 GB 9779－88 三个试验方法进行，包括胶粘剂与水泥砂浆的拉伸粘结强度和胶粘剂与膨胀聚苯板的拉伸粘结强度两个试验项目，每一试验项目包括原强度和耐水（浸水后的粘结强度）两个检测参数，每一检测参数的检测采用 1 组试件。

①试验仪器

按 JG/T 3049—1998 中第 5.10 条规定，试验仪器由硬聚氯乙烯或金属型框、抗拉用钢质上夹具、抗拉用钢质下夹具等部分组成，如图 6.2.2、图 6.2.3、图 6.2.4 所示。抗拉用钢质下夹具和钢质垫板的装配如图 6.2.5 所示。

②试验基材及其处理方法

a. 水泥砂浆试块基材：按 GB/T 17671—1999 第 6 章的规定，用普通硅酸盐水泥与中砂按 1：3（重量比），水灰比 0.5 制作水泥砂浆试块，尺寸为 70mm×70mm×20mm 的水泥砂浆试块至少 12 块，尺寸为 40mm×40mm×10mm 的水泥砂浆试块至少 24 块，养护 28d 后备用；

b. 用表观密度为 18kg/m^3 的、按规定经过陈化后合格的膨胀聚苯板作为试验用标准板，切割成尺寸为 70mm×70mm×20mm 的试块至少 12 块；

③试板的制备

a. 试验条件：JG 149－2003 第 6.1 条规定的标准试验环境为空气温度为 23±2℃，相对湿度（50±10）％。在非标准试验环境下试验时，应记录温度和相对湿度；

b. 每一试验项目共有两组试板，原强度和耐水拉伸粘接强度的试板各一组；每组试板由 6 块水泥砂浆试块（40mm×40mm×10mm）和 6 个水泥砂浆（70mm×70mm×20mm）试块，或由 6 块水泥砂浆试块（40mm×40mm×10mm）和 6 个膨胀聚苯板试块（70mm×70mm×20mm）粘结而成；（依据 JG 149－2003 第 6.3.1.1 条）

c. 按产品说明书制备胶粘剂；

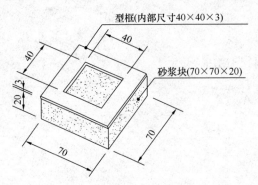

图 6.2.2 硬聚氯乙烯或金属型框

d. 将图 6.2.2 所示硬聚氯乙烯或金属型框置于 70mm×70mm×20mm 砂浆块上,将胶粘剂填满型框,用刮刀平整表面,除去型框,同时在 40mm×40mm×10mm 水泥砂浆块上薄刮一层约 0.1～0.2mm 厚的胶粘剂,然后二者对放,轻轻按压。试板之间胶粘剂的粘结厚度为 3.0mm,面积为 40mm×40mm。

e. 按 JC/T 547－1994 中 6.3.4.2 规定的养护条件,胶粘剂属于 S 级具有较慢耐水性的产品,用其制作的试板应在规定试验条件的空气中养护 14d。

④试验步骤在 14d 的养护期间,将试板置于水平状态,用双组分环氧树脂均匀涂布于试件（40mm×40mm×10mm 砂浆块）表面,并在其上面轻放图 6.2.3 所示的钢质上夹具,加约 1kg 砝码,除去周围溢出粘结剂,放置 72h,除去砝码。

⑤试件的拉伸粘接强度试验

a. 标准状态下粘结强度试验

养护期满后在拉力试验机上进行拉伸粘接强度测定,按 JC 149—2003 第 6.3.1.2 条规定的速度为 5±1mm/min 拉伸。

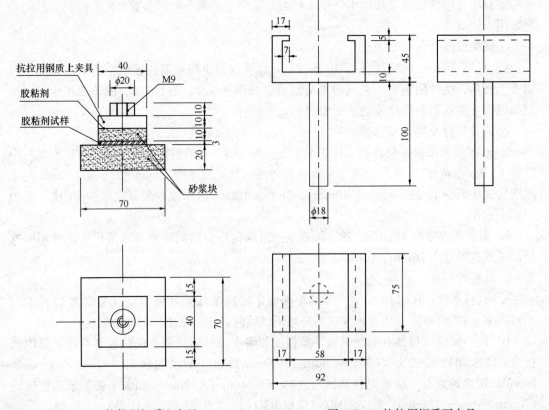

图 6.2.3　抗拉用钢质上夹具　　　　　图 6.2.4　抗拉用钢质下夹具

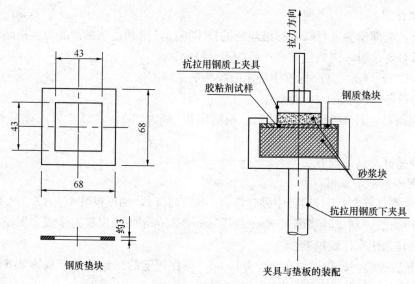

图 6.2.5 抗拉用钢质下夹具和钢质垫板的装配图

b. 浸水后粘结强度试验

a）在试验条件空气中养护 14d 的试件（S 级），转入符合试验条件温度 23±2℃的水中浸泡；

b）按 GB 9779—88 中 5.6.3 的方法（如图 6.2.6 所示），将试件水平置于水槽底部符合 GB 178 的标准砂上面，然后注水到水面距离砂浆块表面约 5mm 处，静置 7d 后取出。

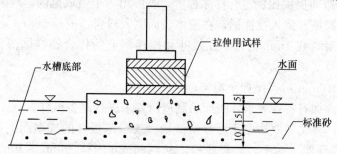

图 6.2.6 浸水后粘接强度试验用装置

c）到期试件从水中取出并擦拭表面水分，按⑤a 进行拉伸粘接强度试验。

⑥结果

a. 结果计算

按 GB/T 9779—88 中的第 5.6.2.2 进行拉伸粘接强度结果计算，计算公式如下：

$$\sigma = P/A$$

式中 σ——拉伸粘结强度（MPa，精确至 0.01MPa）；

P——最大拉伸荷载示值（N）；

A——胶接面积（1600mm²）。

b. 结果表示

依据 JG 149—2003 第 6.3.1.2 条规定，记录每个试样的测试结果和破坏界面，每一参数的六个结果取 4 个中间值计算算术平均值作为检测结果。

c. 结果评定

经检验，全部检验项目符合标准规定的技术指标，则判定该批产品为合格品；若有一项指标不符合要求时，则判定该批产品为不合格品。

(2) DBJ 01—63—2002 标准中规定的胶粘剂试验方法

①仪器设备：同 JG 149—2003；

②试验条件：环境温度 23±2℃，相对湿度 (50±5)%，试验区的循环风速小于 0.2m/s。

③试验基材及其处理方法

a. 水泥砂浆试块基材

a) 按水泥（符合 GB175）：中砂（符合 GB/T14684，细度模数 3.0～2.3）：水＝1：1：0.5（重量比），制成砂浆倒入 70mm×70mm×20mm 的硬聚氯乙烯或金属模具中，成型时模具内宜采用水性脱模剂。

b) 24h 后脱模，砂浆试块在水中养护 6d，再在规定的试验条件下放置 21d 以上，用 200 号砂纸将水泥砂浆试块的成型面磨平，备用。

b. 聚苯板试验基材（试验用标准板）

用表观密度为 18±1kg/m³ 的聚苯板作为试验用标准板，切割成尺寸为 70mm×70mm×20mm 的试块至少 10 块。

c. 料浆制备（采用水泥胶砂强度试验用搅拌机）：

a) 待检样品应在试验条件下放置 12h 以上；

b) 按产品制造商提供比例进行样品称量，若给出一个值域范围，则采用平均值；

c) 将水（或胶液）倒入搅拌锅，在液体表面倒入粉料，搅拌 30s；

d) 取出搅拌叶，在 1min 内刮下搅拌叶和搅拌锅上的拌合物，重新放入搅拌叶并搅拌 3min；

e) 砂浆放置 10min 后再搅拌至均匀；

f) 产品制造商如有特殊要求，按产品制造商要求进行制备试样。

d. 试件制备：将成型框放在水泥砂浆试块（或聚苯板）的成型面上，把制备好的料浆倒入成型框中，压实、抹平，轻轻脱模，30～60min 内将 70mm×70mm×20mm 的聚苯板置于试件表面，48h 后将该聚苯板移走，5 个试件为一组；

④试件养护

a. 常温常态：出模后的试件在试验条件下放置 14d 后进行测试。第 13d 时将拉伸夹具用环氧树脂粘结剂粘在被测样品的表面，用 1kg 砝码在拉伸夹具上放置 24h。

b. 耐水强度：出模后的试件在试验条件下放置 14d 后将试件放入 20±2℃的水中浸泡 48h，取出后在试验条件下放置 24h 后进行测定。

⑤试验步骤：将拉伸粘结强度夹具安装到试验机上，以 10mm/min 的速度加荷，加荷至试件破坏，记录破坏时的荷载值。

⑥强度计算：同 JG 149—2003。

⑦结果评定

a. 计算 5 个试验数据的算术平均值；

b. 舍去超出平均值范围±20%的数值；

c. 如果还留有 3 个或以上的数据，则计算新的平均值；

d. 如果试件由非粘结面断开，应重新进行试验；

e. 与聚苯板粘结时：

a）拉伸强度大于 0.10MPa，或聚苯板由中心部位破坏，粘结层上带有不规则的聚苯板，则判为拉伸强度大于 0.10MPa 或聚苯板破坏，该项指标符合要求；

b）如果聚苯板表层破坏，粘结层上带有少量的聚苯板表皮，则不能判为拉伸强度为聚苯板破坏，该项指标则不符合要求。

7. 水泥基瓷砖粘结剂必试项目的性能指标是多少？

答：水泥基瓷砖粘结剂性能指标见表 6.2.1。

水泥基瓷砖粘结剂必试项目的性能指标表   表 **6.2.1**

序　号	项　目	指　标
1	拉伸胶粘原强度	≥0.5MPa
2	浸水后的拉伸胶粘强度	≥0.5MPa

8. 膨胀聚苯板薄抹灰外墙外保温系统使用的胶粘剂（聚合物粘结砂浆）的性能指标是如何规定的？

答：（1）JG 149—2003 中胶粘剂的性能指标见表 6.2.2；

（2）DBJ 01—63—2002 中胶粘剂的性能指标见表 6.2.3。

胶粘剂必试项目的性能指标表（JG 149—2003）   表 **6.2.2**

序　号	试　验　项　目		性　能　指　标
1	拉伸粘结强度（与水泥砂浆）	原强度	≥0.60MPa
		耐水	≥0.40MPa
2	拉伸粘结强度（与膨胀聚苯板）	原强度	≥0.10MPa，破坏界面在膨胀聚苯板上
		耐水	≥0.10MPa，破坏界面在膨胀聚苯板上

胶粘剂必试项目的性能指标表（DBJ 01—63—2002）   表 **6.2.3**

序　号	试　验　项　目		性　能　指　标
1	拉伸粘结强度（与水泥砂浆）	常温常态	≥0.70MPa
		耐水	≥0.50MPa
2	拉伸粘结强度（与膨胀聚苯板）	常温常态	≥0.10MPa 或破坏界面在膨胀聚苯板上
		耐水	≥0.10MPa 或破坏界面在膨胀聚苯板上

第三节 抹 面 材 料

1. 与抹面材料有关的标准、规范有哪些？

答：（1）《外墙外保温用聚合物砂浆质量检验标准》（DBJ 01—63—2002）；

（2）《胶粉聚苯颗粒外墙外保温系统》（JG 158—2004）；

（3）《膨胀聚苯板薄抹灰外墙外保温系统》（JG 149—2003）；

（4）《外墙外保温用膨胀聚苯乙烯板抹面胶浆》（JC/T 993—2006）；

（5）《混凝土界面处理剂》（JC/T 907—2002）；

（6）《居住建筑节能保温工程施工质量验收规程》（DBJ 01—97—2005）。

2. 什么是聚合物砂浆？

答：聚合物砂浆是指用无机和有机胶结材料、砂以及其他外加剂等配制而成，用作外保温系统的粘结剂和抹面砂浆。按物理形态分为：

（1）单组分聚合物砂浆：由工厂预制的包括可再分散乳胶粉在内的干拌砂浆，到施工现场按说明书规定比例加水搅匀后使用。

（2）双组分聚合物砂浆：由工厂预制的聚合物乳液（或聚合物胶浆）和干拌材料（或水泥）组成的双组分料，在施工现场按说明书规定的比例搅匀后使用。

（3）膏状聚合物砂浆：由工厂预制的包括聚合物乳液、添加剂和填料在内的膏状材料，在施工现场直接使用，也可以加入颜料做最终装饰层的膏状材料。

3. 界面剂有哪些种类？北京市地标 DBJ 01—97—2005 规定的试验项目是什么？如何试验？

答：（1）界面剂分为基层墙体界面处理剂和保温板界面处理剂。基层墙体界面处理剂有基层墙体界面砂浆和聚氨酯防潮底漆等。保温板界面处理剂主要有膨胀聚苯板界面砂浆、挤塑聚苯板界面砂浆、聚氨酯板界面砂浆、岩棉板界面砂浆等。

①基层墙体界面砂浆是由高分子聚合物乳液与助剂配制成的界面剂与水泥和中砂按一定比例拌合均匀制成的砂浆。

②聚苯板界面砂浆是由水泥、骨料、高分子聚合物粘结材料及各种助剂配制而成的与聚苯板具有良好粘结性能的界面砂浆，涂覆于聚苯板表面用以提高与聚苯板粘结层、找平层的粘结力，分为膨胀聚苯板界面砂浆和挤塑聚苯板界面砂浆。

③抹面胶浆是由水泥基或其他无机胶凝材料、高分子聚合物和填料等材料组成，薄抹在粘贴好的聚苯板外表面，用以保证外保温系统的机械强度和耐久性。

（2）北京市地标 DBJ 01—97—2005 规定的试验项目为：

①基层墙体界面处理剂：常温常态拉伸粘结强度（与水泥砂浆）。

②保温板界面处理剂：常温常态拉伸粘结强度（与聚苯板）。

（3）试验方法同 DBJ01—63—2002 胶粘剂试验。

4. 什么是抗裂砂浆？北京市地标 DBJ 01—97—2005 规定的试验项目是什么？

答：（1）抗裂砂浆是在聚合物乳液或聚合物粉末中掺加多种外加剂和抗裂物质所制得的抗裂剂与普通硅酸盐水泥、中砂按一定比例拌合均匀制成的具有一定柔韧性的砂浆。

（2）北京市地标 DBJ 01—97—2005 规定的试验项目为：常温常态拉伸粘结强度（与聚苯板）、浸水 48h 拉伸粘结强度（与聚苯板）、柔韧性。

5. 北京市地标 DBJ 01—97—2005 规定的抗裂砂浆、抹面胶浆试验项目如何试验？

答：（1）JG 158—2004 标准中抗裂砂浆的试验方法

①拉伸粘结强度试验

a. 仪器设备、试验条件：同 DBJ 01—63—2002，但成型框尺寸为：40mm×40mm×1mm。

b. 按厂家产品说明书中规定的比例和方法配制抗裂砂浆。

c. 将成型框置于 70mm×70mm×20mm 水泥砂浆试块上, 把制备好的抗裂砂浆倒入成型框中, 用刮刀压实、抹平, 立刻除去成型框, 用聚乙烯薄膜覆盖, 在试验条件下养护7d, 去掉聚乙烯薄膜后, 再继续养护 20d。同时制备 10 个试样。

d. 用双组分环氧树脂或其他高强度胶粘剂粘在钢质上夹具上, 放置 24h。

e. 将其中 5 个试件安装到试验机上, 以 5mm/min 的速度加荷, 加荷至试件破坏, 记录破坏时的荷载值。

f. 另 5 个试件测定浸水拉伸粘结强度:

a) 在水槽底部铺上一层标准砂, 将试件水平置于标准砂面上, 然后注水到水面距离砂浆块表面约 5mm 处, 静置 7d 后取出;

b) 试件侧面放置, 在 50±3℃恒温箱内干燥 24h, 再置于试验条件下 24h, 然后按拉伸粘结原强度试验方法测定浸水后的粘结强度。

g. 结果计算:

a) 计算公式同 JG 149—2003。

b) 取 5 个算术平均值作为试验结果, 精确到 0.1MPa, 其中保证 3 个以上个别值和算术平均值相差不大于 20%, 否则应重新进行试验。

②压折比试验

a. 抗压强度、抗折强度测定按水泥胶砂强度试验的规定进行。养护条件: 采用标准抗裂砂浆成型, 用聚苯乙烯薄膜覆盖, 在试验室标准条件下养护 2d 后脱模, 继续用聚苯乙烯薄膜覆盖养护 5d, 去掉覆盖物在试验室温度条件下养护 21d。

b. 压折比按下式计算:

$$T = R_c / R_f$$

式中 T——压折比;

R_c——抗压强度 (N/mm^2);

R_f——抗折强度 (N/mm^2)。

(2) JG 149—2003 中抹面胶浆试验

①拉伸粘结强度试验、浸水拉伸粘结强度试验同 JG 149—2003 中胶粘剂试验;

②压折比试验中, 抗压强度、抗折强度测定按水泥胶砂强度试验的规定进行, 试验龄期为 28d, 应按产品说明书的规定制备试样; 压折比计算同 JG158—2004 抗裂砂浆, 结果精确至 1%。

(3) DBJ01—63—2002 中抹面砂浆的检验方法

①拉伸粘结强度试验同胶粘剂试验;

②压折比试验同 JG158—2004 抗裂砂浆试验, 养护条件为常温养护, 计算精确至 0.1。

6. 界面剂的性能指标有哪些?

答: 界面剂性能指标见表 6.3.1。

界面剂性能指标表 (DBJ 01—97—2005) **表 6.3.1**

序 号	项 目	性 能 指 标
1	拉伸粘结强度 (与聚苯板)	≥0.10MPa
2	拉伸粘结强度 (与聚氨酯)	≥0.20MPa
3	拉伸粘结强度 (与水泥砂浆)	≥0.70MPa

7. 抗裂砂浆的性能指标有哪些?

答:抗裂砂浆性能指标见表 6.3.2。

抗裂砂浆性能指标表 (JG 158—2004)　　　　　　**表 6.3.2**

序　号	项　目	性　能　指　标
1	拉伸粘结强度(常温 28d)	≥0.7MPa
2	浸水拉伸粘结强度(常温 28d,浸水 7d)	≥0.5MPa
3	压折比	≤3.0

8. 抹面胶(砂)浆的性能指标有哪些?

答:(1) 抹面胶浆的性能指标见表 6.3.3。

(2) 抹面砂浆的性能指标见表 6.3.4。

抹面胶浆的性能指标表 (JG 149—2003)　　　　　　**表 6.3.3**

序　号	项　目		性　能　指　标
1	拉伸粘结强度(与膨胀聚苯板)	原强度	≥0.10MPa,破坏界面在膨胀聚苯板上
2		耐水	≥0.10MPa,破坏界面在膨胀聚苯板上
3	压折比		≤3.0

抹面砂浆的性能指标表 (DBJ01—63—2002)　　　　　　**表 6.3.4**

序　号	项　目		性　能　指　标
1	拉伸粘结强度(与水泥砂浆)	原强度	≥0.70MPa
2		耐水	≥0.50MPa
3	拉伸粘结强度(与聚苯板)	原强度	≥0.10MPa 或聚苯板破坏
4		耐水	≥0.10MPa 或聚苯板破坏
5	压折比		≤3.0

第四节　增　强　网

1. 与增强网材料有关的标准、规范有哪些?

答:(1)《增强用玻璃纤维网布　第二部分:聚合物基外墙外保温用玻璃纤维网布》(JC 561.2—2006);

(2)《胶粉聚苯颗粒外墙外保温系统》(JG 158—2004);

(3)《膨胀聚苯板薄抹灰外墙外保温系统》(JG 149—2003);

(4)《耐碱玻璃纤维网格布》(JC/T 841—2007);

(5)《增强材料　机织物试验方法 第 5 部分:玻璃纤维拉伸断裂强力和断裂伸长的测定》(GB/T 7689.5—2001);

(6)《玻璃纤维网布耐碱性试验方法氢氧化钠溶液浸泡法》(GB/T 20102—2006)。

(7)《镀锌电焊网》(QB/T 3897—1999)。

2. 什么是增强网?常用加强网有哪些?

答:铺设在抹面抗裂砂浆内,增强抹面层的抗裂和抗冲击性能。饰面层做涂料时,采用耐碱玻璃纤维网格布；饰面层粘贴饰面砖时，采用镀锌电焊网。

3. 增强网的组批有哪些规定？

答：同一厂家、同一品种的产品，当单位工程建筑面积在 20000m² 以下时，各抽查不少于 3 次；当单位工程建筑面积在 20000m² 以上时各抽查不少于 6 次。

4. 什么是耐碱玻璃纤维网格布？如何取样？

答：（1）以耐碱玻璃纤维织成的网格布为基布，表面涂覆高分子耐碱涂层制成的网格布。

（2）在外观检查合格的产品中随机抽取，去除可能有损伤的布卷最外层（去掉至少 1m），截取长约 2m 的试样。

5. 耐碱玻璃纤维网格布的必试项目是什么？如何试验？

答：（1）必试项目为：拉伸断裂强力、耐碱性。

（2）拉伸断裂强力试验如下：

①试样

a. 尺寸：试样长度应为 350mm，以使试样的有效长度为 200±2mm。除开边纱的试样宽度（拆边试样）为 50mm。

b. 试样数量：经向、纬向各 5 个。

c. 制备：为了防止试样在试验机夹具处损坏，可按以下方法在试样的端部作专门处理：

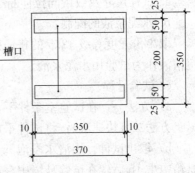

图 6.4.1 拉伸断裂强力模板尺寸图

a）截取一片硬纸或纸板，其尺寸应大于或等于模板尺寸（如图 6.4.1 所示）。

b）将织物平铺在硬纸或纸板上，确保经纱和纬纱伸直并相互垂直。

c）将模板放在织物上。并使整个模板在硬纸或纸板上，用剪切工具通过织物或纸板沿着模板外边缘裁取与模板尺寸相同的过渡样品。对于经向试样，模板的短边应与纬纱平行，对于纬向试样，模板的短边应与经纱平行。

d）用软铅笔沿着模板上的两个开槽的内侧边画线，画线时注意不要损伤纱线，然后移开模板。

e）使用环氧树脂涂覆样品的端部。

f）将过渡样品烘干后，沿着铅笔线的垂直方向裁样，试样尺寸 350mm×65mm，每个试样应包括长 200mm 的无涂覆的中间部分和长 75mm 的涂覆端。

g）细心地剪拆纵向两边的边纱，两边拆去的边纱根数应大致相同，使试样宽度尽可能地等于或接近 50mm。

h）测量每一试样的实际宽度和计算 5 个试样的算术平均值，精确至 1mm。

②试验环境

在温度 23±2℃，相对湿度 50%±10% 的标准环境下进行调节试样，调节时间为 16h。

③试验步骤

a. 调节上下夹具，使试样在夹具间的有效长度为 200±2mm，并使上下夹具彼此平行。将试样放入一夹具中，使试样的纵向中心轴线通过夹具的前沿中心，沿着与试样中心轴线垂直方向剪掉硬纸或纸板，并在整个试样宽度上均匀地施加预张力，然后拧紧另一夹具，预张力为预计强力的 1%±0.25%。

b. 启动活动夹具，以 100mm/min 的速度拉伸试样至破坏。

c. 记录最终断裂强力。

d. 如果有试样断裂在两个夹具中任一夹具的接触线 10mm 以内，则记录该现象，但结果不作断裂强力的计算，并用新试样重新试验。

④结果表示

计算每个方向（经向和纬向）断裂强力的算术平均值，分别作为织物经向和纬向的断裂强力测定值，用 N 表示，保留小数点后两位。如果实际宽度不是 50mm，将所记录的断裂强力换算成宽度为 50mm 的强力。

（3）耐碱性试验如下：

①按 JG 158—2004，试验方法如下：

a. 试样尺寸及数量同拉伸断裂强力试验。

b. 水泥浆液的配制：

取 1 份强度等级 42.5 的普通硅酸盐水泥与 10 份水搅拌 30min 后，静置过夜。取上层澄清液作为试验用水泥浆液。

c. 试验过程

a）方法一：在试验室条件下，将试件平放在水泥浆液中，浸泡时间 28d。

方法二（快速法）：将试件平放在 80±2℃的水泥浆液中，浸泡时间 4h。

b）取出试件，用清水浸泡 5min 后，用流动的自来水漂洗 5min，然后在 60±5℃的烘箱中烘 1h 后，在试验环境中存放 24h。

c）按拉伸断裂强力试验方法制备试样及测试经向和纬向耐碱断裂强力 R_1。

注：如有争议以方法一为准。

d. 试验结果

耐碱强力保留率按下式计算：

$$B = (R_1/R_0) \times 100\%$$

式中　B——耐碱强力保留率（%）；

　　　R_1——耐碱断裂强力（N）；

　　　R_0——初始断裂强力（N）。

②按 JG 149—2003，试验方法如下：

a. 试样尺寸及数量同拉伸断裂强力试验。

b. 将耐碱试验用的试样全部浸入 23±2℃、5%的 NaOH 水溶液中，试样在加盖封闭的容器中浸泡 28d。

取出试样，用自来水浸泡 5min 后，用流动的自来水漂洗 5min，然后在 60±5℃的烘箱中烘 1h 后，在试验环境中存放 24h。

c. 按拉伸断裂强力试验方法制备试样及测试经向和纬向每个试样的耐碱断裂强力 (F_1) 并记录。

d. 试验结果：

a）耐碱断裂强力为 5 个试验结果的算术平均值，精确至 1N/50mm。

b）耐碱断裂强力保留率应按下式计算，以 5 个试验结果的算术平均值表示，精确至 0.1%。

$$B = \frac{F_1}{F_0} \times 100\%$$

式中　B——耐碱断裂强力保留率（%）；

　　F_0——初始断裂强力（N）；

　　F_1——耐碱断裂强力（N）。

③按 JC 561.2—2006 标准的试验方法如下：

a. 试样

a）分别裁取 15 个宽度为 50±3mm，长度为 600±13mm 经向、纬向试样条，每个试样条中的纱线的根数应相等。

b）经向试样应在网布整个宽度裁取，确保代表了所有的经纱；纬向试样应从尽可能宽的长度范围内裁取。

c）给每个试样条编号，在试样条的两端分别作上标记，应确保标记清晰，不被碱溶液破坏。将试样沿横向从中间一分为二，一半用于测定干态拉伸断裂强力，另一半用于测定碱溶液处理后的拉伸断裂强力，保证干态试样与碱溶液处理试样的一一对应关系。

b. 试样处理

a）将用于测定干态拉伸断裂强力的试样置于 100±2℃的烘箱内干燥 30±5min，取出后放入干燥器内冷却至室温。

b）将 5% 的 NaOH 溶液置于中 80±2℃的恒温水浴中，将试样平整地放入 NaOH 溶液中，溶液液面浸没试样至少 25mm，记下液面高度，加盖密封。试验过程中应保证液面高度不发生变化。

c）试样在 80±2℃的 NaOH 溶液中浸泡 6h±10min。取出试样，用水清洗后，置于 80±2℃的烘箱内，干燥 60±5min，放入干燥器内冷却至室温。

c. 试验步骤

a）将试样两端固定在夹具内，中间有效部位的长度为 200±2mm。

b）以 100mm/min 的速度拉伸试样至断裂。

c）记录试样断裂时的力值。

d）如果试样在夹具内打滑或沿夹具边缘断裂，则废弃这个结果，直至经向和纬向试样都分别得到 5 对有效的测试结果。

d. 按下式分别计算经向和纬向试样拉伸断裂强力的保留率：

$$R_a = \frac{\dfrac{C_1}{U_1} + \dfrac{C_2}{U_2} + \dfrac{C_3}{U_3} + \dfrac{C_4}{U_4} + \dfrac{C_5}{U_5}}{5} \times 100\%$$

式中　R_a——拉伸断裂强力保留率（%）；

　　$C_1 \sim C_5$——分别为 5 个经碱溶液浸泡的试样拉伸断裂强力（N）；

　　$U_1 \sim U_5$——分别为 5 个干态试样拉伸断裂强力（N）。

注：在测试和计算时干态试样与碱溶液浸泡试样应一一对应，即 C_1 与 U_1、C_2 与

$U_2 \cdots\cdots C_5$与U_5应是从同一试样条上裁下的一对试样。

6. 镀锌电焊网必试项目有哪些？如何试验？

答：（1）镀锌电焊网的必试项目为：焊点抗拉力及镀锌层重量。

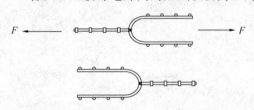

图 6.4.2 焊点抗拉力试验试样示意图

（2）必试项目试验如下：

①焊点抗拉力试验：在网上任取 5 点，按图 6.4.2 进行拉力试验，取其平均值。

②镀锌层重量（重量法）：

a. 试验原理：

重量法的原理是用含有抑制剂的盐酸将试样镀锌层溶解除去，用试样去掉锌层前后的质量和去掉锌层后的直径，计算镀锌钢丝单位表面积上的锌层质量。

b. 试样制备：

a）试样的长度按表 6.4.1 切取。

b）在切取试样时，应小心注意避免表面损伤。局部有明显损伤的试样不得使用。

试 样 长 度　　　　　　　　　　　　　　　　表 6.4.1

钢丝直径（mm）	试样长度（mm）	钢丝直径（mm）	试样长度（mm）
≥0.15~0.80	600	>3.00~5.00	200
>0.80~1.50	500	> 5.00	100
>1.50~3.00	300		

c）试验前试样应用乙醇、汽油等溶剂擦洗。必要时再用氧化镁糊剂轻擦并水洗后迅速干燥。

c. 试验溶液：选用下列溶液之一作为试验溶液（配制所用的试剂均为化学纯），但仲裁试验时应用溶液Ⅰ（试验溶液在还能溶解锌层的条件下，可反复使用）。

a）用 3.5g 六次甲基四胺[$(CH_2)_6N_4$]溶于 500mL 浓盐酸(相对密度为 1.18 以上)中，用蒸馏水稀释至 1000mL 。

b）用 32g 三氯化锑（$SbCl_3$）或 20g 三氧化二锑（Sb_2O_3）溶于 1000mL 盐酸（相对密度为 1.18 以上）作为原液，用上述盐酸 100mL 加 50mL 原液的比例配制试验溶液。

d. 试验步骤：

a）称量试样去掉锌层前的质量（钢丝直径不大于 0.80mm 时至少精确至 0.001g，钢丝直径大于 0.80mm 时至少精确至 0.01g）。

b）将试样完全浸置在试验溶液中，试样比容器长时，可将试样作适当弯曲或卷起来。试验过程中，试验溶液温度不得超过 38℃。

c）待氢气的发生明显减少，锌层完全溶解后，取出试样立即水洗后用棉布擦净充分干燥，再次称量试样去掉锌层后的质量（钢丝直径不大于 0.80mm 时至少精确至 0.001g，钢丝直径大于 0.80mm 时至少精确至 0.01g）。

d）测量试样去掉锌层后的直径，应在同一圆周上两个相互垂直的部位各测一次，求其平均值（精确至 0.01mm）。

e. 结果计算：

锌层质量按下式计算：

$$W = \frac{W_1 - W_2}{W_2} \times d \times 1960$$

式中　W——钢丝单位表面积上的锌层质量（g/m²）；

　　　W_1——试样去掉锌层前的质量（g）；

　　　W_2——试样去掉锌层后的质量（g）；

　　　d——试样去掉锌层后的直径（mm）；

　　1960——常数。

7. 增强网必试项目的性能指标分别是多少？

答：（1）在（JG 158—2004）中耐碱网格布的性能指标见表 6.4.2。

（2）在（JG 149—2003）中耐碱网格布的性能指标见表 6.4.3。

（3）在（JC 561.2—2006）标准中：

①拉伸断裂强力指标见表 6.4.4；

②耐碱性试验：拉伸断裂强力保留率应不小于 50%。

（4）镀锌电焊网的性能指标：

①镀锌层重量应大于 122g/m²；

②焊点抗拉力见表 6.4.5。

耐碱网格布性能指标（JG 158—2004）　　　　表 6.4.2

序　号	项　目	性　能　指　标	
1	断裂强力（经向、纬向）	普通型	≥1250N/50mm
		加强型	≥3000N/50mm
2	耐碱强力保留率（经向、纬向）	≥90%	

耐碱网格布性能指标（JG 149—2003）　　　　表 6.4.3

序　号	项　目	性　能　指　标
1	耐碱断裂强力（经向、纬向）	≥750N/50mm
2	耐碱断裂强力保留率（经向、纬向）	≥50%

耐碱网格布性能指标（JC 561.2—2006）　　　　表 6.4.4

标称单位面积质量（g/m³）	拉伸断裂强力（N/50mm）≥		标称单位面积质量（g/m³）	拉伸断裂强力（N/50mm）≥	
≤60	780	780	211～220	2220	2160
61～80	840	840	221～240	2400	2280
81～90	910	910	241～260	2500	2400
91～100	970	970	261～280	2620	2500
101～110	1020	1020	281～300	2740	2620
111～120	1100	1100	301～320	2850	2740
121～130	1200	1200	321～340	2910	2800
131～140	1310	1310	341～360	2970	2860
141～150	1500	1500	361～380	3080	2970
151～160	1540	1600	381～400	3190	3080
161～170	1650	1710	401～420	3300	3190
171～180	1770	1820	421～440	3410	3240
181～190	1880	1940	441～460	3570	3240
191～200	1990	2050	≥460	3740	3240
201～210	2110	2110			

镀锌电焊网性能指标 表 6.4.5

丝径（mm）	焊点抗拉力（N）>	丝径（mm）	焊点抗拉力（N）>
2.50	500	1.00	80
2.20	400	0.90	65
2.00	330	0.80	50
1.80	270	0.70	40
1.60	210	0.60	30
1.40	160	0.55	25
1.20	120	0.50	20

第七章 室内空气质量检测

第一节 基本规定

1. 民用建筑工程室内环境污染物浓度限量各是多少？

答：民用建筑工程室内环境污染物浓度限量见表 7.1.1。

民用建筑工程室内环境污染物浓度限量 表 7.1.1

污 染 物	Ⅰ类民用建筑工程	Ⅱ类民用建筑工程
氡（Bq/m³）	≤200	≤400
甲醛（mg/m³）	≤0.08	≤0.12
苯（mg/m³）	≤0.09	≤0.09
氨（mg/m³）	≤0.2	≤0.5
TVOC（mg/m³）	≤0.5	≤0.6

注：表中污染物浓度限量，除氡外均应以同步测定的室外空气相应值为空白值。

2. 抽样检测有何规定？

答：《民用建筑工程室内环境污染控制规程》（DBJ 01—91—2004）中规定：

（1）民用建筑工程室内环境污染物浓度检测宜在装饰装修工程完工 7d 后进行。

（2）民用建筑工程室内环境污染物浓度检测应按单位工程进行。

（3）检测现场及其周围应无影响空气质量检测的因素，检测时室外风力不大于 5 级。

（4）室内环境污染物浓度检测，应由检测单位依据设计图纸、装修情况和楼层分布，随机抽检有代表性的房间。抽检房间数量不得少于总房间数的 5%，并不得少于 3 间；当房间总数少于 3 间时，应全数检测。抽检房间面积之和不得少于建筑总面积的 5%。

①室内安装门扇，形成封闭空间的工程，抽检的房间基数按自然间计算，厨房、卫生间、储藏间不计入自然间基数。

②室内未安装门扇的工程，抽检的基数按最小可封闭空间的数量计算，当厨房、卫生间、储藏间位于可封闭空间内时，应计入其面积。

（5）民用建筑工程验收时，凡进行了样板间室内环境污染物浓度检测而且检测结果合格的，抽检数量减半，并不得少于 3 间。

进行上述检测的样板间应在装饰施工前制成，并应经过监理（建设）、施工等单位确认。

（6）民用建筑工程验收时，室内环境污染物浓度检测点应按受检房间面积确定：

① 房间使用面积小于 50m² 时，设 1 个检测点；

② 房间使用面积 50～100m² 时，设 2 个检测点；

③ 房间使用面积 100～500m² 时，设 3 个检测点；

④ 房间使用面积 500～1000m² 时，设 4 个检测点；

⑤ 房间使用面积超过 1000m² 时，每增加 1000m² 增设 1 个检测点。当增加面积不足 1000m² 时，按 1000m² 计算。

(7) 当房间内有 1 个以上检测点时，应取各检测点检测结果的平均值作为该房间的检测值。

(8) 民用建筑工程验收时，环境污染物浓度现场检测点位置应距内墙面不小于 0.5m，距室内地面高度 0.8～1.5m。检测点应均匀分布，避开通风道和通风口。室外空气相应值（空白值）的样品采集点应选择在被测建筑物上风向，并避开污染源，与室内样品采集时间相差不宜超过 4h。

(9) 民用建筑工程室内环境中甲醛、苯、氨、总挥发性有机化合物（TVOC）浓度检测时，对采用集中空调的民用建筑工程，应在空调正常运转的条件下进行；对采用自然通风的民用建筑工程，检测应在外门窗关闭 1h 后立即进行。

(10) 民用建筑工程室内环境中氡浓度检测时，对采用集中空调的民用建筑工程，应在空调正常运转的条件下进行；对采用自然通风的民用建筑工程，应在房间的外门窗关闭 24h 后进行。

(11) 检测单位应负责封闭被检测房间并记录封闭起始时间。

第二节　氡

1. 室内环境检测与氡试验有关的标准有哪些?

答：(1)《民用建筑工程室内环境污染控制规范》(GB 50325—2001)（2006 年版）；

(2)《环境空气中氡的标准测量方法》(GB/T 14582—93)；

(3)《民用建筑工程室内环境污染控制规程》(DBJ 01—91—2004)。

2. 氡的试验原理是什么?

答：空气扩散进入炭床内，其中氡被活性炭吸收，同时衰变，新生的子体便沉积在活性炭内。用 γ 谱仪测量活性炭盒的氡子体特征 γ 射线峰（或峰群）强度。根据特征峰面积计算出氡浓度。

3. 氡试验所用的仪器、设备有哪些?

答：(1) γ 谱仪：NaI(T1)或半导体探头配多道脉冲分析器。

(2) 活性炭：椰壳炭 8～16 目。

(3) 采样盒：塑料或金属制成，直径 6～10cm，高 3～5cm，内装 25～100g 活性炭，盒的敞开面用滤膜或金属筛网封住，固定活性炭且允许氡进入采样器。

(4) 烘箱。

(5) 天平：感量 0.1g，量程 200g。

(6) 温湿度计。

(7) 空气压力表。

4. 氡试验是如何进行的?

答：(1) 样品制备：将选定的活性炭放入烘箱内，在 120℃下烘烤 5～6h。存入磨口瓶中。称取一定量烘烤的活性炭装入采样盒中，并盖上滤膜。再称量样品盒的总重量，密封存放。

（2）采样：在采样地点去掉活性炭盒密封包装，敞开面朝上放在采样点上，其上面20cm内不得有其他物体。放置2～7d后用原胶带将活性炭盒再封闭起来，并记录采样时的温度、湿度和大气压，迅速送回实验室。

（3）检测：采样停止3h后，再称量样品盒的总重量，计算水分吸收量。将活性炭盒在γ谱仪上计数，测出氡子体特征γ射线峰（或峰群）面积，检测条件与刻度时要一致。

5. 氡试验结果是如何计算的？

答：空气中氡浓度按下式计算：

$$C_{Rn} = \frac{an_r}{t_1^b \cdot e^{-\lambda_{Rn} t_2}}$$

式中　C_{Rn}——氡浓度（Bq/m³）；

　　　a——采样1h的响应系数（Bq/m³/计数/min）；

　　　n_r——特征峰（峰群）对应的净计数率（计数/min）；

　　　t_1——采样时间（h）；

　　　b——累积指数，为0.49；

　　　λ_{Rn}——氡衰变常数，7.55×10^{-3}/h；

　　　t_2——采样时间中点至测量开始时刻之间的时间间隔（h）。

第三节　甲　醛

1. 室内环境检测与甲醛试验有关的标准有哪些？

答：（1）《民用建筑工程室内环境污染控制规范》（GB 50325—2001）（2006年版）；

（2）《民用建筑工程室内环境污染控制规程》（DBJ 01—91—2004）；

（3）《公共场所空气中甲醛测定方法》（GB/T 18204.26—2000）。

2. 甲醛的试验原理是什么？

答：空气中的甲醛与酚试剂反应生成嗪，嗪在酸性溶液中被高铁离子氧化形成蓝绿色化合物。根据颜色深浅，比色定量。

3. 甲醛试验所用的仪器、设备有哪些？

答：（1）大型气泡吸收管：出气口内径为1mm，出气口至管底距离等于或小于5mm。

（2）恒流采样器：流量范围0～1L/min。流量稳定可调，恒流误差小于2％，采样前和采样后应用皂膜流量计校准采样系统流量，误差小于5％。

（3）具塞比色管：10mL。

（4）分光光度计：在630nm测定吸光度。

（5）温度计。

（6）空气压力表。

4. 甲醛试验所用的试剂、材料有哪些？

答：本法中所用水均为重蒸馏水或去离子交换水，所用的试剂纯度一般为分析纯。

（1）吸收液原液：称量0.10g酚试剂[$C_6H_4SN(CH_3)C:NNH_2 \cdot HCl$，简称MB-TH]，加水溶解，倾于100mL具塞量筒中，加水至刻度。放冰箱中保存，可稳定3d。

（2）吸收液：量取吸收原液 5mL，加 95mL 水，即为吸收液。采样时，临用现配。

（3）1％硫酸铁铵溶液：称量 1.0g 硫酸铁铵[$NH_4Fe(SO_4)_2 \cdot 12H_2O$]用 0.1mol/L 盐酸溶解，并稀释至 100mL。

（4）盐酸溶液（0.1mol/L）：量取 82mL 浓盐酸加水稀释至 1000mL。

（5）1mol/L 氢氧化钠溶液：称量 40g 氢氧化钠，溶于水中，并稀释至 1000mL。

（6）0.5mol/L 硫酸溶液：取 28mL 浓硫酸缓慢加入水中，冷却后，稀释至 1000mL。

（7）硫代硫酸钠标准溶液[$c(Na_2S_2O_3)=0.1000$mol/L]：可用从试剂商店购买的标准试剂，也可按称取 25g 硫代硫酸钠（$Na_2S_2O_3 \cdot 5H_2O$），溶于 1000mL 新煮沸并已放冷的水中。加入 0.2g 无水碳酸钠，贮存于棕色瓶内，放置一周后，再标定其准确浓度。以下为标定方法：精确量取 25.00mL 碘酸钾标准溶液[$c\left(\dfrac{1}{6}KIO_3\right)=0.100$mol/L]，于 250mL 碘量瓶中，加入 75mL 新煮沸后冷却的水，加 3g 碘化钾及 10mL1mol/L 的盐酸溶液，摇匀后放入暗处静置 3min。用硫代硫酸钠标准溶液滴定析出的碘，至淡黄色，加入 1mL0.5％淀粉溶液呈蓝色。再继续滴定至蓝色刚刚褪去，即为终点，记录所用硫代硫酸钠溶液体积，其准确浓度用下式算：

$$C=\frac{0.1000 \times 25.00}{V}$$

式中　C——硫代硫酸钠标准溶液的浓度；

　　　V——所用硫代硫酸钠溶液体积。

平行滴定两次，所用硫代硫酸钠溶液相差不能超过 0.05mL，否则应重新做平行测定。

（8）0.5％淀粉溶液：将 0.5g 可溶性淀粉，用少量水调成糊状后，再加入 100mL 沸水，并煮沸 2～3min 至溶液透明。冷却后，加入 0.1g 水杨酸或 0.4g 氯化锌保存。

（9）甲醛标准贮备溶液：取 2.8mL 含量为 36％～38％甲醛溶液，放入 1L 容量瓶中，加水稀释至刻度。此溶液 1mL 约相当于 1mg 甲醛。其准确浓度用下述碘量法标定：精确量取 20.00mL 待标定的甲醛标准贮备溶液，置于 250mL 碘量瓶中。加入 20.00mL 碘溶液[$c\left(\dfrac{1}{2}I_2\right)=0.1000$mol/L]和 15mL1mol/L 氢氧化钠溶液，放置 15min。加入 20mL 0.5mol/L 硫酸溶液，再放置 15min，用[$c(Na_2S_2O_3)=0.1000$mol/L]硫代硫酸钠溶液滴定，至溶液呈现淡黄色时，加入 1mL0.5％淀粉溶液继续滴定至恰使蓝色褪去为止，记录所用硫代硫酸钠溶液体积(V_2，mL)。同时用水作试剂空白滴定，记录空白滴定所用硫代硫酸钠标准溶液的体积(V_1，mL)。甲醛溶液的浓度按下式计算：

$$甲醛溶液浓度(mg/mL)=\frac{(V_1-V_2) \times c_1 \times 15}{20}$$

式中　V_1——试剂空白消耗[$c(Na_2S_2O_3)=0.1000$mol/L]硫代硫酸钠溶液的体积（mL）；

　　　V_2——甲醛标准贮备溶液消耗[$c(Na_2S_2O_3)=0.1000$mol/L]硫代硫酸钠溶液的体积（mL）；

　　　c_1——硫代硫酸钠溶液的准确当量浓度；

　　　15——甲醛的当量；

　　　20——所取甲醛标准贮备溶液的体积（mL）。

二次平行滴定，误差应小于 0.05mL，否则重新标定。

（10）甲醛标准溶液：临用时，将甲醛标准贮备溶液用水稀释成 1.00mL 含 10μg 甲醛，立即再取此溶液 10.00mL，加入 100mL 容量瓶中，加入 5mL 吸收原液，用水定容至 100mL，此液 1.00mL 含 1.00μg 甲醛，放置 30min 后，用于配置标准色列管。此标准溶液可稳定 24h。（也可从国家标物中心买现成的甲醛标准溶液）。

5. 甲醛试验是如何进行的？

答：（1）标准曲线的绘制

取 10mL 具塞比色管，用甲醛标准溶液按表 7.3.1 制备标准系列。

甲醛标准溶液制备标准　　　　　　　　　　　　　　表 7.3.1

管 号	0	1	2	3	4	5	6	7	8
标准溶液（mL）	0	0.10	0.20	0.40	0.60	0.80	1.00	1.50	2.00
吸收液（mL）	5.0	4.9	4.8	4.6	4.4	4.2	4.0	3.5	3.0
甲醛含量（μg）	0	0.1	0.2	0.4	0.6	0.8	1.0	1.5	2.0

各管中，加入 0.4mL1％硫酸铁铵溶液，摇匀。放置 15min。用 1cm 比色皿，在波长 630nm 下，以水作参比，测定各管溶液的吸光度。以甲醛含量为横坐标，吸光度为纵坐标，绘制曲线，并计算回归线斜率，以斜率倒数作为样品测定的计算因子 B_g（μg/吸光度）。当试剂药品发生改变或者距前一次标准曲线绘制时间超过 60d 时，应重新绘制标准曲线。

（2）样品测定

用一个内装 10mL 吸收液的气泡吸收管，以 0.5L/min 流量，采气 10L。记录采样时的温度和大气压力。将采样后样品溶液全部转入比色管中，用少量吸收液洗吸收管，合并使总体积为 5mL。按绘制标准曲线的操作步骤测定吸光度。

在每批样品测定的同时，用 5mL 未采样的吸收液作试剂空白，测定试剂空白的吸光度。

6. 甲醛试验结果是如何计算的？

答：（1）将采样体积按下式换算成标准状态下采样体积。

$$V_0 = V_t \frac{T_0}{273+t} \cdot \frac{P}{P_0}$$

式中　V_0——换算成标准状态下的采样体积（L）；

　　　V_t——采样体积，为采样流量与采样时间乘积（L）；

　　　T_0——标准状态下的绝对温度（273K）；

　　　　t——采样时采样点的温度（℃）；

　　　P_0——标准状态下的大气压力（101.3kPa）；

　　　P——采样时采样点的大气压力（kPa）。

（2）空气中甲醛浓度按下式计算。

$$c = (A - A_0) \times B_g / V_0$$

式中　c——空气中甲醛浓度（mg/m³）；

　　A——样品溶液的吸光度；

B_g——由实验确定的计算因子（μg/吸光度）；

V_0——换算成标准状态下的采样体积（L）；

A_0——空白溶液的吸光度。

第四节 苯

1. 室内环境检测与苯试验有关的标准有哪些？

答：（1）《民用建筑工程室内环境污染控制规范》（GB 50325—2001）（2006 年版）；

（2）《居住区大气中苯、甲苯和二甲苯卫生检验标准方法 气相色谱法》（GB/T 11737—89）；

（3）《民用建筑工程室内环境污染控制规程》（DBJ 01—91—2004）。

2. 苯的试验原理是什么？

答：空气中苯用活性炭管采集，然后经热解吸或二硫化碳提取，用气相色谱法分析，以保留时间定性，峰高定量。

3. 苯试验所用的仪器、设备有哪些？

答：（1）气相色谱仪：配备氢火焰离子化检测器。

（2）色谱柱：毛细管柱或填充柱。毛细管柱长 30～50m，内径 0.53mm 或 0.32mm 石英柱，内涂覆二甲基聚硅氧烷或其他非极性材料；填充柱长 2m、内径 4mm 不锈钢柱，内填充聚乙二醇 6000—6201 担体（5：100）固定相。

（3）热解吸装置：能对吸附管进行热解吸，解吸温度、载气流速可调。

（4）电热恒温箱：可保持 60℃恒温。

（5）空气采样器：流量范围 0.1～1L/min，流量稳定。使用时用皂膜流量计校准采样系统在采样前和采样后的流量。流量误差应小于 5%。

（6）注射器：1μL、10μL、1mL、100mL 注射器若干个。体积刻度误差应校正。

（7）具塞刻度试管：2mL。

（8）温度计。

（9）空气压力表。

4. 苯试验所用的试剂、材料有哪些？

答：（1）标准品：苯标准溶液或标准气体。

（2）活性炭吸附管：内装 100mg 椰子壳活性炭吸附剂的玻璃管或内壁光滑的不锈钢管，使用前应通氮气加热活化，活化温度为 300～350℃，活化时间不少于 10min，活化至无杂质峰。

（3）载气：氮气（纯度不小于 99.999%）。

5. 苯试验是如何进行的？

答：（1）用标准气体绘制标准曲线：

用微量注射器准确取一定量的苯（于 20℃时 1μL 苯重 0.8787mg）（经 60℃预热），以氮气为本底气，配成一定浓度的标准气体。取一定量的苯标准气体，再用氮气逐级稀释成 0.02～2.0μg/mL 范围内四个浓度点的苯气体（于 60℃平衡 30min）。取 1mL 进样，测量保留时间及峰高。每个浓度重复 3 次，取峰高的平均值。以苯的含量（μg/mL）为横坐标，平均峰高（mm）为纵坐标，绘制标准曲线。并计算曲线的斜率，以斜率的倒数 B_g [$\mu g/(mL \cdot mm)$] 作样品测定的计算因子。当仪器药品发生改变或者距前一次标准曲线绘制时间超过 180d 时，应重新绘制标准曲线。

（2）测定校正因子：

当仪器的稳定性能差，可用单点校正法求校正因子。在样品测定的同时，分别取零浓度和与样品热解吸气中含苯浓度相接近的标准气体 1mL，测定零浓度、标准的色谱峰高（mm）和保留时间，用下式计算校正因子。

$$f = \frac{c_s}{h_s - h_0}$$

式中　　f——校正因子 [$\mu g/(mL \cdot mm)$]；

　　　　c_s——标准气体浓度（$\mu g/mL$）；

　　h_0、h_s——零浓度、标准的平均峰高（mm）。

（3）测定样品：

热解吸后手工进样：将已采样的活性炭管与 100mL 注射器相连（经 60℃预热），置于热解吸装置上，用氮气以 50mL/min 的速度于 350℃下解吸，解吸体积为 50～100mL 于 60℃平衡 30min，在色谱柱温度为 90℃，汽化室温度为 120～150℃，氮气 50mL/min 的条件下，取 1mL 解吸气进样，用保留时间定性、峰高（mm）定量。每个样品作三次分析，求峰高的平均值。同时，取一个未采样的活性炭管，按样品管同样操作测定空白管的平均峰高。

6. 苯试验结果是如何计算的？

答：将采样体积按下式换算成标准状态下采样体积。

$$V_0 = V_t \frac{T_0}{273 + t} \cdot \frac{P}{P_0}$$

式中　V_0——换算成标准状态下的采样体积（L）；

　　　V_t——采样体积（L）；

　　　T_0——标准状态下的绝对温度（273K）；

　　　t——采样时采样点的温度（℃）；

　　　P_0——标准状态下的大气压力（101.3kPa）；

　　　P——采样时采样点的大气压力（kPa）。

空气中苯浓度按下式计算：

$$c = \frac{(h - h_0) \cdot B_g}{V_0 \cdot E_g} \times 100 \quad 或 \quad c = \frac{(h - h_0) \cdot f}{V_0 \cdot E_g} \times 100$$

式中　c——空气中苯浓度（mg/m^3）；

　　　h——样品峰高的平均值（mm）；

　　　h_0——空白管的峰高（mm）；

　　　B_g——由实验确定的计算因子 [$\mu g/(mL \cdot mm)$]；

　　　f——由实验确定的校正因子 [$\mu g/(mL \cdot mm)$]；

E_g——由实验确定的热解吸效率；

V_0——换算成标准状态下的采样体积 (L)。

第五节　氨

1. 室内环境检测与氨试验有关的标准有哪些?

答：(1)《民用建筑工程室内环境污染控制规范》(GB 50325—2001)(2006 年版)；

(2)《民用建筑工程室内环境污染控制规程》(DBJ 01—91—2004)；

(3)《公共场所空气中氨测定方法》(GB/T 18204.25—2000)。

2. 氨的试验原理是什么?

答：空气中氨吸收在稀硫酸中，在亚硝基铁氰化钠及次氯酸钠存在下，与水杨酸生成蓝绿色靛酚蓝染料，比色定量。

3. 氨试验所用的仪器、设备有哪些?

答：(1) 大型气泡吸收管：出气口内径为 1mm，出气口至管底距离等于或小于 5mm。

(2) 恒流采样器：流量范围 0.1~1L/min。流量稳定可调，恒流误差小于 2%，采样前和采样后应用皂膜流量计校准采样系统流量，误差小于 5%。

(3) 具塞比色管：10mL。

(4) 分光光度计：在 630nm 测定吸光。

(5) 温度计。

(6) 空气压力表。

4. 氨试验所用的试剂、材料有哪些?

答：本法中所用的试剂均为分析纯，水为无氨蒸馏水。

(1) 吸收液$[c(H_2SO_4)=0.005mol/L]$：吸取 2.8mL 浓硫酸加入水中，并稀释至 1L。临用时再稀释 10 倍。

(2) 水杨酸溶液(50g/L)：称取 10.0g 水杨酸$[C_6H_4(OH)COOH]$和 10.0g 柠檬酸钠$(Na_3C_6O_7 \cdot 2H_2O)$，加水约 50mL，再加 55mL 氢氧化钠溶液$[c(NaOH)=2mol/L]$，用水稀释至 200mL。此试剂稍有黄色，室温下可稳定一个月。

(3) 亚硝基铁氰化钠溶液(10g/L)：称量 1.0g 亚硝基铁氰化钠$[Na_2Fe(CN)_5 \cdot NO \cdot 2H_2O]$，溶于 100mL 水中。贮于冰箱中可稳定一个月。

(4) 次氯酸钠溶液$[c(NaClO)=0.05mol/L]$：取 1mL 次氯酸钠试剂原液，用碘量法标定其浓度。然后用氢氧化钠溶液$[c(NaOH)=2mol/L]$稀释成 0.05 mol/L 的溶液。贮于冰箱中可保存两个月。

(5) 氨标准贮备液：称取 0.3142g 经 105℃干燥 1h 的氯化铵 NH_4Cl，用少量水溶解，移入 100mL 容量瓶中，用吸收液稀释至刻度。此液 1.00mL 含 1.00mg 氨。

(6) 氨标准工作液：临用时，将标准贮备液用吸收液稀释成 1.00mL 含 1.00μg 氨(也可以从国家标物中心购买氨标准溶液)。

5. 氨试验是如何进行的?

答：(1) 标准曲线的绘制

取 10mL 具塞比色管 7 支，按表 7.5.1 制备标准系列管。

标 准 系 列 管

表 7.5.1

管　号	0	1	2	3	4	5	6
标准工作液(mL)	0	0.50	1.00	3.00	5.00	7.00	10.00
吸收液(mL)	10.00	9.50	9.00	7.00	5.00	3.00	0
氨含量(μg)	0	0.50	1.00	3.00	5.00	7.00	10.00

在各管中加入 0.50mL 水杨酸溶液，再加入 0.10mL 亚硝基铁氰化钠溶液和 0.10mL 次氯酸钠溶液，混匀，室温下放置 1h。用 1cm 比色皿，于波长 697.5nm 处，以水作参比，测定各管溶液的吸光度。以氨含量（μg）为横坐标，吸光度为纵坐标，绘制标准曲线，并用最小二乘法计算校准曲线的斜率、截距及回归方程。当试剂药品发生改变或者距前一次标准曲线绘制时间超过 60d 时，应重新绘制标准曲线。

$$Y = bx + a$$

式中　Y——标准溶液的吸光度；

　　　x——氨含量（μg）；

　　　a——回归方程式的截距；

　　　b——回归方程式斜率，标准曲线斜率 b 应为 0.081 ± 0.003 吸光度/μg 氨，以斜率的倒数作为样品测定时的计算因子（B_s）。

（2）样品测定

用一个内装 10mL 吸收液的气泡吸收管，以 0.5L/min 流量，采气 5L，记录采样时的温度和大气压力，将采样后样品转入具塞比色管中，用少量的水洗吸收管，合并，使总体积为 10mL。再按绘制标准曲线的操作步骤测定样品的吸光度。

6. 氨试验结果是如何计算的？

答：（1）将采样体积按下式换算成标准状态下采样体积。

$$V_0 = V_t \frac{T_0}{273 + t} \cdot \frac{P}{P_0}$$

式中　V_0——换算成标准状态下的采样体积（L）；

　　　V_t——采样体积，为采样流量与采样时间乘积（L）；

　　　T_0——标准状态下的绝对温度（273K）；

　　　t——采样时采样点的空气温度（℃）；

　　　P_0——标准状态下的大气压力（101.3kPa）；

　　　P——采样时采样点的大气压力（kPa）。

（2）空气中氨浓度按下式计算：

$$c(NH_3) = \frac{(A - A_0) \times B_s}{V_0}$$

式中　$c(NH_3)$——空气中氨浓度（mg/m³）；

　　　A——样品溶液的吸光度；

　　　A_0——空白溶液的吸光度；

　　　B_s——由实验确定的计算因子（μg/吸光度）；

　　　V_0——换算成标准状态下的采样体积（L）。

第六节　总挥发性有机化合物（TVOC）

1. 室内环境检测与总挥发性有机化合物（TVOC）试验有关的标准有哪些？

答：(1)《民用建筑工程室内环境污染控制规范》(GB 50325—2001)（2006 年版)；

(2)《民用建筑工程室内环境污染控制规程》(DBJ 01—91—2004)；

(3)《居住区大气中苯、甲苯和二甲苯卫生检验标准方法　气相色谱法》 （GB/T 11737—89)。

2. TVOC 的试验原理是什么？

答：用 Tenax TA 吸附管采集一定体积的空气样品，空气中的挥发性有机化合物保留在吸附管中，通过热解吸装置加热吸附管得到挥发性有机化合物的解吸气体，将其注入气相色谱仪，进行色谱分析，以保留时间定性，峰面积定量。

3. TVOC 试验所用的仪器、设备有哪些？

答：(1) 气相色谱仪：带氢火焰离子化检测器的气相色谱仪。

(2) 毛细管色谱柱：长 50m、内径 0.32mm 石英柱，内涂覆二甲基聚硅氧烷，膜厚 1～5μm，程序升温 50～250℃。初始温度为 50℃，保持 10min，升温速率 5℃/min，分流比为 1：1～50：1。

(3) 热解吸装置：能进行吸附管的热解吸，并能将解吸的气体通过载气直接引入气相色谱。解吸温度、时间和载气流速可调节。

(4) 空气采样器：恒流空气个体采样泵，流量范围 0.2～1L/min。

(5) 注射器：1μL 、10μL 液体注射器或者 1mL、5mL、100mL 气密性注射器若干个。

(6) 电热恒温箱：可保持 60℃恒温。

(7) 温度计：测温范围—10～50℃。

(8) 空气压力表。

4. TVOC 试验所用的试剂、材料有哪些？

答：(1) Tenax-TA 吸附管：内径为 5mm，内装 200mg 粒径为 0.18～0.25mm60～80 目的 Tenax-TA 吸附剂，使用前应通氮气加热活化，活化温度应高于解吸温度，活化时间不少于 30min，活化至无杂质峰。

(2) 标准品：苯、甲苯、对（间）二甲苯、邻二甲苯、苯乙烯、乙苯、乙酸丁酯、十一烷的标准溶液或标准气体。

(3) 载气：氮气（纯度不小于 99.99%)。

5. TVOC 试验是如何进行的？

答： (1) 采样：将活化好的 Tenax-TA 吸附管进气口与空气采样器进气口连接，Tenax-TA 吸附管进气口垂直向上。采样开始时用流量计校准采样系统到 0.5L/min，以此流速采样 20min，抽取 10L 空气。采样后，应将吸附管的两端套上塑料帽，作好标识并记录采样温度和大气压。待检样品管应放在干燥器中，必须在 5d 之内进行分析。

(2) 绘制标准曲线：

① 标准气体样品法：取 TVOC 标准气体 5mL、10mL、20mL、40mL、50mL，分别

注入含有 95mL、90mL、80mL、60mL、50mL 高纯氮气的 100mL 注射器，进行稀释，分别通入 5 只活化好的吸附管，制备成标准系列管，将管置于热解吸仪上，按仪器要求进行分析。以峰面积为纵坐标，以标准气体质量为横坐标，绘制标准曲线。吸附管或者色谱条件发生改变时要从新绘制标准曲线。在正常情况下，每 3 个月做一次曲线，使用中宜每个月做一次单点校正。

② 标准液体样品法：取 5 只活化好的吸附管，分别在 0～1mg/mL 标准溶液之间取 5 个剂量，在载气流动的情况下注入吸附管中，按仪器要求进行分析。以峰面积为纵坐标，以标准液体质量为横坐标，绘制标准曲线。吸附管或者色谱条件发生改变时要从新绘制标准曲线。在正常情况下，每 3 个月做一次曲线，使用中宜每个月做一次单点校正。

（3）热解吸法进样：将样品管置于热解吸装置上，色谱柱初始温度为 50℃，保持 10min，程序升温速率 5℃/min，终止温度为 250℃，分流比为 1∶1～50∶1。用保留时间定性。外标法定量，按仪器要求进行分析。

6. TVOC 的试验结果是如何计算的?

答：（1）将采样体积按下式换算成标准状态下采样体积。

$$V_0 = V_t \frac{273}{273+T} \cdot \frac{P}{101}$$

式中　V_0——换算成标准状态下的采样体积（L）；

　　　V_t——采样体积（L）；

　　　T——采样时采样点的空气温度（℃）；

　　　P——采样时采样点的大气压力（kPa）。

（2）样品管中各组分的浓度，应按下式计算：

$$C_i = A_i \times B_i / V_{0样}$$

式中　C_i——标准状态下所采空气样品中 i 组分含量（mg/m³）；

　　　A_i——被测样品中 i 组分的峰面积（μV·s）；

　　　B_i——被测样品中 i 组分的计算因子[μg/（μV·s），标准曲线斜率的倒数] 未识别峰按甲苯计。

（3）室内样品中总挥发性有机化合物（TVOC）浓度按下式计算：

$$C_{TVOC} = \sum_{i=1}^{n} C_i - \sum_{i=1}^{n} C_{空白}$$

式中　C_{TVOC}——标准状态下室内空气中总挥发性有机化合物（TVOC）的含量（mg/m³）。

第八章　施工现场检测

第一节　回弹法检测混凝土抗压强度

1. 回弹法检测混凝土抗压强度的检测依据有哪些?

答:(1)《回弹法检测混凝土抗压强度技术规程》(JGJ/T 23—2011);

(2)《回弹法、超声回弹综合法检测泵送混凝土强度技术规程》(DBJ/T 01—78—2003)。

2. 行业标准 JGJ/T 23—2011 与地方标准 DBJ/T 01—78—2003 的主要区别有哪些?

答:见表 8.1.1。

行业标准与地方标准的主要区别　　　　表 8.1.1

不同点	DBJ/T 01—78—2003	JGJ/T 23—2011
检测对象	泵送混凝土抗压强度	普通混凝土抗压强度
组批原则	当被检构件数量少于 10 个时,按单个构件检测	按批进行检测的构件,抽检数量不少于同批构件总数的 30%,且构件数量不得少于 10 件
碳化深度对测区强度影响	按碳化深度修正换算	按碳化深度修正换算,当检测条件与规程 6.2.1 条和 6.2.1 条适用条件有较大差异或混凝土表层与内部质量存在较大差异时,采用同条件试块或取芯进行修正
酚酞酒精溶液浓度	2%	1%~2%
符合曲线要求的混凝土	1. 北京地区泵送混凝土; 2. 自然养护,且混凝土表层为干燥状态; 3. 龄期 28d~365d	1. 普通混凝土采用的材料、拌和用水符合现行国家标准; 2. 采用普通成型工艺或泵送的混凝土(按不同的曲线方程); 3. 采用符合国家标准规定的模板; 4. 蒸汽养护出池经自然养护 7d 以上,且混凝土表层为干燥状态; 5. 龄期为 14d~1000d; 6. 抗压强度为 10.0~60.0MPa
测强曲线偏差	平均相对误差不应大于±14.0% 相对标准差不应大于 17%	平均相对误差不应大于±15.0% 相对标准差不应大于 18%
规程不适用的情况	1. 非泵送混凝土; 2. 粗骨料最大粒径大于 25mm; 3. 坍落度小于 140mm	1. 非泵送混凝土粗骨料最大公称粒径大于 60mm,泵送混凝土粗骨料最大公称粒径大于 31.5mm; 2. 特种成型工艺制作的混凝土; 3. 检测部位曲率半径小于 250mm; 4. 潮湿或浸水混凝土
评定要求	批混凝土强度平均值 25MPa~50MPa,标准差>5.50MPa 时; 批混凝土强度平均值大于 50MPa,标准差>6.50MPa 时; 则该批构件全部按单个构件检测	批混凝土强度平均值小于 25MPa,标准差>4.50MPa 时; 批混凝土强度平均值不小于 25MPa 且不大于 60MPa,标准差>5.50MPa 时; 则该批构件全部按单个构件检测

3. 仪器设备及检测环境有何要求？

答：(1) 回弹仪可以为数字式的，也可为指针直读式的。

(2) 水平弹击时，弹击锤脱钩的瞬间，回弹仪的标准能量应为轻型（0.735J）、中型（2.207J）和重型（29.40J）；普通混凝土一般使用中型回弹仪进行检测。

(3) 弹击锤与弹击杆碰撞的瞬间，弹击拉簧应处于自由状态，此时弹击锤锤起跳点应相应于指针批示刻度尺上"0"处。

(4) 在洛氏硬度 HRC 为 60±2 的钢砧土上，回弹仪的率定值应为 80±2。

(5) 回弹仪使用时的环境温度应为 −4∼40℃。

(6) 数字式回弹仪应带有指针直读示值系统；数字显示的回弹值与指针直读示值相差不应超过 1。

(7) 回弹仪具有下列情况之一时应由法定计量检定单位检定：

①新回弹仪启用前；②超过检定有效期限（有效期为半年）；③数字式回弹仪数字显示的回弹值与指针直读示值相差大于 1；④经保养后，在钢砧上的率定值不合格；⑤遭受严重撞击或其他损害。

(8) 回弹仪率定试验所用的钢砧应每 2 年送授权计量检定机构检定或校准。

(9) 回弹仪具有下列情况之一时，应进行保养：①弹击超过 2000 次；②对检测值有怀疑时；③在钢砧上的率定值不合格。保养后应按要求进行率定试验。

(10) 回弹仪使用完毕后应使弹击杆伸出机壳，清除弹击杆、杆前端球面，以及刻度尺表面和外壳上的污垢、尘土。回弹仪不用时，应将弹击杆压入仪器内，经弹击后方可按下按钮锁住机芯，将回弹仪装入仪器箱，平放在干燥阴凉处。当数字式回弹仪长期不用时，应取出电池。

4. 结构或构件取样数量是如何规定的？

答：(1) 单个检测：适用于单个结构或构件的检测。

(2) 批量检测：适用于在相同的生产工艺条件下，混凝土强度等级相同，原材料、配合比、成型工艺、养护条件基本一致且龄期相近的同类结构或构件。按批进行检测的构件，抽检数量不宜少于同批构件总数的 30％且构件数量不宜少于 10 件。当检验批构件数量大于 30 个时，抽样构件数量可适当调整，并不得少于国家现行有关标准的最少抽样数量。抽检构件时，应随机抽取并使所选构件具有代表性。

5. 每一结构或构件的测区是如何规定的？

答：(1) 每一结构或构件测区数不应少于 10 个，对某一方向尺寸小于 4.5m 且另一方向尺寸小于 0.3m 的构件，其测区数量可适当减少，但不应少于 5 个；

(2) 相邻两测区的间距应控制在 2m 以内，测区离构件端部或施工缝边缘的距离不宜大于 0.5m，且不宜小于 0.2m；

(3) 测区应选在使回弹仪处于水平方向检测混凝土浇筑侧面。当不能满足这一要求时，可使回弹仪处于非水平方向检测混凝土浇筑表面或底面；

(4) 测区宜选在构件的两个对称可测面上，也可选在一个可测面上，且应均匀分布。在构件的重要部位及薄弱部位应布置测区，并应避开预埋件；

(5) 测区的面积不宜大于 0.04m²；

(6) 测区表面应为混凝土原浆面，并应清洁、平整，不应有疏松层、浮浆、油垢、涂层以及蜂窝、麻面；

（7）对弹击时产生颤动的薄壁、小型构件应进行固定；

（8）当检测泵送混凝土强度时，测区应选在混凝土浇筑侧面。

6. 回弹检测操作步骤有何规定？

答：（1）回弹值测量

①检测时，回弹仪的轴线应始终垂直于结构或构件的混凝土检测面，缓慢施压，准确读数，快速复位。

②测点宜在测区范围内均匀分布，相邻两测点的净距不宜小于 20mm；测点距外露钢筋、预埋件的距离不宜小于 30mm。测点不应在气孔或外露石子上，同一测点只应弹击一次。每一测区应记取 16 个回弹值，每一测点的回弹值读数精确至 1。

（2）碳化深度值测量

①碳化深度值测量，可采用适当的工具如铁锤和尖头铁凿在测区表面形成直径约 15mm 的孔洞，其深度应大于混凝土的碳化深度。应除净孔洞中的粉末和碎屑，并不得用水擦洗，再采用浓度为 1%～2% 的酚酞酒精溶液滴在孔洞内壁的边缘处，当已碳化与未碳化界线清楚时，应采用碳化深度测量仪测量已碳化与未碳化混凝土交界面到混凝土表面的垂直距离，并应测量 3 次，每次读数精确至 0.25mm。取其平均值作为该构件的碳化深度值，精确至 0.5mm。

②碳化深度值测量应在有代表性的位置上测量，测点数不应少于构件测区的 30%，取其平均值为该构件每测区的碳化深度值。当各测点间的碳化深度值相差大于 2.0mm 时，应在每一回弹测区测量碳化深度值。

7. 数据处理与结果判定有何规定？

答：（1）回弹值计算

①计算测区平均回弹值，应从该测区的 16 个回弹值中剔除 3 个最大值和 3 个最小值，余下的 10 个回弹值应按下式计算：

$$R_m = \frac{\sum\limits_{i=1}^{10} R_i}{10}$$

式中　R_m——测区平均回弹值，精确至 0.1；

　　　R_i——第 i 个测点的回弹值。

②非水平方向检测混凝土浇筑侧面时，应按下式修正：

$$R_m = R_{m\alpha} + R_{a\alpha}$$

式中　$R_{m\alpha}$——非水平状态检测时测区的平均回弹值，精确至 0.1；

　　　$R_{a\alpha}$——非水平状态检测时回弹值修正值，可按表 8.1.2 采用。

③水平方向检测混凝土浇筑顶面或底面时，应按下列公式修正：

$$R_m = R_m^t + R_a^t$$

$$R_m = R_m^b + R_a^b$$

式中　R_m^t、R_m^b——水平方向检测混凝土浇筑表面、底面时，测区的平均回弹值，精确至 0.1；

　　　R_a^t、R_a^b——混凝土浇筑表面、底面回弹值的修正值，应按表 8.1.3 采用。

④当检测时回弹仪为非水平方向且测试面为非混凝土的浇筑侧面时，应先按表 8.1.2 对回弹值进行角度修正，再按表 8.1.3 对修正后的值进行浇筑面修正。

⑤符合下列条件的非泵送混凝土应采用《回弹法检测混凝土抗压强度技术规程》(JGJ/T 23—2011) 附录 A 进行测区混凝土强度换算：

　　a. 普通混凝土采用的材料、拌合用水符合现行国家标准；

　　b. 采用普通成型工艺或泵送的混凝土（按不同的曲线方程）；

　　c. 采用符合国家标准规定的模板；

　　d. 蒸汽养护出池经自然养护 7d 以上，且混凝土表层为干燥状态；

　　e. 龄期为 14～1000d；

　　f. 抗压强度为 10.0～60.0MPa。

⑥符合上条要求的泵送混凝土，测区强度按《回弹法检测混凝土抗压强度技术规程》(JGJ/T 23—2011) 附录 B 进行强度换算。

当有下列情况之一时，测区混凝土强度值不得按《回弹法检测混凝土抗压强度技术规程》(JGJ/T 23—2011) 附录 A 及附录 B 换算：

　　a. 非泵送混凝土粗骨料最大公称粒径大于 60mm，泵送混凝土粗骨料最大公称粒径大于 31.5mm；

　　b. 特种成型工艺制作的混凝土；

　　c. 检测部位曲率半径小于 250mm；

　　d. 潮湿或浸水混凝土。

⑦当构件混凝土抗压强度大于 60MPa 时，可采用标准能量大于 2.207J 的混凝土回弹仪并应另行制订检测方法及专用测强曲线进行检测。

非水平状态检测时的回弹值修正值　　　　　　　　　　　　表 8.1.2

$R_{m\alpha}$	检测角度							
	向 上				向 下			
	90°	60°	45°	30°	−30°	−45°	−60°	−90°
20	−6.0	−5.0	−4.0	−3.0	+2.5	+3.0	+3.5	+4.0
21	−5.9	4.9	−4.0	−3.0	+2.5	+3.0	+3.5	+4.0
22	−5.8	−4.8	−3.9	−2.9	+2.4	+2.9	+3.4	+3.9
23	−5.7	−4.7	−3.9	2.9	+2.4	+2.9	+3.4	+3.9
24	−5.6	−4.6	−3.8	−2.8	+2.3	+2.8	+3.3	+3.8
25	−5.5	−4.5	−3.8	−2.8	+2.3	+2.8	+3.3	+3.8
26	−5.4	−4.4	−3.7	−2.7	+2.2	+2.7	+3.2	+3.7
27	−5.3	−4.3	−3.7	−2.7	+2.2	+2.7	+3.2	+3.7
28	−5.2	−4.2	−3.6	−2.6	+2.1	+2.6	+3.1	+3.6
29	−5.1	−4.1	−3.6	−2.6	+2.1	+2.6	+3.1	+3.6
30	−5.0	−4.0	−3.5	−2.5	+2.0	+2.5	+3.0	+3.5
31	−4.9	−4.0	−3.5	−2.5	+2.0	+2.5	+3.0	+3.5
32	−4.8	−3.9	−3.4	−2.4	+1.9	+2.4	+2.9	+3.4
33	−4.7	−3.9	−3.4	−2.4	+1.9	+2.4	+2.9	+3.4
34	−4.6	−3.8	−3.3	−2.3	+1.8	+2.3	+2.8	+3.3
35	−4.5	−3.8	−3.3	−2.3	+1.8	+2.3	+2.8	+3.3
36	−4.4	−3.7	−3.2	−2.2	+1.7	+2.2	+2.7	+3.2

续表

$R_{m\alpha}$	检 测 角 度							
	向　上				向　下			
	90°	60°	45°	30°	−30°	−45°	−60°	−90°
37	−4.3	−3.7	−3.2	−2.2	+1.7	+2.2	+2.7	+3.2
38	−4.2	−3.6	−3.1	−2.1	+1.6	+2.1	+2.6	+3.1
39	−4.1	−3.6	−3.1	−2.1	+1.6	+2.3	+2.6	+3.1
40	−4.0	−3.5	−3.0	−2.0	+1.5	+2.0	+2.5	+3.0
41	−4.0	−3.5	−3.0	−2.0	+1.5	+2.0	+2.5	+3.0
42	−3.9	−3.4	−2.9	−1.9	+1.4	+1.9	+2.4	+2.9
43	−3.9	−3.4	−2.9	−1.9	+1.4	+1.9	+2.4	+2.9
44	−3.8	−3.3	−2.8	−1.8	+1.3	+1.8	+2.3	+2.8
45	−3.8	−3.3	−2.8	−1.8	+1.3	+1.8	+2.3	+2.8
46	−3.7	−3.2	−2.7	−1.7	+1.2	+1.7	+2.2	+2.7
47	−3.7	−3.2	−2.7	−1.7	+1.2	+1.7	+2.2	+2.7
48	−3.6	−3.1	−2.6	−1.6	+1.1	+1.6	+2.1	+2.6
49	−3.6	−3.1	−2.6	−1.6	+1.1	+1.6	+2.1	+2.6
50	−3.5	−3.0	−2.5	−1.5	+1.0	+1.5	+2.0	+2.5

注：1. $R_{m\alpha}$ 小于 20 或大于 50 时，均分别按 20 或 50 查表；

　　2. 表中未列入的相应于 $R_{m\alpha}$ 的修正值 $R_{a\alpha}$，可用内插法求得，精确至 0.1。

（2）混凝土强度的计算

①结构或构件第 i 个测区混凝土强度换算值，可将所求得的平均回弹值（R_m）及平均碳化浓度值（d_m）代入表 8.1.4 得出。

②泵送混凝土制作的结构或构件的混凝土强度换算值，可将所求得的平均回弹值（R_m）及平均碳化浓度值（d_m）代入《回弹法检测混凝土抗压强度技术规程》（JGJ/T 23—2011）附录 B 得出。

不同浇筑面的回弹值修正值　　　　　表 8.1.3

R_m^t 或 R_m^b	表面修正值 (R_a^t)	底面修正值 (R_a^b)	R_m^t 或 R_m^b	表面修正值 (R_a^t)	底面修正值 (R_a^b)
20	+2.5	−3.0	36	+0.9	−1.4
21	+2.4	−2.9	37	+0.8	−1.3
22	+2.3	−2.8	38	+0.7	−1.2
23	+2.2	−2.7	39	+0.6	−1.1
24	+2.1	−2.6	40	+0.5	−1.0
25	+2.0	−2.5	41	+0.4	−0.9
26	+1.9	−2.4	42	+0.3	−0.8
27	+1.8	−2.3	43	+0.2	−0.7
28	+1.7	−2.2	44	+0.1	−0.6
29	+1.6	−2.1	45	0	−0.5
30	+1.5	−2.0	46	0	−0.4
31	+1.4	−1.9	47	0	−0.3
32	+1.3	−1.8	48	0	−0.2
33	+1.2	−1.7	49	0	−0.1
34	+1.1	−1.6	50	0	0
35	+1.1	−1.5			

注：1. R_m^t 或 R_m^b 小于 20 或大于 50 时，均分别按 20 或 50 查表；表中未列入的相应于 R_m^t 或 R_m^b 的 R_a^t 和 R_a^b 值，可用内插法求得，精确至 0.1。

　　2. 表中有关混凝土浇筑表面的修正系数，是指一般原浆抹面的修正值。

　　3. 表中有关混凝土浇筑底面的修正系数，是指构件底面与侧面采用同一类模板在正常情况下修正值。

测区混凝土强度换算表（节选）　　　　表 8.1.4

平均回弹值 R_m	测区混凝土强度换算值 $f^c_{cu,j}$（MPa）												
	平均碳化深度值 d_m（mm）												
	0	0.5	1.0	1.5	2.0	2.5	3.0	3.5	4.0	4.5	5.0	5.5	≥6.0
24.2	15.1	14.8	14.3	13.9	13.3	12.8	12.4	11.9	11.6	11.2	10.9	10.6	10.3
24.4	15.4	15.1	14.6	14.2	13.6	13.1	12.6	12.2	11.9	11.4	11.1	10.8	10.4
24.6	15.6	15.3	14.8	14.4	13.7	13.3	12.8	12.3	12.0	11.5	11.2	10.9	10.6
24.8	15.9	15.6	15.1	14.6	14.0	13.5	13.0	12.6	12.2	11.8	11.4	11.1	10.7
25.0	16.2	15.9	15.4	14.9	14.3	13.8	13.3	12.8	12.5	12.0	11.7	11.3	10.9
25.2	16.4	16.1	15.6	15.1	14.4	13.9	13.4	13.0	12.6	12.1	11.8	11.5	11.0
25.4	16.7	16.4	15.9	15.4	14.7	14.2	13.7	13.2	12.9	12.4	12.0	11.7	11.2
25.6	16.9	16.6	16.1	15.7	14.9	14.4	13.9	13.4	13.0	12.5	12.2	11.8	11.3
25.8	17.2	16.9	16.3	15.8	15.1	14.6	14.1	13.6	13.2	12.7	12.4	12.0	11.5
26.0	17.5	17.2	16.6	16.1	15.4	14.9	14.4	13.9	13.5	13.0	12.6	12.2	11.6
26.2	17.8	17.4	16.9	16.4	15.7	15.1	14.6	14.0	13.7	13.2	12.8	12.4	11.8
26.4	18.0	17.6	17.1	16.6	15.8	15.3	14.8	14.2	13.9	13.3	13.0	12.6	12.0
26.6	18.3	17.9	17.4	16.8	16.1	15.6	15.0	14.4	14.1	13.5	13.2	12.8	12.1
26.8	18.6	18.2	17.7	17.1	16.4	15.8	14.6	14.3	13.4	12.9	12.3	
27.0	18.9	18.5	18.0	17.4	16.6	16.1	15.5	14.8	14.6	14.0	13.6	13.1	12.4
27.2	19.1	18.7	18.1	17.6	16.8	16.2	15.7	15.0	14.7	14.1	13.8	13.3	12.6
27.4	19.4	19.0	18.4	17.8	17.0	16.4	15.9	15.2	14.3	14.0	13.4	12.7	
27.6	19.7	19.3	18.7	18.0	17.2	16.6	16.1	15.4	15.1	14.5	14.1	13.6	12.9
27.8	20.0	19.6	19.0	18.2	17.4	16.8	16.3	15.6	15.3	14.7	14.2	13.7	13.0
28.0	20.3	19.7	19.2	18.4	17.6	17.0	16.5	15.8	15.4	14.8	14.4	13.9	13.2
28.2	20.6	20.0	19.5	18.6	17.8	17.2	16.7	16.0	15.6	15.0	14.6	14.0	13.3
28.4	20.9	20.3	19.7	18.8	18.0	17.4	16.9	16.2	15.8	15.2	14.8	14.2	13.5
28.6	21.2	20.6	20.0	19.1	18.2	17.6	17.1	16.4	16.0	15.4	15.0	14.3	13.6
28.8	21.5	20.9	20.2	19.4	18.5	17.8	17.3	16.6	16.2	15.6	15.2	14.5	13.8
29.0	21.8	21.1	20.5	19.6	18.7	18.1	17.5	16.8	16.4	15.8	15.4	14.6	13.9
29.2	22.1	21.4	20.8	19.9	19.0	18.3	17.7	17.0	16.6	16.0	15.6	14.8	14.1
29.4	22.4	21.7	21.1	20.2	19.2	18.5	17.9	17.2	16.8	16.2	15.8	15.0	14.2
29.6	22.7	22.0	21.3	20.4	19.5	18.8	18.2	17.5	17.0	16.4	16.0	15.1	14.4
29.8	23.0	22.3	21.6	20.7	19.8	19.1	18.4	17.7	17.2	16.6	16.2	15.3	14.5
30.0	23.3	22.6	21.9	21.0	20.0	19.3	18.6	17.9	17.4	16.8	16.4	15.4	14.7

注：本表系按全国统一曲线制定。

泵送混凝土测区混凝土强度换算值的修正值　　　　表 8.1.5

碳化深度值（mm）	抗压强度值（MPa）				
0.0；0.5；1.0	f^c_{cu}	≤40.0	45.0	50.0	55.0～60.0
	K（MPa）	+4.5	+3.0	+1.5	0.0
1.5；2.0	f^c_{cu}	≤30.0	35.0	40.0～60.0	
	K（MPa）	+3.0	+1.5	0.0	

注：表中未列入的 $f^c_{cu,j}$ 值可用内插法求得其修正值，精确至 0.1MPa。

③结构或构件的测区混凝土强度计算

a. 结构或构件的测区混凝土强度平均值可根据各测区的混凝土强度换算计算。当测区数为 10 个及以上时,应计算强度标准差。平均值及标准差应按下列公式计算:

$$m_{f_{cu}^c} = \frac{\sum_{i=1}^{n} f_{cu,i}^c}{n}$$

$$s_{f_{cu}^c} = \sqrt{\frac{\sum_{i=1}^{n} (f_{cu,i}^c)^2 - n(m_{f_{cu}^c})^2}{n-1}}$$

式中　$m_{f_{cu}^c}$——结构或构件测区混凝土强度换算值的平均值(MPa),精确至 0.1MPa;

　　　n——对于单个检测的构件,取一个构件的测区数;对批量检测的构件,取被抽检构件测区数之和;

　　　$s_{f_{cu}^c}$——结构或构件测区混凝土强度换算值的标准差(MPa),精确至 0.01MPa。

b. 如构件采用同条件试件或钻取混凝土芯样进行修正,同条件试件或钻取芯样数量不应少于 6 个。芯样应在测区内钻取,公称直径宜为 100mm,高径比应为 1,每个芯样只能加工一个试件;同条件试件边长应为 150mm。计算时,测区混凝土强度修正量及测区混凝土强度换算值的修正应符合下列规定:

$$\Delta_{tot} = f_{cor,m} - f_{cu,m0}^c$$
$$\Delta_{tot} = f_{cu,m} - f_{cu,m0}^c$$
$$f_{cor,m} = \frac{1}{n}\sum_{i=1}^{n} f_{cor,i}$$
$$f_{cu,m} = \frac{1}{n}\sum_{i=1}^{n} f_{cu,i}$$
$$f_{cu,m0}^c = \frac{1}{n}\sum_{i=1}^{n} f_{cu,i}^c$$

式中　Δ_{tot}——测区混凝土强度修正量(MPa),精确至 0.1 MPa;

　　　$f_{cu,m}$——150mm 同条件立方体试件(边长为 150mm)的抗压强度值,精确到 0.1MPa;

　　　$f_{cor,m}$——混凝土芯样试件的抗压强度值平均值,精确到 0.1MPa;

　　　$f_{cu,m0}^c$——对应于同条件立方体试件或芯样部位回弹测区混凝土强度换算值的平均值(MPa)精确至 0.1 MPa;

　　　$f_{cor,i}$——第 i 个混凝土芯样试件的抗压强度;

　　　$f_{cu,i}$——第 i 个混凝土立方体试件的抗压强度;

　　　$f_{cu,i}^c$——对应于第 i 个芯样部位或同条件立方体试件测区回弹值和碳化深度值的混凝土强度换算值,可按《回弹法检测混凝土抗压强度技术规程》(JGJ/T 23—2011)附录 A 及附录 B 取值;

　　　n——芯样或试块数量。

c. 测区混凝土强度换算值的修正应按下式计算:

$$f_{cu,i1}^c = f_{cu,i0}^c + \Delta_{tot}$$

　　　$f_{cu,i0}^c$——第 i 个测区修正前的混凝土强度换算值(MPa),精确至 0.1 MPa;

$f_{cu,i1}^c$——第 i 个测区修正后的混凝土强度换算值（MPa），精确至 0.1 MPa。

④结构或构件的混凝土强度推定值（ $f_{cu,e}$ ）应按下列公式确定：

a. 当该结构或构件测区数少于 10 个时：

$$f_{cu,e} = f_{cu,min}^c$$

式中　 $f_{cu,min}^c$ ——构件中最小的测区混凝土强度换算值。

b. 当该结构或构件的测区强度值中出现小于 10.0MPa 时：

$$f_{cu,e} < 10.0MPa$$

c. 当该结构或构件测区数不少于 10 个时，应按下列公式计算：

$$f_{cu,e} = m_{f_{cu}^c} - 1.645 s_{f_{cu}^c}$$

d. 当批量检测时，应按下列公式计算：

$$f_{cu,e} = m_{f_{cu}^c} - k s_{f_{cu}^c}$$

式中　 k ——推定系数，宜取 1.645。当需要进行推定区间时，可按国家现行有关标准的规定取值。

注：结构或构件的混凝土强度推定值是指相应于强度换算值总体分布中保证率不低于 95% 的结构或构件中的混凝土抗压强度值。

⑤对按批量检测的构件，当该批构件混凝土强度标准差出现下列情况之一时，则该批构件应全部按单个构件检测：

a. 批混凝土强度平均值小于 25MPa，标准差 ≥4.50MPa 时；

b. 批混凝土强度平均值不小于 25MPa 且不大于 60MPa，标准差 >5.50MPa 时；

第二节　钢筋保护层厚度

1. 现场钢筋保护层厚度检测依据标准是什么？

答：（1）《电磁感应法检测钢筋保护层厚度和钢筋直径技术规程》（DB11/T 365—2006）；

（2）《混凝土中钢筋检测技术规程》（JGJ/T 152—2008）；

（3）《混凝土结构工程质量验收规范》（GB 50204—2002　2011 年版）；

（4）《混凝土结构工程施工质量验收规程》（DBJ 01—82—2005）。

2. 钢筋保护层（混凝土保护层）的定义是什么？

答：结构构件中钢筋外边缘至构件表面范围用于保护钢筋的混凝土，简称保护层。

3. 对进行现场钢筋保护层厚度检测的仪器有什么技术要求？

答：（1）检测仪器除应具有测量、显示功能外，宜具有记录、存储等功能；

（2）检测仪器必须具有出厂产品合格证及有效的测试结果证书；

（3）检测仪器应满足以下要求：

①钢筋保护层厚度的测量精度应不大于 1mm；

②钢筋直径的测量精度应不大于 2mm；

③在 $\frac{t}{c} \geqslant 1$ 的条件下，检测仪器对相邻的钢筋应能够分辨；

④检测仪器应能在 −10～40℃ 环境条件下正常使用。

4. 对进行现场钢筋保护层厚度检测的仪器校准有什么要求?

答:(1)检测仪器具有下列情况之一时,应进行校准:

①新仪器启用前;

②达到或超过校准时效期限;

③仪器修理后;

④对仪器测量结果怀疑时;

⑤仪器对比试验出现异常时。

(2)检测仪器校准周期为一年。

5. 现场进行钢筋保护层厚度检测的条件和注意事项有哪些?

答:(1)采用本检测方法时,钢筋最小净间距 t 与钢筋保护层厚度 c 之比应 $\frac{t}{c} \geqslant 1$;

(2)当钢筋保护层厚度在 60mm 以内时,同一位置三次测定值的最大值与最小值的偏差应不大于 2mm;

(3)钢筋检测时应避开多层、网格状钢筋交叉点及钢筋接头位置;

(4)钢筋检测时应避开混凝土中预埋铁件、金属管等铁磁性物质;

(5)钢筋检测时应避开强交变电磁场(如电机、电焊机等)以及测点周边较大金属结构对检测结果的影响;

(6)检测面应为混凝土表面,并应清洁、平整,当混凝土表面粗糙不平影响精度时,应使混凝土表面达到混凝土验收标准的要求后进行测量;

(7)混凝土中钢筋严重锈蚀时,不应采用电磁感应法检测钢筋保护层厚度;

(8)当钢筋保护层厚度小于 10mm 时,应加垫非铁磁性垫块进行检测。

6. 如何进行钢筋部位与检测部位的确定?

答:大致分为三个步骤。

(1)步骤一,初步确定钢筋位置。具体:将探头放置在被检测部位表面,沿被检测钢筋走向的垂直方向匀速缓慢移动探头,根据信号提示判定钢筋位置,在对应钢筋位置的混凝土表面处作出标记,每根钢筋应至少用 3 个标记初步确定其位置;

(2)步骤二,确定箍筋或横向钢筋位置:避开被测钢筋,在中间部位沿与被测钢筋垂直方向用步骤一的方法检测与被测钢筋垂直的箍筋或横向钢筋,并标记出其位置;

(3)步骤三,确定被测钢筋的检测部位:在相邻箍筋或横向钢筋的中间部位,沿与被测钢筋的垂直方向进行检测。

7. 如何进行钢筋保护层厚度检测的结构部位和构件的抽样?

答:(1)《混凝土结构工程质量验收规范》(GB 50204—2002　2011 年版)附录 E 的规定:

钢筋保护层厚度的结构部位和构件数量,应符合下列要求:

①钢筋保护层厚度检验的部位,应由监理(建设)、施工等各方根据结构构件的重要性共同选定。

②对梁、板类构件,应各抽取构件数量的 2% 且不少于 5 个构件进行试验;当有悬挑构件时,抽取的构件中悬挑梁类、板类构件所占比例均不宜小于 50%。

③对选定的梁类构件,应对全部纵向受力钢筋的保护层厚度进行检验;对选定的板类

构件，应抽取不少于 6 根纵向受力钢筋的保护层厚度进行检验。对每根钢筋，应在有代表性的部位测量 1 点。

（2）《混凝土结构工程施工质量验收规程》（DBJ 01—82—2005）规定：

对非悬挑梁类、板类构件，应各抽取构件数量 2％且不少于 5 个构件进行检验；对悬挑梁类、板类构件应各抽取构件数量 10％且不少于 10 个构件进行检验。

8. 钢筋保护层厚度检测允许偏差是如何规定的？

答：《电磁感应法检测钢筋保护层厚度和钢筋直径技术规程》（DB11/T 365—2006）规定：

（1）钢筋保护层厚度在 40mm（含）以下时，测量允许偏差为 ±1mm。

（2）钢筋保护层厚度在 40 mm～60mm（含）时，测量允许偏差为 ±2mm。

（3）钢筋保护层厚度在 60mm（含）以上时，测量允许偏差应不大于钢筋保护层厚度设计值的 10％。

9. 钢筋保护层厚度检测方法的具体规定是什么？

答：（1）每一构件的钢筋保护层厚度检测应符合下列规定：

a. 被测构件的全部受力钢筋，均应测定其钢筋保护层厚度，每根钢筋应检测 1 点；

b. 对每根钢筋测点应选取钢筋保护层厚度有代表性的部位，且宜选在结构构件受力的不利部位；

c. 对多根钢筋保护层厚度测定时，应在被测构件的同一断面上进行；

d. 每一测点应重复测试 3 次，取最小值为该测点的钢筋保护层厚度。

（2）钢筋保护层厚度的检测，可根据工程实际情况采用其他测试手段进行验证。

10. 纵向受力钢筋保护层厚度的允许偏差是如何规定的？

答：《混凝土结构工程施工质量验收规程》（DBJ 01—82—2005）与《混凝土结构工程质量验收规范》（GB 50204—2002 2011 年版）的规定相同：

纵向受力钢筋保护层厚度的允许偏差：梁类为 ＋10mm，－7mm；板类为 ＋8mm，－5mm。

11. 构件钢筋保护层厚度的验收合格条件是什么？

答：《混凝土结构工程施工质量验收规程》（DBJ 01—82—2005）与《混凝土结构工程质量验收规范》（GB 50204—2002 2011 年版）中，关于构件钢筋保护层厚度的验收合格条件的规定完全相同：

（1）对梁类、板类构件纵向受力钢筋的保护层厚度应分别进行验收。

（2）结构实体钢筋保护层厚度验收合格应符合下列规定：

a. 当全部钢筋保护层厚度检验的合格点率为 90％及以上时，钢筋保护层厚度的检验结果应判为合格；

b. 当全部钢筋保护层厚度检验的合格点率小于 90％但不小于 80％，可再抽取相同数量的构件进行检验；当按两次抽样总和计算的合格点率为 90％及以上时，钢筋保护层厚度的检验结果仍应判为合格；

c. 每次抽样检验结果中不合格点的最大偏差均不应大于本节第 10 条规定允许偏差的 1.5 倍。

12. 钢筋保护层厚度检测原始记录应包括哪些内容?

答:检测原始记录包括以下内容:

(1) 检测现场情况描述,检测日期、时间、地点、检测环境温度的记录;

(2) 被检测构件位置和构件编号、检测原始数据的记录及测点布置示意图;

(3) 检测仪器名称和编号、检测依据等记录;

(4) 检测人员签字。

13. 钢筋保护层厚度检测报告应包括哪些内容?

答:检测报告宜包括下列内容:

(1) 工程名称、工程地点、委托单位(委托人);

(2) 有关情况描述(设计、施工、监理、监督单位情况描述,检测原因,工程状况等);

(3) 检测日期、地点及检测环境条件;

(4) 仪器名称及编号;

(5) 检测依据、检测方法、检测方案与数量、监测点位置示意图,并标明检测部位;

(6) 检测数据分析及检测结果;

(7) 检测结论;

(8) 报告签字:检测人员、审核人员、批准人员;

(9) 其他必要说明。

第三节 结构锚固承载力现场检测

1. 结构锚固承载力现场检测分类及检测依据是什么?

答:(1) 检测分类

锚固承载力现场检测依结构不同分为混凝土结构锚固承载力现场检测和砌体锚固力现场检测;锚固承载力现场检测按锚固时间不同分为锚固承载力现场检测和后锚固力现场检测。

(2) 检测依据

①与混凝土结构锚固承载力现场检测相关的标准、规范

《混凝土结构后锚固技术规程》(JGJ 145—2004);

《建筑结构加固工程施工质量验收规范》(GB 50550—2010);

②与砌体锚固承载力现场检测相关的标准、规范

《砌体结构工程施工质量验收规范》(GB 50203—2011)。

2. 混凝土结构后锚固承载力现场检验和评定如何进行?

答:(1) 锚栓分类

锚栓按工作原理及构造的不同可分为膨胀型锚栓、扩孔型锚栓、化学植筋(带肋钢筋及长螺杆)及其他类型锚栓。

(2) 锚栓拉拔承载力的分类

锚栓拉拔承载力现场检验可分为非破坏性检验和破坏性检验。对于一般结构及非结构构件,可采用非破坏性检验;对于重要结构构件及生命线工程非结构构件,应采取破坏性

检验。这里：

①非结构构件是指建筑中除承重骨架体系以外的固定构件或部件；

②重要结构构件是指重要结构中的墙、梁、板、柱；

③生命线工程主要是指维持城市生存功能系统和对国计民生有重大影响的工程，主要包括供水、排水系统的工程；电力、燃气及石油管线等能源供给系统的工程；电话和广播电视等情报通信系统的工程；大型医疗系统的工程以及公路、铁路等交通系统的工程等。

（3）混凝土结构锚固承载力现场检验试样的选取

①锚固拉拔承载力现场非破坏性检验可采取随机抽样办法取样；

②同规格、同型号、基本相同部位的锚栓组成一个检验批。抽取数量按每批锚栓总数的 1/1000 计算，且不少于 3 根。

（4）检验用的仪器设备要求

①现场检验用的仪器、设备，如拉拔仪、r-y 记录仪、电子荷载位移测量仪等，应定期检定。

②加荷设备应能按规定的速度加荷，测力系统整机误差不应超过全量程的 ±2%。

③加荷设备应能保证所施加的拉伸荷载方向始终与锚栓的轴线一致。

④位移测量记录仪宜能连续记录。当不能连续记录荷载位移曲线时，可分阶段记录，在达到荷载峰值前，记录点应在 10 点以上。位移测量误差不应超过 0.02mm。

⑤位移仪应保证能够测量出锚栓相对于基材表面的垂直位移，直至锚固破坏。

（5）混凝土结构锚固承载力现场检验方法

①加荷设备支撑环内径 D_o 应满足下述要求：化学植筋 $D_o \geqslant \max$（12d，250mm），膨胀型锚栓和扩孔型锚栓 $D_o \geqslant 4h_{ef}$。

②锚栓拉拔检验可选用两种加荷制度：

a. 连续加载，以匀速加载至设定荷载或锚固破坏，总加荷时间为 2～3min。

b. 分级加载，以预计极限荷载的 10% 为一级，逐级加荷，每级荷载保持 1～2min，至设定荷载或锚固破坏。

③非破坏性检验，荷载检验值应取 $0.9A_s f_{ys}$ 及 $0.8N_{Rk,c}$ 计算之较小值。$N_{Rk,c}$ 为非钢材破坏承载力标准值，可按《混凝土结构后锚固技术规程》（JGJ 145—2004）中 6.1 节有关规定计算。

（6）检验结果的评定

①非破坏性检验荷载下，以混凝土基材无裂缝，锚栓或植筋无滑移等宏观裂损现象，且 2min 持荷期间荷载降低不大于 5% 时为合格。当非破坏性检验为不合格时，应另抽不少于 3 个锚栓作破坏性检验判断。

②对于破坏性检验，该批锚栓的极限抗拔力满足下列规定为合格：

$$N_{Rm}^c > [\gamma_u]N_{sd}$$

$$N_{Rmin}^c > N_{Rk,*}$$

式中　N_{sd}——锚栓拉力设计值；

　　N_{Rm}^c——专锚栓极限抗拔力实测平均值；

　　N_{Rmin}^c——锚栓极限抗拔力实测最小值；

$N_{Rk,*}$——锚栓极限抗拔力标准值，根据破坏类型的不同，分别按《混凝土结构后锚固技术规程》(JGJ 145—2004) 中 6.1 节有关规定计算；

$[\gamma_u]$——锚固承载力检验系数允许值，近似取 $[\gamma_u] = 1.1\gamma R_*$，$\gamma R_*$ 按《混凝土结构后锚固技术规程》(JGJ 145—2004) 中表 4.2.6 取用。

3. 混凝土结构加固锚固承载力现场检验和评定如何进行？

答：本条检测方法适用于混凝土承重结构和砌体承重结构以锚固型结构胶粘剂种植带肋钢筋（包括拉结筋）、全螺纹螺杆和锚栓的施工过程控制和施工质量检验。

(1) 检测时间的确定

植筋的胶粘剂固化时间达到 7d 的当日，应抽样进行现场锚固承载力检验。

(2) 锚固承载力现场检验方法

①锚固件抗拔承载力现场检验方法的分类

锚固件抗拔承载力现场检验分为非破损检验和破坏性检验。

②应采用破坏性检验方法的场合

a. 重要结构构件；

b. 悬挑结构、构件；

c. 对该工程锚固质量有怀疑；

d. 仲裁性检验。

说明：若受现场条件限制，无法进行原位破坏性检验操作时，允许在工程施工的同时（不得后补），在被加固结构附近，以专门浇筑的同强度等级的混凝土块体为基材种植锚固件，并按规定的时间进行破坏性检验；但应事先征得设计和监理单位的书面同意，并在场见证试验。

本条规定不适用于仲裁性检验。

③采用非破坏性检验方法的场合

a. 当按本条②的规定，对重要结构构件锚固件锚固质量采用破坏性检验方法确有困难时，若该批锚固件的连接系按《建筑结构加固工程施工质量验收规范》(GB 50550—2010) 的规定进行设计计算，可在征得业主和设计单位同意的情况下，改用非破损抽样检验方法，但必须按表 8.3.1 确定抽样数量。

注：若该批锚固件已进行过破坏性试验，且不合格时，不得要求重作非破损检测。

b. 对一般结构构件，其锚固件锚固质量的现场检验可采用非破损检验方法。

(3) 抽样规则

①锚固质量现场检验组批原则

锚固质量现场检验抽样时，应以同品种、同规格、同强度等级的锚固件安装于锚固部位基本相同的同类构件为一检验批，并应从每一检验批所含的锚固件中进行抽样。

②抽检比例与数量

a. 现场破坏性检验的抽样，应选择易修复和易补种的位置，取每一检验批锚固件总数的 1‰，且不少于 5 件进行检验。若锚固件为植筋，且种植的数量不超过 100 件时，可仅取 3 件进行检验。仲裁性检验的取样数量应加倍。

b. 现场非破损检验的抽样，应符合下列规定：

a) 锚栓锚固质量的非破损检验：

Ⅰ.对重要结构构件,应在检查该检验批锚栓外观质量合格的基础上,按表8.3.1规定的抽样数量,对该检验批的锚栓进行随机抽样。

重要结构构件锚栓锚固质量非破损检验抽样表　　　　表8.3.1

检验批的锚栓总数	≤100	500	1000	2500	≥5000
按检验批锚栓总数 计算的最小抽样量	200% 且不少于5件	10%	7%	4%	3%

注:当锚栓总数介于两栏数量之间时,可按线性内插法确定抽样数量。

Ⅱ.对一般结构构件,可按重要结构构件抽样量的50%,且不少于5件进行随机抽样。

b)植筋锚固质量的非破损检验:

Ⅰ.对重要结构构件,应按其检验批植筋总数的3%,且不少于5件进行随机抽样。

Ⅱ.对一般结构构件,应按1%,且不少于3件进行随机抽样。

③当不同行业标准的抽样规则与本规范不一致时,对承重结构加固工程的锚固质量检验,必须按本规范的规定执行。

④胶粘的锚固件,其检验应在胶粘剂达到其产品说明书标示的固化时间的当天,但不得超过7d进行。若因故需推迟抽样与检验日期,除应征得监理单位同意外,还不得超过3d。

(4)仪器设备要求

①现场检测用的加荷设备,可采用专门的拉拔仪或自行组装的拉拔装置,但应符合下列要求:

a.设备的加荷能力应比预计的检验荷载值至少大20%,且应能连续、平稳、速度可控地运行;

b.设备的测力系统,其整机误差不得超过全量程的±2%,且应具有峰值储存功能;

c.设备的液压加荷系统在短时(≤5min)保持荷载翱间,其降荷值不得大于5%;

d.设备的夹持器应能保持力线与锚固件轴线的对中;

e.设备的支承点与植筋之间的净间距,不应小于3d(d为植筋或锚栓的直径),且不应小于60mm;设备的支承点与锚栓的净间距不应小于$1.5h_{ef}$(h_{ef}为有效埋深)。

②当委托方要求检测重要结构锚固件连接的荷载—位移曲线时,现场测量位移的装置,应符合下列要求:

a.仪表的量程不应小于50mm;其测量的误差不应超过±0.02mm;

b.测量位移装置应能与测力系统同步工作,连续记录,测出锚固件相对于混凝土表面的垂直位移,并绘制荷载—位移的全程曲线。

注:若受条件限制,允许采用百分表,以手工操作进行分段记录。此时,在试样到达荷载峰值前,其位移记录点应在12点以上。

③现场检验用的仪器设备应定期送检定机构检定。若遇到下列情况之一时,还应及时重新检定:

a.读数出现异常;

b.被拆卸检查或更换零部件后。

（5）拉拔检验方法

检验锚固拉拔承载力的加荷制度分为连续加荷和分级加荷两种，可根据实际条件进行选用，但应符合下列规定：

①非破损检验

a. 连续加荷制度

应以均匀速率在 2～3min 时间内加荷至设定的检验荷载，并在该荷载下持荷 2min。

b. 分级加荷制度

应将设定的检验荷载均分为 10 级，每级持荷 1min 至设定的检验荷载，且持荷 2min。

c. 非破损检验的荷载检验值应符合下列规定：

a) 对植筋，应取 $1.15N_t$ 作为检验荷载；

b) 对锚栓，应取 $1.3N_t$ 作为检验荷载。

注：N_t 为锚固件连接受拉承载力设计值，应由设计单位提供；检测单位及其他单位均无权自行确定。

②破坏性检验

a. 连续加荷制度

对锚栓应以均匀速率控制在 2～3min 时间内加荷至锚固破坏；

对植筋应以均匀速率控制在 2～7min 时间内加荷至锚固破坏。

b. 分级加荷制度

应按预估的破坏荷载值 N_u 作如下划分：前 8 级，每级 $0.1N_u$，且每级持荷 1～1.5min；自第 9 级起，每级 $0.05N_u$，且每级持荷 30s，直至锚固破坏。

（6）检验结果的评定

①非破损检验的评定，应根据所抽取的锚固试样在持荷期间的宏观状态，按下列规定进行：

a. 当试样在持荷期间锚固件无滑移、基材混凝土无裂纹或其他局部损坏迹象出现，且施荷装置的荷载示值在 2min 内无下降或下降幅度不超过 5% 的检验荷载时，应评定其锚固质量合格；

b. 当一个检验批所抽取的试样全数合格时，应评定该批为合格批；

c. 当一个检验批所抽取的试样中仅有 5% 或 5% 以下不合格（不足一根，按一根计）时，应另抽 3 根试样进行破坏性检验。若检验结果全数合格，该检验批仍可评为合格批；

d. 当一个检验批抽取的试样中不止 5%（不足一根，按一根计）不合格时，应评定该批为不合格批，且不得重做任何检验。

②破坏性检验结果的评定，应按下列规定进行：

a. 当检验结果符合下列要求时，其锚固质量评为合格：

$$N_{u,m} \geqslant [\gamma_u] N_{他}$$

且
$$N_{u,min} \geqslant 0.85N_{u,m}$$

式中　$N_{u,m}$——受检验锚固件极限抗拔力实测平均值；

　　　$N_{u,min}$——受检验锚固件极限抗拔力实测最小值；

　　　$N_{他}$——受检验锚固件连接的轴向受拉承载力设计值；

$[\gamma_u]$——破坏性检验安全系数，按表 8.3.2 取用。

b. 当 $N_{u,m} < [\gamma_u] N_{他}$，或 $N_{u,min} < 0.85N_{u,m}$ 时，应评该锚固质量不合格。

检验用安全系数 $[\gamma_u]$ 表 8.3.2

锚固件种类	破坏类型	
	钢材破坏	非钢材破坏
植筋	≥1.45	—
锚栓	≥1.65	≥3.5

（7）检测结果追溯

对现场拉拔检验不合格的植筋工程，若现场考察认为与胶粘剂质量有关且业主单位要求追究责任时，应委托当地独立检测机构对胶粘剂安全性能进行系统的试验室检验与评定。其检验项目及安全性能指标应符合现行国家标准《混凝土结构加固设计规范》(GB 50367) 的规定。

4. 填充墙砌体植筋锚固力检验和评定如何进行？

砌体结构工程中填充墙与承重墙、柱、梁的连接钢筋，当采用化学植筋的连接方式时，应进行实体检测，即填充墙砌体植筋锚固力检验。

（1）检验批抽检锚固钢筋样本最小容量

检验批抽检锚固钢筋样本最小容量 表 8.3.3

检验批的容量	样本最小容量	检验批的容量	样本最小容量
90≤	5	281～500	20
91～150	8	501～1200	32
151～280	13	1201～3200	50

（2）单根植筋锚固力检验合格评定条件

①轴向受拉非破坏承载力检验值应为 6.0kN；

②抽检钢筋在检验值作用下应基材无裂缝、钢筋无滑移宏观裂损现象；

③持荷 2min 期间荷载值降低不大于 5%。

（3）检验批验收

砌体结构工程中填充墙砌体植筋锚固力检验后按批进行评定。

检验批验收可按表表 8.3.4 和表 8.3.5 通讨正常检验一次、二次抽样判定。

正常一次性抽样的判定 表 8.3.4

样本容量	合格判定数	不合格判定数	样本容量	合格判定数	不合格判定数
5	0	1	20	2	3
8	1	2	32	3	4
13	1	2	50	5	6

正常二次性抽样的判定 表 8.3.5

抽样次数 与样本容量	合格 判定数	不合格 判定数	抽样次数 与样本容量	合格 判定数	不合格 判定数
(1) —5 (2) —10	0 1	2 2	(1) —20 (2) —40	1 3	3 4
(1) —8 (2) —16	0 1	2 2	(1) —32 (2) —64	2 6	5 7
(1) —13 (2) —26	0 3	2 4	(1) —50 (2) —100	3 9	6 10

第四节 外墙饰面砖粘结强度现场检测

1. 与外墙饰面砖粘结强度现场检测相关的标准、规范有哪些?

答:(1)《建筑装饰装修工程质量验收规范》(GB 50210—2001);

(2)《建筑工程饰面砖粘结强度检验标准》(JGJ 110—2008)。

2. 外墙饰面砖粘结强度现场检测必试项目有哪些?

答:依据《建筑装饰装修工程质量验收规范》(GB 50210—2001),必试项目为:粘结强度。

3. 外墙饰面砖粘结强度现场检测用标准块的尺寸是多大?

答:标准块的长×宽×厚尺寸为 95mm×45mm×(6~8) mm 或 40×40×(6~8) mm,用 45 号钢或铬钢材料所制作。

4. 对外墙饰面砖粘结强度现场检测仪的检定有何要求?

答:粘结强度检测仪应每年检定一次。发现异常时应随时维修、检定。

5. 如何对带饰面砖的预制墙板进行质量检验?

答:带饰面砖的预制墙板进入施工现场后,应对饰面砖粘结强度进行复验。

6. 对带饰面砖的预制墙板质量管理有何规定?

答:(1) 生产厂应提供含饰面砖粘结强度检测结果的型式检验报告,饰面砖粘结强度检测结果应符合《建筑工程饰面砖粘结强度检验标准》(JGJ 110—2008) 标准的规定;

(2) 复验应每 $1000m^2$ 同类带饰面砖的预制墙板为一个检验批,不足 $1000m^2$ 应按 $1000m^2$ 计,每批应取一组,每组应为 3 块板,每块板应制取 1 个试样对饰面砖粘结强度进行检验。

7. 现场粘贴外墙饰面砖施工质量的控制措施有哪些?

答:(1) 施工前应对饰面砖样板件粘结强度进行检验

监理单位应从粘贴外墙饰面砖的施工人员中随机抽选一人,在每种类型的基层上应各粘贴至少 $1m^2$ 饰面砖样板件,每种类型的样板件应各取一组(3 个)饰面砖粘结强度试样;

（2）应按饰面砖样板件粘结强度合格后的粘结料配合比和施工工艺严格控制施工过程。

（3）外墙饰面砖粘贴分项工程结束后，应进行饰面砖粘结强度检测。

8. 进行现场粘贴饰面砖粘结强度检验时如何取样？

答：现场粘贴饰面砖粘结强度检验应以每 $1000m^2$ 同类墙体饰面砖为一个检验批，不足 $1000m^2$ 应按 $1000m^2$ 计，每批应取一组（3 个）试样，每相邻的三个楼层应至少取一组试样，试样应随机抽取，取样间距不得小于 500mm。

9. 采用水泥基胶粘剂进行外墙饰面砖粘贴时，饰面砖粘结强度检测时间是如何规定的？

答：采用水泥基胶粘剂粘贴外墙饰面砖时，可按胶粘剂使用说明书的规定时间或在粘贴外墙饰面砖 14d 以后（含）进行饰面砖粘结强度检测。粘贴后 28d 以内达不到标准规定或有争议时，应以 28d～60d 内约定时间检测的粘结强度为准。

10. 外墙饰面砖粘结强度现场检测时，对断缝有何要求？

答：（1）断缝应从饰面砖表面切割至混凝土墙体或砌体表面，深度应一致。对有加强处理措施的加气混凝土、轻质砌块、轻质墙板和外墙外保温系统上粘贴的外墙饰面砖，在加强处理措施或保温系统符合国家有关标准的要求，并有隐蔽工程验收合格证明的前提下，可切割至加强抹面层表面。

（2）试样切割长度和宽度宜与标准块相同，其中有两道相邻切割线应沿饰面砖边缝切割。

11. 怎样进行粘结强度计算？

答：（1）单个饰面砖试件粘结强度：

$$R_i = \frac{X_i}{S_i} \times 10^3$$

式中　R_i——第 i 个试样粘结强度（MPa），精确到 0.1MPa；

　　　X_i——第 i 个试样粘接力（kN），精确到 0.01kN；

　　　S_i——第 i 个试样受拉面积（mm^2），精确到 $1mm^2$。

（2）每组试样平均粘结强度：

$$R_m = \frac{1}{3} \sum_{i=1}^{3} R_i$$

式中　R_m——每组试样平均粘结强度（MPa），精确至 0.1MPa。

12. 粘结强度的检验结果如何评定？

答：（1）现场粘贴的同类饰面砖

当一组试样均符合下列两项指标要求时，其粘结强度应定为合格；当一组试样均不符合下列两项指标要求时，其粘结强度应定为不合格；当一组试样只符合下列两项指标的一项要求时，应在该组试样原取样区域内重新抽取两组试样检验，若检验结果仍有一项不符合下列要求时，则该组饰面砖粘接强度应定为不合格：

①每组试样平均粘结强度不应小于 0.4MPa；

②每组可有一个试样的粘结强度小于 0.4MPa，但不应小于 0.3MPa。

（2）带饰面砖的预制墙板

当一组试样均符合下列两项指标要求时，其粘结强度应定为合格；当一组试样均不符合下列两项指标要求时，其粘结强度应定为不合格；当一组试样只符合下列两项指标的一项要求时，应在该组试样原取样区域内重新抽取两组试样检验，若检验结果仍有一项不符合下列要求时，则该组饰面砖粘接强度应定为不合格：

①每组试样平均粘结强度不应小于 0.6MPa；

②每组可有一个试样的粘结强度小于 0.6MPa，但不应小于 0.4MPa。

当两项指标均不符合要求时，其粘结强度应定为不合格。

第五节 门窗性能现场检测

1. 与施工现场门窗性能检测相关的标准、规定有哪些？

答：(1)《建筑装饰装修工程质量验收标准》(GB 50210—2001)；

(2)《住宅建筑门窗应用技术规范》(DBJ 01—79—2004)；

(3)《建筑外门窗气密、水密、抗风压性能分级及检测方法》(GB/T 7106—2008)；

(4)《建筑外窗气密、水密、抗风压性能现场检测方法》(JGJ/T 211—2007)。

2. 施工现场门窗性能检测必试项目有哪些？

答：(1) 建筑外窗气密性能；

(2) 建筑外窗水密性能。

3. 施工现场门窗性能检测的先后顺序是什么？

答：现场外窗应先进行气密性能检测，后进行水密性能检测。

4. 现场门窗性能抽样检测何时进行？

答：在建筑外窗工程竣工验收前进行现场抽样检测。

5. 现场门窗性能抽检数量如何确定？

答：(1) 单位工程建筑面积 5000m² (含 5000m²) 以下时，随机抽取同一生产厂家具有代表性的一组建筑外窗试件，试件数量为同系列、同规格、同分格形式的三樘外窗；

(2) 单位工程建筑面积 5000m² 以上时，随机抽取同一生产厂家具有代表性的 2 组建筑外窗试件，每组为同系列、同规格、同分格形式的三樘外窗。

6. 门窗气密性如何检测？

答：(1) 预备加压。在正压检测前施加三个压力脉冲。压力差为 500Pa，加载速度约为 100Pa/s。压力稳定作用时间 3s，泄压时间不少于 1s。

(2) 检测程序。

① 附加渗透量的测定。充分密封试件上的可开启缝隙和镶嵌缝隙，或用不透气的盖板将箱体开口部盖严，然后按照 10Pa、50Pa、100Pa、150Pa、100Pa、50Pa、10Pa 逐级加压，每级压力作用时间约为 10s，先逐级正压，后逐级负压。记录各级测量值。附加渗透量系指除通过试件本身的空气渗透量以外的通过设备、镶嵌框以及各部分之间的连缝等部位的空气渗透量。

② 总渗透量的测定。除去试件上所加密封措施或打开密封盖板后进行检查。检测程序同①。

7. 门窗气密性检测值如何确定？

答：(1) 检测值计算。

分别计算出升压和降压过程中在100Pa压差下的两个附加渗透量测定值的平均值$\overline{q_t}$和两个总渗透量测定值的平均值$\overline{q_z}$，则窗试件本身及安装部分100Pa压力差下的空气渗透q_t（m³/h）可以表示为下式：

$$q_t = \overline{q_z} - \overline{q_t}$$

然后，再利用下式将q_t换算成标准状态下的渗透量q'（m³/h）值。

$$q' = \frac{293}{101.3} \times \frac{P}{T} \times q_t$$

式中 q'——标准状态下通过试件及安装部分空气渗透量值（m³/h）；

P——检测环境气压值（kPa）；

T——检测环境空气温度值（K）；

q_t——试件渗透量测定值（m³/h）。

将q'值除以试件开启缝长度L，即可得出在100Pa下，单位开启缝长空气渗透量q'_1[m³/(m·h)]值，即下式：

$$q'_1 = \frac{q'}{L}$$

另，将q'值除以试件面积A，得到在100Pa下，单位面积的空气渗透量[m³/(m²·h)]值，即下式：

$$q'_2 = \frac{q'}{A}$$

正压、负压分别按以上四个公式进行计算。

（2）分级指标值的确定。

为了确保分级指标值的准确度，采用为了由100Pa检测压力差下的测定值$\pm q'_1$值或$\pm q'_2$值，分别按下式换算为10Pa检测压力差下的相应值$\pm q'_1$[m³/(m·h)]值或$\pm q_2$[m³/(m²·h)]值。

$$\pm q_1 = \frac{\pm q'_1}{4.65}$$

$$\pm q_2 = \frac{\pm q'_2}{4.65}$$

式中 q'_1——100Pa作用压力差下单位缝长空气渗透量值[m³/(m³·h)]；

q_1——10Pa作用压力差下单位缝长空气渗透量值[m³/(m³·h)]；

q'_2——100Pa作用压力差下单位面积空气渗透量值[m³/(m²·h)]；

q_2——10Pa作用压力差下单位面积空气渗透量值[m³/(m²·h)]。

将三樘试件的q_1值或q_2值分别平均后，对照表8.5.1确定按照缝长和按面积各自所属等级，取两者中的不利级别为该组试件所属等级。

建筑外窗气密性能分级表 表8.5.1

等 级	1	2	3	4	5
单位缝长 分级指标值 q_1[m³/(m·h)]	6.0≥q_1>4.0	4.0≥q_1>2.5	2.5≥q_1>1.5	1.5≥q_1>0.5	q_1≤0.5
单位面积 分级指标值 q_2[m³/(m²·h)]	18≥q_2>12	12≥q_2>7.5	7.5≥q_2>4.5	4.5≥q_2>1.5	q_2≤1.5

8. 门窗气密性检测结果如何评定?

答:(1)气密性能以三樘外窗所测得的平均值为检测结果;

(2)当分级指标符合《住宅建筑门窗应用技术规范》(DBJ 01—79—2004)规定[在±10Pa检测压力差下 $q_1 \leqslant 1.5 \text{m}^3/(\text{m} \cdot \text{h})$,$q_2 \leqslant 4.5 \text{m}^3/(\text{m}^2 \cdot \text{h})$]时,则判定该组外窗气密性合格;

(3)当分级指标不符合《住宅建筑门窗应用技术规范》(DBJ 01—79—2004)规定[在±10Pa检测压力差下 $q_1 \geqslant 1.5 \text{m}^3/(\text{m} \cdot \text{h})$,$q_2 \geqslant 4.5 \text{m}^3/(\text{m}^2 \cdot \text{h})$]时,应密封外窗与洞口的缝隙,重新对该组外窗气密性能进行检测,当分级指标仍不符合本规范规定时,判定该组外窗气密性能不合格,应对该组的不合格项进行加倍抽样复测,当加倍抽样复测的检测结果仍不符合《住宅建筑门窗应用技术规范》(DBJ 01—79—2004)规定[在±10Pa检测压力差下 $q_1 \geqslant 1.5 \text{m}^3/(\text{m} \cdot \text{h})$,$q_2 \geqslant 4.5 \text{m}^3/(\text{m}^2 \cdot \text{h})$]时,则判定该外窗工程质量不合格。

9. 门窗水密性能如何检测?

答:水密性能检测按《建筑外窗水密性能分级及其检测方法》(GB 7108—2002)中稳定加压法相关规定执行。

(1)预备加压

施加三个压力脉冲。压力差值为500Pa。加荷速度约为100Pa/s,压力稳定作用时间为3s,泄压时间不少于1s。

(2)淋水

对整个试件均匀地淋水。淋水量为 $2\text{L}/(\text{m}^2 \cdot \text{min})$。

(3)加压

在稳定淋水的同时,定级检验时,加压至出现严重渗漏;工程检验时,加压至设计指标值。

稳 定 加 压 顺 序 表8.5.2

加压顺序	1	2	3	4	5	6	7	8	9	10	11
检测压力 (Pa)	0	100	150	200	250	300	350	400	500	600	700
持续时间 (min)	10	5	5	5	5	5	5	5	5	5	5

注:检测压力超过700Pa时,每级间隔仍为100Pa。

(4)观察。

在逐级升压及持续作用过程中,观察并记录渗漏情况。

10. 门窗水密性能检测结果如何评定?

答:(1)分级指标值的确定:按照《建筑外窗水密性能分级及其检测方法》(GB 7108—2002)确定正压检测分级指标值。

(2)记录每一个试件严重渗漏时的检测压力差值。以严重渗漏时所受压力差值的前一级检测压力差值作为该试件水密性能检测值,如果检测至委托方确定的检测值尚未渗漏,则此值为该试件的检测值。

(3)三试件水密性检测值综合评定方法为:一般取三樘检测值的算数平均值,如果三樘检测值中最高值和中间值相差两个检测压力级以上时，将最高值降至比中间值高两个检测压力级后，再进行算数平均（三个检测值中，较小的两值相等时，其中任意值可视为中间值）。以三樘窗的综合检测值向下套级，综合检测值应大于或等于分级指标值。

11. 建筑外门窗水密性能现场检测如何评定？

答：（1）当分级指标符合《住宅建筑门窗应用技术规范》（DBJ 01—79—2004）规定（未渗漏压力≮250Pa）时，判定该组外窗水密性能合格；

（2）当分级指标不符合《住宅建筑门窗应用技术规范》（DBJ 01—79—2004）规定（未渗漏压力≮250Pa）时，判定该组外窗水密性能不合格，应对该组的不合格项进行加倍抽样复测，但当加倍抽样复测的检测结果仍不符合《住宅建筑门窗应用技术规范》（DBJ 01—79—2004）规定（未渗漏压力≮250Pa）时，则判定该门窗工程质量不合格。

12. 如何综合气密性能和水密性能的检测结果评定门窗的质量？

答：依据《住宅建筑门窗应用技术规范》（DBJ 01—79—2004）规定，气密性能在±10Pa检测压力差下，$q_1 \leqslant 1.5 \, m^3/(m \cdot h)$，$q_2 \leqslant 4.5 \, m^3/(m^2 \cdot h)$，未渗漏压力≮250Pa，则判定该门窗工程质量合格。

注：q_1为单位缝长渗透量，q_2为单位面积渗透量。

第六节　土壤中氡浓度或土壤氡析出率测定

1. 与土壤中氡浓度或土壤氡析出率测定有关的标准有哪些？

答：（1）《民用建筑工程室内环境污染控制规范》（GB 50325—2010）；

（2）《民用建筑工程室内环境污染控制规范》（DBJ 01-91—2004）。

2. 土壤中氡浓度或土壤氡析出率测定方法一般有几种？

答：（1）土壤中氡浓度可以采用电离室法、静电收集法、闪烁瓶法、金硅面垒型探测器等方法进行测量。

（2）土壤氡析出率测定。土壤表面氡析出率测量所需仪器设备应包括取样设备、测量设备。取样设备的形状应为盆状，工作原理分为被动收集型和主动抽气采集型两种。

3. 土壤中氡浓度或土壤氡析出率测定对工作条件和仪器性能有哪些具体要求？

答：（1）土壤中氡浓度测试仪器性能指标应包括：

①工作温度应为：$-10℃ \sim +40℃$；

②相对湿度不应大于90%；

③不确定度不应大于20%；

④探测下限不应大于400Bq/m³。

（2）土壤氡析出率测定用现场测量设备应满足以下工作条件要求：

①工作温度范围应为：$-10℃ \sim +40℃$；

②相对湿度不应大于90%；

③不确定度不应大于20%；

④探测下限不应大于0.01Bq/（m² · s）。

4. 土壤中氡浓度或土壤氡析出率测定范围及布点取样有何规定？

答：（1）土壤中氡浓度测试

①测量区域范围应与工程地基基础占地范围相同。

②在工程地质勘探范围内布点时，应以间距 10m 作网格，各网格点即为测试点，当遇较大石块时，可偏离±2m，但布点数不应少于 16 个。布点位置应覆盖基础工程范围。

③在每个检测点，应采用专用钢钎打孔。孔的直径宜为 20～40mm，孔的深度宜为 500～800mm。

④成孔后，应使用头部有气孔的特制的取样器，插入打好的孔中，取样器在靠近地表处应进行密闭，避免大气渗入孔中，然后进行抽气。宜根据抽气阻力大小抽气 3～5 次。抽气采用抽气筒或者双链球。

⑤所采集土壤间隙中的空气样品，宜采用静电扩散法、电离室法或闪烁瓶法、高压收集金硅面垒型探测器测量法等方法测定现场土壤氡浓度。

⑥取样测试时间宜在 8：00～18：00 时之间，现场取样测试工作不应在雨天进行，如遇雨天，应在雨后 24h 后进行。

(2) 土壤氡析出率测定步骤

①测量区域范围应与工程地基基础占地范围相同。

②在工程地质勘探范围内，首先在建筑场地按 20m×20m 网格布点，网格点交叉处进行土壤氡析出率测量。

③测量时，需清扫采样点地面，去除腐殖质、杂草及石块，把取样器扣在平整后的地面上，并用泥土对取样器周围进行密封，防止漏气，准备就绪后，开始测量并开始计时(t)。

④土壤表面氡析出率测量过程中，应注意控制下列几个环节：

a. 使用聚集罩时，罩口与介质表面的接缝处应当封堵，避免罩内氡向外扩散（一般情况下，可在罩沿周边培一圈泥土，即可满足要求）。对于从罩内抽取空气测量的仪器类型来说，必须更加注意。

b. 被测介质表面应平整，保证各个测量点过程中罩内空间的体积不出现明显变化。

c. 测量的聚集时间等参数应与仪器测量灵敏度相适应，以保证足够的测量准确度。

d. 测量应在无风或微风条件下进行。

⑤被测地面的氡析出率应按下式进行计算：

$$R = \frac{N_t \cdot V}{S \cdot T}$$

式中　R——土壤表面氡析出率 $[Bq/(m^2 \cdot s)]$；

N_t——t 时刻测得的罩内氡浓度（Bq/m^3）；

S——聚集罩所罩住的介质表面的面积（m^2）；

V——聚集罩所罩住的罩内容积（m^3）；

T——测量经历的时间（s）。

第七节　墙体节能工程现场检测

1. 与墙体节能工程现场检测相关的标准、规范有哪些？

答：(1)《建筑节能工程施工质量验收规范》（GB 50411—2007）；

（2）《采暖居住建筑节能检验标准》（JGJ 132—2001）；

（3）《外墙外保温工程技术规程》（JGJ 144—2004）；

（4）《混凝土结构后锚固技术规程》（JGJ 145—2004）；

（5）《居住建筑节能检测标准》（JGJ/T 132—2009）。

2. 墙体节能工程现场检测包括哪些检测项目？

答：（1）保温板材与基层的粘结强度；

（2）锚固力[①]；

（3）外墙节能构造和外窗气密性[②]（当条件具备时，也可直接对围护结构的传热系数进行检测）。

注：①当墙体节能工程的保温层采用后置锚固件固定时，后置锚固件应进行锚固力现场拉拔试验；

②围护结构的传热系数检测等同于外墙节能构造和外窗气密性两项检测。外窗气密性详见第8章第5节。

3. 保温板材与基层的粘结强度现场拉拔试验的取样规定是什么？如何试验？

答：（1）墙体节能工程保温板材与基层的粘结强度现场拉拔试验取样按下列规定进行：

①采用相同材料、工艺和施工做法的墙面，每 $500\sim1000m^2$ 面积（指外墙面积）划分为一个检验批，不足 $500m^2$ 也为一个检验批。

②每个检验批抽查不少于3处。

（2）现场拉拔试验按《建筑工程饰面砖粘结强度检验标准》（JGJ 110—2008）规定进行，试样尺寸为 $100mm\times100mm$，断缝应从保温板材表面切割至基层表面。

4. 外墙节能构造的现场实体检验取样部位和数量有哪些规定？如何试验和判定？

答：（1）外墙节能构造的现场实体检验取样部位和数量，应遵照下列规定：

①取样部位应由监理（建设）与施工双方共同确定，不得在外墙施工前预先确定；

②取样部位应选择节能构造有代表性的外墙上相对稳定的部位，并宜兼顾不同的朝向和楼层；

③取样部位必须确保钻芯操作安全，且应方便操作；

④外墙取样数量为一个单位工程每种节能保温做法至少取3个芯样，取样部位宜均匀分布，不宜在同一个房间外墙上取2个或2个以上芯样；

⑤钻芯检验外墙节能构造应在监理（建设）人员见证下实施。

（2）外墙节能构造的现场实体检验方法如下：

①采用钻芯法检验外墙节能构造。

②钻芯法检验外墙节能构造可采用空心钻头，从保温层一侧钻取直径 70mm 的芯样。钻取芯样深度为钻透保温层到达结构层或基层表面，必要时也可以钻透墙体。当外墙表面坚硬不易钻透时，也可局部剔除坚硬的面层后钻芯取样，但钻取芯样后应恢复原有外墙的表面装饰层。

③钻芯取样时应尽量避免冷却水流入墙体内及污染墙面。从空心钻头中取出芯样时应谨慎操作，以保持芯样完整。当芯样严重破损难以确认判断节能构造或保温层厚度时，应重新取样检验。

④对钻取的芯样，应按照下列规定进行检查：

a. 对照设计图纸观察、判断保温材料种类是否符合设计要求，必要时也可以采用其他方法加以判断；

b. 用分度值为 1mm 的钢尺，在垂直于芯样表面（外墙面）的方向上量取保温层厚度，精确到 1mm；

c. 观察或剖开检查保温层构造做法是否符合设计和施工方案要求。

⑤结果判定：

a. 当实测芯样厚度的平均值达到设计厚度的 95％及以上且最小值不低于设计厚度的 90％时，应判断保温层厚度符合设计要求；否则，应判断保温层厚度不符合设计要求。

b. 当取样检验结果不符合设计要求时，应增加一倍数量再次取样检验。仍不符合设计要求时应判断围护结构节能构造不符合设计要求。

5. 墙体节能工程围护结构主体部位的传热系数检测规定是什么？如何试验？

答：（1）传热系数检测规定

当对维护结构的传热系数进行检测时，其检测方法、抽样数量、检测部位和合格判定标准等可在合同中约定。围护结构主体部位传热系数的现场检测宜采用热流计法（JGJ/T 132—2009）。

围护结构主体部位传热系数的检测宜在受检围护结构施工完成至少 12 个月后进行。

检测时间宜选在最冷月，且应避开气温剧烈变化的天气。对设置采暖系统的地区，冬季检测应在采暖系统正常运行后进行；对未设置采暖系统的地区，应在人为适当地提高室内温度后进行检测。在其他季节，可采取人工加热或制冷的方式建立室内外温差。围护结构高温侧表面温度应高于低温侧 10℃以上，且在检测过程中的任何时刻均不得等于或低于低温侧表面温度。当传热系数小于 1W/(m² · K)时，高温侧表面温度宜高于低温侧 10/U℃以上。检测持续时间不应少于 96h。检测期间，室内空气温度应保持稳定，受检区域外表面宜避免雨雪侵袭和阳光直射。

注：U 为围护结构主体部位传热系数，单位为[W/(m² · K)]。

（2）检测方法

热流计法执行《居住建筑节能检测标准》（JGJ/T132—2009 中第 7 章）。

①仪器设备：

a. 热流计及其标定应符合现行行业标准《建筑用热流计》（JG/T 3016）的规定。

b. 热流和温度应采用自动检测仪检测，数据存储方式应适用于计算机分析。温度测量不确定度不应大于 0.5℃。

②测点布置和安装

a. 测点位置不应靠近热桥、裂缝和有空气渗漏的部位，不应受加热、制冷装置和风扇的直接影响，且应避免阳光直射。

b. 热流计和温度传感器的安装应符合下列规定：

a）热流计应直接安装在被测围护结构的内表面上，且应与表面完全接触；

b）温度传感器应在受检围护结构两侧表面安装。内表面温度传感器应靠近热流计安装，外表面温度传感器宜在与热流计相对应的位置安装。温度传感器连同 0.1m 长引线应与受检表面紧密接触，传感器表面的辐射系数应与受检表面基本相同。

③检测期间，应定时记录热流密度和内、外表面温度，记录时间间隔不应大于 60min。可记录多次采样数据的平均值，采样间隔宜短于传感器最小时间常数的 1/2。

④数据分析宜采用动态分析法。当满足下列条件时，可采用算术平均法：

a. 围护结构主体部位热阻的末次计算值与 24h 之前的计算值相差不大于 5%；

b. 检测期间内第一个 INT（2×DT/3）天内与最后一个同样长的天数内围护结构主体部位热阻的算值相差不大于 5%。

注：DT 为检测持续天数，INT 表示取整数部分。

⑤当采用算术平均法进行数据分析时，应按下式计算围护结构主体部位的热阻，并应使用全天数据（24h 的整数倍）进行计算：

$$R = \frac{\sum\limits_{j=1}^{n} (\theta_{1j} - \theta_{Ej})}{\sum\limits_{j=1}^{n} q_j}$$

式中 R——围护结构主体部位的热阻（$m^2 \cdot K/W$）；

θ_{1j}——围护结构主体部位内表面温度的第 j 次测量值（℃）；

θ_{Ej}——围护结构主体部位外表面温度的第 j 次测量值（℃）；

q_j——围护结构主体部位热流密度的第 j 次测量值（W/m^2）。

⑥当采用动态分析方法时，宜使用与本标准配套的数据处理软件进行计算。

⑦围护结构主体部位传热系数应按下式计算：

$$U = 1/(R_i + R + R_e)$$

式中 U——围护结构主体部位的传热系数（$W/m^2 \cdot K$）；

R_i——内表面换热阻，应按国家标准《民用建筑热工设计规范》（GB 50176—93）中附录二附表 2.2 的规定采用；

R_e——外表面换热阻，应按国家标准《民用建筑热工设计规范》（GB 50176—93）中附录二附表 2.3 的规定采用。

（3）合格指标与判定方法

①受检围护结构主体部位传热系数应满足设计图纸的规定；当设计图纸未作具体规定时，应符合国家现行有关标准的规定。

②当受检围护结构主体部位传热系数的检测结果满足①时，应判为合格，否则应判为不合格。

6. 墙体节能工程后置锚固件的锚固力现场拉拔试验如何组批？取样数量是多少？如何试验？

答：（1）采用相同材料、工艺和施工做法的墙面，每 500～1000m^2 面积划分为一个检验批，不足 500m^2 也为一个检验批。

（2）每个检验批抽查不少于 3 个。

（3）锚固力现场拉拔试验方法同混凝土后锚固试验。

第九章　市政工程材料试验

第一节　土　工　试　验

1. 试验依据的标准是什么？

答：《公路土工试验规程》（JTG E40—2007）。

2. 土的含水率的定义，试验方法有哪些？

答：（1）含水率的基本概念

土中的水分为强结合水、弱结合水及自由水。

工程上含水率定义为土中自由水的质量与土粒质量之比的百分数，一般认为在105～110℃温度下能将土中自由水蒸发掉。

$$\omega = \frac{m - m_s}{m_s} \times 100$$

式中　ω——含水率（%），计算至0.1；

　　m——湿土质量（g）；

　　m_s——干土质量（g）。

（2）含水率试验方法有：烘干法、酒精燃烧法、比重法。

（3）烘干法测土的含水率

本方法适用于测定黏质土、粉质土、砂类土、砂砾石、有机质土和冻土土类的含水率。

①试验步骤

取具有代表性试样，细粒土15～30g，砂类土、有机质土为50g，砂砾石为1～2kg，放入称量盒内，立即盖好盒盖，称质量。称量时，可在天平一端放上与该称量盒等质量的砝码，移动天平游码，平衡后称量结果减去称量盒质量即为湿土质量。

揭开盒盖，将试样和盒放入烘箱内，在温度105～110℃恒温下烘干。烘干时间对细粒土不得少于8h，对砂类土不得少于6h。对含有机质超过5%的土或含石膏的土，应将温度控制在60～70℃的恒温下，干燥12～15h为好。

将烘干后的试样和盒取出，放入干燥器内冷却（一般只需0.5～1h即可）。冷却后盖好盒盖，称质量，准确至0.01g。

注：1. 对于大多数土，通常烘干16～24h就足够。但是，某些土或试样数量过多或试样很潮湿，可能需要烘更长的时间。烘干的时间也与烘箱内试样的总质量、烘箱的尺寸及其通风系统的效率有关。

2. 如铝盒的盖密闭，而且试样在称量前放置时间较短，可以不需要放在干燥器中冷却。

②结果整理

按下式计算含水率：

$$\omega = \frac{m - m_s}{m_s} \times 100$$

式中　ω——含水率（%），计算至 0.1；

　　　m——湿土质量（g）；

　　　m_s——干土质量（g）。

③精密度和允许差

本试验须进行二次平行测定，取其算术平均值，允许平行差值应符合表 9.1.1 的规定。

含水率测定的允许平行差值　　　　　　　　　　　表 9.1.1

含水率（%）	允许平行差值（%）	含水率（%）	允许平行差值（%）
5 以下	0.3	40 以上	≤2
40 以下	≤1	对层状和网状构造的冻土	<3

（4）酒精燃烧法测土的含水率

本试验方法适用于快速简易测定细粒土（含有机质的土除外）的含水率。

①试验步骤

取代表性试样（黏质土 5～10g，砂类土 20～30g），放入称量盒内，称湿土质量 m，准确至 0.01g。

用滴管将酒精注入放有试样的称量盒中，直至盒中出现自由液面为止。为使酒精在试样中充分混合均匀，可将盒底在桌面上轻轻敲击。

点燃盒中酒精，燃至火焰熄灭。

将试样冷却数分钟，重复上述步骤再重新燃烧两次。

待第三次火焰熄灭后，盖好盒盖，立即称干土质量 m_s，准确至 0.01g。

②结果整理

按下式计算含水率：

$$\omega = \frac{m - m_s}{m_s} \times 100$$

式中　ω——含水率（%），计算至 0.1；

　　　m——湿土质量（g）；

　　　m_s——干土质量（g）。

③精密度和允许差

本试验须进行二次平行测定，取其算术平均值，允许平行差值应符合表 9.1.2 规定。

含水率测定的允许平行差值　　　　　　　　　　　表 9.1.2

含水率（%）	允许平行差值（%）	含水率（%）	允许平行差值（%）
5 以下	0.3	40 以上	≤2
40 以下	≤1	对层状和网状构造的冻土	<3

（5）比重法测土的含水率

答：本试验方法仅适用于砂类土。

①试验步骤

取代表性砂类土试样 200～300g，放入土样盘内。

向玻璃瓶中注入清水至 1/3 左右，然后用漏斗将土样盘中的试样倒入瓶中，并用玻璃棒搅拌 1～2min，直到所含气体完全排出为止。

向瓶中加清水至全部充满，静置 1min 后用吸水球吸去泡沫，再加清水使其充满，盖上玻璃片，擦干瓶外壁，称质量。

倒去瓶中混合液，洗净，再向瓶中加清水至全部充满，盖上玻璃片，擦干瓶外壁，称质量，准确至 0.5g。

②结果整理

按下式计算含水率：

$$\omega = \left[\frac{m(G_s - 1)}{G_s(m_1 - m_2)} - 1 \right] \times 100$$

式中　ω——砂类土的含水率（％），计算至 0.1；

　　　m——湿土质量（g）；

　　　m_1——瓶、水、土、玻璃片合质量（g）；

　　　m_2——瓶、水、玻璃片合质量（g）；

　　　G_s——砂类土的比重。

3. 土的密度试验方法有哪些?

答：土的密度试验方法有：环刀法、电动取土器法、蜡封法、灌水法、灌砂法。

（1）环刀法

①试验步骤：

按工程需要取原状土或制备所需状态的扰动土样，整平两端，环刀内壁涂一薄层凡士林，刀口向下放在土样上。

用修土刀或钢丝锯将土样上部削成略大于环刀直径的土柱。然后将环刀垂直下压，边压边削，至土样伸出环刀上部为止。削去两端余土，使土样与环刀口面齐平。并用剩余土样测定含水率。

擦净环刀外壁，称环刀与土合质量 m_1，准确至 0.1g。

②结果整理：

按下式计算湿密度及干密度：

$$\rho = \frac{m_1 - m_2}{v}$$

$$\rho_d = \frac{\rho}{1 + 0.01\omega}$$

式中　ρ——湿密度（g/cm³），计算至 0.01；

　　　m_1——环刀与土合质量（g）；

　　　m_2——环刀质量（g）；

　　　v——环刀体积（cm³）；

ρ_d——干密度（g/cm³），计算至 0.01；

ω——含水率（%）。

③精密度和允许差：

本试验须进行二次平行测定，取其算术平均值，其平行差值不得大于 0.03g/cm³。

（2）电动取土器法

本试验方法适用于硬塑土密度的快速测定。

①试验步骤：

装上所需规格的取芯头（包括 $\phi50mm$、$\phi70mm$、$\phi100mm$）。在施工现场，取芯前，选择一块平整的路段，将电动取土器的四只行走轮打起，四根定位销钉采用人工加压的方法，压入路基土层中。松开锁紧手柄，旋动升降手轮，使取芯头刚好与土层接触，锁紧手柄。

将电瓶与调速器接通，调速器的输出端接入取芯机电源插口。指示灯亮，显示电路已通；启动开关，电动机工作，带动取芯机构转动。根据土层含水率调节转速，操作升降手柄、上提取芯机构，停机。移开机器。由于取芯头圆筒外表有几条螺旋状突起，切下的土屑排在筒外顺螺纹上旋抛出地表，因此，将取芯套筒套在切削好的土芯立柱上，摇动即可取出样品。

取出样品，立即按取芯套筒长度用手刀或钢丝锯修平两端，制成所需规格土芯，如拟进行其他试验项目，装入铝盒，送试验室备用。

用天平称量土芯带套筒质量，从土芯中心部分取试样测定含水率。

②结果整理：

对于所需规格的土芯按下列公式计算湿密度及干密度：

$$\rho = \frac{m_1 - m_2}{v}$$

$$\rho_d = \frac{\rho}{1 + 0.01\omega}$$

式中　ρ——湿密度（g/cm³），计算至 0.01；

m_1——环刀与土合质量（g）；

m_2——环刀质量（g）；

v——环刀体积（cm³）；

ρ_d——干密度（g/cm³）；

ω——含水率（%）。

③精密度和允许差：

本试验须进行两次平行测定，取其算术平均值，其平行差值不得大于 0.03 g/cm³。

（3）蜡封法

本试验方法适用于易破裂土和形态不规则的坚硬土。

①试验步骤：

a. 用削土刀切取体积大于 30cm³ 的试件，削除试件表面的松、浮土以及尖锐棱角，在天平上称量，准确至 0.01g。取代表性土样进行含水率测定。

b. 将石蜡加热至刚过熔点，用细线系住试件浸入石蜡中，使试件表面覆盖一薄层严密的石蜡。若试件蜡膜上有气泡，需用热针刺破气泡，再用石蜡填充针孔，涂平孔口。

c. 待冷却后，将蜡封试件在天平上称量，准确至 0.01g。

d. 用细线将蜡封试件置于天平一端，使其浸浮在盛有蒸馏水的烧杯中，注意试件不要接触烧杯壁，称蜡封试件的水下质量，准确至 0.01g，并测量蒸馏水的温度。

e. 将蜡封试件从水中取出，擦干石蜡表面水分，在空气中称其质量。将其与 c 中所称质量相比，若质量增加，表示水分进入试件中；若浸入水分质量超过 0.03g，应重做。

②结果整理：

按下式计算湿密度及干密度：

$$\rho = \frac{m}{\left[(m_1 - m_2)/\rho_{wt} - (m_1 - m)/\rho_n \right]}$$

$$\rho_d = \frac{\rho}{1 + 0.01\omega}$$

式中　ρ——土的湿密度（g/cm³），计算至 0.01；

　　　ρ_d——土的干密度（g/cm³），计算至 0.01；

　　　m——试件质量（g）；

　　　m_1——蜡封试件质量（g）；

　　　m_2——蜡封试件水中质量（g）；

　　　ρ_{wt}——蒸馏水在 t℃时密度（g/cm³），准确至 0.001；

　　　ρ_n——石蜡密度（g/cm³），应事先实测，准确至 0.01g/cm³，一般可采用 0.92g/cm³；

　　　ω——含水率（%）。

③精密度与允许差：

本试验须进行两次平行测定，取其算术平均值，其平行差值不得大于 0.03g/cm³。

（4）灌水法

本试验方法适用于现场测定粗粒土和巨粒土的密度。

①试验步骤：

根据试样最大粒径宜按表 9.1.3 确定试坑尺寸。

试　坑　尺　寸　　　　　　　　　　　　　　　　表 9.1.3

试样最大粒径（mm）	试 坑 尺 寸	
	直径（mm）	深度（mm）
5～20	150	200
40	200	250
60	250	300
200	800	1000

a. 按确定的试坑直径画出坑口轮廓线。将测点处的地表整平，地表的浮土、石块、杂物等应予清除，坑凹不平处用砂铺整。用水准仪检查地表是否水平。

b. 将座板固定于整平后的地表。将聚乙烯塑料膜沿环套内壁及地表紧贴铺好。记录储水筒初始水位高度，拧开储水筒的注水开关，从环套上方将水缓缓注入，至刚满不外溢为止。记录储水筒水位高度，计算座板部分的体积。在保持座板原固定状态下，将薄膜盛装的水排至对该试验不产生影响的场所，然后将薄膜揭离底板。

c. 在轮廓线内下挖至要求深度，将落于坑内的试样装入盛土容器内，并测定含水率。

d. 用挖掘工具沿座板上的孔挖试坑，为了使坑壁与塑料薄膜易于紧贴，对坑壁需加以整修。将塑料薄膜沿坑底、坑壁密贴铺好。在往薄膜形成的袋内注水时，牵住薄膜的某一部位，一边拉松，一边注水，使薄膜与坑壁间的空气得以排出，从而提高薄膜与坑壁的密贴程度。

e. 记录储水筒内初始水位高度，拧开储水筒的注水开关，将水缓缓注入塑料薄膜中。当水面接近环套的上边缘时，将水流调小，直至水面与环套上边缘齐平时关闭注水管，持续 3~5min，记录储水筒内水位高度。

②结果整理：

a. 细粒料与石料应分开测定含水率，按下式求出整体的含水率：

$$\omega = \omega_f p_f + \omega_c (1 - p_f)$$

式中　ω——整体含水率（%），计算至 0.01；

　　　ω_f——细粒土部分的含水率（%）；

　　　ω_c——石料部分的含水率（%）；

　　　p_f——细粒料的干质量与全部材料干质量之比。细粒料与石块的划分以粒径 60mm 为界。

b. 按下式计算座板部分的容积：

$$V_1 = (h_1 - h_2) A_w$$

式中　V_1——座板部分的容积（cm³），计算至 0.01；

　　　A_w——储水筒截面积（cm²）；

　　　h_1——储水筒内初始水位高度（cm）；

　　　h_2——储水筒内注水终了时水位高度（cm）。

c. 按下式计算试坑容积：

$$V_p = (H_1 - H_2) A_w - V_1$$

式中　V_p——试坑容积（cm³），计算至 0.01；

　　　H_1——储水筒内初始水位高度（cm）；

　　　H_2——储水筒内注水终了时水位高度（cm）；

　　　A_w——储水筒断面积（cm²）；

　　　V_1——座板部分的容积（cm³）。

d. 按下式计算试样湿密度：

$$\rho = \frac{m_p}{V_p}$$

式中　ρ——试样湿密度（g/cm³），计算至 0.01；

　　　m_p——取自试坑内的试样质量（g）。

③精密度与允许差：

本试验应进行两次平行测定，两次测定的差值不得大于 0.03g/cm³，取两次测值的平均值。

(5) 灌砂法:

本试验方法适用于现场测定细粒土、砂类土和砾类土的密度。试样的最大粒径一般不得超过 15mm,测定密度层的厚度为 150~200mm。

注:1. 在测定细粒土的密度时,可以采用 ϕ100mm 的小型灌砂筒。

　　2. 如最大粒径超过 15mm,则应相应地增大灌砂筒和标定罐的尺寸,例如:粒径达 40~60mm 的粗粒土,灌砂筒和现场试洞的直径应为 150~200mm。

①试验步骤:

准备量砂:粒径 0.25~0.50mm、清洁干燥的均匀砂,约 20~40kg。应先烘干,并放置足够时间,使其与空气的湿度达到平衡。

a. 仪器标定:

a) 确定灌砂筒下部圆锥体内砂的质量。

步骤如下:

在储砂筒内装满砂,筒内砂的高度与筒顶的距离不超过 15mm,称筒内砂的质量 m_1,准确至 1g。每次标定及而后的试验都维持该质量不变。

将开关打开,让砂流出,并使流出砂的体积与工地所挖试洞的体积相当(或等于标定罐的容积);然后关上开关,并称量筒内砂的质量 m_5,准确至 1g。

将灌砂筒放在玻璃板上,打开开关,让砂流出,直至筒内砂不再下流时,关上开关,并小心地取走灌砂筒。

收集并称量留在玻璃板上的砂或称量筒内的砂,准确至 1g。玻璃板上的砂就是填满灌砂筒下部圆锥体的砂。

重复上述测量,至少三次;最后取其平均值 m_2,准确至 1g。

b) 确定量砂密度 ρ_s(g/cm³)。

步骤如下:

用水确定标定罐的容积 V(cm³)。

将空罐放在台秤上,使罐的上口处于水平位置,读记罐的质量 m_7,准确至 1g。

向标定罐中灌水,注意不要将水弄到台秤上或罐的外壁;将一直尺放在罐顶,当罐中水面快要接近直尺时,用滴管往罐中加水,直到水面接触直尺;移去直尺,读记罐和水的总质量 m_8。

重复测量时,仅需用吸管从罐中取出少量水,并用滴管重新将水加满到接触直尺。

标定罐的体积 V 按下式计算:

$$V = \frac{m_8 - m_7}{\rho_w}$$

式中　ρ_w——水的密度(g/cm³)。

在储砂筒中装入质量为 m_1 的砂,并将灌砂筒放在标定罐上,打开开关,让砂流出,直到储砂筒内的砂不再下流时,关闭开关;取下灌砂筒,称筒内剩余的砂质量,准确至 1g。

重复上述测量,至少三次,最后取其平均值 m_3,准确至 1g。

按下式计算填满标定罐所需砂的质量 m_a:

$$m_a = m_1 - m_2 - m_3$$

式中　m_a——砂的质量（g），计算至 1g；

　　　m_1——灌砂入标定罐前，筒内砂的质量（g）；

　　　m_2——灌砂筒下部圆锥体内砂的平均质量（g）；

　　　m_3——灌砂入标定罐后，筒内剩余砂的质量（g）。

　　　按下式计算量砂的密度 ρ_s：

$$\rho_s = \frac{m_a}{V}$$

式中　ρ_s——砂的密度（g/cm³），计算至 0.01；

　　　m_a——砂的质量（g）；

　　　V——标定罐的体积（cm³）。

b. 试验步骤：

在试验地点，选一块约 40cm×40cm 的平坦表面，并将其清扫干净。

将基板放在此平坦表面上，如此表面的粗糙度较大，则将盛有量砂 m_5 的罐砂筒放在基板中间的圆孔上。打开灌砂筒的开关，让砂流入基板的中孔内，直到储砂筒内的砂不再下流时关闭开关；取下罐砂筒，并称筒内砂的质量 m_6，准确至 1g。

取走基板，将留在试验地点的量砂收回，重新将表面清扫干净。将基板放在清扫干净的表面上，沿基板中孔凿洞，洞的直径 100mm。在凿洞过程中，应注意不使凿出的试样丢失，并随时将凿松的材料取出，放在已知质量的塑料袋内，密封。试洞的深度应与标定罐高度接近或一致。凿洞毕，称此塑料袋中全部试样质量，准确至 1g。减去已知塑料袋质量后，即为试样的总质量 m_t。

从挖出的全部试样中取有代表性的样品，放入铝盒中，测定其含水率 ω。样品数量：对于细粒土，不少于 100g；对于粗粒土，不少于 500g。

将基板安放在试洞上，将灌砂筒安放在基板中间（储砂筒内放满砂到恒量 m_1），使灌砂筒的下口对准基板的中孔及试洞。打开灌砂筒的开关，让砂流入试洞内。关闭开关。小心取走灌砂筒，称量筒内剩余砂的质量 m_4，准确至 1g。

如清扫干净的平坦的表面上，粗糙度不大，则不需放基板，将灌砂筒直接放在已挖好的试洞上。打开筒的开关，让砂流入试洞内。在此期间，应注意勿碰动灌砂筒。直到储砂筒内的砂不再下流时，关闭开关。仔细取走灌砂筒，称量筒内剩余砂的质量 m_4'，准确至 1g。

取出试洞内的量砂，以备下次试验时再用。若量砂的湿度已发生变化或量砂中混有杂质，则应重新烘干，过筛，并放置一段时间，使其与空气的湿度达到平衡后再用。

如试洞中有较大孔隙，量砂可能进入孔隙时，则应按试洞外形，松弛地放入一层柔软的纱布。然后再进行灌砂工作。

② 结果整理：

a. 按下式计算填满试洞所需砂的质量 m_b：

$$m_b = m_1 - m_4' - m_2 \quad （灌砂时，试洞上不放基板情况）；$$

$$m_b = m_1 - m_4 - (m_5 - m_6) \quad （灌砂时，试洞上放有基板情况）。$$

式中　m_1——灌砂入试洞前筒内砂的质量（g）；

　　　m_2——灌砂筒下部圆锥体内砂的平均质量（g）；

$(m_5 - m_6)$——灌砂筒下部圆锥体内及基板和粗糙表面间砂的总质量（g）；

m_4、m'_4——灌砂入试洞后，筒内剩余砂的质量（g）。

b. 按下式计算试验地点土的湿密度 ρ（g/cm³）：

$$\rho = \frac{m_t}{m_b} \times \rho_s$$

式中　ρ——土的湿密度（g/cm³），计算至 0.01；

　　　m_t——试洞中取出的全部土样的质量（g）；

　　　m_b——填满试洞所需砂的质量（g）；

　　　ρ_s——量砂的密度（g/cm³）。

c. 按下式计算土的干密度 ρ_d（g/cm³）：

$$\rho_d = \frac{\rho}{1 + 0.01\omega}$$

式中　ρ_d——土的干密度（g/cm³），计算至 0.01；

　　　ρ——土的湿密度（g/cm³）；

　　　ω——土的含水率（%）。

③精密度与允许差：

本试验须进行二次平行测定，取其算术平均值，其平行差值不得大于 0.03g/cm³。

4. 液限和塑限试验方法有哪些，试验如何进行？

答：（1）液限和塑限的试验方法包括：

液限和塑限联合测定法、液限碟式仪法及塑限滚搓法。

（2）液限和塑限联合测定法测定土的液限和塑限。

①试验步骤

a. 取有代表性的天然含水率或风干土样进行试验。如土中含有大于 0.5mm 的土粒或杂物时，应将风干土样用带橡皮头的研杵研碎或用木棒在橡皮板上压碎，过 0.5mm 筛。取 0.5mm 筛下的代表性土样 200g，分开放入三个盛土皿中，加不同数量的蒸馏水，土样的含水率分别控制在液限（a 点）、略大于塑限（c 点）和二者的中间状态（b 点）。用调土刀调匀，盖上湿布，放置 18h 以上。测定 a 点的锥入深度，对于 100g 锥应为 20±0.2mm，对于 76g 锥应为 17mm。测定 c 点的锥入深度，对于 100g 锥应控制在 5mm 以下，对于 76g 锥应控制在 2mm 以下。对于砂类土，用 100g 锥测定 c 点的锥入深度可大于 5mm，用 76g 锥测定 c 点的锥入深度可大于 2mm。

b. 将制备好的土样充分搅拌均匀，分层装入盛土杯，用力压密，使空气逸出。对于较干的土样，应充分搓揉，用调土刀反复压实。试杯装满后，刮成与杯边齐平。

c. 当用游标式或百分表式液限塑限联合测定仪试验时，调平仪器，提起锥杆（此时游标或百分表读数为零），锥头上涂少许凡士林。

d. 将装好土样的试杯放在联合测定仪的升降座上，转动升降旋钮，待锥尖与土样表面刚好接触时停止升降，扭动锥下降旋钮，同时开动秒表，经 5s 时，松开旋钮，锥体停止下落，此时游标读数即为锥入深度 h_1。

e. 改变锥尖与土接触位置（锥尖两次锥入位置距离不小于 1cm），重复 c、d 步骤，得锥入深度 h_2。h_1、h_2 允许平行误差为 0.5mm，否则，应重做。取 h_1、h_2 平均值作为该点

的锥入深度 h。

f. 去掉锥尖入土处的凡士林，取 10g 以上的土样两个，分别装入称量盒内，称质量（准确至 0.01g），测定其含水率 ω_1、ω_2（计算至 0.1%）。计算含水率平均值 ω。

g. 重复 b~f 步骤，对其他两个含水率土样进行试验，测其锥入深度和含水率。

h. 用光电式或数码式液限塑限联合测定仪测定时，接通电源，调平机身，打开开关，提上锥体（此时刻度或数码显示应为零）。将装好土样的试杯放在升降座上，转动升降旋钮，试杯徐徐上升，土样表面和锥尖刚好接触，指示灯亮，停止转动旋钮，锥体立刻自行下沉，5s 时，自动停止下落，读数窗上或数码管上显示锥入深度。试验完毕，按动复位按钮，锥体复位，读数显示为零。

②结果整理

a. 在双对数坐标纸上，以含水率 ω 为横坐标，锥入深度 h 为纵坐标，点绘 a、b、c 三点含水率的 h-ω 图（图9.1.1）。连此三点，应呈一条直线。如三点不在同一条直线上，要通过 a 点与 b、c 两点连成两条直线，根据液限（a 点含水率）在 h_p-ω_L 图上查得 h_p，以此 h_p 再在 h-ω 的 ab 及 ac 两直线上求出相应的两个含水率。当两个含水率的差值小于 2% 时，以该两点含水率的平均值与 a 点连成一直线。当两个含水率的差值不小于 2% 时，应重做试验。

b. 液限的确定方法

（b.1）若采用 76g 锥做液限试验，则在 h-ω 图上，查得纵坐标入土深度 $h=17\text{mm}$ 所对应的横坐标的含水率 ω，即为该土样的液限 ω_L。

（b.2）若采用 100g 锥做液限试验，则在 h-ω 图上，查得纵坐标入土深度 $h=20\text{mm}$ 所对应的横坐标的含水率 ω，即为该土样的液限 ω_L。

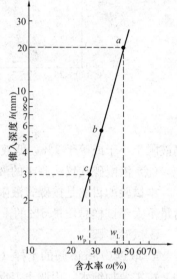

图 9.1.1　锥入深度与含水率
（h-ω）关系

c. 塑限的确定方法

（c.1）根据本试验（b.1）求出的液限，通过 76g 锥入深度 h 与含水率 ω 的关系曲线（图 9.1.1），查得锥入土深度为 2mm 所对应的含水率即为该土样的塑限 ω_p。

（c.2）根据本试验（b.2）求出的液限，通过液限 ω_L 与塑限时入土深度 h_p 的关系曲线（图 9.1.2），查得 h_p，再由图 9.1.1 求出入土深度为 h_p 时所对应的含水率，即为该土样的塑限 ω_p。查 h_p-ω_L 关系图时，须先通过简易鉴别法及筛分法把砂类土与细粒土区别开来，再按这两种土分别采用相应的 h_p-ω_L 关系曲线；对于细粒土，用双曲线确定 h_p 值；对于砂类土，则用多项式曲线确定 h_p 值。

若根据本试验（b.2）求出的液限，当 a 点的锥入深度在 $20\pm0.2\text{mm}$ 范围内时，应在 ad 线上查得入土深度为 20mm 处相对应的含水率，此为液限 ω_L。再用此液限在图 9.1.2 h_p-ω_L 关系曲线上找出与之相对应的塑限入土深度 h_p'，然后到 h-ω 图 ad 直线上查得 h_p' 相对应的含水率，此为塑限 ω_p。

③精密度和允许差

本试验须进行两次平行测定，取其算术平均值，以整数（%）表示。其允许差值为：

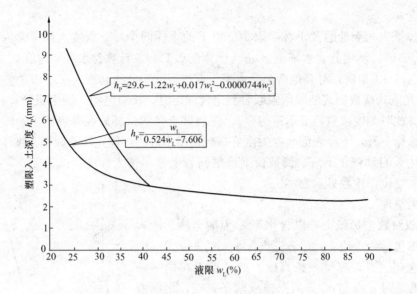

$$h_{\mathrm{p}}=29.6-1.22w_{\mathrm{L}}+0.017w_{\mathrm{L}}^2-0.0000744w_{\mathrm{L}}^3$$

$$h_{\mathrm{p}}=\frac{w_{\mathrm{L}}}{0.524w_{\mathrm{L}}-7.606}$$

图 9.1.2　h_{p}-ω_{L}关系曲线

高液限土小于或等于 2%，低液限土小于或等于 1%。

（3）液限碟式仪法测土的液限。

本试验的目的是按碟式液限仪法测定土的液限，适用于粒径小于 0.5mm 以及有机质含量不大于试样总质量 5%的土。

①试验步骤：

a. 取过 0.5mm 筛的土样（天然含水率的土样或风干土样均可）约 100g，放在调土皿中，按需要加纯水，用调土刀反复拌匀。

b. 取一部分试样，平铺于土碟的前半部。铺土时应防止试样中混入气泡。用调土刀将试样面修平，使最厚处为 10mm，多余试样放回调土皿中。以蜗形轮为中心，用划刀自后至前沿土碟中央将试样划成槽缝清晰的两半。为避免槽缝边扯裂或试样在土碟中滑动，允许从前至后，再从后至前多划几次，将槽逐步加深，以代替一次划槽，最后一次从后至前的划槽能明显地接触碟底。但应尽量减少划槽的次数。

c. 以每秒 2 转的速率转动摇柄，使土碟反复起落，坠击于底座上，数记击数，直至试样两边在槽底的合拢长度为 13mm 为止，记录击数，并在槽的两边采取试样 10g 左右，测定其含水率。

d. 将土碟中的剩余试样移至调土皿中，再加水彻底拌合均匀，按本试验 a～c 条的规定至少再做两次试验。这两次土的稠度应使合拢长度为 13mm 时所需击数在 15～35 次之间（25 次以上及以下各 1 次）。然后测定各击次下试样的相应含水率。

②结果整理：

按下式计算各击次下合拢时试样的相应含水率：

$$\omega_{\mathrm{n}}=\left(\frac{m_{\mathrm{n}}}{m_{\mathrm{s}}}-1\right)\times100$$

式中　ω_{n}——n 击下试样的含水率（%），计算至 0.01；

m_n——n 击下试样的质量（g）；

m_s——试样的干土质量（g）。

以含水率为纵坐标，以击数为横坐标，绘制曲线，如图 9.1.3。查得曲线上击数 25 次所对应的含水率，即为该试样的液限。

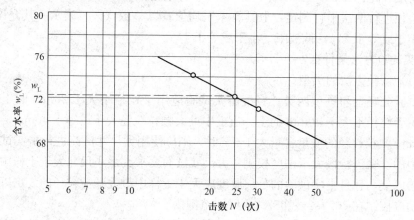

图 9.1.3 含水率与击数关系曲线

③精密度和允许差：

本试验须进行两次平行测定，取其算术平均值，以整数（％）表示。其允许差值为：高液限土小于或等于 2％，低液限土小于或等于 1％。

（4）塑限滚搓法测土的塑限。

本试验的目的是按滚搓法测定土的塑限，适用于粒径小于 0.5mm 以及有机质含量不大于试样总质量 5％的土。

①试验步骤：

按液限和塑限联合测定法试验步骤Ⅰ制备试样，一般取土样约 50g 备用。为在试验前使试样的含水率接近塑限，可将试样在手中捏揉至不粘手为止，或放在空气中稍微晾干。

取含水率接近塑限的试样一小块，先用手搓成椭圆形，然后再用手掌在毛玻璃板上轻轻搓滚。搓滚时须以手掌均匀施压力于土条上，不得将土条在玻璃板上进行无压力的滚动。土条长度不宜超过手掌宽度，并在滚搓时不应从手掌下任一边脱出。土条在任何情况下不允许产生中空现象。

继续搓滚土条，直到土条直径达 3mm 时，产生裂缝并开始断裂为止（这时土条的含水率即为土的塑限含水率）。若土条搓成 3mm 时仍未产生裂缝及断裂，表示这时试样的含水率高于塑限，则将其重新捏成一团，重新搓滚；如土条直径大于 3mm 时即行断裂，表示试样含水率小于塑限，应弃去，重新取土加适量水调匀后再搓，直至合格。若土条在任何含水率下始终搓不到 3mm 即开始断裂，则认为该土无塑性。

收集 3～5g 合格的断裂土条，放入称量盒内，随即盖紧盒盖，测定其含水率。

②结果整理：

按下式计算塑限：

$$\omega_p = \left(\frac{m_1}{m_2} - 1\right) \times 100$$

式中　ω_p——塑限（%），计算至 0.1；

　　　m_1——湿土质量（g）；

　　　m_2——干土质量（g）。

③精密度和允许差：

本试验须进行两次平行测定，取其算术平均值，以整数（%）表示。其允许差值为：高液限土小于或等于 2%，低液限土小于或等于 1%。

5. 土工击实试验方法是什么？

答：（1）试验方法的类型

击实试验分轻型和重型两类。轻型击实试验适用于粒径不大于 20mm 的土，重型击实试验适用于粒径不大于 40mm 的土。当土中最大颗粒粒径大于或等于 40mm，并且大于或等于 40mm 颗粒粒径的质量含量大于 5% 时，则应使用大尺寸试筒进行击实试验，或按结果整理中的步骤进行最大干密度校正。大尺寸试筒要求其最小尺寸大于土样中最大颗粒粒径的 5 倍以上，并且击实试验的分层厚度应大于土样中最大颗粒粒径的 3 倍以上。单位体积击实功应控制在 2677.2~2687.0 kJ/m³ 范围内。

当细粒土中的粗粒土总含量大于 40% 或粒径大于 0.005mm 颗粒的含量大于土总质量的 70%（即 $d_{30} \leqslant 0.005mm$）时，还应做粗粒土最大干密度试验，其结果与重型击实试验结果比较，最大干密度取两种试验结果的最大值。

重型击实试验与轻型击实试验相比较，重型击实提高了土的最大干密度，减少了最佳含水率的用水量。进行轻型击实还是重型击实，应根据施工要求进行试验，其击实试验方法类型见表 9.1.4。

击实试验方法类型　　　　　　　　　　　　　　　　　　　表 9.1.4

试验方法	类别	锤底直径（cm）	锤质量（kg）	落高（cm）	试筒尺寸			层数	每层击数	击实功（kJ/m³）	最大粒径（mm）
					内径（cm）	高（cm）	容积（cm³）				
轻型	I-1	5	2.5	30	10	12.7	997	3	27	598.2	20
	I-2	5	2.5	30	15.2	12	2177	3	59	598.2	40
重型	II-1	5	4.5	45	10	12.7	997	5	27	2687.0	20
	II-2	5	4.5	45	15.2	12	2177	3	98	2677.2	40

（2）试验方法

①试样制备

试样制备分干法和湿法两种。根据土的性质（含易击碎风化石数量多少、含水率高低），选用干土法或湿土法。

a. 干土法（土不重复使用）：按四分法至少准备 5 个试样，分别加入不同水分（按 2%~3% 含水率递增），拌匀后闷料一夜备用。

b. 湿土法（土不重复使用）：对于高含水率土，可省略过筛步骤，用手拣除大于 40mm 的粗石子即可。保持天然含水率的第一个土样，可立即用于击实试验。其余几个试样，将土分成小土块，分别风干，使含水率按 2%~3% 递减。

②试验步骤

将击实筒放在坚硬的地面上，在筒壁上抹一薄层凡士林，并在筒底（小试筒）或垫块（大试筒）上放置蜡纸或塑料薄膜。取制备好的土样分 3 或 5 次倒入筒内。小筒按三层法时，每次约 800～900g（其量应使击实后的土样等于或略高于筒高的 1/3）；按五层法时，每次约 400～500g（其量应使击实后的土样等于或略高于筒高的 1/5）。对于大试筒，先将垫块放入筒内底板上，按三层法，每层需试样 1700g 左右。整平表面，并稍加压紧，然后按规定的击数进行第一层土的击实，击实时击锤应自由垂直落下，锤迹必须均匀分布于土样面，第一层击实完后，将试样层面"拉毛"，然后再装入套筒，重复上述方法，进行其余各层土的击实。小试筒击实后，试样不应高出筒顶面 5mm；大试筒击实后，试样不应高出筒顶面 6mm。

用修土刀沿套筒内壁削刮，使套筒与试样脱离后，扭动并取下套筒，齐筒顶细心削平试样，拆除底板，擦净筒外壁，称量，准确至 1g。

用推土器推出筒内试样，从试样中心处取样测其含水率，计算至 0.1%。测定含水率用试样的数量按表 9.1.5 规定取样（取出有代表性的土样），两个试样含水率的精度应符合表 9.1.6 的规定。

测定含水率用试样的数量　　　　　　　　　　　　　表 9.1.5

最大粒径（mm）	试样质量（g）	最大粒径（mm）	试样质量（g）
＜5	15～20	约 20	约 250
约 5	约 50	约 40	约 500

含水率测定的允许平行差值　　　　　　　　　　　　表 9.1.6

含水率（%）	允许平行差值（%）	含水率（%）	允许平行差值（%）	含水率（%）	允许平行差值（%）
5 以下	0.3	40 以下	≤1	40 以上	≤2

对于干土法（土不重复使用）和湿土法（土不重复使用），将试样搓散，然后洒水、拌合，每次约增加 2%～3% 的含水率，其中有两个大于和两个小于最佳含水率，所需加水量按下式计算：

$$m_\mathrm{w} = \frac{m_i}{1 + 0.01\omega_i} \times 0.01 \times (\omega - \omega_i)$$

式中　m_w——所需的加水量（g）；

　　　m_i——含水率 ω_i 时土样的质量（g）；

　　　ω_i——土样原有含水率（%）；

　　　ω——要求达到的含水率（%）。

按上述步骤进行其他含水率试样的击实试验。

③结果整理

按下式计算击实后各点的干密度 ρ_d：

$$\rho_{\mathrm{d}} = \frac{\rho}{1 + 0.01\omega}$$

式中　ρ_{d}——干密度（g/cm³），计算至 0.01；

ρ——湿密度（g/cm³）；

ω——含水率（%）。

以干密度 ρ_{d} 为纵坐标，含水率 ω 为横坐标，绘制 ρ_{d}-ω 关系曲线，从曲线上绘出峰值点，其纵、横坐标分别为最大干密度和最佳含水率。如曲线不能绘出明显的峰值点，应补点或重做。

表 9.1.7 和图 9.1.4 为击实试验实例。

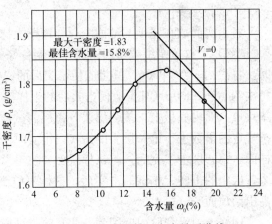

图 9.1.4　含水量与干密度关系曲线

击 实 试 验 记 录　　　　表 9.1.7

土样编号			筒号				落距		45cm	
土样来源			筒容积		997cm³		每层击实数		27	
试验日期			击锤质量		4.5kg		大于38mm颗粒含量			
干密度	试验次数	1		2		3		4		5
	筒加土质量（g）	2907.6		2981.8		3130.9		3206.7		3191.1
	筒质量（g）	1103		1103		1103		1103		1103
	湿土质量（g）	1804.6		1878.8		2027.9		2103.7		2088.1
	湿密度（g/cm³）	1.81		1.88		2.03		2.11		2.09
	干密度（g/cm³）	1.67		1.71		1.80		1.82		1.76
含水率	盒号	1	2	3	4	5	6	7	8	9	10
	盒+湿土质量（g）	33.45	33.27	35.60	35.44	32.88	33.13	34.20	34.09	36.96	38.31
	盒+干土质量（g）	32.45	32.26	34.16	34.02	31.40	31.64	32.36	32.15	24.28	35.26
	盒质量（g）	20.00	20.00	20.00	20.00	20.00	20.00	20.00	20.00	20.00	20.00
	水质量（g）	1.00	1.01	1.44	1.42	1.48	1.49	1.84	1.94	2.68	2.95
	干土质量（g）	12.45	12.26	14.16	16.02	11.40	11.64	11.36	12.15	18.8	19.2
	含水率（%）	8.0	8.2	10.3	10.1	13.0	12.8	16.2	16.0	18.8	19.2
	含水率（%）	8.1		10.2		13.0		16.1		19.0	

最佳含水率=15.8%　　　　最大干密度=1.83 g/cm³

试验者_____　　　　计算者_____　　　校核者_____

当试样中有大于 40mm 粒径的颗粒时，应先取出大于 40mm 的颗粒，并求得其百分率 p，把小于 40mm 部分做击实试验，按下面公式分别对试验所得的最大干密度和最佳含水率进行校正（适用于大于 40mm 颗粒的含量小于 30% 时）。

按下面公式分别对试验所得的最大干密度和最佳含水率进行校正。

$$\rho'_{\mathrm{dm}} = \frac{1}{(1 - 0.01p)/\rho_{\mathrm{dm}} + 0.01p/(\rho_{\mathrm{w}} \cdot G'_{\mathrm{s}})}$$

$$\omega'_0 = \omega_0(1 - 0.01p) + 0.01p\omega_2$$

式中　ρ'_{dm}——校正后的最大干密度（g/cm³），计算至 0.01；

　　　ρ_{dm}——用粒径小于 40mm 的土样试验所得的最大干密度（g/cm³）；

　　　ρ_w——水的密度（g/cm³）；

　　　p——试料中粒径大于 40mm 颗粒的百分率（%）；

　　　G'_s——粒径大于 40mm 颗粒的毛体积比重，计算至 0.01；

　　　ω'_0——校正后的最佳含水率（%），计算至 0.01；

　　　ω_0——用粒径小于 40mm 的土样试验所得的最佳含水率（%）；

　　　ω_2——粒径大于 40mm 颗粒的吸水量（%）。

第二节　无机结合料稳定材料

1. 与无机结合料稳定材料试验有关的标准有哪些？

答：（1）《公路工程无机结合料稳定材料试验规程》（JTG E51—2009）；

（2）《城镇道路工程施工质量检验标准》（DBJ 01—11—2004）；

（3）《北京市城市道路工程施工技术规程》（DBJ 01—45—2000）。

2. 无机结合料的定义是什么？

答：无机结合料稳定料（俗称半刚性基层）分为水泥稳定类、石灰稳定类、综合稳定类和工业废渣稳定类（主要是石灰粉煤灰稳定类），包括水泥稳定土、石灰稳定土、水泥石灰综合稳定土、石灰粉煤灰稳定土、水泥粉煤灰稳定土及水泥石灰粉煤灰稳定土等。其中土作为基层材料的骨架，水泥和石灰则属于基层材料的胶凝物质。由于胶凝的机理不同，水泥属于水硬性胶凝材料，而石灰属于气硬性胶凝材料。无机结合料稳定土由于胶凝性质的不同和材料配比的多变性原因，其工程性质千差万别，相应的试验检测方法也较复杂。

3. 水泥或石灰剂量的测定方法（EDTA 法）是什么？

答：本办法适用于在水泥终凝之前的水泥含量测定，现场土样的石灰剂量应在路拌后尽快测试，否则需要用相应龄期的 EDTA 一钠标准溶液消耗量的标准曲线确定。

（1）准备标准曲线

①取样：取工地用石灰和土，风干后用烘干法测其含水率（如为水泥，可假定其含水率为 0）。

②混合料组成的计算：

a. 公式：干料质量＝湿料/（1＋含水率）

b. 计算步骤：

a）求干混合料质量＝湿混合料质量/（1＋最佳含水率）

b）干土质量＝干混合料质量 /［1＋石灰（或水泥）剂量］

c）干石灰（或水泥）质量＝干混合料质量－干土质量

d）湿土质量＝干土质量×（1＋土的风干含水率）

e）湿石灰质量＝干石灰质量×（1＋石灰的风干含水率）

f）石灰土中应加的水质量＝湿混合料质量－湿土质量－湿石灰质量

③准备 5 种试样，每种 2 个样品，如为水泥稳定中粒土、粗粒土，每个样品取 1000g

左右；如为细粒土，则可取 300g 左右。下面以水泥稳定粗粒土为例：

第 1 种：称 2 份 1000g 稳定材料分别放在 2 个大口容器内，稳定材料的含水率应等于工地预期达到的最佳含水率。稳定材料中所加的水应与工地所用的水相同（1000g 为湿质量）。

第 2 种：准备 2 份水泥剂量为 2‰的水泥稳定材料试样，每份均重 1000g，并分别放在 2 个大口容器内，水泥稳定材料的含水率应等于工地预期达到的最佳含水率。稳定材料中所加的水应与工地所用的水相同。

第 3 种、第 4 种、第 5 种：各准备水泥剂量为 4‰、6‰、8‰[①]的水泥稳定材料试样，每份均重 1000g，并分别放在 6 个大口容器内，其他要求同第 1 种。

注[①]：在此例中，准备标准曲线的水泥剂量为：0‰、2‰、4‰、6‰、8‰，实际工作中应使工地实际所用水泥或石灰剂量位于准备标准曲线时所用剂量的中间。

④取一个盛有试样的容器，在容器中加入两倍试样质量（湿料质量）体积的 10‰ NH_4Cl 溶液（如湿料质量为 300g，则氯化铵溶液为 600mL；湿料质量为 1000g，则氯化铵溶液为 2000mL）。料为 300g，则搅拌 3min（110～120 次/min）；料为 1000g，则搅拌 5min（110～120 次/min）。如用 1000mL 具塞三角瓶，则手握三角瓶（瓶口向上）用力振荡 3min（120±5 次/min），以代替搅拌棒搅拌。放置沉淀 10min〔如 10min 后得到的是混浊悬浮液，则应增加放置沉淀时间，直到出现无明显悬浮颗粒的悬浮液为止，并记录所需时间，以后所有该种水泥（或石灰）稳定材料的试验，均应以同一时间为准〕，然后将上部清液移到 300mL 烧杯内，搅匀，加盖表面皿待测。

⑤用移液管吸取上层（液面下 1～2cm）10.0mL 悬浮液放入 200mL 三角瓶中，用量筒量取 50mL 1.8‰ NaOH（内含三乙醇胺）溶液倒入三角瓶中，此时溶液 pH 值为 12.5～13.0（可用 pH12～14 精密试纸检验），然后加入钙红指示剂（质量约为 0.2g），摇匀，溶液呈玫瑰红色，用 EDTA 二钠标准溶液滴定到纯蓝色为终点，记录 EDTA 二钠的耗量（以 mL 计，读至 0.1mL）。

⑥对其他容器中的试样，用同样的方法进行试验，记录 EDTA 二钠的耗量。

⑦以同一水泥（或石灰）剂量混合料消耗 EDTA 二钠毫升数的平均值为纵坐标，以水泥（或石灰）剂量（%）为横坐标制图。两者的关系应是一条顺滑的曲线，如图 9.2.1 所示。如素集料或水泥（或石灰）改变，必须重做标准曲线。

（2）试验步骤

①选取有代表性的无机结合稳定材料，对水泥或石灰稳定细粒土，称 300g 放在大口容器中，用搅拌棒将结块搅散，加 600mL 10‰ NH_4Cl 溶液；对水泥或石灰稳定中、粗粒土，称取 1000g 左右，放在大口容器中，用搅拌棒将结块搅散，加 2000mL 10‰ NH_4Cl 溶液，然后如前述步骤那样进行试验。

②利用绘制的标准曲线，根据所消耗的 EDTA 二钠的毫升数，确定混合料中的水泥

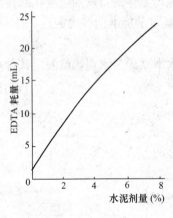

图 9.2.1　标准曲线

（或石灰）剂量（%）。

③本试验应进行两次平行测定，取算术平均值，精确至 0.1ml。允许重复性误差不得大于均值的 5%，否则，重新进行试验。

（3）注意事项

①每个样品搅拌的时间、速度和方式应力求相同，以增加试验的精度。

②作标准曲线时，如工地实际水泥（或石灰）剂量较大，素集料和低剂量水泥（或石灰）的试样可以不做，而直接用较大的剂量做试验，但应有两种剂量大于实际剂量，同时有两种剂量小于实际剂量。

③配置的氯化铵溶液最好当天用完，不要放置过久，以免影响试验的精度。

（4）结果评定

路基基层施工中含灰量的控制指标　　　　　　　　　表 9.2.1

路基基层种类	石灰土类基层	石灰粉煤灰稳定 砂砾（碎石）基层	石灰粉煤灰钢渣基层
含灰量（%）	−1.0～+1.5	+1.0～0	0～+1.0

4. 石灰中氧化钙和氧化镁含量试验的取样批次和试验方法是什么？

答：（1）取样批次：以同一厂家、同一品种、质量相同的石灰，不超过 100t 为一批且同一批连续生产不超过 5d。

（2）有效氧化钙的测试方法：适用于测定各种石灰的有效氧化钙含量。

①试验步骤

称取约 0.5g（用减量法称准至 0.0001g）试样放入干燥的 250mL 具塞三角瓶中，取 5g 蔗糖覆盖在试样表面，投入干玻璃珠 15 粒，迅速加入新煮沸并已冷却的蒸馏水 50mL，立即加塞振荡 15min（如有试样结块或粘于瓶壁现象，则应重新取样）。打开瓶塞，用水冲洗瓶塞及瓶壁，加入 2～3 滴酚酞指示剂，以 0.5mol/L 盐酸标准溶液滴定（滴定速度以每秒 2～3 滴为宜），至溶液的粉红色显著消失并在 30s 内不再复现即为终点。

②计算

有效氧化钙的百分含量（X_1）按下式计算：

$$X_1 = \frac{V \times N \times 0.028}{m} \times 100$$

式中　V——滴定时消耗盐酸标准溶液的体积（mL）；

0.028——氧化钙毫克当量；

m——试样质量（g）；

N——盐酸标准溶液摩尔浓度。

③精密度或允许误差

对同一石灰样品至少应做两个试样和进行两次测定，并取两次结果的平均值代表最终结果。

（3）氧化镁的测试方法：适用于测定各种石灰的总氧化镁含量。

①试验步骤

称取约 0.5g（准确至 0.0001g）试样，放入 250mL 烧杯中，用水湿润，加 30mL 的

1:10 盐酸,用表面皿盖住烧杯,加热近沸并保持微沸 8~10min。用水把表面皿洗净,冷却后把烧杯中的沉淀及溶液移入 250mL 容量瓶中,加水至刻度摇匀。待溶液沉淀后,用移液管吸取 25mL 溶液,放入 250mL 三角瓶中,加 50mL 水稀释后,加酒石酸钾钠溶液 1mL、三乙醇胺溶液 5mL,再加入铵—铵缓冲溶液 10mL、酸性珞蓝 K—萘酚绿 B 指示剂约 0.1g。用 EDTA 二钠标准溶液滴定至溶液由酒红色变为纯蓝色时即为终点,记下耗用 EDTA 二钠标准溶液的体积 V_1。

再从同一容量瓶中用移液管吸取 25mL 溶液,置于 300mL 三角瓶中,加 150mL 水稀释后,加三乙醇胺溶液 5mL 及 20% NaOH 溶液 5mL,放入约 0.2g 钙指示剂。用 EDTA 二钠标准溶液滴定,至溶液由酒红色变为纯蓝色时即为终点,记下耗用 EDTA 二钠标准溶液体积 V_2。

②计算

有效氧化镁的百分含量(X_2)按下式计算:

$$X_2 = \frac{T_{MgO}(V_1 - V_2) \times 10}{m \times 1000} \times 100$$

式中 T_{MgO}——EDTA 二钠标准溶液对氧化镁的滴定度;

      V_1——滴定钙、镁合量消耗 EDTA 二钠标准溶液的体积(mL);

      V_2——滴定钙消耗 EDTA 二钠标准溶液的体积(mL);

      10——总溶液对分取溶液的体积倍数;

      m——试样质量(g)。

③精密度或允许误差

对同一石灰样品至少应做两个试样和进行两次测定,并取两次结果的平均值代表最终结果。

(4) 有效氧化钙和氧化镁合量的简易测试方法:适用于测定氧化镁含量在 5% 以下的低镁石灰。

①试验步骤

称取约 0.8~1.0g(准确至 0.0001g)试样放入干燥的 300mL 三角瓶中,加入新煮沸并已冷却的蒸馏水 150mL 和玻璃珠 10 粒,瓶口上插一短颈漏斗,加热 5min,但勿使沸腾,迅速冷却。滴入酚酞指示剂 2 滴,在不断摇动下以盐酸标准溶液滴定,控制速度为每秒 2~3 滴,至粉红色完全消失,稍停,又出现红色,继续滴入盐酸。如此重复几次,直至 5min 内不出现红色为止。如滴定过程持续半小时以上,则结果只能作为参考。

②计算

$$(CaO + MgO)\% = \frac{V \times N \times 0.028}{m} \times 100$$

式中 V——滴定消耗盐酸标准液的体积(mL);

   0.028——氧化钙的毫克当量;因氧化镁含量甚少,并且两者之毫克当量相差不大,故有效 (CaO+MgO)% 的毫克当量都以 CaO 的毫克当量计算;

      m——试样质量(g);

      N——盐酸标准液的摩尔浓度。

③精密度或允许误差

对同一石灰样品至少应做两个试样和进行两次测定,并取两次结果的平均值代表最终结果。

（5）石灰的分类：

石灰等级标准表（DBJ 01—45—2000） **表9.2.2**

级 别 项 目	钙质石灰			镁质石灰		
	一级	二级	三级	一级	二级	三级
灰渣（%）≯	7	11	17	10	14	20
活性氧化物（%）＞	85	80	70	80	75	65

注：灰渣系未消解残渣含量（5mm圆孔筛筛余）。

5. 无侧限抗压强度试验的取样批次和试验方法是什么？

答：（1）取样批次：

工地作业段每2000m²取一点。

（2）试验目的和适用范围：

本试验方法适用于测定无机结合料稳定土（包括稳定细粒土、中粒土和粗粒土）试件的无侧限抗压强度。

本试验方法包括：按照预定干密度用静力压实法制备试件以及用锤击法制备试件。试件都是高：直径＝1：1的圆柱体。应该尽可能用静力压实法制备等干密度的试件。

其他稳定材料或综合稳定土的抗压强度试验应参照此方法。

室内配合比设计试验和现场检测两者在试料制备上是不同的，前者根据设计配合比称取试料并拌合，按要求制备试件；后者则在工地现场取拌合的混合料作试件，并按要求制备试件。

（3）试验方法：

①试料准备：

将具有代表性的风干试料（必要时，也可以在50℃烘箱内烘干），用木锤或木碾捣碎，但应避免破碎粒料的原粒径。将土过筛并进行分类。在预定做试验的前一天，取有代表性的试料测定其风干含水率。对于细粒土，试样应不少于100g；对于中粒土，试样应不少于1000g；对于粗粒土，试样应不少于2000g。

②根据击实试验确定无机结合料稳定材料的最佳含水率和最大干密度。

③制试件：

a. 对于同一无机结合料剂量的混合料，需要制相同状态的试件数量（即平行试验的数量）与土类及操作的仔细程度有关，每龄期细粒土至少成型6个试件，中粒土至少成型9个试件，粗粒土至少成型13个试件。

b. 称取一定数量的风干土并计算干土的质量，其数量随试件大小而变。对于ϕ50mm×50mm的试件，1个试件约需干土180～210g；对于ϕ100mm×100mm的试件，1个试件约需干土1700～1900g；对于ϕ150mm×150mm的试件，1个试件约需干土5700～6000g。

对于细粒土，可以一次称取6个试件的土；对于中粒土，一次宜称取1个试件的土；对于粗粒土，一次只称取一个试件的土。

c. 将称好的土放在长方盘（约400mm×600mm×70mm）内。向土中加水，对于细粒土（特别是黏性土）使其含水率较最佳含水率小3%；对于中粒土和粗粒土可按最佳含水率加水；对于水泥稳定类材料，加水量应比最佳含水率小 1%～2%。

将土和水拌合均匀后放在密闭容器内浸润备用。如为石灰稳定土和水泥、石灰综合稳定土，可将石灰和土一起拌匀后进行浸润。

浸润时间：黏性土 12～24h；粉性土 6～8h；砂性土、砂砾土、红土砂砾、级配砂砾等可以缩短到 4h 左右；含土很少的未筛分碎石、砂砾及砂可以缩短到 2h。

d. 在浸润过的试料中，加入预定数量的水泥或石灰并拌合均匀。在拌合过程中，应将预留的 3% 的水（对于细粒土）加入土中，使混合料的含水率达到最佳含水率。拌合均匀的加有水泥的混合料应在 1h 内按下述方法制成试件，超过 1h 的混合料应该作废。其他结合料稳定土混合料虽不受此限，但也应尽快制成试件。

e. 按预定的干密度制件

用反力框架和液压重千斤顶制件。制备一个预定干密度的试件，需要的稳定土混合料数量 m_0（g）随试模的尺寸而变。

$$m_0 = V \times \rho_{max} \times (1 + \omega_{opt}) \times \gamma$$

考虑到试件成型过程中的质量损耗，实际操作过程中每个试件的质量可增加 0～2%，即：

$$m'_0 = m_0 \times (1 + \delta)$$

式中 m_0、m'_0——混合料质量（g）；

       V——试件体积（cm³）；

       ω_{opt}——混合料最佳含水率（%）；

       ρ_{max}——混合料最大干密度（g/cm³）；

       γ——混合料压实度标准（%）；

       δ——计算混合料质量的冗余量（%）。

将试模的下压柱放入试模的下部，但外露 2cm 左右。将称量的规定数量 m'_0（g）的稳定材料混合料分 2～3 次灌入试模中，每次灌入后用夯棒轻轻均匀插实。如制的是 ϕ50mm×50mm 的小试件，则可以将混合料一次倒入试模中。然后将上压柱放入试模内。应使其也外露 2cm 左右（即上下压柱露出试模外的部分应该相等）。

将整个试模（连同上下压柱）放到反力框架内的千斤顶上（千斤顶下应放一扁球座），加压直到上下压柱都压入试模为止。维持压力 2min。解除压力后，取下试模，拿去上压柱，并放到脱模器上将试件顶出（利用千斤顶和下压柱）。称试件的质量 m_2，小试件准确到 0.01g；中试件准确到 0.01g；大试件准确到 0.1g。然后用游标卡尺量试件的高度 h，准确到 0.1mm。

小试件的高度误差范围应为 −0.1～0.1cm；中试件的高度误差范围应为 −0.1～0.15cm；大试件的高度误差范围应为 −0.1～0.2cm。

质量损失（$m_0 - m_2$）：小试件应不超过标准质量 5g，中试件应不超过 25g，大试件应不超过 50g。

高度和质量损失不满足上述要求即为废件。

如果用击锤制件，步骤同前。只是用击锤（可以利用做击实试验的锤，但压柱顶面需要垫一块牛皮或胶皮，以保护锤面和压柱顶面不受损伤）将上下压柱打入试模内。

④养生：

a. 标准养生方法

试件从试模内脱出并量高称质量后，中试件和大试件应装入塑料袋内。试件装入塑料袋后，将袋内的空气排除干净，扎紧袋口，将包好的试件放入养护室。

标准养生的温度为 20±2℃，标准养生的湿度≥95%。试件宜放在铁架或木架上，间距至少 10~20mm。试件表面应保持一层水膜，并避免用水直接冲淋。

对无侧限抗压强度试验，标准养生龄期是 7d，最后一天浸水。在养生期的最后一天，将试件取出，观察试件的边角有无磨损和缺块，并量高称质量，然后将试件浸泡于 20±2℃水中，应使水面在试件顶上约 2.5cm。

b. 快速养生方法

快速养生龄期的确定：

a）将一组无机结合料稳定材料，在标准养生条件下（20±2℃，湿度≥95%）养生 180d（石灰稳定材料类养生 180d，水泥稳定材料类养生 90d）测试抗压强度值。

b）将同样的一组无机结合料稳定材料，在高温养生条件下（60±1℃，湿度≥95%）下养生 7d、14d、21d、28d 等，进行不同龄期的抗压强度试验，建立高温养生条件下强度—龄期的相关关系。

c）在强度—龄期关系曲线上，找出标准养生长龄期强度对应的高温养生的短龄期。并以此作为快速养生的龄期。

快速养生试验步骤：

a）将高温养生室的温度调至规定的温度 60±1℃，湿度也保持在 95% 以上，并能自动控温控湿。

b）将制备的试件量高称质量后，小心装入塑料袋内。试件装入塑料袋后，将袋内的空气排除干净，并将袋口扎紧，将包好的试件放入养护箱中。

c）养生期的最后一天，将试件从高温养护室内取出，晾至室温（约 2h），再打开塑料袋取出试件，观察试件有无缺损，量高称质量后，浸入 20±2℃恒温水槽中，水面高出试件顶 2.5cm。浸水 24h 后，取出试件，用软布擦去可见自由水，称质量、量高后，立即进行相关的试验。

在浸泡水中之前，应再次称试件的质量 m_3。

⑤结果整理：

对养生 7d 的试件，在养生期间，试件质量的损失应该符合下列规定：小试件不超过 1g；中试件不超过 4g；大试件不超过 10g。质量损失超过此规定的试件，应该作废。

对养生 90d 和 180d 的试件，在养生期间，试件质量损失应符合下列规定：小试件不超过 1g；中试件不超过 10g；大试件不超过 20g。质量损失超过此规定的试件，应予作废。

质量损失是指水分的损失，而不是粒料的损失。

⑥试压步骤：

a. 将已浸水一昼夜的试件从水中取出，用软的旧布吸去试件表面的可见自由水，并称试件的质量 m_4。

b. 用游标卡尺量试件的高度 h_1，准确到 0.1mm。

c. 将试件放到路面材料强度试验仪的升降台上（台上先放一扁球座），进行抗压试验。试验过程中，应保持速率约为 1mm/min。记录试件破坏时的最大压力 P（N）。

d. 从试件内部取有代表性的样品（经过打破）测定其含水率 ω_1。

⑦计算：

试件的无侧限抗压强度 R_c 用下列公式计算：

$$R_c = \frac{P}{A}$$

$$A = \frac{1}{4}\pi D^2$$

式中　P——试件破坏时的最大压力（N）；

　　　A——试件的截面积（mm²）；

　　　D——试件的直径（mm）。

⑧ 结果整理：

抗压强度保留一位小数。

同一组试件试验中，采用 3 倍均方差方法剔除异常值，小试件可以允许有 1 个异常值，中试件 1～2 个异常值，大试件 2～3 个异常值。异常值数量超过上述规定的试验重做。

同一组试验的变异系数 C_v（%）符合下列规定，方为有效试验：小试件 $C_v \leqslant 6\%$；中试件 $C_v \leqslant 10\%$；大试件 $C_v \leqslant 15\%$。如不能保证试验结果的变异系数小于规定的值，则应按允许误差 10% 和 90% 概率重新计算所需的试件数量，增加试件数量并另做新试验。新试验结果与老试验结果一并重新进行统计评定，直到变异系数满足上述规定。

⑨结果评定：

无侧限抗压强度应符合设计要求。

6. 无机结合料稳定土的击实试验方法是什么？

答：（1）将具有代表性的风干试料（必要时，也可以在 50℃烘箱内烘干），用木锤和木碾捣碎。土团均应捣碎到能通过 4.75mm 的筛孔。但应注意不使单个颗粒破碎或不使其破碎程度超过施工中机械的破碎率。

如试料是细粒土，将已捣碎的具有代表性的土过 4.75mm 的筛备用（用甲法或乙法做试验）。

如试料中含有粒径大于 4.75mm 的颗粒，则先将试料过 19mm 的筛，如存留在筛孔 19mm 的筛的颗粒的含量不超过 10%，则过 26.5mm 筛，留做备用（用甲法或乙法做试验）。

如试料中含有粒径大于 19mm 的颗粒含量超过 10%，则将试料过 37.5mm 的筛；若存留在 37.5mm 筛上的颗粒含量不超过 10%，则过 53mm 的筛备用（用丙法试验）。

每次筛分后，均应记录超尺寸颗粒的百分率。

在预定做击实试验的前一天，取有代表性的试料测定其风干含水率。对于细粒土，试样应不少于 100g；对于中粒土，试样应不少于 1000g；对于粗粒土的各种集料，试样的质量应不少于 2000g。

试验前用游标卡尺准确测量试模的内径、高和垫块的厚度，以计算试筒的容积。

（2）试验方法

击实试验方法类别　　　　　　　　　　　　　　　　表 9.2.3

试验类别	锤质量（kg）	锤底直径（cm）	落高（cm）	试筒尺寸			层数	每层击数	击实功（J）	最大粒径（mm）
				内径（cm）	高（cm）	容积（cm³）				
甲	4.5	5	45	10.0	12.7	997	5	27	2.687	19
乙	4.5	5	45	15.2	12.0	2177	5	59	2.687	19
丙	4.5	5	45	15.2	12.0	2177	3	98	2.677	37.5

①甲法

a. 已筛分的试样用四分法逐次分小，至最后取出约 10～15kg 试料。再用四分法将已取出的试料分成 5～6 份，每份试料的干质量为 2.0kg（对于细粒土）或 2.5kg（对于各种中粒土）。

b. 预定 5～6 个不同含水率，依次相差 0.5%～1.5%①，且其中至少有两个大于和小于最佳含水率。

注①：对于中粒土，在最佳含水率附近取 0.5%，其余取 1%。对于细粒土，取 1%。但对于黏土，特别是重黏土，可能需要取 2%。

c. 按预定含水率制备试样。将 1 份试料平铺于金属盘内，将事先计算的该份试样中应加的水量均匀地喷洒在试料上，用小铲将试料拌合到均匀状态（如为石灰稳定土和水泥、石灰综合稳定土，可将石灰和试料一起拌匀），放在密闭容器内或塑料口袋内浸润备用。

浸润时间：黏性土 12～24h，粉性土 6～8h，砂性土、砂砾土、红土砂砾、级配砂砾等可以缩短到 4h 左右；含土很少的未筛分碎石、砂砾及砂可以缩短到 2h。

所需加水量按下式计算：

$$m_W = \lfloor m_n/(1+0.01\omega_n) + m_c/(1+0.01\omega_c) \rfloor \times 0.01\omega - m_n/(1+0.01\omega_n) \times 0.01\omega_n - m_c/(1+0.01\omega_c) \times 0.01\omega_c$$

式中　m_W——混合料中应加的水量（g）；

m_n——混合料中素土（或骨料）的质量（g）；

ω_n——混合料中素土（或骨料）的原始含水率，即风干含水率（%）；

m_c——混合料中水泥、石灰的质量（g）；

ω_c——混合料中水泥、石灰的原始含水率（%）；

ω——要求达到的混合料的含水率（%）。

d. 将所需要的稳定剂水泥加到浸润后的试料中用小铲、泥刀或其他工具充分拌合到均匀状态。加有水泥的试样拌合后，应在 1h 内完成下述击实试验，拌合后超过 1h 的试样，应予作废（石灰稳定材料、石灰粉煤灰稳定材料除外）。

e. 试筒套环与击实底板应紧密连接。将击实筒放在坚硬的地面上，取制备好的试样（仍用四分法）400～500g（其量应使击实后的土样等于或略高于筒高的 1/5）倒入筒内，整平其表面并稍加压紧。然后按规定的击数进行第一层土的击实。击实时击锤应自由垂直落下，落高应为 45cm，锤迹必须均匀分布于土样面。第一层击实完后，检查该层高度是否合适，以便调整以后几层的试样用量。用刮土刀或改锥将已击实试样层面"拉毛"，重复上述做法，进行其余四层试样的击实。最后一层试样击实后，试样超出试筒顶面的高度不得大于 6mm，超出高度过大的试件应该作废。

f. 用刮土刀沿套筒内壁削刮（使试样与套筒脱离）后，扭动并取下套环。齐筒顶细心削平试样，并拆除底板。

如试样底面略突出筒外或有孔洞，则应细心刮平或修补。最后用工字形刮平尺齐筒顶和筒底将试样刮平。擦净筒的外壁，称其质量 m_1。

g. 用脱模器推出筒内试样。从试样内部从上到下取两个有代表性的样品（可将脱出试件用锤打碎后，用四分法采取），测定其含水率，计算至 0.1%。两个试样的含水率的差值不得大于 1%。擦净试筒，称其质量 m_2。所取样品的数量见表 9.2.4（如只取一个样品测定含水率，则样品的质量应为表列数值的两倍）。

测定稳定材料含水率的样品质量 表 9.2.4

公称最大粒径（mm）	样品质量（g）	公称最大粒径（mm）	样品质量（g）
2.36	约 50	37.5	约 1000
19	约 300		

烘箱的温度应事先调整到 110℃左右，以使放入的试样能立即在 105~110℃的温度下烘干。

h. 按本款第 c~g 项的步骤进行其余含水率下稳定土的击实和测定工作。

凡已用过的试样，一律不再重复使用。

② 乙法

在缺乏内径 10cm 的试筒时，以及在需要与承载比等试验结合起来进行时，采用乙法进行击实试验。本法更适宜于粒径达 19mm 的骨料。

a. 将已过筛的试料用四分法逐次分小，至最后取出约 30kg 试料。再用四分法将取出的试料分成 5~6 份，每份试料的干重约为 4.4kg（细粒土）或 5.5kg（中粒土）。

b. 以下各部的做法与甲法第 b~h 项相同，但应该先将垫块放入筒内底板上，然后加料并击实。所不同的是，每层需取制备好的试样约 900g（对于水泥或石灰稳定细粒土）或 1100g（对于稳定中粒土），每层的锤击次数为 59 次。

③ 丙法

a. 将已过筛的试料用四分法逐次分小，至最后取出约 33kg 试料。在用四分法将取出的试料分成 6 份（至少要 5 份），每份试料的干重约为 5.5kg（风干质量）。

b. 预定 5 个~6 个不同含水率，依次相差 0.5%~1.5%，在预估的最佳含水率左右可只差 0.5%~1%（对于水泥稳定类材料，在最佳含水率附近取 0.5%；对于石灰、二灰稳定类材料，根据具体情况在最佳含水率附近取 1%）。

c. 同甲法第 c 项。

d. 同甲法第 d 项。

e. 试筒、套环与击实底板应紧密连接在一起，将垫块放入筒内底板上，将击实筒放在坚硬（最好是水泥混凝土）的地面上，取制备好的试样 1.8kg 左右［其量应使击实后的土样略高于（高出 1～2mm）筒高的 1/3］倒入筒内，整平其表面并稍加压紧。然后按规定的击数进行第一层土的击实（共计 98 次）。击实时击锤应自由垂直落下，落高应为 45cm，锤迹必须均匀分布于土样面。第一层击实完后，检查该层高度是否合适，以便调整以后两层的试样用量。用刮土刀或改锥将已击实试样层面"拉毛"，重复上述做法，进行其余两层试样的击实。最后一层试样击实后，试样超出试筒顶面的高度不得大于 6mm，超出高度过大的试件应该作废。

f. 用刮土刀沿套筒内壁削刮（使试样与套筒脱离）后，扭动并取下套环。齐筒顶细心削平试样，并拆除底板取走垫块。擦净筒的外壁，称其质量 m_1。

g. 脱模器推出筒内试样。从试样内部从上到下取两个有代表性的样品（可将脱出试件用锤打碎后，用四分发采取），测定其含水率，计算至 0.1%。两个试样的含水率的差值不得大于 1%。所取样品的数量不少于 700g，如只取一个样品测定含水率，则样品的数量应不少于 1400g。烘箱的温度应事先调整到 110℃左右，以使放入的试样能立即在 105～110℃的温度下烘干。擦净试筒，称其质量 m_2。

h. 按本款第 c～f 项的步骤进行其余含水率下稳定土的击实和测定工作。凡已用过的试样，一律不再重复使用。

(3) 计算：

a. 按下式计算每次击实后稳定材料的湿密度：

$$\rho_w = \frac{m_1 - m_2}{V}$$

式中　ρ_w——稳定材料的湿密度（g/cm³）；

　　　m_1——试筒与湿试样的合质量（g）；

　　　m_2——试筒的质量（g）；

　　　V——试筒的容积（cm³）。

b. 按下式计算每次击实后稳定土的干密度：

$$\rho_d = \frac{\rho_w}{1 + 0.01\omega}$$

式中　ρ_d——试样的干密度（g/cm³）；

　　　ω——试样的含水率（%）。

c. 以干密度为纵坐标，以含水率为横坐标，在普通直角坐标纸上绘制干密度与含水率的关系曲线，驼峰形曲线顶点的纵横坐标分别为稳定土的最大干密度和最佳含水率。最大干密度用两位小数表示。如最佳含水率的值在 12% 以上，则用整数表示（即精确到 1%）；如最佳含水率的值在 6%～12%，则用一位小数"0"或"5"表示（即精确到 0.5%）；如最佳含水率的值小于 6%，则取一位小数，并用偶数表示（即精确到 0.2%）。

如试验点不足以连成完整的驼峰曲线，则应该进行补充试验。

d. 超尺寸颗粒的校正：

当试样中大于规定最大粒径的超尺寸颗粒的含量为 5%～30% 时，按下面公式分别对试验所得的最大干密度和最佳含水率进行校正（超尺寸颗粒的含量小于 5% 时，可以不进行校正）。

$$\rho'_{dm} = \rho_{dm}(1 - 0.01p) + 0.9 \times 0.01pG'_a$$

$$\omega'_0 = \omega_0(1 - 0.01p) + 0.01p\omega_a$$

式中　ρ'_{dm}——校正后的最大干密度（g/cm³）；

ρ_{dm}——试验所得的最大干密度（g/cm³）；

p——试样中超尺寸颗粒的百分率（%）；

G'_a——超尺寸颗粒的毛体积相对密度；

ω'_0——校正后的最佳含水率（%）；

ω_0——试验所得的最佳含水率（%）；

ω_a——超尺寸颗粒的吸水量（%）。

第三节　沥　青

1. 沥青试验依据的标准有哪些？

答：《公路工程沥青及沥青混合料试验规程》（JTG E20—2011）。

2. 基本概念有哪些？

答：（1）重复性试验：对沥青和沥青混合料试验，是指在短期内，在同一试验室，由同一个试验人员，采用同一仪具，对同一个试样，完成两次以上的试验操作。所得的试验结果之间的误差，通常用标准差来表示。

（2）复现性试验：对沥青和沥青混合料试验，是指在两个以上不同的试验室，由各自的试验人员，采用各自的仪具，按相同的试验方法，对同一试样，分别完成试验操作。所得的试验结果之间进行比较，求其误差。

重复性试验和复现性试验只有在需要时才做，它可以用来对试验室进行论证，评价试验室的水平。重复性试验往往是对试验人员的操作水平、取样代表性的检验；复现性则同时检验仪具设备的性能。

3. 石油沥青试验的验收批次、取样数量及取样方法有哪些规定？

答：（1）验收批划分：

对高速公路、一级公路、城市快速路及主干路，每100t作为一验收批，每批进行一次针入度、软化点、延度试验。对其他公路及城市道路，每100t作为一验收批，进行一次针入度试验。

（2）取样数量：

进行沥青性质常规检验的取样数量为：黏稠或固体沥青不少于1.5kg；液体沥青不少于1L；沥青乳液不少于4L。

进行沥青性质非常规检验及沥青混合料性质试验所需的沥青数量，应根据实际需要确定。

（3）取样方法：

用沥青取样器分别按以下要求取样：

①从贮油罐中取样，对无搅拌设备的储罐，液体沥青或经加热已经变成液体的黏稠沥青取样时，应先关闭进油阀和出油阀，按液面上、中、下位置（液面高各为1/3等分处，

但距罐底不得低于总液面高度的 1/6)，各取 1～4L 样品。当储罐过深时，亦可在流出口按不同流出深度分 3 次取样。对静态存取的沥青，不得仅从罐顶用小桶取样，也不得仅从罐底阀门流出少量沥青取样。将取出的 3 个样品充分混合后，取 4kg 样品作试样，样品也可分别进行检验。

对有搅拌设备的储罐，将液体沥青或经加热已经变成流体的黏稠沥青充分搅拌后，用取样器从沥青层的中部取规定数量试样。

②从槽、罐、洒布车中取样，对设有取样阀的，流出 4kg 或 4L 后取样；对仅有放料阀的，放出全部沥青的一半时再取样；对从顶盖处取样的，可从中部取样。

③从沥青储存池中取样，沥青经管道或沥青泵流至加热锅后取样，分间隔每锅至少取三个样品，然后充分混匀后再取 4.0kg 作为试样，样品也可分别进行检验。

④从沥青桶中取样，应从同一批生产的产品中随机取样。或将沥青桶加热全熔成流体后，按罐车取样方法取样。当沥青桶不便加热熔化沥青时，可在桶高的中部将桶凿开取样，但样品应在距桶壁 5cm 以上的内部凿取，并采取措施防止样品散落地面沾有尘土。

⑤固体沥青取样

从桶、袋、箱装或散装整块中取样时，应在表面以下及容器侧面以内至少 5cm 处采样。如沥青能够打碎，可用一个干净的工具将沥青打碎后取中间部分试样；若沥青是软塑的，则用一个干净的热工具切割取样。

⑥从沥青运输船中取样

沥青运输到港后，应分别从每个沥青舱中取样，每个舱从不同的部位取 3 个 4kg 的样品，混合在一起，充分混合后从中取 4kg 作为检验用样品。在卸油过程中取样时，应根据卸油量，大体均匀地分间隔 3 次从卸油口或管道途中的取样口取样，混合后供检验用。

⑦在装料或卸料过程中取样

在装料或卸料过程中取样时，要按时间间隔均匀地取至少 3 个规定数量样品，混合后供检验用。

4. 石油沥青必试试验项目有哪些？如何试验及结果计算？

答：(1) 进场复验项目

对高速公路、一级公路、城市快速路及主干路，进场复验项目为针入度、延度及软化点。对其他公路及城市道路，进场复验项目为针入度。

(2) 试验方法及结果计算

①针入度

a. 试验方法

a) 取出达到恒温的盛样皿，并移入水温控制在试验温度±0.1℃（可用恒温水槽中的水）的平底玻璃皿中的三角支架上，试样表面上的水层深度不少于 10mm。

b) 将盛有试样的平底玻璃皿置于针入度的平台上。慢慢放下针连杆，用适当位置的反光镜或灯光反射观察，使指针恰好与试样表面接触。拉下刻度盘的拉杆，使其与针连杆顶端轻轻接触，调节刻度盘或深度指示器的指针为零。

c) 开动秒表，在指针正指向 5s 的瞬间，用手紧压按钮，使标准针自动下落贯入试样，经规定时间，停压按钮使针停止移动。

注：当采用自动针入度仪时，计时与标准针落下贯入试样同时开始，至 5s 试验自动

停止。

d) 拉下刻度盘拉杆与针连杆顶端接触，读取刻度盘指针或位移指示器的读数，准确至 0.5 (0.1mm)。

e) 同一试样平行试验至少三次，各测试点之间及与盛样皿边缘的距离不少于 10mm。每次试验后应将盛样皿的平底玻璃皿放入恒温水槽，使平底玻璃皿中水温保持试验温度。每次试验应换一根干净标准针或将标准针取下用蘸有三氯乙烯溶剂的棉花或布擦净，再用干棉花或布擦干。测定针入度大于 200 的沥青试样时，至少用三支标准针，每次试验后将针留在试样中，直至三次平行试验完成后，才能将标准针取出。测定针入度指数 PI 时，按同样方法，在 15℃、25℃、30℃ (或 5℃) 3 个或 3 个以上（必要时增加 10℃、20℃等）温度条件下分别测定沥青针入度，但用于仲裁试验的温度条件应为 5 个。

b. 结果计算

同一试样三次平行试验结果的最大值和最小值之差在表 9.3.1 允许偏差范围内时，计算 3 次试验结果的平均值，取至整数，作为针入度试验结果，以 0.1mm 为单位。

针入度平行试验的允许偏差　　　　　　　　　　表 **9.3.1**

针入度 (0.1mm)	允许偏差 (0.1mm)	针入度 (0.1mm)	允许偏差 (0.1mm)
0~49	2	150~249	12
50~149	4	250~500	20

c. 精确度或允许差

当试验结果小于 50 (0.1mm) 时，重复性试验的允许差为 2 (0.1mm)，复现性试验的允许差为 4 (0.1mm)。

当试验结果等于或大于 50 (0.1mm) 时，重复性试验的允许差为平均值的 4%，复现性试验的允许差为平均值的 8%。

②延度

a. 准备工作

将隔离剂拌合均匀，涂于清洁干燥的试模底板和两个侧模的内侧表面，并将试模在试模底板上装妥。

将沥青试样仔细自模的一端至另一端往返数次缓缓注入模中，最后略高于试模，灌模时应注意勿使气泡混入。

试件在室温中冷却不少于 1.5h，然后用热刮刀刮除高出试模的沥青，使沥青面与试模面齐平。沥青的刮法应自试模的中间刮向两端，且表面应刮的平滑。将试模连同底板再放入规定试验温度的水浴中 1.5h。

检查延度仪延伸速度是否符合规定要求，然后移动滑板使其指针正对标尺的零点。将延度仪注水，并保温达试验温度±0.1℃。

b. 试验步骤

将保温后的试件连同底板移入延度仪的水槽中，然后将盛有试样的试模自玻璃板或不锈钢板上取下，将试模两端的孔分别套在滑板及槽端固定板的金属柱上，并取下侧模。水面距试件表面应不小于 25mm。

开动延度仪，并注意观察试样的延伸情况。此时应注意，在试验过程中水温应始终保持在试验温度规定范围内，且仪器不得有振动，水面不得有晃动。当水槽采用循环水时，应暂时中断循环，停止水流。

在试验过程中，如发现沥青细丝浮于水面或沉入槽底时，则应在水中加入酒精或食盐，调整水的密度至与试样相近后，重新试验。

试件拉断时，读取指针所指标尺上的读数，以厘米（cm）表示。在正常情况下，试件延伸时应成锥尖状，拉断时实际断面接近于零。如不能得到这种结果，则应在报告中注明。

c. 报告

同一试样，每次平行试验不少于 3 个，如 3 个测定结果均大于 100cm，试验结果记作"＞100cm"；特殊需要也可分别记录实测值。如 3 个测定结果中，有 1 个以上的测定值小于 100cm 时，若最大值或最小值与平均值之差满足重复性试验精度要求，则取 3 个测定结果的平均值的整数作为延度试验结果；若平均值大于 100cm，试验结果记作"＞100cm"；若最大值或最小值与平均值之差不符合重复性试验精度要求时，试验应重新进行。

d. 精密度或允许差

当试验结果小于 100cm 时，重复性试验精度的允许差为平均值的 20%；复现性试验精度的允许差为平均值的 30%。

e. 注意事项

在浇注试样时，隔离剂配置要适当，以免试样取不下来，对于粘结在玻璃上的试样，应放弃。在试模底部涂隔离剂时，不易太多，以免隔离剂占用试样部分体积，冷却后造成试样断面不合格，影响试验结果。

在灌模时应使试样高出试模，以免试样冷却后欠模。

对于延度较大的沥青试样，为了便于观察延度值，延度值底部尽量采用白色衬砌。

在刮模时，应将沥青与试模刮为齐平，尤其是试模中部，不应有低凹现象。刮后的试件表面下凹情况不明显时，应及时加补沥青后再刮平，待试验用。对刮后沥青试件表面出现凹凸不平的情况，不得采用加补沥青再刮平的方法，应重新灌模，否则试验结果的误差将很大，尤其是改性沥青类的产品。

③软化点

a. 准备工作

将试样环置于涂有甘油滑石粉隔离剂的试样底板上，将准备好的沥青试样徐徐注入试样环内至略高出环面为止。

如估计试样软化点高于 120℃，则试样环和试样底板（不用玻璃）均应预热至80～100℃。

试样在室温冷却 30min 后，用环夹夹着试样环，并用热刮刀刮除环面上的试样，务使与环面齐平。

b. 试验步骤

a）试样软化点低于 80℃者：

将装有试样的试样环连同试样底板置于装有 5±0.5℃的恒温水槽中至少 15min；同时将金属支架、钢球、钢球定位环等亦置于相同水槽中。

烧杯内注入新煮沸并冷却至5℃的蒸馏水或纯净水，水面略低于立杆上的深度标记。

从恒温水槽中取出盛有试样的试样环放置在支架中层板的圆孔中，套上定位环；然后将整个环架放入烧杯中，调整水面至深度标记，并保持水温为5±0.5℃。注意，环架上任何部分不得附有气泡。将0～100℃的温度计由上层板中心孔垂直插入，使端部测温头底部与试样环下面齐平。

将盛有水和环架的烧杯移至放在石棉网的加热炉具上，然后将钢球放在定位环中间的试样中央，立即开动电磁振荡搅拌器，使水微微振荡并开始加热，使杯中水温在3min内调节至维持每分钟上升5±0.5℃。注意，在加热过程中，如温度上升速度超出此范围时，则试验应重做。

试样受热软化逐渐下坠，至与下层底板表面接触时，立即读取温度，准确至0.5℃。

b) 试样软化点高于80℃者：

将装有试样的试样环连同试样底板置于装有32±1℃甘油的恒温槽中至少15min；同时将金属支架、钢球、钢球定位环等亦置于甘油中。

在烧杯内注入预先加热至32℃的甘油，其液面略低于立杆上的深度标记。

从恒温槽中取出装有试样的试样环按上述"a) 试样软化点低于80℃者"的方法进行测定，读取温度至1℃。

c. 报告

同一试样平行试验两次，当两次测定值的差值符合重复性试验精度要求时，取其平均值作为软化点试验结果，准确至0.5℃。

d. 精密度或允许差

当试样软化点小于80℃时，重复性试验的允许差为1℃，复现性试验的允许差为4℃。

当试样软化点等于或大于80℃时，重复性试验的允许差为2℃，复现性试验的允许差为8℃。

第四节　沥青混合料

1. 与沥青混合料试验有关的标准有哪些?

答：(1)《公路工程沥青及沥青混合料试验规程》(JTG E20—2011)；

(2)《沥青路面施工及验收规范》(GB 50092—96)。

2. 沥青混合料试验的取样数量和取样方法有哪些规定?

答：(1) 在沥青混合料拌合厂取样

在拌合厂取样时，宜用专用的容器（一次可装5～8kg）装在拌合机卸料斗下方，每放一次料取一次样，顺次装入试样容器中，每次倒在清扫干净的平板上，连续几次取样，混合均匀，按四分法取样至足够数量。

(2) 在沥青混合料运料车上取样

在运料车上取沥青混合料样品时，宜在汽车装料一半后开出去在汽车车厢内，分别用铁锹从不同方向的3个不同高度处取样，然后混合在一起用手铲适当拌合均匀，取出规定数量。这种车到达施工现场后取样时，应在卸掉一半后将车开出去从不同方向的3个不同高度处取样。宜从 3 辆不同的车上取样混合使用。

注意：在运料车上取样时不得仅从满载的运料车顶上取样，且不允许只在一辆车上取样。

（3）在道路施工现场取样

在道路施工现场取样时，应在摊铺后未碾压前在摊铺宽度的两侧 1/2～1/3 位置处取样，用铁锹将摊铺层的全厚铲除，但不得将摊铺层下的其他层料铲入。每摊铺一车料取一次样，连续 3 车取样后，混合均匀按四分法取样至足够数量。对现场制件的细粒式沥青混合料，也可在摊铺机经螺旋拨料杆拌匀的一端一边前进一边取样。

（4）对热拌沥青混合料每次取样时，都必须用温度计测量温度，准确至 1℃。

（5）乳化沥青常温混合料试样的取样方法与热拌沥青混合料相同，但宜在乳化沥青破乳水分蒸发后装袋，对袋装常温沥青混合料，亦可直接从贮存的混合料中随机取样。取样袋数不少于 3 袋，使用时将 3 袋混合料倒出作适当拌合，按四分法取出规定数量试样。

（6）液体沥青常温沥青混合料的取样方法同上，当用汽油稀释时，必须在溶剂挥发后方可封袋保存。但用煤油或柴油稀释时，可在取样后即装袋保存，保存时应特别注意防火安全。其余与热拌沥青混合料相同。

（7）从碾压成型的路面上取样时，应随机选取 3 个以上不同地点，钻孔、切割或刨取混合料至全厚度，仔细清除杂物不属于这一层的混合料，需重新制作试件时，应加热拌匀按四分法取样至足够数量。

3. 沥青混合料常规试验项目有哪些？组批原则及取样数量如何规定的？

答：（1）常规试验项目：

①马歇尔稳定度；

②流值；

③油石比；

④矿料级配；

⑤密度。

（2）组批原则：每 600t 取一点，进行上述试验。

（3）取样数量：不少于 20kg。

4. 马歇尔稳定度及流值的试验方法是什么？

答：（1）试件的制作方法

①将拌合好的沥青混合料，均匀称取一个试件所需的用量（标准马歇尔试件约 1200g，大型马歇尔试件约 4050g）。当已知沥青混合料的密度时，可根据试件的标准尺寸计算并乘以 1.03 得到要求的混合料数量。当一次拌合几个试件时，宜将其倒入经预热的金属盘中，用小铲适当拌合均匀分成几份，分别取用。在试件制作过程中，为防止混合料温度下降，应连盘放在烘箱中保温。

②从烘箱中取出预热的试模及套筒，用沾有少许黄油的棉纱擦拭套筒、底座及击实锤底面，将试模装在底座上，垫一张圆形的吸油性小的纸，按四分法从四个方向用小铲将混合料铲入试模中，用插刀或大螺丝刀沿周边插捣 15 次，中间 10 次。插捣后将沥青混合料表面整平成凸圆弧面。对大型马歇尔试件，混合料分两次加入，每次插捣次数同上。

③插入温度计，至混合料中心附近，检查混合料温度。

④待混合料温度符合要求的压实温度后，将试模连同底座一起放在击实台上固定，在装好的混合料上面垫一张吸油性小的圆纸，再将装有击实锤及导向棒的压实头插入试模中，然后开启电动机或人工将击实锤从 457mm 的高度自由落下击实规定的次数（75 次或 50 次）。对大型马歇尔试件，击实次数为 75 次（相应于标准击实 50 次的情况）或 112 次（相应于标准击实 75 次的情况）。

⑤试件击实一面后，取下套筒，将试模掉头，套上套筒，然后以同样的方法和次数击实另一面。

乳化沥青混合料试件在两面击实后，将一组试件在室温下横向放置 24h，另一组试件置温度为 105±5℃的烘箱中养生 24h。将养生试件取出后再立即两面锤击各 25 次。

⑥试件击实结束后，立即用镊子去掉上下面的纸，用卡尺量取试件离试模上口的高度并由此计算试件的高度，如高度不符合要求时，试件应作废，并按下式调整试件的混合料质量，以保证高度符合 63.5±1.3mm（标准试件）或 93.5±2.5mm（大型试件）要求。

$$调整后的混合料质量 = \frac{要求试件高度 \times 原用混合料质量}{所得试件的高度}$$

⑦卸去套筒和底座，将装有试件的试模横向放置冷却至室温后（不少于 12h），置脱模机上脱出试件。马歇尔指标检验的试件在施工质量检验过程中如急需试验，允许采用电风扇吹冷 1h 或浸水冷却 3min 以上的方法脱模，但浸水脱模法不能用于测量密度、空隙率的各项物理指标。

⑧将试件仔细置于干燥洁净的平面上，供试验用。

注：1. 当集料公称最大粒径小于或等于 26.5mm 时，采用标准击实法，一组试件的数量不少于 4 个。当集料公称最大粒径大于 26.5mm，宜采用大型击实法，一组试件数量不少于 6 个。

2. 击实次数的规定：标准马歇尔试件，对高速公路、一级公路、城市快速路及主干路应两面各击 75 次；对其他等级公路与城市道路应两面各击 50 次。大型马歇尔试件，对高速公路、一级公路、城市快速路及主干路应两面各击 112 次，对其他等级公路与城市道路应两面各击 75 次。

(2) 试验方法

①用卡尺（或试件高度测定器）测量试件直径和高度（标准马歇尔试件应符合直径 101.6±0.2mm，高 63.5±1.3mm 的要求；大型马歇尔试件应符合直径 152.4±0.2mm，高 95.3±2.5mm 的要求。如试件高度不符合标准马歇尔试件 63.5±1.3mm 的要求，大型马歇尔试件 95.3±2.5mm 的要求，或两侧高度差大于 2mm 时，此试件应作废）。

②将恒温水槽（或烘箱）调节至要求的试验温度，对黏稠石油沥青混合料为 60℃±1℃，将试件置于已达规定温度的恒温水槽中保温，标准马歇尔试件需 30～40min，对大型马歇尔试件需 45～60min。试件应垫起，离容器底部不小于 5cm。

③将马歇尔试验仪的上下压头放入水槽（或烘箱）中达到同样温度。将上下压头从水槽（或烘箱）中取出擦拭干净内面。为使上下压头滑动自如，可在下压头的导棒上涂少量黄油。再将试件取出置下压头上，盖上上压头，然后装在加载设备上。

④将流值测定装置安装在导棒上，使导向套管轻轻地压住上压头，同时将流值计读数调零。在上压头的球座上放妥钢球，并对准荷载测定装置（应力环或传感器）的压头，然

后调整应力环中百分表对准零或将荷重传感器的读数复位为零。

⑤启动加载设备，使试件承受荷载，加载速度为 $50\pm5\mathrm{mm/min}$。当试验荷载达到最大值的瞬间，取下流值计，同时读取应力环中百分表或荷载传感器读数及流值计的流值读数（从恒温水槽中取出试件至测出最大荷载值的时间，不应超过 30s）。

（3）试验结果及计算

当采用自动马歇尔试验仪时，将计算机采集的数据绘制成压力和试件变形曲线，或由 X-Y 记录仪自动记录的荷载—变形曲线，按图 9.4.1 所示的方法在切线方向延长曲线与横坐标相交于 O_1，将 O_1 作为修正原点，从 O_1 起量取相应于荷载最大值时的变形作为流值（FL），以毫米（mm）计，准确至 0.1mm。最大荷载即为稳定度（MS），以 kN 计，准确至 0.01kN。

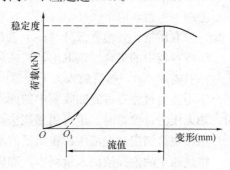

图 9.4.1　马歇尔试验结果的修正方法

采用压力环和流值计测定时，根据压力环标定曲线，将压力环中百分表的读数换算成荷载值，或者由荷载测定装置读取的最大值即为试样的稳定度（MS），以 kN 计，准确至 0.01kN。由流值计及位移传感器测定装置读取的试件垂直变形，即为试件的流值（FL），以 mm 计，准确至 0.1mm。

当一组测定值中某个数据与平均值之差大于标准差的 k 倍时，该测定值应予舍弃，并以其余测定值的平均值作为试验结果。当试验数目 n 为 3、4、5、6 个时，k 值分别为 1.15、1.46、1.67、1.82。

采用自动马歇尔试验时，试验结果应附上荷载—变形曲线原件或自动打印结果。

5. 油石比的试验方法是什么？

答：在此仅介绍离心分离试验方法。

（1）准备工作

①在拌合厂从运料卡车采取沥青混合料试样，放在金属盘中适当拌合，待温度稍下降至 100℃以下时，用大烧杯取混合料试样质量 1000~1500g 左右（粗粒式沥青混合料用高限，细粒式用低限，中粒式用中限），准确至 0.1g。

②如果试样是路上用钻机法或切割法取得的，应待其干燥，置微波炉或烘箱中适当加热后呈松散状态取样，但不得用锤击以防集料破碎。

（2）试验步骤

①向蒸馏烧瓶中注入三氯乙烯溶剂，将其浸没，记录溶剂用量，浸泡 30min，用玻璃棒适当搅动混合料，使沥青充分溶解。

注：可直接在离心分离器中浸泡。

②将混合料及溶液倒入离心分离器，用少量溶剂将烧杯及玻璃棒上的粘附物全部洗入分离容器中。

③称取洁净的圆环形滤纸质量，准确至 0.01g。注意，滤纸不宜多次反复使用，有破损者不能使用，有石粉粘附时应用毛刷清除干净。

④将滤纸垫在分离器边缘上，加盖紧固。在分离器出口处放上回收瓶。上口应注意密封，防止流出液呈雾状散失。

⑤开动离心器，转速逐渐增加至 3000r/min，沥青溶液通过排除口注入回收瓶中，待流出停止后停机。

⑥从上盖的孔中加入新溶剂，数量相同。稍停 3~5min，重复上述操作，如此数次直至流出的提取液呈清澈的淡黄色为止。

⑦卸下上盖，取下圆环形滤纸，在通风橱或室内空气中蒸发后放入 105±5℃烘箱中干燥，称取质量，其增重部分（m_2）为矿粉质量的一部分。

⑧将容器中的集料仔细取出，在通风橱或室内空气中蒸发后放入 105±5℃烘箱中烘干（一般需要 4h），然后放入大干燥器中冷却至室温，称取集料的质量（m_1）。

⑨用压力过滤器过滤回收瓶中的沥青溶液，由滤纸的增重 m_3 得出泄漏入滤液中的矿粉，如无压力过滤器时，也可用燃烧法测定。

用燃烧法测定抽提液中矿粉质量的步骤如下：

将烧瓶中的抽提液倒入量筒中，准确定量至（V_a）mL。

充分搅匀抽提液，取出 10mL（V_b）放入坩埚中，在热浴上适当加热使溶液试样发成暗黑色后，置高温炉 500~600℃中烧成残渣，取出坩埚冷却。

向坩埚中按每 1g 残渣 5mL 的用量比例，注入碳酸铵饱和溶液，静置 1h，放入 105±5℃ 炉箱中干燥。

取出放在干燥器中冷却，称取残渣质量（m_4）。

沥青混合料中矿料的总质量按下列公式计算：

$$m_a = m_1 + m_2 + m_3$$

式中　m_a——沥青混合料中矿料部分的总质量（g）；

m_1——抽提后留下的矿料干燥质量（g）；

m_2——滤纸在试验前后的增重（g）；

m_3——泄漏入抽提液中的矿粉质量（g），用燃烧法时可按下列公式计算：

$$m_3 = m_4 \times \frac{V_a}{V_b}$$

式中　V_a——抽提液的总量（mL）；

V_b——取出的燃烧干燥的抽提液数量（mL）；

m_4——坩埚中燃烧干燥的残渣质量（g）。

（3）计算

沥青混合料中的沥青含量按下列公式计算：

$$P_b = \frac{m - m_a}{m}$$

油石比按下列公式计算：

$$P_a = \frac{m - m_a}{m_a}$$

式中　m——沥青混合料的总质量（g）；

P_b——沥青混合料中的沥青含量（%）；

P_a——沥青混合料的油石比（%）。

同一沥青混合料试样至少平行试验两次，取平均值作为试验结果。两次试验结果差值应小于 0.3%，当大于 0.3%但小于 0.5%，应补充平行试验一次，以 3 次试验的平均值为试验结果；3 次试验的最大值与最小值之差不得大于 0.5%。

6. 矿料级配的试验方法是什么？

答：（1）试验步骤

将抽提提取后的矿料试样全部称量，准确至 0.1g。

将标准筛带筛底置摇筛机上，并将矿质混合料置于筛内，盖妥筛盖后，压紧摇筛机，开动摇筛机筛分 10min。取下套筛后，按筛孔大小顺序，在一清洁的浅盘上再逐个进行手筛。手筛时可用手轻轻拍击筛框并经常地转动筛子，直至每分钟筛出量不超过筛上试样质量的 0.1% 时为止。但不允许用手将颗粒塞过筛孔，筛下的颗粒并入下一号筛，并和下一号筛中试样一起过筛。

称量各筛上筛余颗粒的质量，准确至 0.1g，并将粘在滤纸及抽提液中的矿粉计入通过 0.075mm 的矿粉含量中，注意，所有各筛的分计筛余量和底盘中剩余质量的总和与筛分前试样总质量相比，相差不得超过总质量的 1%。

（2）计算

①试样的分计筛余百分率按下式计算：

$$p_i = \frac{m_i}{m} \times 100$$

式中　P_i——第 i 级试样的分计筛余量（%）；

$\qquad m_i$——第 i 级筛上颗粒的质量（g）；

$\qquad m$——试样的质量（g）。

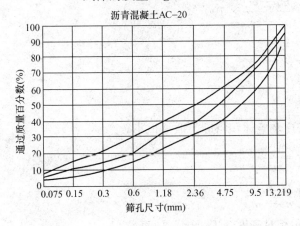

沥青混凝土AC-20

图 9.4.2　沥青混合料矿料组成级配曲线

②累计筛余百分率：该号筛上的分计筛余百分率与大于该号筛的各号筛上的分计筛余百分率之和，准确至 0.1%。

③通过筛分百分率：用 100% 减去该号筛上的累计筛余百分率，准确至 0.1%。

④以筛孔尺寸为横坐标，各个筛孔的通过筛分百分率为纵坐标，绘制矿料组成级配曲线如图 9.4.2 所示，评定该试样的颗粒组成。

（3）报告

同一混合料至少取两个试样平行筛分试验两次，取平均值作为每号筛上筛余量的试样结果，报告矿料级配通过百分率及级配曲线（必要时）。

7. 密度的试验方法有哪些？

答：表干法、水中重法、蜡封法、体积法。

（1）表干法测定密度。

适用于测定吸水率不大于 2% 的各种沥青混合料试件，包括密级配沥青混凝土、沥青玛琋脂碎石混合料（SMA）和沥青稳定碎石等沥青混合料试件的毛体积相对密度和毛体积密度。

①方法与步骤：

选择适宜的浸水天平或电子天平，最大称量在 3kg 以下时，感量不大于 0.1g；最大称量 3kg 以上时，感量不大于 0.5g。

除去试件表面的浮粒，称取干燥试件的空中质量（m_a），根据选择的天平的感量读数，准确至 0.1g 或 0.5g。

挂上网篮，浸入溢流水箱中（溢流水箱水温保持在 25±0.5℃），调节水位，将天平调平或复零，把试件置于网篮中（注意不要晃动水）浸水中约 3~5min，称取水中质量（m_w）。若天平读数持续变化，不能很快达到稳定，说明试件吸水较严重，不适用于此法测定，应改用蜡封法测定。

从水中取出试件，用洁净柔软的拧干湿毛巾轻轻擦去试件的表面水（不得吸走空隙内的水），称取试件的表干质量（m_f），从试件拿出水面到擦拭结束不宜超过 5s，称量过程中流出的水不得再擦拭。

对从路上钻取的非干燥试件可先称取水中质量（m_w）和表干质量（m_f），然后用电风扇将试件吹干至恒重（一般不少于 12h，当不需要进行其他试验时，也可用 60±5℃烘箱烘干至恒重），再称取空中质量（m_a）。

②计算

a. 计算试件的吸水率，取 1 位小数。

试件的吸水率即试件吸水体积占沥青混合料毛体积的百分率，按下式计算。

$$S_a = \frac{m_f - m_a}{m_f - m_w} \times 100$$

式中　S_a——试件的吸水率（%）；

　　　m_a——干燥试件的空中质量（g）；

　　　m_w——试件的水中质量（g）；

　　　m_f——试件的表干质量（g）。

b. 按下式计算试件的毛体积相对密度和毛体积密度，取 3 位小数。

$$\gamma_f = \frac{m_a}{m_f - m_w}$$

$$\rho_f = \frac{m_a}{m_f - m_w} \times \rho_w$$

式中　γ_f——用表干法测定的试件毛体积相对密度，无量纲；

　　　ρ_f——用表干法测定的试件毛体积密度（g/cm³）；

　　　ρ_w——25℃时水的密度，取 0.9971g/cm³。

当吸水率 $S_a > 2\%$ 要求时，宜改用蜡封法测定。

（2）水中重法测定密度。

本方法适用于测定吸水率小于 0.5% 的密实沥青混合料试件的表观相对密度或表观密度。

当试件很密实，几乎不存在与外界连通的开口孔隙时，可采用本方法测定的表观相对密度代替按表干法测定的毛体积相对密度，并据此计算沥青混合料试件的空隙率、矿料间隙率等各项体积指标。

①方法与步骤：

a. 选择适宜的浸水天平或电子天平，最大称量在 3kg 以下时，感量不大于 0.1g；最大称量 3kg 以上时，感量不大于 0.5g。

b. 除去试件表面的浮粒，称取干燥试件的空中质量（m_a），根据选择的天平的感量读数，准确至 0.1g 或 0.5g。

c. 挂上网篮，浸入溢流水箱（溢流水箱水温保持在 25±0.5℃）中，调节水位，将天平调平或复零，把试件置于网篮中（注意不要使水晃动），待天平稳定后立即读数，称取水中质量（m_w）。若天平读数持续变化，不能在数秒钟内达到稳定，说明试件有吸水情况，不适用于此法测定。

d. 对从路上钻取的非干燥试件，可先称取水中质量（m_w），然后用电扇将试件吹干至恒重（一般不少于 12h，当不需进行其他试验时，也可用 60±5℃烘箱烘干至恒重），再称取空中质量（m_a）。

②计算：

按下式计算用水中重法测定的沥青混合料试件的表观相对密度及表观密度，取 3 位小数。

$$\gamma_a = \frac{m_a}{m_a - m_w}$$

$$\rho_a = \frac{m_a}{m_a - m_w} \times \rho_w$$

式中　γ_a——试件的表观相对密度，无量纲；

　　　ρ_a——试件的表观密度，g/cm^3；

　　　m_a——干燥试件的空中质量（g）；

　　　m_w——试件的水中质量（g）；

　　　ρ_w——25℃时水的密度，取 0.9971g/cm^3。

当试件的吸水率小于 0.5% 时，以表观相对密度代替毛体积相对密度。

（3）蜡封法测定密度。

本方法适用于测定吸水率大于 2% 的沥青混凝土或沥青碎石混合料试件的毛体积相对密度或毛体积密度。

①方法与步骤：

a. 选择适宜的浸水天平或电子天平，最大称量在 3kg 以下时，感量不大于 0.1g；最大称量 3kg 以上时，感量不大于 0.5g。

b. 称取干燥试件的空中质量（m_a），根据选择的天平感量读数，准确至 0.1g 或 0.5g，当为钻芯法取得的非干燥试件时，应用电风扇吹干 12h 以上至恒重作为空中质量，但不得用烘干法。

c. 将试件置于冰箱中，在 4～5℃条件下冷却不少于 30min。

d. 将石蜡熔化至其熔点以上 5.5±0.5℃。

e. 从冰箱中取出试件立即浸入石蜡液中，至全部表面被石蜡封住后，迅速取出试件，在常温下放置 30min，称取蜡封试件的空中质量（m_p）。

f. 挂上网篮,浸入溢流水箱(溢流水箱水温保持在 $25\pm0.5℃$)中,调节水位,将天平调平或复零。将蜡封试件放入网篮浸水约 1min,读取水中质量 (m_c)。

g. 如果试件在测定密度后还需要做其他试验时,为便于除去石蜡,可事先在干燥试件表面涂一薄层滑石粉。称取涂滑石粉后的试件质量 (m_s),然后再蜡封测定。

h. 用蜡封法测定时,石蜡与水的相对密度按下列步骤实测确定:

取一块铅或铁块之类的重物,称取空中质量 (m_g);

测定重物的水中(水温保持在 $25\pm0.5℃$)质量 (m'_g);

待重物干燥后,按上述试件蜡封的步骤将重物蜡封后测定其空中质量 (m_d)及水中质量 (m'_d);

按下式计算石蜡与水的相对密度 γ_p。

$$\gamma_p = \frac{m_d - m_g}{(m_d - m_g) - (m'_d - m'_g)}$$

式中　γ_p——在常温条件下石蜡对水的相对密度;

m_g——重物的空中质量 (g);

m'_g——重物的水中质量 (g);

m_d——蜡封后重物的空中质量 (g);

m'_d——蜡封后重物的水中质量 (g)。

②计算:

计算试件的毛体积相对密度,取 3 位小数。

a. 蜡封法测定的试件毛体积密度按下列公式计算:

$$\rho_f = \frac{m_a}{m_p - m_c - (m_p - m_a)/\gamma_p} \times \rho_w$$

b. 涂滑石粉后用蜡封法测定的试件毛体积密度按下列公式计算:

$$\rho_f = \frac{m_a}{m_p - m_c - [(m_p - m_s)/\gamma_p + (m_s - m_a)/\gamma_s]} \times \rho_w$$

式中　ρ_f——试件的毛体积密度 (g/cm³);

m_a——试件的空中质量 (g);

m_p——蜡封试件的空中质量 (g);

m_c——蜡封试件的水中质量 (g);

m_s——试件涂滑石粉后的空中质量 (g);

γ_s——滑石粉对水的相对密度,无量纲;

ρ_w——在 $25℃$ 温度条件下水的密度,取 $0.9971g/cm^3$。

应在试验报告中注明沥青混合料的类型及采用的测定密度的方法。

(4) 体积法

本方法采用体积法测定沥青混合料的毛体积相对密度或毛体积密度。

本方法仅适用于不能用表干法、蜡封法测定的空隙率较大的沥青碎石混合料及大空隙透水性开级配沥青混合料(OGFC)等。

① 方法及步骤:

选择适宜的电子天平:最大称量在 3kg 以下时,感量不大于 0.1g;最大称量 3kg 以上时，感量不大于 0.5g。

清理试件表面，刮去突出试件表面的残留混合料，称取干燥试件的空中质量（m_a），根据选择的天平的感量读取，准确至 0.1 或 0.5g，当为钻芯法取得的非干燥试件时，应用电风扇吹干 12h 以上至恒重作为空中质量，但不得用烘干法。

用卡尺测定试件的各种尺寸，准确至 0.01cm，圆柱体试件的直径取上下 2 个断面测定结果的平均值，高度取十字对称四次测定的平均值；棱柱体试件的长度取上下 2 个位置的平均值，高度或宽度取两端及中间 3 个断面测定的平均值。

②计算方法

圆柱体试件毛体积按下式计算。

$$V = \frac{\pi \times d^2}{4} \times h$$

式中　V——试件的毛体积（cm³）；

　　　d——圆柱体试件的直径（cm）；

　　　h——试件的高度（cm）。

棱柱体试件的毛体积按下式计算：

$$V = L \times b \times h$$

式中　L——试件的长度（cm）；

　　　b——试件的宽度（cm）；

　　　h——试件的高度（cm）。

试件的毛体积密度按下式计算，取三位小数。

$$\rho_s = \frac{m_a}{V}$$

式中　ρ_s——用体积法测定的试件的毛体积密度（g/cm³）；

　　　m_a——干燥试件的空中质量（g）。

应在试验报告中注明沥青混合料的类型及采用的测定密度的方法。

第五节　路基路面的现场检测

1. 与路基路面现场检测有关的标准有哪些？

答：（1）《公路路基路面现场测试规程》（JTG E 60—2008）；

（2）《城镇道路工程施工质量检验标准》（DBJ 01—11—2004）。

2. 路基路面现场检测的常规项目有哪些？

答：厚度、压实度、平整度、承载能力。

3. 路基路面厚度的检测方法是什么？

答：检测方法：挖坑法、钻孔取样法。

适用于路面各层施工完成后的厚度检验及工程交工验收检查。

检测频率为每 1000m² 检测 1 点。

基层或砂石路面的厚度可用挖坑法测定，沥青面层及水泥混凝土路面板的厚度应用钻孔法测定。

（1）挖坑法测定厚度的步骤

选一块约 40cm×40cm 的平坦表面作为试验地点，用毛刷将其清扫干净。

根据材料坚硬程度，选择镐、铲、凿子等适当的工具，开挖这一层材料，直至层位底面。在便于开挖的前提下，开挖面积应尽量缩小，坑洞大体呈圆形，边开挖边将材料铲出，置搪瓷盘中。

用毛刷将坑底清扫，确认为下一层的顶面。

将钢板尺平放横跨于坑的两边，用另一把钢尺或卡尺等量具在坑的中部位置垂直伸至坑底，测量坑底至钢板尺的距离，即为检查层的厚度，以厘米（cm）计，准确至 0.1cm。

（2）用钻孔取样法测定厚度的步骤

如为旧路，该点有坑洞等显著缺陷或接缝时，可在其旁边检测。

用路面取芯钻机钻孔，钻头的标准直径为 ∅100mm，如芯样仅供测量厚度，不做其他试验时，对沥青面层与水泥混凝土板也可用直径 ∅50mm 的钻头，对基层材料有可能损坏试件时，也可用直径 ∅150mm 的钻头，但钻孔深度必须达到层厚。

仔细取出芯样，清除底面灰土，找出与下层的分界面。

用钢板尺或卡尺沿圆周对称的十字方向四处量取表面至上下层界面的高度，取其平均值，即为该层的厚度，准确至 0.1cm。

（3）计算：

按下式计算实测厚度 T_{1i} 与设计厚度 T_{0i} 之差。

$$\Delta T_i = T_{1i} - T_{0i}$$

式中　T_{1i}——路面的实测厚度（cm）；

　　　T_{0i}——路面的设计厚度（cm）；

　　ΔT_i——路面的实测厚度与设计厚度的差值（cm）。

当为检查路面总厚度时，则将各层平均厚度相加即为路面总厚度。

（4）允许偏差：见表 9.5.1。

允许偏差表　　　　　　　　　　　　　　　　　　　表 9.5.1

基层类别	砂石基层	碎石基层	沥青贯入式碎石基层	沥青碎石基层	无机结合料稳定材料基层
允许偏差（mm）	±15	±15	±10	±10	±10

4. 路基路面压实度的检测方法有哪些？检测频率如何规定？

答：检测方法：挖坑灌砂法、核子密湿度仪法、环刀法、钻芯法、无核密度仪法。

检测频率为：每 1000m² 检测一点。

（1）挖坑灌砂法测定压实度的试验方法

方法与土的密度试验中的灌砂法一致，测得干密度后，用下式进行压实度的计算：

$$K = \frac{\rho_d}{\rho_c} \times 100$$

式中　K——测试地点的施工压实度（%）；

　　　ρ_d——试样的干密度（g/cm³）；

　　　ρ_c——由击实试验得到的试样的最大干密度（g/cm³）。

注：当试坑材料组成与击实试验的组成材料有较大差异时，可以试坑材料作标准击实

试验，求取实际的最大干密度。

（2）核子密湿度仪法测定压实度试验方法

答：本方法适用于现场用核子密度湿度仪以散射法或直接透射法测定路基或路面材料的密度和含水量，并计算施工压实度。

检测结果可作为工程质量评定与验收的依据。

①方法步骤：

本方法用于测定沥青混合料面层的压实密度时，在表面用散射法测定，所测定沥青面层的层厚应不大于根据仪器性能决定的最大厚度。用于测定土基或基层材料的压实密度及含水率时，打洞后用直接透射法测定，测定层的厚度不宜大于 20cm。

a. 准备工作：

a）每天使用前或对测试结果有怀疑时，按下列步骤用标准板测定仪器的标准值：

按照仪器使用说明书建议的预热时间，预热测定仪。

在测定前，应检查仪器性能是否正常。将仪器在标准计数块上放置平稳，按照仪器说明书的要求进行标准化计数，并判断仪器标准化计数值必须符合要求。如标准化计数值超过仪器使用说明书规定的限界时，应确认标准计数的方法和环境是否符合要求，并重复此项标准的测量；若第二次标准化计数仍超出规定的限界时，需视作故障并进行仪器检查。

b）在进行沥青混合料压实层密度测定前，应用核子仪与钻孔取样的试件进行标定；测定其他材料时，宜与挖坑灌砂法的结果进行标定。标定的步骤如下：

选择压实的路表面，按要求的测定步骤用核子仪测定密度，读数；

在测定的同一位置用钻机钻孔法或挖坑灌砂法取样，量测厚度，按规定的标准方法测定材料的密度；

对同一种路面厚度及材料类型，在使用前至少测定 15 处，求取两种不同方法测定的密度的相关关系，其相关系数应不小于 0.95。

c）测试位置的选择：

按照随机取样的方法确定测试位置，但与距路面边缘或其他物体的最小距离不得小于 30cm。核子仪距其他的射线源不得少于 10m。

当用散射法测定时，应用细砂填平测试位置路表结构凹凸不平的空隙，使路表面平整，能与仪器紧密接触。

当使用直接透视法测定时，应在表面上用钻杆打孔，孔深必须大于探测杆达到的测试深度，孔应竖直圆滑并稍大于射线源探头。

b. 测定步骤

按照仪器使用说明书建议的预热时间，预热仪器。

如用散射法测定时，应将核子仪平稳地置于测试位置上。测点应随机选择，测定温度应与试验段测定时一致，一组不少于 13 点，取平均值。

如用直接透射法测定时，应将放射源棒放下插入已预先打好的孔内。

打开仪器，测试员退出仪器 2m 以外，按照选定的测定时间进行测量，到达测定时间后，读取显示的各项数值，并迅速关机。

②计算

按下式计算施工干密度及压实度：

$$\rho_d = \frac{\rho_w}{1+\omega}$$

$$K = \frac{\rho_d}{\rho_c} \times 100$$

式中　K——测试地点的施工压实度（%）；

　　　ω——含水率，以小数表示；

　　　ρ_w——试样的湿密度（g/cm³）；

　　　ρ_d——试样的干密度（g/cm³）；

　　　ρ_c——由击实试验得到的试样的最大干密度（g/cm³）。

③使用安全注意事项

仪器工作时，所有人员均应退至距离仪器 2m 以外的地方。

仪器不使用时，应将手柄置于安全位置，仪器应装入专用的仪器箱内，放置在符合核辐射安全规定的地方。

仪器应经有关部门审查合格的专人保管，专人使用。对从事仪器保管及使用的人员，应遵照有关核辐射检测的规定，不符合核防护规定的人员，不得从事此项工作。

（3）环刀法测定压实度试验方法

本方法规定了公路工程现场用环刀法测定土基及路面材料的密度和压实度。适用于细粒土及无机结合料稳定细粒土的密度测定。但对无机结合料稳定细粒土，其龄期不宜超过 2d，且宜用于施工过程中的压实度检验。

①方法与步骤

对现场用检测试样进行击实试验，得到最大干密度及最佳含水率。

a. 用人工取土器测定黏性土及无机结合料稳定细粒土密度的步骤：

擦净环刀，称取环刀质量 M_2，准确至 0.1g。

在试验地点，将面积约 30cm×30cm 的地面清扫干净，并将压实层铲去表面浮动及不平整的部分，达一定深度，使环刀打下后，能达到要求的取土深度，但不得将下层扰动。

将定向筒齿钉固定于铲平的地面上，顺次将环刀、环盖放入定向筒内与地面垂直。

将导杆保持垂直状态，用取土器落锤将环刀打入压实层中，至环盖顶面与定向筒上口齐平为止。

去掉击实锤及定向筒，用镐将环刀及试样挖出。

轻轻取下环盖，用修土刀自边至中削去环刀两端余土，用直尺检测直至修平为止。

擦净环刀外壁，用天平称取出环刀及试样合计质量 M_1，准确至 0.1g。

自环刀中取出试样，取具有代表性的试样，测定其含水率（ω）。

b. 用人工取土器测定砂性土或砂层密度时的步骤：

如为湿润的砂土，试验时不需使用击实锤和定向筒。在铲平的地面上，细心挖出一个直径较环刀外径略大的砂土柱，将环刀刃口向下，平置于砂土柱上，用两手平稳地将环刀垂直压下，直至砂土柱突出环刀上端约 2cm 时为止。

削掉环刀口上的多余砂土，并用直尺刮平。

在环刀上口盖一块平滑的木板，一手按住木板，另一手用小铁锹将试样从环刀底部切断，然后将装满试样的环刀反转过来，削去环刀刃口上部的多余砂土，并用直尺刮平。

擦净环刀外壁，称环刀与试样合计质量（M_1），准确至 0.1g。

自环刀中取具有代表性的试样测定其含水率。

干燥的砂土不能挖成砂土柱时，可直接将环刀压入或打入土中。

c. 用电动取土器测定无机结合料细粒土和硬塑土密度的步骤：

装上所需规格的取芯头。在施工现场取芯前，选择一块平整的路段，将四只行走轮打起，四根定位销钉采用人工加压的方法，压入路基土层中。松开锁紧手柄，旋动升降手轮，使取芯头刚好与土层接触，锁紧手柄。

将电瓶与调速器接通，调速器的输出端接入取芯机电源插口。指示灯亮，显示电路已通；启动开关，电动机工作，带动取芯机构转动。根据土层含水量调节转速，操作升降手柄，上提取芯机构，停机，移开机器。由于取芯头圆筒外表有几条螺旋状突起，切下的土屑排在筒外顺螺纹上旋抛出地表，因此，将取芯套筒套在切削好的土芯立柱上，摇动即可取出样品。

取出样品，立即按取芯套筒长度用修土刀或钢丝锯修平两端，制成所需规格土芯，如拟进行其他试验项目，装入铅盒，送试验室备用。

用天平称量土芯带套筒质量 M_1，从土芯中心部分取试样测定含水量。

本试验须进行两次平行测定，其平行差值不得大于 $0.03g/cm^3$。求其算术平均值。

②计算

a. 按下式计算试样的湿密度及干密度：

$$\rho = 4(M_1 - M_2)/(\pi \cdot d^2 \cdot h)$$
$$\rho_d = \rho/(1 + 0.01\omega)$$

式中 ρ——试样的湿密度（g/cm^3）；

ρ_d——试样的干密度（g/cm^3）；

M_1——环刀或取芯套筒与试样合计质量（g）；

M_2——环刀或取芯套筒质量（g）；

d——环刀或取芯套筒直径（cm）；

h——环刀或取芯套筒高度（cm）；

ω——试样的含水率（%）。

b. 按下式计算施工压实度：

$$K = \frac{\rho_d}{\rho_c} \times 100$$

式中 K——测试地点的施工压实度（%）；

ρ_d——试样的干密度（g/cm^3）；

ρ_c——由击实试验得到的试样的最大干密度（g/cm^3）。

（4）钻芯法测定沥青面层压实度试验方法

压实沥青混合料面层的施工压实度是指按规定方法采取的混合料试样的毛体积密度与标准密度之比，以百分率表示。适用于检验从压实的沥青路面上钻取的沥青混合料芯样试件的密度，以评定沥青面层的施工压实度。

①方法与步骤

a. 钻取芯样：

钻取路面芯样，芯样直径不宜小于 $\phi100mm$。当一次钻孔取得的芯样包含有不同层位的沥青混合料时，应根据结构组合情况用切割机将芯样沿各层结合面锯开分层进行测定。

b. 测定试件密度：

将钻取的试件在水中用毛刷轻轻刷净粘附的粉尘。如试件边角有浮松颗粒，应仔细清除。

将试件晾干或用风扇吹干不少于 24h，直至恒重。

按现行《公路工程沥青及沥青混合料试验规程（JTG E20—2011）》的沥青混合料试件密度试验方法测定试件的视密度或毛体积密度 ρ_s。当试件的吸水率小于 0.5% 时，采用水中重法测定；当试件的吸水率不大于 2% 时，用表干法测定；当吸水率大于 2% 时，用蜡封法测定；对空隙率很大的透水性混合料及开级配混合料用体积法测定。

②计算

a. 当计算压实度的沥青混合料的标准密度采用马歇尔击实试件成型密度或试验路段钻孔取样密度时，沥青面层的压实度按下式计算：

$$K = \frac{\rho_s}{\rho_0} \times 100$$

式中　K——沥青面层的压实度（%）；

　　　ρ_s——沥青混合料芯样试件的视密度或毛体积密度（g/cm^3）；

　　　ρ_0——沥青混合料的标准密度（g/cm^3）。

b. 由沥青混合料实测最大密度计算压实度时，应按下式进行空隙率折算，作为标准密度，再按上式计算压实度：

$$\rho_0 = \rho_t \times [(100 - W)/100]$$

式中　ρ_t——沥青混合料的实测最大密度（g/cm^3）；

　　　ρ_0——沥青混合料的标准密度（g/cm^3）；

　　　W——试样的空隙率（%）。

(5) 无核密度仪测定压实度试验方法

本方法适用于现场无核密度仪快速测定沥青路面各层沥青混合料的密度，并计算施工压实度，但测定结果不宜用于评定验收或仲裁。可用于检测铺筑完工的沥青路面、现场沥青混合料铺筑层密度及快速检查混合料的离析。

① 方法与步骤

a. 准备工作

所测定沥青面层的层厚应不大于该仪器性能探测的最大深度。在进行沥青混合料压实层密度测定前，应用无核密度仪与钻孔取样的试件进行标定。

第一次使用前需要对软件进行设置。仪器储存了软件的设置后，操作者无须每次开机后都进行软件的设置。

按照仪器使用说明书的要求综合标定仪器的测量精度。

按照不同的需要选择想要的测量模式。

按照仪器使用说明的规定，进行修正值的设置。

b. 测试步骤

正确选择测量场地；把仪器放置平稳，保证仪器不晃动，仪器应与测量面紧密接触。

在开始测量前应检查仪器的工作状态，如电池电压、内部温度、选择的测量单位、运行参考读数的日期和时间等。

根据需要选择测量模式进行测试。

c. 计算

按下式计算压实度：

$$K = \frac{\rho_d}{\rho_c} \times 100$$

式中　K——测试地点的施工压实度（％）；

ρ_d——由无核密度仪测定的压实沥青混合料实际密度（g/cm³）一组不少于 13 个点，取平均值；

ρ_c——沥青混合料的标准密度（g/cm³）。

5. 平整度的检测方法是什么？检测频率如何规定？

答：检测方法：3m 直尺测定平整度试验方法、连续式平整度仪测定平整度试验方法、车载式颠簸累积仪测定平整度试验方法。

检测频率：路宽<9m 时，检测 1 点；路宽在 9～15m 时，检测 2 点；路宽>15m 时，检测 3 点。

（1）3m 直尺测定平整度试验方法

本方法规定用 3m 直尺测定距离路表面的最大间隙表示路基路面的平整度，以毫米（mm）计。

适用于测定压实成型的路面各层表面的平整度，以评定路面的施工质量及使用质量，也可用于路基表面成型后的施工平整度检测。

①准备工作

a. 在测试路段路面上选择测试地点：当为施工过程中质量检测需要时，测试地点根据需要确定，可以单杆检测；当为路基路面工程质量检查验收或进行路况评定需要时，应连续测量 10 尺。除特殊需要者外，应以行车道一侧车轮轮迹（距车道线 80～100cm）作为连续测定的标准位置。对旧路已形成车辙的路面，应取车辙中间位置为测定位置，用粉笔在路面上做好标记。

b. 清扫路面测定位置处的污物。

②测试步骤

a. 在施工过程中检测时，按根据需要确定的方向，将 3m 直尺摆在测试地点的路面上。

b. 目测 3m 直尺底面与路面之间的间隙情况，确定间隙为最大的位置。

c. 用有高度标线的塞尺塞进间隙处，量记其最大间隙的高度（mm），准确至 0.2mm。

d. 施工结束后检测时，每 1 处连续检测 10 尺，按上述 a～c 的步骤测记 10 个最大间隙。

③计算

单杆检测路面的平整度计算，以 3m 直尺与路面的最大间隙为测定结果。连续测定 10

尺时，判断每个测定值是否合格，根据要求计算合格百分率，并计算 10 个最大间隙的平均值。

④报告

单杆检测的结果应随时记录测试位置及检测结果。连续测定 10 尺时，应报告平均值、不合格尺数、合格率。

（2）连续式平整度仪测定平整度试验方法

本方法规定用连续式平整度仪量测路面的不平整度的标准差（σ），以表示路面的平整度，以毫米（mm）计。适用于测定路表面的平整度，评定路面的施工质量和使用质量，但不适用于在已有较多坑槽、破损严重的路面上测定。

①准备工作

a. 选择测试路段。

当为施工过程中质量检测需要时，测试地点根据需要决定；当为路面工程质量检查验收或进行路况评定需要时，通常以行车道一侧车轮轮迹带作为连续测定的标准位置。对旧路已形成车辙的路面，取一侧车辙中间位置为测定位置。在测试路段路面上确定测试位置后，当以内侧轮迹带（IWP）或外侧轮迹带（OWP）作为测定位时，测定位置距车道标线 80～100cm。

b. 清扫路面位置处的脏物。

c. 检查仪器检测箱各部分是否完好、灵敏，并将各连接线接妥，安装记录设备。

②试验步骤

a. 将连续式平整度仪置于测试路段路面起点上。

b. 在牵引汽车的后部，将平整度的挂钩挂上后，放下测定轮，启动检测器及记录仪，随即启动汽车，沿道路纵向行驶，横向位置保持稳定，并检查平整度检测仪表上测定数字显示、打印、记录的情况。如遇检测设备中某项仪表发生故障，即须停止检测。牵引平整度仪的速度应保持匀速，速度宜为 5km/h，最大不得超过 12km/h。

在测试路段较短时，亦可用人力拖拉平整度仪测定路面的平整度，但拖拉时应保持匀速前进。

③计算

a. 连续式平整度测定仪测定后，可按每 10cm 间距采集的位移值自动计算每 100m 计算区间的平整度标准差（mm），还可记录测试长度（m）、曲线振幅大于某一定值（如 3mm、5mm、8mm、10mm 等）的次数、曲线振幅的单向（凸起或凹下）累计值及以 3m 机架为基准的中点路面偏差曲线图，计算打印。当为人工计算时，在记录曲线上任意设一基准线，每隔一定距离（宜为 1.5m）读取曲线偏离基准线的偏离位移值 d_i。

b. 每一计算区间的路面平整度以该区间测定结果的标准差表示，按下式计算：

$$\sigma_i = \sqrt{\frac{\sum d_i^2 - (\sum d_i)^2/N}{N-1}}$$

式中　σ_i——各计算区间的平整度计算值（mm）；

d_i——以 100m 为一个计算区间，每隔一定距离（自动采集间距为 1m，人工采集间距为 1.5m）采集的路面凹凸偏差位移值（mm）；

N——计算区间用于计算标准差的测试数据个数。

计算一个评定路段内各区间平整度标准差的平均值、标准差、变异系数。

④报告

试验应列表报告每一个评定路段内各测定区间的平整度标准差、各评定路段平整度的平均值、标准差、变异系数以及不合格区间数。

（3）车载式颠簸累积仪测定平整度试验方法

本方法规定用车载式颠簸累积仪测量车辆在路面上通行时后轴与车厢之间的单向位移累积值，表示路面的平整度，以厘米/千米（cm/km）计。适用于测定路面表面的平整度，以评定路面的施工质量和使用期的舒适性。但不适用于在已有较多坑槽、破损严重的路面上测定。

①准备工作

a. 仪器安装

车载式颠簸累积仪的机械传感器应对准测试车的后桥差速器上方，用螺栓固定在车厢底板上。

在机械传感器的定量位移轮线槽引出钢丝绳下方的车辆底板上，打一个直径约 2.5cm 的孔洞。将仪器的钢丝绳穿过次孔洞同后桥差速盒连接，但钢丝绳不能与孔洞边缘摩擦或接触。

将后桥差速器盒盖螺丝卸下，加装一个用 ϕ3mm 铁丝或 2mm 厚钢板做成的小挂钩再装回拧紧，以备挂测量钢丝绳之用。

机械传感器在挂钢丝绳之前，定量位移轮应预先按箭头方向沿其中轴旋转 2~3 圈，使内部发条具有一定的紧度，钢丝绳则绕其线槽 2~3 圈后引出，穿过车厢底板所打的 ϕ2.5cm 的孔洞至差速器新装的挂钩上挂住，钢丝绳应张紧，这时仪器即处于测量准备状态。

注：在不测量时应松开挂钩，收回钢丝绳置于车厢内。

数据处理器及打印机安置于车上任何便于操作的位置或座位上。

b. 仪器检查及准备

检查装载车，轮胎气压应符合所使用测试汽车的规定值；轮胎应清洁，不得粘附有沥青块等杂物；车上人员及载重应与仪器标定时相符；汽车底盘悬挂没有松动或异常响声。

挂好的钢丝绳在线绳在线槽上应没有重叠，张力良好。

连接电源，用 12V 直流电源供电，也可使用汽车蓄电池，或加装一插头接于汽车点烟器插座处供电。电源线红色为正极，白色为负极，电源极性不得接错。

接妥机械传感器、打印机及数据处理器的连接线插头。

打开打印机边上的电源开关，试验开关置于空白处。

设定测试路段计算区间的长度，标准的计算区间长为 100m，根据要求也可为 200m、500m 或 1000m。

②测量步骤

a. 汽车停在测量起点前约 300~500m 处，打开数据处理器的电源，打印机打印出"VBI"等字头，在数码管上显示"P"字样，表示仪器已准备好。

在键盘上输入测试年、月、日，然后按"D"键，打印机打出测试日期。

在键盘上输入测试路段编码后按"C"键，路段编码即被打出，如"C 0102"。

在键盘上输入测试起点公里桩号及百米桩号，然后按"A"键，起点桩号即被打出，如"A：0048＋100km"。

注："F"键为改错键，当输入数据出错时，按"F"键后重新输入正确的数字。

发动汽车向被测路段驶去，逐渐加速，保证在到达测试起点前稳定在选定的测试速度范围内，但必须与标定时的速度相同，然后控制测试速度的误差不超过±3km/h。除特殊要求外，标准的测试速度为32km/h。

到达测试起点时，按下开始测量键"B"，仪器即开始自动累积被测路面的单向颠簸值。

当到达预定测试路段终点时，按所选的测试路段计算区间长度相对应的数字键（例如数字键"1"代表长度为100m，"2"为200m，"5"为500m，"0"为1000m等），将测试路段的颠簸累积值换算成以公里计的颠簸累积值打印出来，单位为"cm/km"。

b. 连续测试：

以每段长度100m为例，到达第一段终点后按"1"键，车辆继续稳速前进，到达第二段终点时，按数字键"2"，依此类推。在测试中被测路段长度可以变化，仪器除能把不足1km的路段长度测试结果换算成以公里计的测试结果VBI外，还可把测过的路段长度自动累加后连同测试结果一起打印出来。

注："E"键为暂停键，测试过程中按此键将使所显示数值在3s内保持不变，供测试者详细观察或记录测试数字，但内部计数器仍在继续累积计数，过3s后数码管重新显示新的数据，暂停期间不会中断或丢失所测数据。

③ 测试结果

a. 常规路面调查一般可取一次测量结果，如属重要路面评价测试或与前次测量结果有较大差别时，应重复测试2～3次，取其平均值作为测试结果。

完毕，关闭仪器电源，把挂在差速器外壳的钢丝绳摘开，钢丝绳由车厢底板下拉上来放好，以备下次测试。注意松钢丝绳时要缓慢放松，因机械传感器的定量位移轮内部有张紧的发条，松绳过快容易损坏仪器，甚至会被钢丝绳划伤。

注：装好仪器（挂好钢丝绳）的汽车不测量时，不要长途驾驶。

b. 试验结果与国际平整度指数等其他平整度指标建立相关关系：

用车载式颠簸累积仪测定的VBI值需要与其他平整度指标［如连续式平整度仪测出的标准差、国际平整度指数（IRI）等］进行换算时，应将车载式颠簸累积仪的测试结果进行标定，即与相关的平整度仪测量结果建立相关关系，相关系数均不得小于0.90。

为与其他平整度指标建立相关关系，选择的标定路段应符合下列要求：

有5～6段不同平整度的现有道路，从好到坏不同程度的都应各有一段。每段路长宜为250～300m。每一段中的平整度应均匀，段内应无太大差别。标定路段应选纵坡变化较小的平坦、直线地段。选择交通量小或可以疏导的路段，减少标定时车辆的干扰。

标定路段起讫点用油漆做好标记，并每隔一定距离作中间标记，标定宜选择在行车道的正常轮迹上进行。

a）用连续式平整度仪进行标定的步骤：

用于标定的仪器应使用按规定进行校准后能准确测定路面平整度的连续式平整度仪。

按现行操作规程用连续式平整度仪沿选择的每个路段全程连续测量平整度3～5次，取其平均值作为该路段的测试结果（以标准差表示）。

按上述②的步骤，用车载式颠簸累积仪沿各个路段进行测量，重复 3～5 次后，取其各次颠簸累积值的平均值作为该路段的测试结果，与平整度仪的各段测试结果相对应。标定时的测试车速应在 30～50km/h 范围内选用一种或两种稳定的车速分别进行，记录车速及搭载量，以后测试时的情况应与标定时的相同。

b）整理相关关系：

将连续式平整度仪测出的标准差 σ 及车载式颠簸累积仪测出的颠簸累积值 VBI_v 绘制出曲线并进行回归分析，建立下式的相关关系：

$$\sigma = a + b \times VBI_v$$

式中 σ——用连续式平整度仪测定的以标准差表示的平整度（mm）；

VBI_v——测试速度为 V（km/h）时用颠簸累积仪测得的累积值 VBI（cm/km）；

a、b——回归系数。

c）将车载式颠簸累积仪测定结果换算成国际平整度指数的标定方法：

将所选择的标定路段在标记上每隔 0.25m 作出补充标记。

在每个路段上用经过校准的精密水平仪分别测出每隔 0.25m 标点上的标高，按有关方法计算国际平整度指数 IRI（m/km）。

按②的方法用车载式颠簸累积仪测试得到各个路段的测试结果。

将各个路段的国际平整度指数与颠簸累积值 VBI_v 绘制出曲线并进行回归分析，建立下式的相关关系：

$$IRI = a + b \times VBI_v$$

式中 IRI——国际平整度指数（m/km）；

VBI_v——测试速度为 V（km/h）时颠簸累积仪测得的颠簸累积值（cm/km）；

a、b——回归系数。

④报告

a. 应列表报告每一个评定路段内各测定区间的颠簸累积值，各评定路段颠簸累积值的平均值、标准差、变异系数。

b. 测试速度。

c. 试验结果与国际平整度指数等其他平整度指标建立的相关关系式、参数值、相关系数。

（4）结果评定

a. 对于砂石基层、碎石基层、沥青贯入式碎石基层，若用 3m 直尺测定平整度试验方法检测，允许偏差≤15mm；

b. 对于沥青碎石基层，若用 3m 直尺测定平整度试验方法检测，允许偏差≤7mm；

c. 对于无机结合料稳定材料基层，若用 3m 直尺测定平整度试验方法检测，允许偏差≤10mm；

d. 对于水泥混凝土（钢筋水泥混凝土）路面，若用 3m 直尺测定平整度试验方法检测，允许偏差≤5mm；

e. 对于沥青混凝土路面，若用 3m 直尺测定平整度试验方法检测，允许偏差≤3mm；若用连续式平整度仪测定平整度试验方法检测，主干路、快速路应为 σ≤1.2mm，次干路、支路应为 σ≤1.8mm；

　　f. 对于天然石材路面，若用 3m 直尺测定平整度试验方法检测，允许偏差≤3mm。

6. 承载能力的检测方法有哪些？检测频率如何规定？

　　答：检测方法：贝克曼梁测定路基路面回弹弯沉检测方法、自动弯沉仪测定路面弯沉检测方法、落锤式弯沉仪测定路面弯沉试验方法。

　　检测频率：路宽<9m 时，检测 2 点/20m；路宽在 9～15m 时，检测 4 点/20m；路宽>15m 时，检测 6 点/20m。

　　（1）贝克曼梁测定路基路面回弹弯沉检测方法

　　本方法适用于测定各类路基路面的回弹弯沉，用以评定其整体承载能力，可供路面结构设计使用。

　　沥青路面的弯沉当沥青面层平均温度 20℃±2℃时可不修正，在其他温度测试时，对沥青层厚度大于 5cm 的沥青路面，弯沉值应予温度修正。

　　检测时应采用后轴重 100kN±1kN，胎压为 0.70MPa±0.05MPa 的 BZZ-100 标准车。

　　①路基路面回弹弯沉测试步骤

　　a. 在测试路段布置测点，其距离随测试需要而定。测点应在路面行车车道的轮迹带上，并用白油漆或粉笔画上标记。

　　b. 将试验车后轮轮隙对准测点后约 3～5cm 处的位置上。

　　c. 将弯沉仪插入汽车后轮之间的缝隙处，与汽车方向一致，梁臂不得碰到轮胎，弯沉仪测头置于测点上（轮隙中心前方 3～5cm 处），并安装百分表于弯沉仪的测定杆上，百分表调零，用手指轻轻叩打弯沉仪，检查百分表是否稳定回零。

　　弯沉仪可以是单侧测定，也可以是双侧同时测定。

　　d. 测定者吹哨发令指挥汽车缓缓前进，百分表随路面变形的增加而持续向前转动。当表针转动到最大值时，迅速读取初读数 L_1。汽车仍在继续前进，表针反向回转，待汽车驶出弯沉影响半径（约 3m 以上）后，吹口哨或挥动指挥红旗，汽车停止。待表针回转稳定后，再次读取终读数 L_2。汽车前进的速度宜为 5km/h 左右。

　　e. 弯沉仪的支点变形修正

　　当采用长度为 3.6m 的弯沉仪对半刚性基层沥青路面、水泥混凝土路面等进行弯沉测定时，有可能引起弯沉仪支座处变形，因此测定时应检验支点有无变形。此时应用另一台检测用的弯沉仪安装在测定用弯沉仪的后方，其测点架于测定用弯沉仪的支点旁。当汽车开出时，同时测定两台弯沉仪的弯沉读数，如检查用弯沉仪百分表有读数，即应该记录并进行支点变形修正。当在同一结构层上测定时，可在不同位置测定 5 次，求取平均值，以后每次测定时以此作为修正值。

　　当采用长度为 5.4m 的弯沉仪测定时，可不进行支点变形修正。

　　②结果计算及温度修正

　　a. 路面测点的回弹弯沉值依下式计算：

$$L_T = (L_1 - L_2) \times 2$$

式中　L_T——在路面温度 T 时的回弹弯沉值（0.01mm）；

　　　　L_1——车轮中心临近弯沉仪测头时百分表的最大读数（0.01mm）；

　　　　L_2——汽车驶出弯沉影响半径后百分表的终读数（0.01mm）。

　b. 当需要进行弯沉仪支点变形修正时，路面测点的回弹弯沉值按下式计算：

$$L_T = (L_1 - L_2) \times 2 + (L_3 - L_4) \times 6$$

式中　L_1——车轮中心临近弯沉仪测头时测定用弯沉仪的最大读数（0.01mm）；

　　　L_2——汽车驶出弯沉影响半径后测定用弯沉仪的终读数（0.01mm）；

　　　L_3——车轮中心临近弯沉仪测头时检验用弯沉仪的最大读数（0.01mm）；

　　　L_4——汽车驶出弯沉影响半径后检验用弯沉仪的终读数（0.01mm）。

　注：此式适用于测定用弯沉仪支座处有变形，但百分表架处路面已无变形的情况。

　c. 沥青面层厚度大于5cm的沥青路面，回弹弯沉值应进行温度修正，温度修正及回弹弯沉的计算宜按下列步骤进行。

　测定时的沥青层平均温度按下式计算：

$$T = (T_{25} + T_m + T_e)/3$$

式中　T——测定时的沥青层平均温度（℃）；

　　　T_{25}——根据 T_0 由图9.5.1决定的路表下25mm处的温度（℃）；

　　　T_m——根据 T_0 由图9.5.1决定的沥青层中间深度的温度（℃）；

　　　T_e——根据 T_0 由图9.5.1决定的沥青层底面处的温度（℃）。

　T_0 为测定时路表温度与测定前5d日平均气温的平均值之和（℃），日平均气温为日最高气温与最低气温的平均值。

　采用不同基层的沥青路面弯沉值的温度修正系数 K，根据沥青层平均温度 T 及沥青层厚度，分别由图9.5.2及图9.5.3求取。

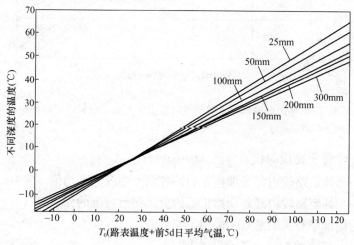

图9.5.1　沥青层平均温度的决定

　沥青路面回弹弯沉按下式计算：

$$L_{20} = L_T \times K$$

式中　K——温度修正系数；

　　　L_{20}——换算为20℃的沥青路面回弹弯沉值（0.01mm）；

　　　L_T——测定时沥青面层内平均温度为 T 时的回弹弯沉值（0.01mm）。

　d. 按下式计算每个评定路段的代表弯沉：

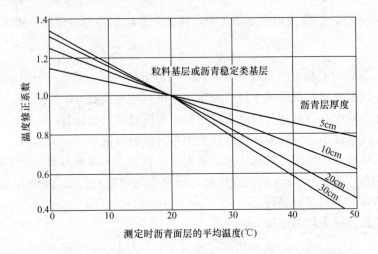

图 9.5.2 路面弯沉温度修正系数曲线（适用于粒料基层及沥青稳定基层）

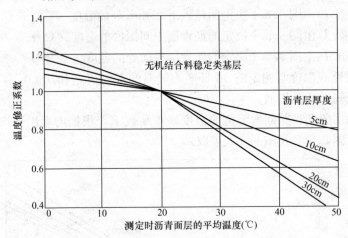

图 9.5.3 路面弯沉温度修正系数曲线（适用于无机结合料稳定的半刚性基层）

$$L_r = \overline{L} + Z_a S$$

式中 L_r——一个评定路段的代表弯沉（0.01mm）；

$\overline{L}$——一个评定路段内经各项修正后的各测点弯沉的平均值（0.01mm）；

S——一个评定路段内经各项修正后的全部测点弯沉的标准差（0.01mm）；

Z_a——与保证率有关的系数，采用下列数值：

高速公路、一级公路　　　$Z_a = 2.0$

二级公路　　　$Z_a = 1.645$

二级以下公路　　　$Z_a = 1.5$

③报告应包括下列内容

弯沉测定表、支点变形修正值、测试时的路面温度及温度修正值。

每一个评定路段的各测点弯沉的平均值、标准差及代表弯沉。

（2）自动弯沉仪测定路面弯沉检测方法

本方法适用于自动弯沉仪在标准条件下每隔一定距离连续测试路面的总弯沉，及测定路段的总弯沉值的平均值。适用于尚无坑洞等严重破坏的道路验收检查及旧路面强度评价，可为路面养护管理系统提供数据，经过与贝克曼梁测定值进行换算后，也可用于路面结构设计。

①方法与步骤

a. 将自动弯沉仪测定车开到检测路段的测定车道（一般为行车道）上，测点应在路面行车车道的轮迹带上。

汽车到达测试地点第一个测点位置后，按下列步骤放下测量机构：

关闭汽车发动机；松开离合器转盘；放下测量头，测量头位于测定梁（后轴）前方的一定距离上；放下后支点，勾好手把；放下测量架，销好把手；放下导向机构；插上仪器与汽车的连接销杆或开动液压转向同步系统；检查钢丝绳一定要在离合器的槽内；启动汽车发动机，在操作键盘上按动离合器开关，竖测量机构于最前端。

b. 开始测试时，汽车以一定速度行进，测量头连续检测汽车后轴左右轮隙下产生的路面瞬间弯沉。通过测定梁支点的位移传感器将位移转换为电信号，并传送到数据记录器，待汽车后轮通过测量量头后，监程器上显示弯沉盆或弯沉峰值，打印机输出弯沉峰值及测定距离。当第一点测定完毕后，车辆前面的牵引装置以两倍于汽车行进的速度把测量机构拉到测定轮前方，汽车继续行进，到达下一测点时，开始第二点测定，周而复始地向前测定。汽车在整个测试过程中应保持在规定的速度范围内稳定行使，标准的行车速度应为 3.0～3.5km/h。在标准速度下的测试步距不应大于 10m。

c. 数据采集

a）显示器显示弯沉盆或弯沉峰值

测定过程中按相应的功能键，显示器屏幕即可显示每一测点的总弯沉盆。当测定一段距离后，再按此键，将显示路段总弯沉均匀程度的弯沉峰值柱状图。

b）打印机输出

在测定车测定工作时，应打印出测点位置和左右弯沉峰值。

测定结束后，汽车停止前进，按下列步骤收起测量机构：

先提起导向机构；提起测量架机构；提起后支点；最后挂起测头。

②数据处理

测定结果应按计算区间输出计算结果，计算区间长度可根据公路等级和测试要求确定，标准的计算区间为 100m。

在测定时，随着打印机输出的同时，应将数据用文件方式同时记录在磁带或硬盘上，长期保存。通过计算机输出计算结果，包括每一个计算区间的平均总弯沉值、标准差、代表总弯沉值，示例见表 9.5.2。其中代表总弯沉值按贝克曼梁测定路基路面回弹弯沉检测方法的结果计算及温度修正计算。如已进行过自动弯沉仪总弯沉与贝克曼梁回弹弯沉对比试验，则可据此计算出相应的回弹弯沉值。

③自动弯沉仪与贝克曼梁弯沉仪对比试验步骤

针对不同地区选择某种路面结构的代表性路段，进行两种测定方法的对比试验，以便将自动弯沉仪测定的总弯沉换算成贝克曼梁测定的回弹弯沉值。测定路段的长度为300～500m，并应使测定的弯沉值有一定的变化幅度。

对比试验步骤

采用同一辆自动弯沉仪测定车,使测定车型、荷载大小和轮胎作用面积完全相同。用油漆标记对比路段起点位置;

按计算区间列出的总弯沉测定示例表 表 9.5.2

记录号	路线号	公里桩	百米桩	平均总弯沉值 (0.01mm)	标准差 (0.01mm)	代表总弯沉 (0.01mm)
1	107	1376	100	41	19.256	79
2	107	1376	200	45	9.916	65
3	107	1376	300	55	18.442	92
4	107	1376	400	57	12.739	82
5	107	1376	500	42	9.096	60

注:本表计算区间为100m,代表总弯沉按平均总弯沉加2倍标准差计算。

用自动弯沉仪按(1)的方法进行测定,同时仔细用油漆标出每一测点的位置;

在每一标记位置用贝克曼梁定点测定回弹弯沉,测点范围准确在 10cm² 以内。

逐点对应计算两者的相关关系,得出回归方程式 $L_B=a+bL_A$,式中 L_B、L_A 分别为贝克曼梁和自动弯沉仪测定的弯沉值。相关系数不得小于 0.90。

注:由于不同路面结构的材料、路基状况、温度、水文条件、路面使用状况不同,对比关系也有所不同,为了提高数据的准确性,应分别情况作此项对比试验。

④报告

应包含以下内容:

按一个计算区间列出总弯沉测定表及弯沉峰值柱状图,每一个评定路段的全部测点总弯沉的平均值、标准差、变异系数及代表弯沉。

如与贝克曼梁弯沉仪进行了比对试验,尚应报告相关关系式及换算的回弹弯沉。

(3)落锤式弯沉仪测定路面弯沉检测方法

本方法适用于在落锤式弯沉仪(FWD)标准质量的重锤落下一定高度发生的冲击荷载的作用下,测定路基或路面表面所产生的瞬时变形,即测定在动态荷载作用下产生的动态弯沉及弯沉盆,并可由此反算路基路面各层材料的动态弹性模量,作为设计参数使用。所测结果也可用于评定道路承载能力,调查水泥混凝土路面的接缝的传力效果,探查路面板下的空洞等。

①评定道路承载能力的方法与步骤

a. 准备工作

调整重锤的质量及落高,应根据使用目的与道路等级选择,如无特殊要求,重锤质量为 200±10kg,可产生 50±2.5kN 的冲击荷载。承载板宜为十字对称分开成 4 部分且底部固定有橡胶片的承载板。承载板的直径为 300mm。

在测试路段的路基或路面各层表面布置测点,其位置或距离随测试需要而定。当在路面表面测定时,测点宜布置在行车车道的轮迹带上。测试时,还可利用距离传感器定位。

检查 FWD 的车况及使用性能,用手动操作检查,各项指标符合仪器规定要求。

将 FWD 牵引至测定地点,将仪器打开,进入工作状态。牵引 FWD 行驶的速度不宜超过 50km/h。

对位移传感器按仪器使用说明书进行标定,使之达到规定的精度要求。

b. 测定方法

承载板中心位置对准测点，承载板自动落下，放下弯沉装置的各个传感器。

启动落锤装置，落锤瞬即自由落下，冲击力作用于承载板上，又立即自动提升至原来位置固定。同时，各个传感器检测结构层表面变形，记录系统将位移信号输入计算机，并得到峰值，即路面弯沉，同时得到弯沉盆。每一测点重复测定应不少于 3 次，除去第一个测定值，取以后几次测定值的平均值作为计算依据。

提起传感器及承载板，牵引车向前移动至下一测点，重复上述步骤，进行测定。

② 落锤式弯沉仪与贝克曼梁弯沉仪对比试验步骤

选择结构类型完全相同的路段，针对不同地区选择某种路面结构的代表性路段，进行两种测定方法的对比试验，以便将落锤式弯沉仪测定的动弯沉换算成贝克曼梁测定的回弹弯沉值。选择的对比路段长度 300～500m，弯沉值应有一定的变化幅度。

对比试验步骤

采用与实际使用相同且符合要求的落锤式弯沉仪及贝克曼梁弯沉仪测定车。落锤式弯沉仪的冲击荷载应与贝克曼梁弯沉仪测定车的后轴双轮荷载相同。

用油漆标记对比路段起点位置。

按 a 布置测点位置，按贝克曼梁测定路基路面回弹弯沉检测方法用贝克曼梁定点测定回弹弯沉。测定车开走后，用粉笔以测定点为圆心，在周围画一个半径为 15cm 的圆，标明测点位置。

将落锤式弯沉仪的承载板对准圆圈，位置偏差不超过 30mm，按①的方法进行测定。两种仪器对同一点弯沉测定的时间间隔不应超过 10min。

逐点对应计算两者的相关关系。

通过对比试验得出回归方程式 $L_B = a + bL_{FWD}$，式中 L_{FWD}、L_B 分别为落锤式弯沉仪、贝克曼梁测定的弯沉值。回归方程式的相关系数应不小于 0.90。

注：由于不同路面结构的材料、路基状况、温度、水文条件、路面使用状况不同，对比关系也有所不同，为了提高数据的准确性，应分别情况作此项对比试验。

③水泥混凝土路面板调查的方法与步骤

在测试路段的水泥混凝土路面板表面布置测点，当为调查水泥混凝土路面的接缝的传力效果时，测点布置在接缝的一侧，位移传感器分开在接缝两边布置。当为探查路面板下的空洞时，测点布置位置随测试需要而定，应在不同位置测定。

按步骤①进行测定。

④计算

按桩号记录各测点的弯沉及弯沉盆数据，计算一个评定路段的平均值、标准差、变异系数。

当为调查水泥混凝土路面接缝的传力效果时，利用分开在接缝两边布置的位移传感器测定值的差异及弯沉盆的形状，进行判断。

当为探查路面板下的空洞时，利用在不同位置测定的测定值差异及弯沉盆形状，进行判断。

（4）结果评定

弯沉值应符合设计要求。

附录:《建设工程检测试验管理规程》(DB11/T 386—2006)

北京市地方性标准
建设工程检测试验管理规程(节选)
(DB11/T 386—2006)

1 总 则

1.0.1 为加强对北京市建设工程质量检测机构和试验室的管理,制定本规程。

1.0.2 凡在北京市行政区域内参与工程建设的检测机构、试验室及施工现场试验管理均应执行本规程。

1.0.3 北京市建设工程质量检测机构、试验室及施工现场试验的管理,除应执行本规程外,尚应符合国家和地方有关法律、法规和技术标准的规定。

2 术 语

2.0.1 检测机构 inspection body

取得相应的检测资质并向工程建设领域提供检测试验技术服务的社会中介机构。

2.0.2 试验室 laboratory

建筑施工企业、建筑构配件生产企业和预拌混凝土生产企业内部设置的从事建筑工程材料试验的机构。

2.0.3 检测试验机构 inspection and test body

检测机构和试验室的总称。

2.0.4 检测 inspection

检测机构依据国家有关技术标准和设计文件对工程结构实体及施工质量进行测试,并判定是否符合相关技术标准和设计文件要求的过程。

2.0.5 试验 test

检测试验机构依据国家有关技术标准和设计文件对建筑工程材料和材料组合使用后的物理及化学性能进行测试,并判定是否满足施工质量要求的过程。

2.0.6 检测试验工作 inspection and test activity

检测机构和试验室从事建设工程检测与试验工作的总称。

2.0.7 技术资料 technical documents

从事检测试验活动的各项记录,包括检测试验委托协议书、原始记录和检测试验报告等。

2.0.8 电子资料 electronic documents

以电子媒体形式保存的技术资料。

2.0.9 见证取样检测 witness sampling and testing

在建设或监理单位人员的见证下,由施工单位的试验人员在现场抽取涉及工程结构安全或功能的材料或试样,并委托检测机构测试的过程。

3 基 本 规 定

3.0.1 检测试验工作应执行国家和地方有关法律、法规和技术标准的规定。

3.0.2 检测机构必须保证测试工作的公正性,不得与承接工程项目建设的各方有隶属关系或其他利害关系。

3.0.3 检测机构应对其出具的检测试验报告的真实性、准确性负责。企业应对其所属试验室出具的试验报告的真实性、准确性负责。

3.0.4 检测试验机构应建立有效的质量管理体系并形成文件。

3.0.5 检测试验机构应当将测试过程中发现的建设、监理、施工等单位违反有关法律、法规和工程建设强制性标准的情况,以及涉及结构安全不合格的测试结果,及时报告工程所在地建设主管部门。

3.0.6 检测试验机构应单独建立检测试验结果不合格项目台账。

3.0.7 技术资料的填写应内容齐全、字迹清晰、书写规范,符合有关规定。

3.0.8 技术资料的管理应符合本规程及北京市建筑工程资料管理规程的规定。

3.0.9 技术资料应采取适宜的载体形式加以保存,保存期限应符合工程档案保存期限的要求。

3.0.10 检测机构应参加能力验证或开展实验室间比对活动。

3.0.11 检测机构应不断改进服务质量,诚信自律,不得以低于成本的价格承揽业务。

4 检测试验工作管理

4.1 人 员

4.1.1 检测试验机构的人员配置应与其所承接的测试工作范围和业务量相适应。

4.1.2 从事检测试验工作的专业技术人员应熟悉相关规定与技术要求,经培训合格后上岗。检测机构的人员培训合格率不得低于90%,试验室的人员培训合格率不得低于80%。

4.1.3 检测机构的技术负责人应具有相关专业高级技术职称,并从事检测试验工作3年以上;试验室的技术负责人应具有相关专业中级以上技术职称并熟悉试验工作。

4.1.4 检测试验机构应对测试人员进行必要的继续教育和培训,并将有关资格、培训和经历等信息记入人员技术档案。

4.2 仪 器 设 备

4.2.1 检测试验机构应配备与所开展测试工作相适应的仪器设备。

4.2.2 检测试验机构应建立完整的仪器设备台账和档案。

4.2.3 出现下列情况之一时,仪器设备应进行校准或检定:

　1 首次使用前;

2 可能对测试结果有影响的维修、改造或移动后；

3 停用后再次投入使用前。

4.2.4 仪器设备在下列情况下不得继续使用：

1 当仪器设备在量程刻度范围内出现裂痕、磨损、破坏、刻度不清或其他影响测量精度问题时；

2 当仪器设备出现显示缺损、不清或按键不灵敏等故障时。

4.2.5 检测试验工作使用的仪器设备应按本规程附录 A 规定的周期进行校准（检定）。附录 A 未规定校准（检定）周期的仪器设备，检测试验机构可根据具体情况确定是否对其进行校准（检定），以及校准（检定）方式和周期。

4.2.6 自校的仪器设备须编制自校规程。

4.2.7 对于使用频次高或易产生漂移的仪器设备，在校准（检定）周期内，宜对其进行期间核查，并做好记录。

4.2.8 仪器设备应有明显的校准（检定）标识，标识的内容应包括仪器设备使用状态、检定日期及有效期。

4.2.9 仪器设备应按照有关规定及使用说明书的要求进行维护保养，并做好记录。

4.2.10 用于现场测试的仪器设备，应建立领用和归还台账，记录仪器设备完好情况及其他相关信息。

4.3 环　　境

4.3.1 检测试验机构应具备与所开展的测试项目相适应的工作环境；各种仪器设备应布局合理，满足测试工作的需要。

4.3.2 检测试验工作区应与办公区分开，工作区应有明显标识；与测试工作无关的人员和物品不得进入工作区。

4.3.3 检测试验工作场所的温度、湿度应满足所开展测试工作的需要，并有相应的记录。工作场所的环境、卫生、噪声、电磁场、震动等不得对测试结果造成影响。

4.3.4 检测试验工作过程中产生的废弃物、废水、废气、噪声、震动和有毒物质等的处置，应符合环境保护和人身健康方面的有关规定。

4.4 委　　托

4.4.1 检测试验机构应与委托方建立书面委托（合同）关系。

4.4.2 委托方应对所提供试样（件）的真实性负责。

4.4.3 检测试验机构应有专人负责接受委托，验收试样（件），记录试样（件）状态并标识。

4.4.4 检测试验工作所依据的标准应现行有效。当委托方有特殊要求时，检测试验机构可按照委托方的要求进行检测试验，但应在委托书和检测试验报告中注明。

4.4.5 当接受委托的检测试验项目需采用非标准方法时，检测试验机构应编制相应的检测试验工作作业指导书并征得委托方书面同意。

4.4.6 有下列情况之一时，检测试验机构不得接受委托：

1 委托书内容与委托样品或现场检测实体不符；

2　试样（件）不满足标准规定（另有约定除外）；

3　单位工程同类试样试件编号相同时。

4.5　见证取样检测

4.5.1　见证取样检测应委托有见证资质的检测机构，单位工程的见证取样检测应委托一家检测机构完成。

4.5.2　见证人应向已确立见证委托关系的检测机构提交《有见证取样和送检见证人备案书》，见证人发生变更时，应办理变更手续。

4.5.3　见证人应对见证试样（件）的真实性、代表性、合法性负责。

4.5.4　见证试样（件）应有标识或封志，并附有"见证记录"。

4.5.5　检测机构应核验"见证记录"和见证试样（件）的标识封志，并在委托书和检测试验报告上注明。

4.6　检 测 试 验

4.6.1　检测试验机构在试样（件）的接收、存放和测试过程中，应对试样（件）做出唯一性标识。

4.6.2　检测试验人员应严格按照相应的测试标准和方法开展测试工作。

4.6.3　检测试验人员在开展测试工作前、后及过程中应检查所用仪器设备的工作状态，并做好记录。确认仪器设备正常后方可开展测试工作。

4.6.4　检测试验项目对温度、湿度有要求时，在开展测试工作前、后及过程中应控制环境的温度、湿度，并做好记录。

4.6.5　检测试验人员在开展测试工作前应对测试试样（件）的状态进行检查，并做好记录。

4.6.6　检测试验工作应由两名或两名以上测试人员共同完成。

4.6.7　检测试验人员应真实记录测试数据，并有专人进行校核。

4.7　计 算 机 应 用

4.7.1　检测试验机构应使用计算机对其测试工作进行辅助管理，计算机管理软件的数据处理及应用功能应满足现行技术标准、试验方法及本规程有关要求，并应通过专家评审鉴定。

4.7.2　计算机管理软件应能自动记录并保存数据及各种信息的修改过程，包括修改时间、修改人员、修改前后的数据等。

4.7.3　计算机管理软件应能自动识别单位工程同类样品相同试样（件）编号并加以限制。

4.7.4　计算机管理软件应设置使用权限。

4.7.5　技术标准、试验方法更新时，计算机管理软件应及时升级。

4.7.6　应用计算机管理软件时，应执行下列规定：

1　委托信息和测试数据的录入应设专人进行审核；

2　对已录入的委托信息和测试数据进行更正时，须经技术负责人批准；

3　定期对计算机内的测试数据进行备份。

4.7.7　检测机构应安装数据自动采集系统对能够实现数据自动采集的试验项目进行自动采集。自动采集系统应记录钢筋和混凝土试样的荷载—变形（荷载—时间）曲线并保存。

5　施工现场试验管理

5.0.1　单位工程施工前，施工单位项目技术负责人应组织制定工程检验计划。监理（建设）单位应制定有见证取样和送检计划。

5.0.2　施工现场应建立现场试验站，并根据工程规模大小，配备相应的试验人员、仪器设备和设施，建立健全现场试验管理制度。

5.0.3　施工现场应建立现场试验站的业务范围包括：

1　简易土工试验；

2　砂浆、混凝土试件的制作及养护；

3　各种原材料和施工过程中要求试验项目的取样及制样；

4　确定施工过程所需工艺参数的试验，如钢筋班前焊试验等。

5.0.4　现场试验员应经过培训合格后上岗。

5.0.5　现场试验站应设有工作间和标准养护室，其环境条件应满足相应标准的规定。

5.0.6　现场试验站仪器设备的管理应符合本规程第4.2节的规定。

5.0.7　施工项目部试验管理人员应及时向试验员下达各类试验取样通知单。

5.0.8　施工现场的取样、制样应符合有关标准规定，并建立试样（件）委托台账。现场试验员对取样的真实性、代表性负责。

5.0.9　混凝土、砂浆试件应注明成型日期、强度等级、试件编号和养护条件等信息。同一取样批所留置的不同用途的试件可以编号相同，但应按表5.0.9所规定的后缀字符予以区别。

试件类型与后缀字符对照表　　　　　　　　　**表5.0.9**

试件类型	后缀字符	试件类型	后缀字符
同条件试件	T	抗冻临界强度试件	DT
结构实体试件	ST	同条件28d转标养28d试件	ZB

5.0.10　施工现场抽取或制作的试件应有唯一性标识，内容应包括试件（样）编号、材料的规格、型号、制样或成型日期等内容，但不应注明施工单位和工程名称。试件编号应按单位工程分类顺序排号，不得空号和重号。

5.0.11　依据标准需重新取样复试时，复试样品的试件编号应与初试时相同，但应后缀"复试"加以区别。初试与复试报告均应进入工程档案。

5.0.12　施工过程中出现试验结果不合格或不符合要求时，应在试样（件）委托台账中注明处理意见，不得删除台账中的相应内容。试样（件）委托台账应作为施工技术资料存档。

5.0.13　施工单位项目技术负责人应对现场试验设备、环境设施进行检查，对试验员进行考核。

5.0.14　施工单位项目技术负责人应及时了解试验结果，并采取相应措施。

5.0.15　现场试验资料的管理应符合北京市《建筑工程资料管理规程》（DBJ 01—51）和

《市政基础设施工程资料管理规程》（DBJ 01—71）的规定，确定施工工艺参数的试验资料不进入工程档案。

6 技术资料管理

6.1 委 托 资 料

6.1.1 检测试验委托书应包括以下内容：

1 委托编号；

2 委托方名称、地址；

3 工程名称及部位、试样（件）名称、编号、规格和代表数量；

4 测试依据及测试项目；

5 委托试样（件）状态的描述；

6 抽样方式（见证试验、施工方送样、检测单位抽样等）；

7 双方责任；

8 委托人及接收人签字及日期。

6.1.2 材料试验委托书的格式可参照附录 B 样式；工程检测委托书可根据检测项目由检测机构自行编制。

6.1.3 检测试验报告发出后，委托方要求更改委托书中由委托方提供的信息时，需提供委托方负责人和监理工程师签署的书面申请。

6.1.4 委托编号应按年度顺序编号，其编号应连续。

6.2 原 始 记 录

6.2.1 原始记录应有固定格式，不得使用空白纸张或笔记本等作为原始记录。

6.2.2 原始记录应包括以下内容，并能够复现测试工作的主要过程。

1 试样（件）信息；

2 测试日期；

3 测试环境条件；

4 测试项目；

5 测试依据；

6 仪器设备编号；

7 测试数据；

8 测试过程中发生的异常情况；

9 测试人员、校核人员签字；

10 其他必要的信息。

6.2.3 原始记录应分类按年度顺序编号，其编号应连续。原始记录数据不得随意更改，因笔误需更改应在错误处划改并注明更改人。

6.3 检 测 试 验 报 告

6.3.1 检测试验机构出具的检测试验报告应包含足够的信息，内容应真实、客观，数据可靠，结论明确，有测试人员、审核人员和批准人员签字并加盖检测试验机构的印章。

6.3.2　材料试验报告的格式应符合本规程附录 C 规定。结构检测报告的格式及本规程附录 C 未做规定的，检测试验机构可自行编制。

6.3.3　自行编制的检测试验报告应包括以下主要内容：

　　1　报告名称、编号；

　　2　委托方名称、工程名称；

　　3　样品名称、编号、规格、代表数量；

　　4　测试日期；

　　5　测试依据；

　　6　测试数据、照片、附图及结论；

　　7　测试人员、审核人员及批准人员签字；

　　8　其他必要的信息。

6.3.4　检测试验报告的结论应符合下列规定：

　　1　检测试验机构出具的检测试验报告均应给出文字描述的结论；

　　2　材料试验报告的结论应符合本规程附录 D 的规定。附录 D 未列出材料试验报告结论的，检测试验机构可参照附录 D 的格式自行拟定；

　　3　当仅有材料试验方法而无产品标准，材料试验报告结论应按设计要求或委托方要求给出明确的判定；

　　4　工程检测报告的结论应根据设计要求给出明确的判定。当原设计没有要求，或因设计资料不全不能确定原设计要求时，可将检测结果列出作为检测报告的结论。

6.3.5　检测试验报告的编号应按年度分类顺序编号，其编号应连续。

6.3.6　工程检测报告不得使用计算机扫描签名。材料试验报告不宜使用计算机扫描签名，当使用计算机扫描签名时，检测试验机构必须采取有效措施保证材料试验报告中的计算机扫描签名均为该签名合法使用人签署。

6.3.7　检测试验报告应加盖检测试验机构公章或检测试验专用章；有见证取样送检项目的试验报告，还应加盖"有见证试验"专用章；取得计量认证项目的检测试验机构应在其出具的检测试验报告中加盖"CMA"专用章；检测机构还应在其出具的材料试验报告上加盖建设工程质量检测机构专用钢印。

6.3.8　修改已发出的检测试验报告，必须作出书面声明，并以测试数据修改单或重新发放检测试验报告的方式进行。检测试验机构应将修改原因及修改过程记录与原报告一起保存。

6.3.9　检测试验报告应符合下列规定：

　　1　检测试验报告应采用 A4 纸打印，检测报告所用纸张的规格不宜小于 70g；试验报告所用纸张的规格不宜小于 50g；

　　2　检测试验报告的页边距宜符合下列规定：上 25mm；下 25mm；左 30mm；右 20mm；

　　3　工程检测报告应有封面和封底，并加盖骑缝章。

6.4　技 术 资 料 归 档

6.4.1　检测试验机构应设专人对技术资料进行管理，定期归档保存。

6.4.2　技术资料应按测试项目分类归档。归档资料应包含委托编号所对应的委托书、原始记录和检测试验报告。

6.4.3　资料管理人员应及时将技术资料登记、编目、标识，以方便检索查阅。

6.4.4　存放技术资料的场所应符合档案管理的规定，防止损坏、丢失。

6.4.5　检测试验委托书、原始记录、检测试验报告、仪器设备使用记录、环境温湿度记录、实验室间比对或能力验证记录保存期限不少于 5 年；人员技术档案、仪器设备档案、仪器设备检定（校准、测试）证书应长期保存。

6.4.6　电子资料应进行备份并建立索引，设专人管理，定期归档。

6.4.7　检测试验机构的技术资料应采取适当的保护和保密措施，无关人员不得查阅，未经批准不得修改和复制。